Wolfgang Ostwald

Die Welt der vernachlässigten Dimensionen:

Eine Einführung in die Kolloidchemie

SEVERUS Verlag

ISBN: 978-3-95801-220-2
Druck: SEVERUS Verlag, 2015

Der SEVERUS Verlag ist ein Imprint der Diplomica Verlag GmbH.
Bibliografische Information der Deutschen Nationalbibliothek:
Die Deutsche Nationalbibliothek verzeichnet diese Publikation in der Deutschen Nationalbibliografie; detaillierte bibliografische Daten sind im Internet über http://dnb.d-nb.de abrufbar.

Wolfgang Ostwald

Die Welt der vernachlässigten Dimensionen: Eine Einführung in die Kolloidchemie

Dr. Martin H. Fischer

Professor der Physiologie an der University of Cincinnati

in aufrichtiger Freundschaft

Inhaltsverzeichnis.

Vorwort.

Das vorliegende Buch ist das literarische Ergebnis einer Vortragsreise, die der Verfasser im Winter 1913/14 auf Einladung einer Reihe amerikanischer Universitäten nach den Vereinigten Staaten und Kanada unternahm. Ursprünglich nur von 5 Universitäten aufgefordert, fand der Verfasser ein derartig überraschend großes Interesse für die Wissenschaft, welche er zu verbreiten versuchte, daß aus den 5 Universitäten ungefähr 16 wurden, daß auf 74 Tage 56 Vorträge zusammengedrängt werden mußten, und zuletzt Mangel an Zeit und Kraft ihn zwangen, eine Anzahl weiterer Einladungen abzulehnen. Im Bedürfnis, seiner Dankbarkeit für alle diese ebenso freundlichen wie ehrenvollen Einladungen Ausdruck zu geben, gleichzeitig aber, um den vielen wissenschaftlichen Freunden drüben auf diese Weise einen Gruß zu übersenden, sei es gestattet, die Namen der Universitäten und Institutionen zu nennen, an denen der Verfasser über Kolloidchemie hat sprechen dürfen: Cincinnati Ohio (University, Soc. for Medical Research, Amer. Chem. Soc.); University of Illinois (Urbana); New York (Columbia University, Columbia Medical School, College of the City of New York); Baltimore (John Hopkins University, John Hopkins Medical School); University of Chicago; Amer. Chem. Soc. Indiana; University of Ohio (Columbus); Mc Gill University (Montreal, Canada); Pittsburgh (University, Mellon Institute of Industrial Research); University of Nebraska (Lincoln University, Denver Medical Soc.); University of Kansas (Lawrence); Washington (National Academy of Science, Amer. Chem. Soc.). Wenn der Verfasser hierbei eine oder die andere Institution oder wissenschaftliche Gesellschaft vergessen haben sollte, die bei dem Zustandekommen dieser Vorträge mitgewirkt hat, so bittet er dies zu entschuldigen mit der Schwierigkeit, bei dem sehr amerikanischen Tempo dieser Vortragsreise alle Einzelheiten im Gedächtnis zu behalten. Aber auch dem Massachusetts Technological Institute (Boston), der University of California, der University of

Syracuse und noch einigen anderen Institutionen, deren Einladungen nicht mehr Folge geleistet werden konnte, sei an dieser Stelle herzlichst gedankt.

Es braucht kaum besonders betont zu werden, daß bei einer derartigen Vortragsreise der Vortragende mindestens ebensoviel lernt und gewinnt als seine Zuhörer. Die Notwendigkeit, sein Material vollkommen freihändig hin und her zu bewegen, es je nach der Art und den speziellen Wünschen seiner Hörer sowie der zur Verfügung stehenden Zeit in Länge oder Kürze, in dieser oder jener Beleuchtung darstellen zu müssen, ist von ganz außerordentlich großem Nutzen für den Vortragenden selbst. Es ist natürlich ein großer Unterschied, ob man in halb populärer Form vor 1200 bis 1300 „freshmen", d. h. ersten Semestern in der Chemie über Kolloide spricht, in einem Gebäude, das sonst eigentlich zu religiösen Andachten benutzt wird, oder ob man wie in Washington in den besonders vornehmen Räumen des Cosmos-Club vor dem Elitepublikum der American National Academy und der American Chemical Society Washington sich nicht zu blamieren versucht. Und ebenfalls nimmt das Thema Kolloidchemie ein wesentlich verschiedenes Gesicht an je nachdem, ob man eine ganze Woche lang vor hauptsächlich technischen Interessenten wie in Pittsburgh redet, oder aber innerhalb zweier Stunden die Beziehungen zwischen Kolloidchemie, Biologie und Medizin, wie etwa vor der John Hopkins Medical School in Baltimore, abhandeln muß usw. Neben dieser Gelegenheit, sein Material hin und her zu wenden, abwechselnd von dieser oder jener Seite zu beleuchten, immer wieder durchgehen und prüfen zu können, erwächst aber dem Vortragenden aus den geschilderten Umständen noch ein weiterer Vorteil. Er kann auf experimentelle Weise feststellen, welches die angemessenste, die am leichtesten verständliche, die am meisten interessierende Form der Darstellung und Auswahl an Tatsachen und Gedanken ist, indem er nämlich beobachtet, in welcher Weise seine Zuhörer auf diese oder jene Darstellungsform reagieren. Er findet sehr bald heraus, welche Gedankengänge seinen Zuhörern z. B. unklar oder überflüssig lang erscheinen, welche sie umgekehrt besonders interessieren; er merkt bei den normalerweise stets folgenden Diskussionen sehr deutlich, wie weit es ihm gelungen ist, seine Hauptpunkte mit dem beabsichtigten Nachdruck vorzubringen, und was schließlich umgekehrt seine Zuhörer als das Wichtigste oder Neueste seiner Ausführungen ansehen. Alles dies ist natürlich nur möglich, wenn man solche psychologische Experimente oft wiederholen kann. Wie folgenreich aber diese Arbeit, immer wieder den Kontakt mit neuen Zuhörern herzustellen, werden kann, geht vielleicht besonders deutlich aus der Tatsache hervor, daß im Laufe dieser Vorlesungen nicht nur die Auswahl des Materials, sondern auch die Dispositionen der Vorträge ganz wesentlich geändert wurden. Auf experimentellem Wege gelangte also der Verfasser zu der Form der Darstellung, wie er sie auch für das vorliegende Büchlein gewählt hat.

Mehr noch aus diesen Gründen als auf die vielfachen freundlichen Aufforderungen amerikanischer Freunde hin hat es der Verfasser nicht für allzu anmaßend gefunden, diejenigen fünf Vorträge auszuwählen, die er am häufigsten gehalten hat, sie zu diktieren und im vorliegenden Buch zu veröffentlichen. Obgleich die Vorträge ursprünglich englisch gehalten worden sind und eine entsprechende englische Ausgabe in Vorbereitung ist, glaubt der Verfasser doch, auch den deutschen Lesern etwas Nützliches mit dieser Publikation bieten zu können. Wir haben bereits eine Anzahl streng wissenschaftliche Lehrbücher der Kolloidchemie und auch einige mehr oder weniger gute halb oder ganz populäre Einführungen. Soweit dem Verfasser bekannt, hat aber noch niemand versucht, der Bedeutung der modernen Kolloidchemie als einer eigenen, selbständigen Wissenschaft gerecht zu werden unter gleichzeitiger und besonderer Berücksichtigung ihrer zahlreichen wissenschaftlichen und technischen Anwendungen. Der Versuch, ein Gesamtbild der modernen reinen und angewandten Kolloidchemie in möglichst allgemeinverständlicher Form zu geben, scheint dem Verfasser neu zu sein. In erster Linie wendet sich damit das Buch an solche Leser, die bisher noch nichts oder nur wenig von Kolloidchemie gehört haben. Gerade vor mehreren Tausenden solcher Zuhörer hat der Verfasser die hier wiedergegebenen Vorträge gehalten, und gerade durch die wiederholte Berührung mit diesem Zuhörerkreis hat der Verfasser seine Darstellungsform immer wieder geändert, und, wie er glaubt, auch verbessert. Der Verfasser hatte aber noch einen weiteren Grund, besonders für solche Leser zu schreiben, die heute der Kolloidchemie noch ferner stehen. Er ist nämlich der Meinung, daß zur Zeit noch ein eklatantes Mißverhältnis besteht zwischen der Bedeutung, der Wichtigkeit, der wissenschaftlichen wie technischen Anwendbarkeit der modernen Kolloidchemie und dem Grade der Bekanntschaft zwischen dieser Wissenschaft und dem größeren Publikum. Heute weiß jeder naturwissenschaftlich Gebildete etwas von der Radiochemie. Daß aber ungefähr gleichzeitig mit dieser wunderbaren Wissenschaft sich eine zweite entwickelt hat, deren Ergebnisse nicht weniger merkwürdig sind, deren

Anwendbarkeit auf alle möglichen Wissenszweige, und nicht zuletzt auf Technik und Industrie aber zweifellos dasjenige übertrifft, was die Radiochemie bisher hierin geleistet hat —, dies ist noch weitgehend unbekannt. Der Verfasser scheut sich daher nicht, dieses Büchlein auch als eine Propagandaschrift für die Kolloidchemie zu bezeichnen.

Indessen ist der Verfasser auch unbescheiden genug zu glauben, dem oder jenem seiner Fachgenossen durch dieses Buch einen kleinen Dienst erweisen zu können. Es tritt erfreulicherweise immer häufiger an den Kolloidchemiker die Gelegenheit oder der Wunsch heran, einem größeren Publikum die Hauptergebnisse der modernen Kolloidchemie vorzuführen. Vielleicht erweist sich die vorliegende Schrift als eine Hilfe, bei derartigen Aufgaben, wobei der Verfasser insbesondere auf die möglichst ausführlich gehaltenen Anmerkungen hinweisen möchte, in denen vielfach ausprobierte, d. h. stets „gehende" Demonstrationsversuche näher beschrieben worden sind. Sodann aber hat der Verfasser in das vorliegende Buch auch einige bisher nicht publizierte Gedankenreihen und Versuchsergebnisse aufgenommen, die der Fachmann unschwer erkennen wird, und auch in den Anmerkungen ist mehrfach versucht worden, Anregungen zu geben, wie sich solche bei einem mehrfachen Durcharbeiten des Gesamtgebietes ja fast automatisch einzustellen pflegen. Vielleicht interessiert auch den Fachgenossen, insbesondere den selbst unterrichtenden, die Auswahl und Kennzeichnung der Gedanken und Tatsachen, die dem Verfasser als charakteristisch für die moderne Kolloidchemie erschienen sind. — Bei der überwältigend großen Literatur der Kolloidchemie sind ganz besonders solche Abhandlungen und größere Werke angeführt worden, in denen der Leser, der weiter eindringen will, zusammenfassende Darstellungen und Literatursammlungen findet.

Möge das Büchlein sich wert erweisen als Führer in diese so lange schon existierende, aber so kurz erst wirklich erkannte Welt merkwürdiger Phänomene und eigenartiger Gedanken.

Großbothen, Waldhaus, Juli 1914.

Zusatz.

Wie das voranstehende Datum zeigt, war das vorliegende Buch bereits vor acht Monaten praktisch fertiggestellt. Der Anfang August ausbrechende große Krieg rief sowohl Verleger wie Verfasser ins Feld, so daß beide übereinkamen, die Ausgabe des Buches vorläufig zu unterlassen. Die Gründe, welche es nun nahelegten, nicht noch länger, etwa bis zum Ende des Krieges zu warten, sind kurz folgende:

Ein jedes wissenschaftliche Buch hat einen Zeitfaktor, dessen Nichtberücksichtigung den Wert des Buches unter Umständen erheblich vermindern kann. Nun weiß aber der Verfasser, daß trotz Krieg und Mord und Brand die Wissenschaft nicht erstorben ist; ihr Fortschreiten kann gewiß verlangsamt, nie aber ganz unterbunden werden. Andererseits handelt das vorliegende Buch von einer „modernen" Wissenschaft. Vielleicht ist gar schon jetzt, nach acht Kriegsmonaten, der oder jener Gedanke des Buches überholt, verbessert, erweitert, kurz inzwischen „unmodern" geworden!

Sodann aber bestimmten noch folgende Gründe den Verfasser zu dem Entschluß, selbst noch unter den Waffen die letzte Hand an diese friedliche Arbeit zu legen.

Die vielleicht wunderbarste aller biologischer Eigenschaften, für die wir ja auch in der Kolloidchemie so überaus interessante Parallelerscheinungen haben, die Anpassungsfähigkeit bringt es mit sich, daß sich nach achtmonatiger ununterbrochener Beschäftigung mit dem Kriegshandwerk bei vielen von uns eine gewisse Menge geistiger Energie ansammelt, die nach anderer, gleichsam entgegengesetzt beschaffener Betätigung strebt. Unsere Nerven reagieren nicht mehr so stark auf die Eindrücke des Feldes, als daß sie uns Tag und Nacht beschäftigen. In unseren gewiß meist karg bemessenen Ruhestunden suchen wir nach einem anderen Gedankeninhalt als dem der täglichen Hauptarbeit. Ganz gewiß bedeutet dies nicht ein Abwenden von unserer ersten, unserer heiligsten Pflicht. Im Gegenteil, wir stärken und erholen uns durch eine solche andersartige Beschäftigung für den Hauptzweck. Ein gewisses seelisches Gleichgewicht, das auch für unsere Hauptaufgabe die vorteilhafteste Gemütsverfassung ist, stellt sich so bei vielen von uns am schnellsten ein. Sodann aber ist es notwendig, sich gelegentlich wieder daran zu erinnern, daß trotz allem der Krieg eine vorübergehende und eine krankhafte Erscheinung an dem Organismus der Menschheit ist, daß er Mittel zum Zweck ist, und daß es Werte von unerschütterlicher Beständigkeit und Dauerhaftigkeit gibt wie Wissenschaft und Kunst, die nicht nur von keinem Kriege vernichtet werden können, sondern die auch die Brücke darstellen, auf der die feindlichen Völker sich zuerst und am schnellsten wieder begegnen und wieder verständigen werden. Denn wie wäre es möglich, daß der Verfasser die Arbeiten eines W. B. Hardy, W. M. Baylìß, J. Perrin, P. P. von Weimarn usw. darum nicht weiter bewundern, aufnehmen, weiterführen könnte, weil diese Forscher den seiner Nation feindlich gesinnten Völkern angehören? Wenn das vorliegende, ja auch in zwei Kontinenten entstandene Büchlein somit aus Schützengraben und Artilleriefeuer in die Welt gesandt wird, so möge man nicht den Verfasser irgendeiner Art von Koketterie beschuldigen. So restlos überzeugt, wie der Verfasser von der Gerechtigkeit der Sache seines Vaterlandes und von dessen Kraft, sie siegreich durchzuführen, ist, so sicher ist er andererseits, daß die wissenschaftliche Gemeinschaft der Völker nie und durch keinen Krieg mehr zerstört werden kann, und daß es diese Beziehungen sind, welche die Menschheit vor solchen Erlebnissen wie den jetzigen einmal endgültig schützen werden. Und hieran, an diesem letzten Ziele in noch so bescheidenem Maße zu arbeiten, ist keine Umgebung zu ungeeignet und keine Lebenslage zu seltsam.

Für Hilfe mannigfacher Art bei der Herausgabe des Buches hat der Verfasser zu danken seiner Frau Pia, seiner Nichte Ingeborg Feldmann und besonders seinem Bruder Walter.

Feldstellung R. I. R. . . . . . .
Champagne, März 1915.

Aus dem Vorwort zur dritten Auflage.

... Die vorliegende Auflage ist sorgfältig durchgesehen und mehrfach verbessert worden. Auch wurden an mehreren Stellen neuere, besonders wichtig erscheinende Ergebnisse eingefügt. Der Verfasser bittet, ihm Unvollständigkeit in dieser Hinsicht nicht vorwerfen zu wollen. Es bedeutet wirklich keine Geringschätzung, wenn sich diese oder jene neuere Arbeit nicht zitiert findet. Es mußte Rücksicht genommen werden einmal darauf, daß der Umfang des Buches tunlichst nicht vergrößert wurde, zum andern darauf, daß die Einfügungen seinen Charakter als „Einführung" nicht veränderten. Wohl oder übel beibt bei dieser Sachlage dem subjektiven Ermessen ein ansehnlicher Spielraum.

„Das eigentliche Leben eines Gedanken dauert nur, bis er an den Grenzpunkt der Worte angelangt ist; da petrifiziert er ..." (Par. § 275). Selten ist dem Verfasser dieser Ausspruch Schopenhauers so lebhaft in der Erinnerung gewesen, als bei der Abfassung der vorliegenden Auflage. Man sollte Kolloidchemie nur denken und experimentieren, nicht schreiben brauchen. Kolloidchemische Gedanken sind viel umfassender, kolloidchemische Versuche viel schöner als kolloidchemische Schriften. Freilich, „zu Papier gebrachte Gedanken sind überhaupt nichts weiter als die Spur eines Fußgängers im Sande; man sieht wohl den Weg, welchen er genommen hat; aber um zu wissen, was er auf dem Wege gesehen, muß man seine eigenen Augen (und Füße) gebrauchen" (ibid. § 291).

Nur in diesem Sinne möchte das vorliegende Buch auch weiterhin als Wegweiser dienen....

München, Oktober 1918.

Aus dem Vorwort zur fünften und sechsten Auflage.

... Nochmals sei der Hinweis gegeben, daß diese Schrift das „Selbersehen" von Kolloiderscheinungen nur anregen, nicht ersetzen kann....

Stock a. Chiemsee, August 1920.

Vorwort zur 9. und 10. Auflage.

Obgleich vorliegendes Buch einige Zeit im Handel fehlte, hat sich der Verfasser nur zögernd zu einer Neuauflage entschlossen. Man kann sagen, daß das Buch eine seiner Hauptaufgaben, die Kolloidwissenschaft einem größeren Publikum vorzuführen, einigermaßen erfüllt hat. Man kann heute wirklich nicht mehr von ihr als der Wissenschaft eines „vernachlässigten" Gebietes sprechen, und die zahlreichen Auflagen des Buches — es läuft u. a. auch eine dritte englische Auflage — zeigen, daß das Buch zu seinem Teile beigetragen hat, der Kolloidwissenschaft dieses allgemeine Interesse zuzuführen. Weitere Propaganda erscheint in diesem Sinne fast unnötig. Zwei Gesichtspunkte haben aber schließlich den Verfasser bestimmt, doch zu einer Neuausgabe zu schreiten, bei der vielleicht etwa die Hälfte des Buches völlig neu geschrieben und der Umfang um einige Bogen vermehrt wurde. Der eine Gesichtspunkt ist der, daß nach dem freundlichen Urteil vieler Fachgenossen das Buch immer noch geeignet erscheint, den Anfängern in der wissenschaftlichen oder angewandten Kolloidchemie ein Gesamtbild dieser Wissenschaft zu vermitteln. Der Verfasser denkt hierbei nicht nur an Studenten, sondern auch an solche Fachgenossen, die aus anderen Gebieten heraus kommen, um Kolloidchemie zu lernen und für ihre speziellen Zwecke anzuwenden. Der Verfasser hat zu diesem Zweck auch in Fußnoten besonders solche Publikationen angeführt, die durch ihre zusammenfassende Form oder auch durch reiche Literaturangaben solchen Fachgenossen weiter helfen können. Sodann aber erschien vorliegender Versuch eines Gesamtbildes der reinen und angewandten Kolloidwissenschaft aus einer Feder weiterhin berechtigt und seine weitere Verbreitung gerechtfertigt darum, weil merkwürdigerweise unter den näheren Fachgenossen auf den anderen Gebieten der Chemie noch vielfach eine Einstellung gegenüber der Kolloidwissenschaft beobachtet wird, die der Verfasser nicht als richtig anerkennen kann. Noch immer wird versucht, kolloide Systeme z. B. als normale Lösungen anzusehen und sie ohne Rücksicht auf ihre offenkundigen Sonderheiten gleichsam „unbesehens“ vom Standpunkt der klassischen Theorie molekulardisperser Lösungen und der klassischen Theorie des chemischen Gleichgewichtes homogener Systeme zu behandeln. Der Eigenart kolloider Systeme als Zwischenglieder zwischen homogenen und heterogenen Systemen wird mehrfach auch von den näheren Fachgenossen noch immer nicht Gerechtigkeit getan. Vielleicht ist die vorliegende Darstellung, die mit Bewußtsein das Besondere, das Selbständige, das Eigentümliche kolloider Zerteilungen hervorhebt sowohl gegenüber den Eigenschaften molekulardisperser als auch gegenüber den Eigenschaften grobdisperser Systeme — vielleicht ist diese spezifisch kolloidchemische Darstellung der Kolloidchemie auch geeignet, die Stellung dieser Wissenschaft als einer selbständigen Disziplin mit eigenen Begriffen, Gesetzen und Methoden, zu demonstrieren und zu festigen. Kolloidchemie ist wirklich nicht ein Anhang weder in der Theorie der echten Lösungen noch in der Theorie der elektrischen Doppelschicht.

In bezug auf die notwendige Unvollständigkeit eines solchen Überblicks ist bereits in früheren Vorreden einiges gesagt worden. Die größte Anzahl von Änderungen und Erweiterungen hat der Verfasser in den Abschnitten über angewandte Kolloidchemie für nötig befunden. Übrigens hat er sich auch nicht gescheut, eine Reihe neuer und unpublizierter Gedanken vorzubringen, da er durchaus nicht der Meinung ist, daß ein allgemein verständlich gehaltenes Buch ein unwissenschaftliches sein muß.

Nach wie vor empfindet es der Verfasser als Glück und Belohnung, in dieser immer jungen und immer wieder neue Ausblicke gebenden Wissenschaft arbeiten zu dürfen, und immer wieder möchte er die Leser nur auffordern, letzteres nur selbst zu versuchen.

Herrn Dr. R. Köhler ist der Verfasser Dank schuldig für Beihilfe bei den Korrekturen, Priv.-Doz. Dr. H. Zocher-Dahlem für eingehende Kritik des in vorliegender Auflage neu erscheinenden längeren Abschnitts über „Kristallinische Flüssigkeiten“.

Leipzig, März 1927.

Wo. Ostwald.

I.

Die Grunderscheinungen des kolloiden Zustandes. Kolloide als disperse Systeme. Die Herstellungsmethoden kolloider Lösungen.

Meine Herren! Ich habe die Ehre, Ihnen über ein neues Gebiet der Physik und Chemie, über die sogenannte Kolloidchemie, zu berichten. Ich weiß sehr wohl, daß man niemals einen Vortrag mit einer Entschuldigung anfangen soll. Aber ich glaube doch, daß im vorliegenden Falle ein paar Vorbemerkungen gerechtfertigt erscheinen, ehe ich mich an mein eigentliches Thema begebe.

Sie wissen alle, daß die Kolloidchemie eine verhältnismäßig junge Wissenschaft ist. Es ist wahr, daß die offizielle Begründung der Lehre von den Kolloiden durch den Engländer Thomas Graham schon vor 60 Jahren erfolgte. Ebenso ist es richtig, daß wir schon früher Arbeiten finden können über Themata, die wir heute als kolloidchemische bezeichnen würden. Ich brauche nur an einige Arbeiten des Deutschen Benj. Jeremias Richter und an einige andere des Italieners F. Selmi zu erinnern, die zum Teil Anfang des 19. Jahrhunderts, also jedenfalls vor Grahams Untersuchungen, erschienen. Es besteht aber auf der anderen Seite gar kein Zweifel darüber, daß erst etwa seit den letzten fünfzehn bis zwanzig Jahren eine derartige Fülle von kolloidchemischen Erscheinungen, von Beziehungen dieser untereinander, von Regeln und Gesetzmäßigkeiten entdeckt und gesammelt worden ist, daß wir berechtigt sind, von einer systematisch betriebenen Wissenschaft der Kolloide zu reden.

So jung nun diese wissenschaftliche Kolloidchemie ist, so erstaunlich groß ist bereits das Quantum von Phänomenen und Ideen, das wir heute mit dem Namen Kolloidchemie bezeichnen. Es ist eine fast allgemeine Klage, daß schon jetzt — ich bitte Sie zu bedenken: schon jetzt — die Kolloidchemie ein fast unübersehbar großes Wissenschaftsgebiet geworden ist. Besonders jeder, der zum ersten Male sich über die moderne Wissenschaft der Kolloidchemie orientieren will (und es gibt naturgemäß bei der Jugend dieser Wissenschaft viele, die zum ersten Male in sie hineingehen wollen), besonders ein solcher Anfänger hat es meist nicht leicht, sich in der verwirrenden Fülle kolloidchemischer Erscheinungen und Gedanken zurechtzufinden. Hinzukommt nun aber noch, daß auch noch heute diese rapide Entwicklung keineswegs zum Stillstand gekommen ist oder einen ruhigeren Fluß angenommen hat. Ganz im Gegenteil! Es wühlt und brodelt heute vielleicht genau so in der Kolloidchemie wie vor 15 Jahren, und auch die Versuche, diese große geistige Produktion zu organisieren und zu klären durch die Gründung von Kolloidzeitschriften und Kolloidgesellschaften im In- und Auslande, durch die Abfassung von Dutzenden von Lehrbüchern, erscheinen nur als erste Annäherung zur Beherrschung der Kolloidchemie. Das weiß vielleicht niemand besser als die Verfasser und Begründer solcher Lehrbücher und Zeitschriften.

Und hier ist nun der Punkt, den ich kurz berühren wollte, bevor ich mich an meine eigentliche Aufgabe begebe. Es ist ganz unmöglich, in einer so kurzen Serie von Vorlesungen, wie ich sie Ihnen halten darf, ein Bild der heutigen Kolloidchemie zu geben, das auch nur in erster Annäherung vollständig wäre. Man kann zwei Semester lang über Kolloidchemie lesen, ohne das Gefühl zu empfinden, ihrem Reichtum wirklich Genüge getan zu haben. Es ist auch kein Zweifel, daß es sehr viel leichter ist, lang über Kolloidchemie zu reden als kurz. Ich kann unter diesen Umständen nur versuchen, Ihnen eine Skizze, gleichsam nur eine Momentphotographie dessen zu geben, was ich als moderne Kolloidchemie bezeichnen möchte. Ich kann weiterhin auch nur bei den fundamentalen Erscheinungen und Begriffen der Kolloidchemie verweilen und muß daher wenigstens in den Vorlesungen selbst die Spezialisten unter Ihnen enttäuschen, die über bestimmte Detailfragen kolloidchemische Auskunft haben möchten. Ich habe mir aber sagen lassen, daß es gerade Ihr Wunsch sei, mehr über die allgemeineren Zusammenhänge, über die Grunderscheinungen und Grundbegriffe der Kolloidchemie etwas zu erfahren, und ich habe somit das Glück, aus der Not eine Tugend machen zu dürfen.

Die erste und fundamentale Frage, die ein jeder stellen wird, der zum ersten Male in die Kolloidchemie hineingeht, ist natürlich die: Was sind Kolloide? Ungefähr gleichbedeutend oder eng verwandt sind die weiteren Fragen: „Was sind die wichtigsten Kennzeichen eines Kolloids?“ oder „Woran kann man möglichst schnell und möglichst einfach erkennen, ob man ein Kolloid vor sich hat?“ Gestatten Sie mir, daß ich diese erste Vorlesung zu dem

Versuche benutze, Ihnen eine möglichst klare und einfache Antwort auf diese Grundfragen zu geben. Es kann sein, daß es einigen unter Ihnen zu ausführlich erscheinen mag, eine ganze Vorlesung nur auf die Beantwortung dieser elementaren Fragen zu verwenden. Gewiß, ich könnte mich kürzer fassen, wenn ich Ihnen jetzt z. B. einen oder zwei Sätze sage, welche die Definition des Begriffes Kolloid nach unseren heutigen Auffassungen enthalten, und wenn ich Ihnen dann in deduktiver Weise diese Definitionssätze analysieren und erklären würde. Aber ich muß gestehen, daß wenigstens mir persönlich ein solches deduktives Verfahren, sagen wir, etwas langweilig vorkommen würde, und ich denke, Sie werden mir beistimmen, wenn ich versuche, auf mehr induktivem und experimentellem Wege Ihnen gleichsam die Entwicklung dieses Fundamentalbegriffs vorzuführen. Sodann ist aber die Beantwortung dieser Frage keineswegs so einfach und elementar, wie es zunächst den Anschein haben könnte. Der Begriff des Kolloids hat im Laufe der Zeit sehr erhebliche Änderungen durchgemacht und hat heute einen wesentlich anderen Inhalt als etwa zu Grahams Zeiten, und ebenfalls finden Sie in den älteren Lehrbüchern die allerverschiedenartigsten Angaben über das, was man ein „Kolloid" nennt. Es ist aber unsere Aufgabe, zu versuchen, ein Endresultat aus all diesen verschiedenen Kolloidbegriffen zu ziehen. Wie wichtig ein solches Unternehmen ist, eine scharfe und kurze Definition des Kolloidbegriffs zu finden, geht u. a. aus der häufigen Erfahrung hervor, daß Diskussionen über kolloidchemische Themata darum kein Ende finden, weil jeder der Diskussionsredner eine andere Vorstellung hat von dem, was „eigentlich" ein Kolloid sei.

Ganz kurz will ich hier noch erwähnen, daß man vielleicht meinen könnte, auf Grund allgemeiner chemischer oder physikalischer Eigenschaften der fraglichen Gebilde entscheiden zu können, ob man ein Kolloid unter den Händen hat oder nicht. Das Wort „Kolloid" kommt von „colla", Leim. Man könnte z. B. denken, daß alle chemisch kompliziert zusammengesetzten Stoffe Kolloide sind. Diese Anschauung ist zu einem gewissen Grade berechtigt. Sie ist aber bei weitem nicht erschöpfend und — vor allen Dingen — der Satz, daß chemische Komplikation den kolloiden Zustand zur Folge hat, darf durchaus nicht verallgemeinert werden. Unter den zahlreichen Beispielen kolloider Lösungen, die ich Ihnen hier vorgeführt habe[1]), finden Sie eine

[1]) Dem Vortragenden steht heute eine große Reihe von festen Kolloidpräparaten zur Verfügung, die mit Hilfe von Schutzkolloiden hergestellt, in „resolubler" Form sind. Durch einfaches Auflösen weniger Körnchen, evtl. mit Erwärmen, gelangt man

ganze Anzahl von Kolloiden, die keineswegs eine komplizierte chemische Zusammensetzung haben (Dem.), wobei von der Tatsache, daß solche Systeme selten „chemisch rein" sind, d. h. oft kleine Mengen von Fremdstoffen enthalten, die für ihre Stabilität wichtig, ja nötig sein können, hier abgesehen sei. Hier haben Sie z. B. kolloide Sulfide von Schwermetallen, ja hier haben Sie eine ganze Reihe von Elementen, Metallen und Nichtmetallen in kolloidem Zustande, wie kolloides Gold, Silber, Schwefel, Kohle usw. Als vielleicht besonders interessant gebe ich Ihnen hier einige Präparate von kolloidem Kochsalz herum, hier ein milchähnliches flüssiges Präparat und hier einige kolloide Kochsalzgallerten mit bemerkenswert hübschen Farbeffekten[1]. Dem Kochsalz wird ge-

---

zu prächtigen und dauerhaften Demonstrationslösungen. Außer Metallen, Metalloiden, Merkurochromat, Mangansuperoxyd usw., die in der genannten Form erhältlich sind, z. B. bei von Heyden-Radebeul, kann man noch kolloides Eisenhydroxyd (Ferrum oxydatum dialysatum), kolloiden Kohlenstoff sowohl in wäßrigem Dispersionsmittel als auch in Mineralöl (Tusche, Aquadag und Oildag nach Acheson, sowie die entsprechenden neueren deutschen kolloiden Graphit-Präparate), ferner viele kolloide Farbstoffe, wie Kongorot, Benzopurpurin, Nachtblau, Alkaliblau usw., käuflich erhalten. Sehr leicht sind auch alle kolloiden Metallsulfide herzustellen, wenn man mit sehr verdünnten Lösungen in Gegenwart von einer Spur von Gelatine arbeitet, desgleichen kolloides Berlinerblau, Jodsilber ($KJ + AgNO_3$) und Kieselsäure (Na-Silikat + HCl). Durch einfaches Auflösen, evtl. Erhitzen, erhält man ferner die Vertreter der sog. hydratisierten Emulsoide von der Art der Gelatine: Agar, Stärke, Gummiarabikum, Serumalbumin, Kasein (Auflösen in verdünnter Lauge), Kautschuk usw. Auch Kollodium, Viskose usw. sind leicht erhältlich oder herstellbar. Über die einfache Herstellung von rotem und blauem kolloiden Gold vgl. weiter unten im Text. Über weiteres Demonstrationsmaterial vgl. Kl. Praktikum der Kolloidchemie, Abschn. XI.

[1]) Das „milchige" kolloide Kochsalz wurde nach dem Verfahren von C. Paal hergestellt (siehe z. B. The Svedberg, „Herstellung kolloider Lösungen", Dresden 1909, S. 346ff.). Sehr viel einfacher und schneller ist die Methode von L. Karczag (Biochem. Zeitschr. 56, 117 [1913]), die insbesondere zu schönen „gallertartigen" Kochsalzkolloiden führt. Nach den Erfahrungen des Verfassers wählt man am einfachsten Thionylchlorid und Natriumsalizylat, die bei gegenseitiger Substitution Kochsalz und einen komplizierten flüchtigen Thionylester ergeben. Man trägt in ein Reagensrohr mit einigen Kubikzentimetern Thionylchlorid einfach das feste, möglichst vorher getrocknete Natriumsalizylat ein und läßt es sich auflösen bei vorsichtigem Erwärmen. Bei etwa 3—5 g Salz auf ca. 5 ccm der Flüssigkeit ergibt sich beim Erkalten nach ein bis zwei Stunden eine prächtige glasklare und feste Gallerte, die in ausgezeichneter Weise die sog. Christiansenschen Brechungsfarben zeigt (z. B. grün bei Aufsicht, rötlich bei Durchsicht usw.). Diese Gallerten halten sich im geschlossenen Rohr einige Wochen fast unverändert, während bei Benutzung von Benzol, Ligroin usw. als Verdünnungsmittel das Kolloid sehr viel schneller durch Auskristallisation des NaCl zerstört wird. — Übrigens kann man einfach durch Eintropfen gesättigter alkoholischer NaCl-Lösung in Äther ein wenigstens stundenlang stabiles NaCl-Ätherosol herstellen (P. P. von Weimarn).

wiß niemand eine komplizierte chemische Konstitution zuschreiben, und doch haben Sie es hier als Kolloid vor sich. Ich kann auch erwähnen, daß kolloides Wasser bzw. kolloides Eis bereits hergestellt worden ist, z. B. durch schnelle Abkühlung von wasserhaltigem Toluol oder durch Eingießen von Wasser in flüssige Luft[1]). Es besteht also kein eindeutiger Zusammenhang zwischen chemischer Konstitution und kolloidem Zustand. Es ist also hier anders als z. B. in der Radiochemie, in der bekanntlich das Phänomen der Radioaktivität weitgehend auf die Elemente mit hohem Atomgewicht beschränkt ist[2]).

Es ist aber auch nicht möglich, ähnlich wie in der Radiochemie eine Tabelle aufzustellen, die mit annähernder Vollständigkeit ein Verzeichnis aller bekannten Kolloide enthielte und in der man Auskunft finden könnte, falls die Frage auftaucht, ob ein bestimmter Stoff ein Kolloid ist oder nicht. Es sind solche tabellarische Versuche vor einigen Jahren gemacht worden; aber schon damals fanden sie nicht den Beifall der Fachgenossen. Warum ist dies nicht möglich? Die Antwort ist: Weil es viel zu viele Kolloide heute gibt, als daß man in der Lage wäre, ein erschöpfendes Spezialverzeichnis dieser Gebilde aufzustellen. Während früher die Herstellung eines neuen Kolloids ein besonders interessantes Resultat der experimentellen Kolloidchemie war, kennen wir heute Methoden, mit Hilfe deren wir ganze Klassen von Substanzen auf praktisch dieselbe Weise in Kolloide überführen können. Ja es ist gar kein Zweifel, daß wir vielfach mit Kolloiden gearbeitet haben und noch arbeiten, ohne es zu wissen oder ohne es zu berücksichtigen; dies gilt z. B. für viele Farbstoffe und andere kompliziertere organische Substanzen. Je nach dem Lösungsmittel, ja je nach der Konzentration in ein und demselben Lösungsmittel kann sich ein und derselbe Stoff einmal „kolloid", das andere Mal „nicht kolloid" verhalten. Tannin z. B. ist kolloid in Wasser, nicht jedoch in Alkohol, ein einfaches kristallisiertes organisches Salz wie Tetraamylammoniumjodid ist in Benzol kolloid, in Azeton nicht kolloid gelöst, obschon es aus beiden Lösungsmitteln in Kristallform wiedergewonnen werden kann (P. Walden). Und eine von dem schwedischen Forscher H. Sandqvist studierte Sulfosäure benahm sich in

---

[1]) Vgl. Wo. Ostwald, Grundr. d. Kolloidchemie. 7. Aufl. 1923, S. 133; daselbst weitere Literatur.

[2]) Die Fälle, in denen durch chemische Bindung einer großen Zahl von Atomen, also durch räumliche Summation von Atomdurchmessern Teilchen von kolloider Größe entstehen (z. B. bei Eiweißkörpern), bezeichnet man als Eukolloide (Wo. Ostwald, Koll.-Ztschr. 32, 2 [1923]); siehe auch später im Text.

wäßriger Lösung bei großer Verdünnung als normaler Elektrolyt, bei höherer Konzentration dagegen nicht nur als Kolloid, sondern dazu noch als kristallinische Flüssigkeit[1])! Die chemische Beschaffenheit allein ist offenbar nicht entscheidend für die Kolloidnatur eines Stoffes. Wir werden in dieser Stunde noch näher darauf zu sprechen kommen, warum es unmöglich ist, solch ein Spezialverzeichnis von Kolloiden, eine Art kolloidchemischen Beilsteins, aufzustellen, ein Verzeichnis, das uns auf rein äußerliche Weise der Schwierigkeit entheben würde, zu entscheiden, ob wir ein Kolloid vor uns haben oder nicht.

Wir könnten noch verschiedene andere ähnliche, mehr oder weniger theoretische Hilfsmittel versuchen, um unsere Fundamentalfragen zu entscheiden; indessen mit gleichem unvollständigen oder negativen Erfolg. Wir können nicht theoretisch oder überhaupt a priori auf Grund allgemeiner chemisch-physikalischer Eigenschaften unmittelbar entscheiden, ob ein vorgelegter Stoff ein Kolloid ist oder nicht. Wir haben vielmehr zurückzugehen auf die experimentellen Kennzeichen kolloider Gebilde. Wir haben eine Reihe möglichst einfacher qualitativer Versuche anzustellen, um zu entscheiden, ob es sich um ein Kolloid handelt oder nicht; wir haben mit anderen Worten eine kurze qualitative kolloidchemische Analyse anzustellen. Gleichzeitig mit der Schilderung aber eines solchen Analysenganges, mit der Antwort also auf die Frage: „Woran erkennen wir ein Kolloid", gewinnen wir auf induktivem und experimentellem Wege die Elemente für die Beantwortung der anderen beiden Fragen: „Was sind die wichtigsten Kennzeichen eines Kolloids?" und „Was sind Kolloide überhaupt?" —

Es ist ein günstiger und durchaus nicht notwendiger Umstand, daß wir bei der Anstellung einer solchen kolloidchemischen Analyse eine Reihe von Versuchen mit Vorteil ausführen können, die in gewissem Sinne eine Rekapitulation der historischen Entwicklung der experimentellen Kolloidchemie darstellt. Der Begriff des Kolloids ist historisch entstanden auf Grund von Diffusionsversuchen. Ihnen allen ist die Grunderscheinung der Diffusion wohlbekannt. Füllen Sie z. B. die untere Hälfte eines Reagensrohres mit einer gefärbten Salzlösung und schichten Sie vorsichtig reines Wasser über dieselbe, so daß die Grenzfläche möglichst wenig gestört wird, so wissen Sie, daß auch bei strengstem Ausschluß von Erschütterungen und Strömungen das Salz nach einigen Tagen in das reine Wasser wandert. Am Schlusse des Versuches findet sich überall dieselbe Konzentration.

[1]) H. Sandqvist, Koll.-Ztschr. **19**, 113 (1916).

Thomas Graham war nun einer der ersten Forscher, der in größerem Umfange und insbesondere in quantitativer Weise solche Diffusionsversuche anstellte. Der bedeutungsvollste Schritt, den Graham tat, bestand aber darin, daß er möglichst viele und möglichst verschiedenartige Substanzen auf ihr Diffusionsvermögen hin untersuchte. Bei diesen systematischen Experimenten fand er nun weitgehende quantitative Verschiedenheiten im Diffusionsvermögen der verschiedenartigen Lösungen. Während einige gelöste Stoffe wie Salze, Säuren und Basen gut meßbare, in der Tat eine ganz beträchtliche Diffusionsgeschwindigkeit zeigten, konnte er bei anderen Lösungen wie bei solchen des Leims, der Eiweißstoffe aber auch der Kieselsäure oder des Aluminiumhydroxyds, keine oder nur überaus langsame Diffusion feststellen. Diese nicht oder nur schlecht diffundierenden Lösungen nannte nun Graham kolloide Lösungen, und dieses einfache Resultat wurde zu einer der Hauptwurzeln der ganzen Wissenschaft von den Kolloiden.

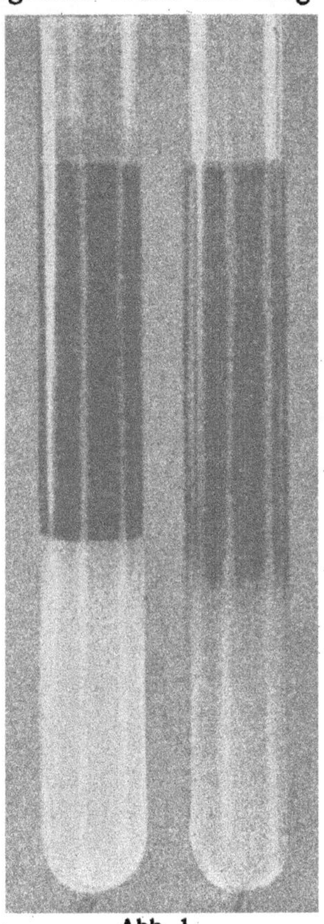

Abb. 1.
Diffusion eines Kolloids (a) und einer „echten" Lösung (b) in Gelatine-Gallerte.

Es ist leicht einzusehen, daß quantitative Diffusionsversuche, bei denen die Lösung mit dem reinen Lösungsmittel überschichtet werden muß, ziemlich schwierig auszuführen sind, da irgendwelche Erschütterungen oder Strömungen infolge von Temperaturdifferenzen die Genauigkeit solcher Versuche erheblich beeinträchtigen werden. Besonders zur Demonstration vor einem größeren Kreise sind solche „freie" Diffusionsversuche ziemlich ungeeignet. Es gibt indessen eine Möglichkeit, das Diffusionsvermögen von Lösungen in einer etwas stabileren Versuchsanordnung zu demonstrieren, deren Grundprinzip auch schon Graham bekannt war. Diese Versuchsanordnung beruht auf der Tatsache, daß die Diffusionsgeschwindigkeit in verdünnten Gallerten — aber nur in verdünnten — annähernd dieselbe ist wie bei sogenannter freier Diffusion. Ich habe Ihnen hier eine Reihe von Reagensrohren vorgeführt (Dem.), deren untere Hälfte mit einer ca.

3%igen Gelatinegallerte gefüllt ist. Auf diese erstarrte Gallerte habe ich nun eine Anzahl gefärbter Lösungen gegossen und einige Tage lang hinein diffundieren lassen. Sie sehen z. B., daß die blaue Farbe des Kupfersulfats oder die gelbe der Pikrinsäure weit in die Gallerte eingedrungen ist, namentlich wenn man, wie ich es hier tue, die überstehende Flüssigkeit abgießt. Andrerseits sehen Sie, daß in den Röhren, in denen ich kolloides Gold oder Silber, oder Eisenhydroxyd, oder Kongorot usw. hineingegossen hatte, so gut wie nichts in die Gallerte eingedrungen ist. Hier haben Sie also in sehr deutlicher Weise das verschieden große Diffusionsvermögen verschiedener Lösungen, wie es Graham zuerst fand, demonstriert. Ich will auch gleich erwähnen, daß solche einfache Diffusionsversuche in Gallerten vielfach ausgezeichnete Dienste leisten beim Versuche, den kolloiden oder nichtkolloiden Charakter einer gegebenen Lösung kolloidanalytisch festzustellen.

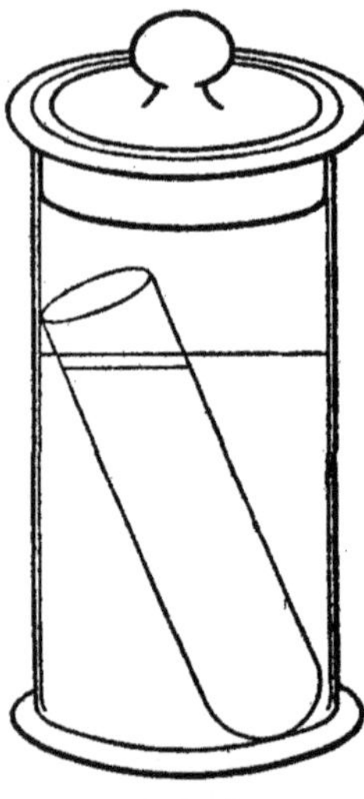
Abb. 2. Dialysator zur Kolloidanalyse.

Es gibt aber noch einen anderen Weg, der vielleicht noch bequemer über die Schwierigkeiten freier Diffusionsversuche hinweghilft und der in gewissem Sinne eine noch schärfere Unterscheidung zwischen diffundierenden und nichtdiffundierenden Lösungen gestattet. Vermutlich im Gedanken, die genannten Schwierigkeiten bei seiner systematischen Untersuchung zahlreicher Lösungen auszuschalten, verfiel Graham auf folgende Versuchsanordnung. Denken Sie sich zwischen einer Salzlösung und ihrem reinen Lösungsmittel irgendeine Membran eingeschaltet, die von dem Lösungsmittel benetzt resp. durchtränkt werden kann. Nehmen Sie z.B. ein Säckchen oder Röhrchen aus Pergamentpapier, wie ich es hier habe, füllen Sie die Lösung, die Sie untersuchen wollen, hinein und stellen Sie das ganze Röhrchen in ein Glas mit reinem Lösungsmittel (Abb. 2), dann könnte offenbar auch eine Diffusion durch das Pergamentpapier hindurch stattfinden, ohne daß so leicht wie bei einer freien Diffusion die Berührungsfläche zwischen Ausgangslösung und Lösungsmittel durch Erschütterungen usw. gestört werden würde. Solche durch die Einschaltung einer Membran gleichsam stabilisierte Diffusionsversuche stellte nun auch Graham an. Er gab diesem Verfahren sogar einen besonderen Namen, indem er die Diffusion von gelösten Stoffen durch Membranen hindurch als

„Dialyse" bezeichnete. Er fand ganz allgemein, daß bei freier Diffusion wandernde Stoffe auch durch solche Membranen hindurch diffundierten, während umgekehrt die nichtdiffusiblen Lösungen auch den Dialysator nicht passierten, so daß zur Unterscheidung dieser zwei Arten von Lösungen auch der meist viel einfachere dialytische Versuch angewendet werden konnte. In der Tat ist eine Pergamentmembran ja auch nichts anderes als eine dünne Gallertschicht.

Ich habe noch zu erwähnen, daß natürlich nicht nur Pergamentpapier, sondern auch viele andere Häute, wie Schweinsblase oder Fischblase, Wursthäute, Rohrschläuche oder auch Kollodiumhäute usw., zu dialytischen Versuchen benutzt werden können. Auch andere Versuchsanordnungen, z. B. Glocken und Ringe, die unten wie eine Trommel mit solchen Membranen bespannt sind, werden vielfach verwendet. Ich habe Ihnen einige solcher Dialysatoren mitgebracht, speziell zwei nach Graham konstruierte. Man kann sich auch selbst dialytische Membranen, z. B. aus Kollodium, herstellen; ein besonders einfaches Verfahren ist die Tränkung von Filtrierpapierhülsen mit Kollodiumlösung, deren Lösungsmittel man verdampfen läßt[1]). —

Meine Herren, hier hätten wir ja schon zwei experimentelle Kennzeichen kolloider Lösung. Sie könnten sagen: Nun das ist ja ziemlich einfach, kolloide Lösungen sind also weiter nichts als Lösungen, die nicht diffundieren und nicht dialysieren. Das wäre also bereits die experimentelle Definition kolloider Lösungen. — Es ist zweifellos richtig, daß wir hier zwei der wichtigsten experimentellen Charakteristika kolloider Lösungen vor uns haben. Bei näherem Zusehen er-

---

[1]) Nach dem Vorgange von G. Malfitano stellt man sich Kollodiumhülsen dadurch her, daß man reine Reagensröhren in Kollodium taucht, durch Drehen (etwa wie beim Glasblasen) eine gleichmäßige Schichtdicke während des Verdunstens herstellt und das ausgetrocknete Häutchen abstreift. Auch durch Ausgießen von Erlenmeyerfläschchen usw. können Dialysatoren hergestellt werden. Jeder, der mit diesen Verfahren gearbeitet hat, weiß, daß es sich um relativ delikate Operationen mit einer ganzen Reihe kleiner technischer Kunstgriffe handelt. Die zu einem Stück zusammengeschweißten Pergamenthülsen von Schleicher und Schüll sind für kolloidchemische Zwecke zwar sehr handlich (sie reagieren gelegentlich sauer, sind daher vor dem Gebrauche auszukochen), indessen ziemlich kostspielig. Sehr viel einfacher und billiger ist aber die im Text angedeutete Tränkung von Filtrierpapierhülsen mit Kollodium, da letztere in fast beliebigen Größen leicht und verhältnismäßig billig erhältlich, vor allen Dingen aber mechanisch außerordentlich dauerhaft sind. Sie eignen sich u. a. auch für Osmometer. — Eine weitere Verbesserung, die besonders im Sinne einer Beschleunigung der Dialyse wirkt, besteht in der Anwendung des Verfahrens, das der Verfasser zur Herstellung sog. „spontaner Ultrafilter" beschrieben hat (siehe Koll.-Ztschr. **22**, 72, 143 (1918)).

gibt sich indessen, daß diese zwei Kennzeichen zwar wichtig, aber allein nicht erschöpfend sind zur eindeutigen Kennzeichnung, und weiter zeigt eine nähere Überlegung, daß wir bei dieser Definition einige theoretische Voraussetzungen machen, die keineswegs so ohne weiteres bewiesen sind. Lassen Sie mich bitte auf den letzten Punkt zuerst eingehen.

Es handelt sich um den Begriff der „Lösung“, den wir in unserer eben gegebenen Definition auch auf die kolloiden Gebilde angewandt haben. Was verstehen wir unter einer Lösung? Sehen wir ab von allen speziellen Vorstellungen, die sich z. B. auf etwaige chemische Beziehungen zwischen Gelöstem und Lösungsmittel beziehen. Das was wir unter allen Umständen als charakteristisch für eine Lösung ansehen, ist die Tatsache, daß wir eine molekulare Zerteilung eines Stoffes in einem anderen vor uns haben. Gilt diese Definition auch für kolloide Lösungen? Haben wir auch hier „Moleküle“ in der Lösung schwimmen? Meine Herren, viele ältere Autoren und auch Graham selbst waren durchaus der Meinung, auch in kolloiden Lösungen molekulare Zerteilungen vor sich zu haben. Natürlich mußte irgendwie ein Unterschied zwischen den Molekülen eines Kolloids und eines Nichtkolloids bestehen, der den großen Unterschied in der Diffusions- und Dialysefähigkeit der entsprechenden zweierlei Lösungen herbeiführte. Vielleicht die nächstliegende, wenn schon unbestimmteste Erklärungsmöglichkeit war die Annahme, daß für diesen physikalischen Unterschied ein ähnlicher Unterschied im Charakter der Moleküle verantwortlich zu machen wäre, wie wir ihn bei den Erscheinungen der sogenannten Allotropie finden. Sie wissen, daß z. B. Schwefel in mehreren physikalisch verschiedenen allotropen Modifikationen auftritt, als rhombischer oder hexagonaler Schwefel, als S_η oder S_λ usw. In ähnlicher, vielleicht noch etwas unbestimmterer Weise stellten sich nun auch Graham und seine unmittelbaren Nachfolger den Unterschied in den Molekülen kolloider und nichtkolloider Lösungen vor. Ja Carey Lea, einer der bekanntesten amerikanischen Kolloidforscher, betitelte direkt seine Arbeiten über kolloide Metallösungen: Über neue allotrope Modifikationen des Silbers usw., und meinte hiermit neue kolloide Formen dieses Metalls.

Nehmen wir nun einmal an, daß diese Anschauung korrekt wäre und daß wir tatsächlich in kolloiden wie in den nichtkolloiden Lösungen reguläre Moleküle von nur etwas abweichenden physikalischen Eigenschaften hätten. In der Tat bestehen ja sonst außerordentlich viele Ähnlichkeiten zwischen kolloiden und gewöhnlichen molekularen Lösungen. So erscheinen z. B. viele kolloide Lösungen, wie hier das rote Gold, das Kongorot oder das Berlinerblau, dem bloßen Auge genau so klar wie eine molekulare Fuchsin- oder Kupfersulfatlösung (Dem.). Insbesondere aber teilen kolloide Lösungen die wichtige Eigenschaft gewöhnlicher molekularer Lösungen durch jede Art von Filtrierpapier, ja auch durch die meisten feineren Filter, wie Porzellan- und Tonkerzen, unzersetzt hindurch zu laufen. Ich kann Ihnen dies mit jedem der hier mitgebrachten Kolloide zeigen, z. B. mit kolloidem Gold oder kolloiden Indigo (Dem.). Diese und noch andere Erscheinungen demonstrieren zweifellos große Ähnlichkeiten und eine enge Verwandtschaft zwischen kolloiden und gewöhnlichen molekularen Lösungen.

Gestatten Sie, meine Herren, nun aber, daß ich Ihnen den folgenden Versuch vorführe, der Sie vielleicht an die Zeiten Ihres ersten qualitativ analytischen Chemiekursus erinnern wird. Ich habe hier eine gesättigte Quecksilberzyanidlösung und fälle durch Zugießen von Schwefelwasserstoffwasser das Quecksilbersulfid heraus (Dem.). Wie bekannt, entsteht ein dicker Niederschlag, der sich nach einigen Minuten abgesetzt haben wird und der durch ein gewöhnliches Papierfilter abfiltriert werden kann (Dem.). Es läuft eine praktisch farblose Flüssigkeit ab. Ich mache nun denselben Versuch mit einer sehr verdünnten Zyanidlösung (Dem.). Sie wissen alle, auch hier muß sich festes Quecksilbersulfid abscheiden, da Quecksilbersulfid bekanntlich in Wasser resp. in einer verdünnten Lösung von Zyanwasserstoff nicht löslich ist. Ich gieße nun die dunkelbraun gefärbte Flüssigkeit ebenfalls durch ein Papierfilter: die jedem Analytiker bekannte unangenehme Erscheinung tritt ein, daß der Niederschlag durch das Filter läuft (Dem.). Was nun? Ist das in Wasser „notorisch“ unlösliche Quecksilbersulfid, das ich hier aus verdünnter Lösung ausgefällt habe, auch ein Kolloid? Wir wissen doch aber ganz genau, daß es ein Niederschlag, und zwar der Niederschlag eines festen Stoffes sein muß, da wir uns Quecksilbersulfid in Gegenwart von Wasser und bei Zimmertemperatur ja gar nicht anders vorstellen können und da wir bei nur etwas höheren Konzentrationen oder auch nur beim Stehenlassen oder beim Zusatz irgendwelcher Salze auch aus dieser braunen Flüssigkeit den festen Niederschlag erhalten, wie jeder Analytiker weiß. Auf der anderen Seite zeigt sich diese durch das Filter gegangene braune Flüssigkeit, die den Sulfidniederschlag enthalten muß, dem bloßen Auge gegenüber ganz genau so klar wie eine gewöhnliche filtrierte molekulare Lösung. Ja wir können auch Diffusions- und Dialyseversuche mit diesem feinverteilten Niederschlag anstellen, da er sich unter Umständen viele Tage lang hält. Unter den Ihnen bereits gezeigten Röhrchen mit Diffusionsversuchen befindet sich eins mit genau solch einem feinen Quecksilbersulfidniederschlag; wie Sie sehen, ist nichts von dem Niederschlag in die Gallerte hineingewandert. Auch hierin verhält sich also dieser Niederschlag ebenso wie ein Kolloid. Können wir aber auch *hier* noch von molekularer Zerteilung reden? Vielleicht sind auch all die anderen Kolloide, die wir hier vor uns haben, weiter nichts als nur besonders feine Niederschläge, vielleicht sind Kolloide überhaupt nichts anderes — die Idee ist nach diesem Versuche wirklich sehr naheliegend — *als besonders feine Aufschwemmungen unlöslicher Stoffe, nichts anderes als sogenannte „mechanische" Suspensionen oder Emulsionen, wie wir sie etwa auch durch langes Zerreiben und Schlämmen darstellen könnten?* Sie sehen jedenfalls zunächst, daß allein das Unvermögen zu diffundieren und zu dialysieren nicht ein *genügendes* Kennzeichen zur Charakterisierung kolloider Lösungen ist; es ist ganz klar, daß auch aufgeschwemmte feine Niederschläge nicht diffundieren und dialysieren werden.

Meine Herren, an diese eigenartigen Beziehungen zwischen Kolloiden und gewöhnlichen Lösungen einerseits, Kolloiden und mechanischen Zerteilungen andererseits, Beziehungen, die offenbar von allergrößter Bedeutung für die Frage nach der „Natur" kolloider Lösungen sind, knüpft sich eine der interessantesten, wichtigsten und lebhaftesten Debatten in der Geschichte der Kolloidchemie. Auf der einen Seite versuchten Forscher kolloide Lösungen auf Grund der genannten Ähnlichkeiten den molekularen unterzuordnen und in Gegensatz zu den feinen Niederschlägen oder, behalten wir das Wort, zu den „mechanischen Zerteilungen" zu stellen. Auf der anderen Seite betonte die andere Partei der Kolloidforscher die Ähnlichkeiten zwischen mechanischen Zerteilungen und Kolloiden und trennte diese zwei Arten von Gebilden ihrerseits ab von den gewöhnlichen molekularen Lösungen, wie etwa folgendes Schema zeigt.

Mechanische Zerteilungen — Kolloide — molekulare Lösungen.

Es entstanden mit anderen Worten zwei verschiedene *dualistische* Klassifikationen dieser dreierlei Gebilde, der mechanischen Zerteilungen, der Kolloide und der „echten" Lösungen, die alle beide das Bestreben hatten, zwei von diesen Klassen zusammenzufassen und in Gegensatz zu der dritten zu stellen. Es ist überaus interessant, zu verfolgen, wie dieser Streit hin und her wogte und wie abwechselnd bald die eine und bald die andere Partei nun ein endgültiges scharfes Unterscheidungsmerkmal für die von ihr vertretene Klassifikation glaubte gefunden zu haben. Aufschwemmungen, gröbere Niederschläge sind z. B. trüb, während viele Kolloide, wie Sie sahen, dem bloßen Auge klar erscheinen. Schon Faraday verwandte aber eine spezielle Beleuchtungsanordnung, auf die wir morgen zu sprechen kommen, die viel feinere Trübungen zu erkennen gestattete und wies nach, daß z. B. auch rotes kolloides Gold getrübt sein kann. Die Vertreter der sogenannten Heterogenitätstheorie führten diese Tatsache an als charakteristisch für Niederschläge und Kolloide im Gegensatz zu echten Lösungen. Auf der anderen Seite war es bekannt, daß man jedenfalls in typischen filtrierten Kolloiden unter dem Mikroskop keine Einzelteilchen mehr erkennen konnte, und die Vertreter der anderen Partei, der sogenannten Homogentitätstheorie der Kolloide, sahen diese Tatsache als Stütze ihrer Auffassung und als Demonstration der engen Verwandtschaft zwischen kolloiden und gewöhnlichen molekularen Lösungen an. Es ist eine der liebenswürdigsten Neckereien der Geschichte der Kolloidchemie, daß es gerade ein Vertreter dieser letzteren Partei, R. Zsigmondy, war, dem es zusammen mit H. Siedentopf 1903 gelang, auf einem besonderen optischen Wege die „Heterogenität" der von ihm selbst als „homogen" bezeichneten typischen kolloiden Lösungen des Goldes nachzuweisen und somit die Hinfälligkeit wiederum dieser Einteilungen selbst zu demonstrieren[1]).

Noch viel bemerkenswerter, meine Herren, ist aber der Umstand, daß dieser Streit um eine dualistische Klassifikation der aufgezählten Gebilde noch heute nicht entschieden ist, und am allerinteressantesten

---

[1]) So sagt R. Zsigmondy im Jahre 1900 (Ztschr. f. physik. Chem. 33, 64): „Die kolloidalen Lösungen gehören zu den Lösungen. Diese werden gewöhnlich als homogene Gemische verschiedenartiger Körper definiert." Die Tatsache, daß typische Goldsole gelegentlich Trübungen aufweisen, wird auf zufällige Verunreinigungen zurückgeführt: „Die trübenden Verunreinigungen können sowohl von Fremdkörpern herstammen, als auch von größeren nicht gelösten Teilchen des der Hauptsache nach gelösten (mit der Flüssigkeit eine vollkommen homogene Mischung bildenden) Körpers selbst. — Das Auftreten diffusen, polarisierten Lichtes bei Goldlösungen trägt nach meinen bisherigen Beobachtungen den Charakter des Zufälligen usw." — Die später im Text zu besprechende Ultramikroskopie hat gezeigt, daß die optische Heterogenität nicht „zufällig", sondern ein wesentliches und kennzeichnendes Merkmal speziell kolloider Lösungen vom Typus des kolloiden Goldes ist.

erscheint schließlich die Tatsache, daß sich kein einziger Kolloidforscher heute mehr um die dualistische Klassifikation der Kolloide streitet! Die genannte Diskussion ist einfach von der Tagesordnung verschwunden. Warum? — Weil die moderne Kolloidchemie gelehrt hat, daß es keine scharfen Unterschiede zwischen mechanischen Zerteilungen, kolloiden und molekularen Lösungen gibt, weil wir im Gegenteil jetzt wissen, daß durchaus kontinuierliche Übergänge existieren sowohl zwischen groben mechanischen Zerteilungen und kolloiden Lösungen als auch zwischen kolloiden und molekularen Lösungen. Der Streit um die dualistische Klassifikation der Kolloide ist verschwunden, weil man erkannt hat, daß es sehr viel zweckmäßiger und fruchtbarer ist, mechanische Zerteilungen, kolloide und molekulare Lösungen unter einem einheitlichen Gesichtspunkt zu betrachten, ihre Gemeinsamkeiten hervorzuheben und erst von diesen gemeinsamen Eigenschaften aus ihre speziellen Eigentümlichkeiten zu beschreiben.

Es ist dies vielleicht das wichtigste Resultat der ganzen neueren Kolloidchemie, was ich Ihnen soeben mitgeteilt habe. Allerdings bin ich heute nur in der Lage, Ihnen zu sagen, daß die Annahme der Kontinuität der drei genannten Klassen von Gebilden eine experimentell vielfach begründete Tatsache ist. Sie müssen mir dies einstweilen glauben. Ich werde aber die nächste Vorlesung zum größten Teile dazu verwenden, Ihnen an einzelnen Beispielen die Berechtigung dieses Schlusses zu zeigen.

Was sind nun die Gemeinsamkeiten von aufgeschwemmten Niederschlägen und von kolloiden Lösungen wie von molekularen Lösungen?

Um es kurz zu sagen: In allen den genannten Gebilden ändern sich die physikalischen und chemischen Eigenschaften periodisch im Raume. Denken Sie sich etwa eine Suspension von Quarzkörnchen im Wasser. Wenn Sie jetzt mit irgendeinem Instrument z. B. die Änderungen des Brechungskoeffizienten untersuchen würden, wie sie in einer solchen Suspension auftreten und die gefundenen Werte graphisch veranschaulichen würden, so ergäbe sich etwa eine Kurve von folgender Gestalt (siehe Abb. 3 und 4). Sie würden periodisch im Raume abwechselnd eine Zunahme und dann wieder eine Abnahme des Brechungskoeffizienten finden, je nachdem Sie auf ein Quarzkörnchen treffen, oder wieder in das Medium hineinkommen. Einen solchen periodischen Wechsel, nicht nur des Brechungskoeffizienten, sondern auch aller übrigen physikalischen und chemischen Eigenschaften würden

Sie in jeder Richtung des Raumes vorfinden. Diese selbe Eigentümlichkeit, die periodische Diskontinuität der Eigenschaften im Raume, ist aber zweifellos auch in einer molekularen Lösung vorhanden. Es erscheint ganz selbstverständlich, daß z. B. die chemische Beschaffenheit,

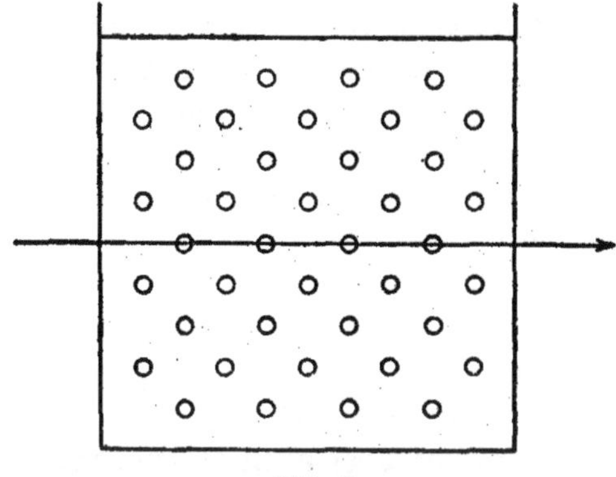

Abb. 3.

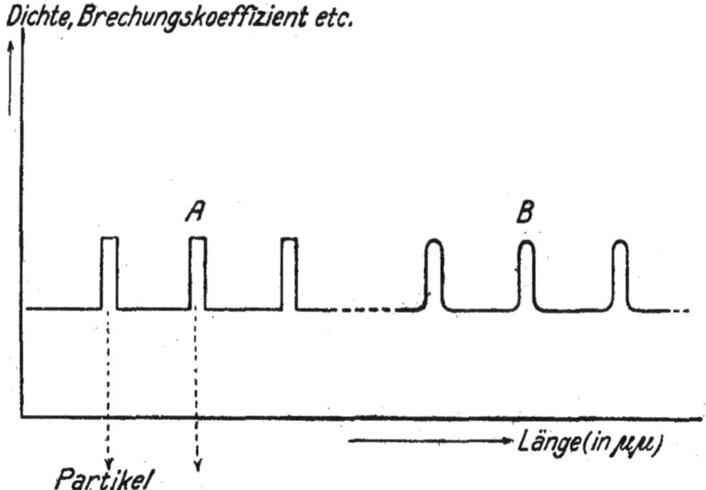

Abb. 4.
Schema zur Veranschaulichung des Begriffes der „dispersen Systeme".

die Dichte, das elektrische Verhalten sich auch in einer molekularen Lösung periodisch ändert. Auch in jeder molekularen Zerteilung gibt es unzweifelhaft Stellen, in denen die physikalisch-chemischen Eigenschaften des Lösungsmittels vorherrschen, und wiederum andere Stellen, welche von den Eigenschaften der gelösten, möglicherweise mit dem Lösungsmittel verbundenen Molekeln charakterisiert sind. Wir wissen, daß in einem Elektrolyten, z. B. in einer verdünnten Salzlösung, periodisch im Raume Träger positiver und negativer Ladungen sind, und ähnlich müssen auch andere physikalisch-chemische Eigenschaften, wie etwa die Dichte, periodische Diskontinuitäten zeigen. Nur finden hier diese periodischen Änderungen in einem außerordentlich viel kleineren Raume statt, nämlich in den Dimensionen, die wir molekulare nennen. Was hier für grobe Zerteilungen und für molekulare Systeme zutrifft, gilt aber natürlich auch für kolloide Lösungen. In allen drei Klassen von Gebilden ändern sich die physikalischen und chemischen Eigenschaften periodisch im Raume.

Diese gemeinsame Eigentümlichkeit aller drei Arten von Gebilden hat nun die moderne Kolloidchemie in den Mittelpunkt ihrer Betrachtungsweise gestellt. Sie bezeichnet die genannte Eigentümlichkeit als die disperse Struktur der Gebilde und nennt solche Systeme allgemein disperse Systeme oder auch Dispersoide. Ein disperses System ist also ein Gebilde, dessen Eigenschaften sich periodisch im Raume ändern, — weiter nichts. Sie sehen — ich spreche hier zu den Physikochemikern unter Ihnen —, daß diese Definition sehr viel allgemeiner ist als etwa der Begriff der „Mehrphasigkeit“ oder „Heterogenität“. Wenn man von einem mehrphasigen System spricht, wie es z. B. eine Aufschwemmung von Quarzpartikelchen bestimmt ist, so meint man damit, daß sich eine ganze Anzahl von Eigenschaften gleichzeitig ändert; in der Tat, sämtliche physikalische und chemische Eigenschaften pflegen sich praktisch zu ändern, wenn man von einer Phase in die andere übergeht. Der Begriff der Dispersität macht aber gar keine Voraussetzungen weder über die Art, noch über die Anzahl der Eigenschaften, welche sich im Raume ändern. Ja wenn Sie daran denken, daß z. B. Röntgenstrahlen aufgefaßt werden wesentlich als Systeme oszillierender kleiner Elektrizitätsmengen oder elektrischer „Quanten“, der Elektronen, so sehen Sie, daß es disperse Systeme gibt, die fast nur aus einer einzigen Energieart aufgebaut sind[1]). Der Begriff des dispersen Systems gilt also sowohl für sogenannte „heterogene“ als auch für sogenannte „homogene“ Systeme, wie es molekulare Lösungen vom phasentheoretischen Standpunkte aus sind. Er besagt viel weniger als der Begriff der Heterogenität, aber

[1]) In der Tat entsprechen die in neuerer Zeit auf die verschiedensten Energiearten und Energiekombinationen ausgedehnten Quantenvorstellungen in weitestgehendem Maße dem Begriff der dispersen Systeme mit dem einzigen Unterschiede, daß unter „Quanten“ in der Regel maximaldisperse Einheiten bezeichnet werden.

er enthält auf der anderen Seite mehr als der Begriff der Homogenität. — Soviel über den wichtigen Begriff des dispersen Systems. Vielleicht mutet diese ganze Erörterung Sie als etwas reichlich theoretisch an. Ich glaube aber, daß Sie bald selbst erkennen werden, wie klärend diese Abstraktion auf die uns interessierenden Fragen wirkt und wie fruchtbare und auch wie spezielle Anwendungen wir aus diesem allgemeinen Begriffe ziehen können.

Grobe Zerteilungen, kolloide Lösungen und molekulare Lösungen zeigen also alle drei die Eigentümlichkeit der dispersen Beschaffenheit und können damit alle drei unter dem Begriff der dispersen Systeme zusammengefaßt werden. Alle Grenzstreitigkeiten, wie sie die dualistischen Klassifikationsversuche der Kolloide hervorgerufen haben, fallen auf diese Weise sofort weg[1]). Worin unterscheiden sich nun aber diese drei Arten von dispersen Systemen untereinander? Offenbar in erster Linie durch den Grad dieser periodischen Änderungen in ihnen, durch die verschieden große Anzahl von Perioden, welche die Eigenschaften in einem gegebenen Einheitsvolum durchmachen. Es ist ersichtlich, daß dieser Grad der Periodizität, der Dispersitätsgrad, wie ihn die neuere Kolloidchemie nennt, zunimmt, wenn wir von groben Zerteilungen über die Kolloide zu den molekularen Lösungen kommen, wie das folgende Schema[2]) es zeigt.

Disperse Systeme

grobe Zerteilungen — Kolloide — molekulare Lösungen

→

zunehmender Dispersitätsgrad

In den molekularen Systemen ist diese „Zerteilung" der physikalischen und chemischen Eigenschaften am höchsten, in den groben Aufschwemmungen am geringsten. Molekulare Systeme gehören zu den höchstdispersen Gebilden, mechanische Zerteilungen zu den grob-

---

[1]) Man findet zuweilen die Erweiterung der Kolloidchemie zu einer Dispersoidchemie dargestellt als eine nur nomenklatorische Angelegenheit. Der Verfasser habe die „ganz zweckmäßigen Bezeichnungen" disperses System, Dispersionsmittel, Dispersitätsgrad usw. eingeführt. Vielleicht entnimmt der Leser aber doch aus vorliegendem Buche, z. B. aus seinem ersten und zweiten Kapitel, daß die nomenklatorische Seite relativ belanglos ist gegenüber der begrifflichen Seite dieser jüngeren Entwicklung der Kolloidchemie infolge der Aufstellung der allgemeinen Dispersoidlehre.

[2]) Natürlich wird der Vortragende dieses und die folgenden Schemata nicht jedesmal neu schreiben oder zeigen, sondern vielmehr die allmähliche Entwicklung dieser allgemeinsten Systematik der dispersen Systeme an ein und demselben Diagramm an der Tafel vorführen.

dispersen Systemen, während kolloide Lösungen offenbar eine Mittelstellung zwischen diesen beiden Extremen einnehmen. Es liegt aber augenscheinlich nicht der geringste Grund zu der Annahme vor, daß der Dispersitätsgrad etwa zwischen grobdispersen und kolloiden Systemen oder zwischen kolloiden und molekularen Systemen einen plötzlichen Sprung erleiden sollte. Im Gegenteil kann man sich nicht nur theoretisch Systeme von allen möglichen Dispersitätswerten vorstellen, sondern man kann gar keinen Grund gegen die Annahme vorbringen, daß auch in der Natur disperse Systeme von jedem beliebigen Dispersitätsgrade auftreten können. Diese Folgerung entspricht aber gerade der Erfahrung, wie ich Ihnen schon sagte und wie ich Ihnen in der nächsten Vorlesung noch näher schildern werde. Wir kennen in der Tat disperse Systeme von jedem beliebigen Dispersitätsgrade innerhalb der angedeuteten Grenzen.

Vielleicht ist es ganz zweckmäßig, diese Tatsache der Existenzmöglichkeit von Systemen des allerverschiedensten Dispersitätsgrades durch ein paar Demonstrationen zu fixieren. Ich habe hier z. B. eine Reihe von Schwefelpräparaten (Dem.). In dieser ersten Flasche sehen Sie die bekannten großen gelbgrünen Kristalle. Hier wird man kaum noch von einem dispersen System reden; jedenfalls handelt es sich um ein äußerst grobdisperses System. Hier in der zweiten Flasche haben Sie Stangenschwefel, bekanntlich ein kristallinisches Präparat, dessen Einzelteilchen bereits schon so hoch dispers sind, daß Sie sie nur schwer mit bloßem Auge unterscheiden können. Die dritte Flasche enthält Schwefelblumen, wie Sie wissen unterkühlte Schwefeltröpfchen, die Bruchteile eines Millimeters groß, mit anderen Worten, von mikroskopischem Dispersitätsgrade sind. Hier zeige ich Ihnen kolloiden Schwefel in einem wäßrigen „Dispersionsmittel". Es ist eine milchige Flüssigkeit, die sich nur sehr langsam absetzt. Würden Sie einen Tropfen von der überstehenden Flüssigkeit unter das Mikroskop bringen, so würden Sie keinerlei Teilchen mehr unterscheiden können. Dieses Schwefelsystem ist also noch höher dispers als das vorher gezeigte. Die fünfte Flasche enthält ein weiteres, zum größeren Teile kolloides Schwefelpräparat, Schwefel, der in Benzol aufgelöst worden ist. Es stellt eine kaum mehr getrübte gelbliche Flüssigkeit dar, die vermutlich noch höherdispers ist als der wäßrige kolloide Schwefel[1]), und hier in der sechsten Flasche haben Sie endlich molekular dispersen Schwefel, die wohlbekannte Lösung von Schwefel in Schwefelkohlenstoff.

---

[1]) Siehe J. Amann, Koll.-Ztschr. 8, 197 (1911).

Sie sehen also, wie ein und derselbe Stoff in allen möglichen Dispersitätsgraden auftreten kann. Natürlich können Sie sich auch irgendwelche andere Stoffe in derartigen verschiedenen Dispersitätsgraden vorstellen. Denken Sie z. B. an kristallisiertes Kochsalz, an das höherdisperse gemahlene sogenannte Tafelsalz, an die kolloiden Kochsalzpräparate, die ich Ihnen bereits zeigte, und schließlich an eine gewöhnliche molekulare Kochsalzlösung.

Gleichzeitig sehen Sie nun aber auch, wie durch die Einführung des Begriffes der dispersen Systeme sich unser Hauptproblem, die Stellung kolloider Lösungen zu molekularen Lösungen einerseits und zu groben Zerteilungen andererseits, auf das einfachste klärt. Wir haben eine kontinuierliche Reihe von Gebilden vor uns, und es erscheint zunächst als vollkommen willkürlich, bei welchen Werten des Dispersitätsgrades wir unsere Trennungslinien zwischen den drei Klassen von dispersen Systemen ziehen. Wir können jedenfalls theoretisch nicht vorher sagen, welche speziellen Dispersitätswerte charakteristisch für die eine oder die andere Klasse sind, und wir könnten z. B. eine nach Dezimalen der Längeneinheit gewählte Einteilung vornehmen. Indessen ergeben sich aus praktischen Gründen gewisse Zahlenwerte, die für eine solche Einteilung besonders geeignet erscheinen. Es sind dies Dispersitätswerte, bei denen die einzelnen Untersuchungsmethoden disperser Systeme entweder ihre Leistungsgrenze erreicht haben, oder aber zuerst mit Vorteil angewendet werden können.

Eine praktische Grenze zwischen grobdispersen und kolloiden Systemen ergibt sich z. B. aus der Leistungsfähigkeit des Mikroskops. Es folgt aus der Theorie der mikroskopischen Abbildung, daß wir niemals Teilchen geometrisch abbilden können, die kleiner sind als die halbe Wellenlänge des Lichts. Nehmen wir noch mikrophotographische Methoden dazu, bei denen das kurzwellige ultraviolette Licht angewandt werden kann, so ergibt sich als die äußerste Leistungsfähigkeit der mikroskopischen Abbildung ein Wert von etwa ein zehntausendstel Millimeter oder 0,1 μ. Diesen Wert benutzt man — wohlgemerkt in willkürlicher Weise — als den Grenzwert zwischen groben Dispersionen und kolloiden Lösungen. Auch andere Untersuchungsmethoden geben ähnliche Werte. So berechnen sich z. B. die Poren von Filtern zu ähnlichen Werten. Das feinste gehärtete Filtrierpapier Nr. 602 von Schleicher und Schüll hat etwa einen Porendurchmesser von 1 μ; Filterkerzen aus Ton oder Porzellan einen solchen von etwa 0,2—0,4 μ. Es sind dies also Werte von fast derselben Größenordnung wie die der mikroskopischen Leistungsfähigkeit. In entsprechender

Weise sieht man es als charakteristisch an, daß typische kolloide Lösungen durch die genannten Filter hindurchgehen, während grobe Dispersionen beim Filtrieren getrennt werden.

Fragen wir auf der anderen Seite nach einem Grenzwert zwischen kolloiden und molekulardispersen Lösungen, so können wir zunächst die Physikochemiker nach den Dimensionen der Moleküle fragen. Auf verschiedenen Wegen, die ich hier nicht näher erörtern kann, ergibt sich aus den Berechnungen der Physiker und Chemiker ein Wert von etwa einem Zehnmillionstel bis zu einem Millionstel Millimeter (= 0,1 bis 1 $\mu\mu$) für die Dimensionen typischer Moleküle. Für ein sehr großes Molekül wie das der Stärke hat man z. B. einen Durchmesser von 5 $\mu\mu$ berechnet. Nun zeigt aber, wie bekannt, die Stärke in Wasser bereits deutliche kolloide Eigenschaften, so daß der genannte Wert praktisch schon in das Gebiet der kolloiden Dimensionen hineinfällt. Auf der anderen Seite gibt es gewisse kolloidchemische Methoden z. B. optischer Art, auf die wir später noch einzugehen haben werden, deren Leistungsfähigkeit ebenfalls ungefähr bei einem Millionstel Millimeter aufhört. Man ist daher übereingekommen, etwa bei einem Millionstel Millimeter, wiederum natürlich in willkürlicher Weise, die Grenze zwischen kolloiden und molekularen Dispersoiden zu setzen.

Das Dispersitätsgebiet der Kolloide ergibt sich also aus diesen Festsetzungen zwischen den Grenzwerten von einem Zehntausendstel und einem Millionstel Millimeter, wie folgendes Schema zeigt.

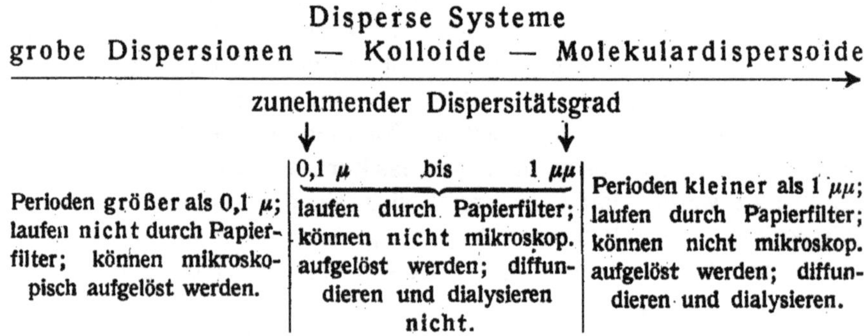

Disperse Systeme innerhalb dieser Dispersitätsgrenzen bezeichnen wir als typische Kolloide. Immer wieder sei aber betont, daß es sich hier um weitgehend willkürliche Festsetzungen handelt und daß Übergangssysteme jeden beliebigen Dispersitätsgrades existieren sowohl zwischen Kolloiden und groben Dispersionen als auch zwischen Kolloiden und molekulardispersen Lösungen.

Meine Herren, hiermit sind wir nun endlich in der Lage, eine Antwort auf unsere eingangs gestellte Hauptfrage zu geben: Was sind Kolloide? Nach den Ergebnissen der modernen Kolloidchemie gehören Kolloide zusammen mit groben Zerteilungen und molekularen Lösungen zu den dispersen Systemen. Sie unterscheiden sich von den genannten Gebilden durch die speziellen Werte ihres Dispersitätsgrades, der in typischen Fällen zwischen einem Zehntausendstel und einem Millionstel Millimeter variiert. Dies ist die theoretische Definition der Kolloide. In experimenteller Hinsicht — und damit erhalten wir die Antwort auf die anderen beiden Fragen nach den objektiven Kennzeichen dieser Gebilde — in experimenteller Hinsicht unterscheiden sich Kolloide von groben Dispersionen dadurch, daß sie im Gegensatz zu den letzteren nicht mehr mikroskopisch auflösbar sind, daß sie durch gewöhnliche Filter hindurchlaufen, was letztere nicht tun usw. Von molekulardispersen Systemen andererseits unterscheiden sich Kolloide dadurch, daß erstere diffundieren und dialysieren, Kolloide aber nicht. Sollten Sie, meine Herren, aber die Gelegenheit haben, diese moderne Definition der Kolloide einmal irgendwie zu benutzen oder anzuführen, so vergessen Sie bitte nicht, noch den folgenden Satz hinzuzufügen: Es gibt aber alle Übergangssysteme sowohl zwischen Kolloiden und groben Dispersionen als auch zwischen Kolloiden und molekulardispersen Lösungen. Die Kolloide stellen nur ein aus praktischen Gründen abgegrenztes Gebiet aus der kontinuierlichen Reihe verschieden disperser Systeme dar. —

Wenn das nun wirklich wahr ist, was ich Ihnen hier über die Stellung der Kolloide innerhalb des großen Gebietes der dispersen Systeme berichte, so ergibt sich aus dieser Auffassung der Kolloide sofort eine Reihe höchst bedeutsamer Konsequenzen. Wenn es wirklich wahr ist, daß Kolloide „weiter nichts“ sind als disperse Systeme von einem besonderen submolekularen Dispersitätsgrade, so sollte zunächst jeder beliebige Stoff in kolloidem Zustande auftreten resp. in den kolloiden Zustand versetzt werden können. Denn man kann zum mindesten theoretisch sich für jeden Stoff einen anderen denken, in dem der erstere sich nicht freiwillig molekular auflöst. Für jeden Stoff ist theoretisch ein Dispersionsmittel denkbar, in dem er z. B. bei unmittelbarer Berührung seinen Zerteilungszustand nicht ändert, in dem er im gewöhnlichen Sinne des Wortes unlöslich ist. Sie sehen vermutlich selbst, wie ausgezeichnet die Erfahrung mit dieser Schlußfolgerung übereinstimmt. Ich habe Ihnen hier eine ziemlich große Anzahl von kolloiden Präparaten mitgebracht, ich sagte Ihnen, daß es noch viele Hunderte anderer Kolloide gebe, und ich berichtete Ihnen schließlich, daß es sich als praktisch unmöglich herausgestellt hat, eine einigermaßen vollständige Liste aller Kolloide aufzustellen. Dieses rein induktive Ergebnis aber ist offenbar die denkbar beste Bestätigung für den aus der Lehre von den dispersen Systemen folgenden Schluß, daß jeder Stoff in kolloidem Zustande auftreten kann, oder daß, wie es der russische Forscher P. P. von Weimarn formuliert hat, der kolloide Zustand ein allgemein möglicher Zustand der Materie ist.

Unser Schema der dispersen Systeme ermöglicht uns aber, sogar ganz allgemein die Wege anzugeben, auf welchen es möglich ist, einen gegebenen Stoff in den kolloiden Zustand zu bringen. Es ergibt sich aus diesem Schema mit anderen Worten eine allgemeine Charakterisierung der möglichen Herstellungsmethoden von Kolloiden und gleichzeitig eine Klassifikation dieser Methoden. Nach diesem Schema gibt es offenbar zwei allgemeine Wege, einen Stoff in den kolloiden Zustand zu bringen. Entweder beginnt man mit nicht- oder grobdispersen Systemen und erhöht auf irgendeine Weise den Dispersitätsgrad des Gebildes so lange, bis man in das Gebiet der kolloiden Dimensionen hineingelangt ist. Solche Methoden der Kolloidsynthese nennt man Dispersionsmethoden. Oder aber man beginnt umgekehrt mit einem molekularen System und läßt die Moleküle des Stoffes, den man in kolloidem Zustande zu haben wünscht, auf irgendeine Weise wachsen, das heißt sich verbinden, aggregieren, kondensieren usw., so lange, bis der entstehende Niederschlag gerade die kolloiden Dimensionen erreicht hat. Dann unterbricht man den Wachstumsprozeß der Moleküle. Diese Methoden nennt man Kondensationsmethoden[1]).

Es ist nun von großer Wichtigkeit, sich zu vergegenwärtigen, daß es sehr verschiedene Methoden oder noch allgemeiner Energiearten gibt, mit deren Hilfe man einen Stoff entweder dispergieren, oder aber seine Moleküle kondensieren kann. Sowohl mit Hilfe mechanischer

[1]) Die allgemeine Unterscheidung zwischen „Kondensations-" und „Dispersions-Methoden" zur Herstellung kolloider Lösungen stammt von The Svedberg. Gelegentlich treten auch Kombinationen von Dispersions- und Kondensationsprozessen bei einem Herstellungsverfahren auf, z. B. bei den später beschriebenen elektrischen Zerstäubungsverfahren.

Energien als auch mittels chemischer und elektrischer Energie, ja auch durch die Anwendung von Wärme und Licht lassen sich Kolloide herstellen. Bei der übergroßen Reichhaltigkeit dieser Mittel kann ich Ihnen nur einige wenige Beispiele aufzählen, resp. zeigen, und zwar möchte ich Ihnen eine chemische Kondensationsmethode und eine elektrische Dispersionsmethode vorführen. Wie gesagt, sind dies nur zwei Beispiele aus vielen Hunderten von Möglichkeiten.

Ein besonders interessantes Kolloid ist das kolloide Gold — wie ich Ihnen bereits zeigte, eine intensiv rot, violett oder blau gefärbte Flüssigkeit. Dieses kolloide Gold stellten schon die Alchimisten her durch Reduktion der Goldsalzlösungen mit allerlei organischen Substanzen, z. B. mit Harn. Sie bezeichneten derartige Präparate mit dem Namen „Trinkgold (Aurum potabile)". B. J. Richter und M. Faraday (in der letzten Arbeit, die wir überhaupt von diesem Forscher haben) und viele andere Gelehrte haben dieses disperse System näher untersucht. Um nun mit einer chemischen Kondensationsmethode das Gold in den kolloiden Zustand überzuführen, gehe ich hier von einer molekular- resp. sogar iondispersen Lösung von Goldchlorid aus, die ich vorher mit Natriumbikarbonat gegen Lackmus neutralisiert habe. Meine Aufgabe ist nun offenbar die Reduktion des Goldchlorids zu metallischem Golde; dabei muß ich aber den Versuch so leiten, daß der entstehende Niederschlag von metallischem Gold so hochdispers ist, daß er die für Kolloide charakteristischen Dimensionen nicht überschreitet. Wie Sie wissen, kann Goldchlorid mit Hilfe der verschiedenartigsten Substanzen besonders organischer Natur reduziert werden. Sie brauchen nur Ihren Finger hineinzustecken, er wird ziemlich echt blauviolett mit kolloidem Gold gefärbt, das durch die Reduktionswirkung der Hautsubstanzen entsteht. Nun finden Sie häufig in der Kolloidliteratur, daß die Herstellung einigermaßen beständiger Goldkolloide ein sehr delikates Unternehmen ist, zu dem nicht nur außerordentlich reines destilliertes Wasser nötig ist, sondern auch bestimmte quantitative Verhältnisse genau eingehalten werden müssen. Berücksichtigt man diese Umstände nicht, so pflegt man nur gelegentlich rein rotes Gold, meist aber violette und blaue Farben zu erhalten. Ich möchte Ihnen nun hier eine Methode zeigen, die ausnahmslos und auch bei eiliger qualitativer Ausführung rotes kolloides Gold ergibt. Ich gieße in diesen kleinen Erlenmeyerkolben mit ca. 100 cm gewöhnlichem destillierten Wasser ein paar Tropfen einer 0,1 %igen neutralisierten Goldchloridlösung und füge nach dem Umschütteln ebenfalls einige Tropfen einer verdünnten Lösung von Tannin in Wasser (etwa 1 %)

hinzu. Es kommt gar nicht auf genauere Mischungsverhältnisse an, nur darf ich nicht allzuviel Goldchlorid und Tannin nehmen; die fertige Mischung muß praktisch farblos sein (Dem.). Ich erhitze nun diese Flüssigkeit, was natürlich 1—2 Minuten dauert, über dem Bunsenbrenner unter ständigem Bewegen. Sie sehen, wie noch vor dem Kochen das Gemisch eine rein kirschrote Färbung annimmt. Ich kann jetzt ruhig auch noch mehr Goldchlorid, oder wenn nötig, Tannin zusetzen und hiermit bei weiterem Erwärmen der Lösung eine fast schwarzrote Färbung erzielen. Übrigens gelingt der Versuch häufig auch mit ganz gewöhnlichem Wasserleitungswasser[1]).

Vielleicht interessiert es Sie auch, zu erfahren, wie man das blaue und violette Gold herstellt. Eine Methode, die ebenso sicher zum blauen Gold führt wie die eben gezeigte zum roten, besteht in dem Zusatz einiger Tropfen einer ebenfalls sehr verdünnten Lösung von Phenylhydrazinchlorhydrat zu einer verdünnten neutralisierten Goldchloridlösung. Es tritt fast momentan eine Blaufärbung auf, wenn ich genügend Reduktionsmittel zugesetzt habe (Dem.). Füge ich zu wenig hinzu, so wird die Farbe nur violett; nehme ich zu konzentrierte Lösungen, so wird das Gold leicht schwarzblau resp. auch grünschwarz. Es ist dann nicht mehr kolloid, sondern fällt als ein mikroskopischer Niederschlag aus[2]).

Dies sind also chemische Kondensationsmethoden; wir gehen aus von molekulardispersen Systemen, machen die Goldmoleküle frei und lassen sie zu größeren Komplexen sich vereinigen. Dabei wählen wir aber solche Versuchsbedingungen, bei denen diese Niederschlagsbildung

---

[1]) Die beschriebene Methode zur Herstellung roter beständiger Goldsole hat die besondere Eigentümlichkeit, daß sie tatsächlich „immer geht", wenn man mit frisch neutralisiertem Goldchlorid und genügend großen Verdünnungen arbeitet. Tritt beim Erhitzen, speziell Kochen, die rote Färbung nicht sofort ein, so kann man abwechselnd Tanninlösung und Goldchlorid zugeben, ohne daß die endgültige Rotfärbung beeinträchtigt wird. Zu erwähnen ist noch, daß die heiße Lösung nicht sofort mit kaltem Wasser verdünnt werden darf, da hierbei oft die kirschrote Farbe in Violett umschlägt. Nach dem Erkalten beeinträchtigt Verdünnung die Farbe nur wenig. Diese sichere Methode zur Herstellung roter Goldsole (der Verfasser hat den Versuch außerordentlich oft, mit den verschiedensten Präparaten und, wie gesagt, gelegentlich auch mit Wasserleitungswasser stets mit positivem Erfolg ausgeführt) beruht jedenfalls darauf, daß das Tannin nicht nur als Reduktionsmittel, sondern gleichzeitig zu einem gewissen Betrage auch als Schutzkolloid wirkt.

[2]) Auch diese Methode „geht immer". Ein kleines Kriställchen, aufgelöst in ca. 20 ccm Wasser, gibt meist schon eine genügend stark reduzierende Lösung. Andere einfache Herstellungsmethoden siehe in Wo. Ostwald Kl. Praktikum d. Kolloidchemie, 1920, S. 2ff.

nicht zu einem grobdispersen Niederschlage führt, sondern stehen bleibt, sowie die Kondensation die kolloiden Dimensionen erreicht hat. Welches sind nun diese Versuchsbedingungen, die ich zu diesem Zwecke einzuhalten habe?

Sie werden schon selbst gesehen haben, daß ich die Niederschlagsbildung in außerordentlich verdünnten Lösungen vorgenommen habe. Auch als ich Ihnen früher den Versuch über die kolloide Quecksilbersulfidfällung zeigte, betonte ich, daß wir in der Regel nur bei der Fällung sehr verdünnter Lösungen Niederschläge bekommen, die durch das Filter laufen. Durch die Anwendung großer Mengen von Lösungsmittel wird also z. B. die Herstellung kolloider Niederschläge ermöglicht. Ich habe Ihnen hier noch ein Beispiel vorgeführt, das Ihnen diese Abhängigkeit des Dispersitätsgrades des Niederschlags von der Konzentration der reagierenden Lösungen demonstriert. Ich habe in diesem ersten Standglas zwei sehr verdünnte Lösungen von Eisenchlorid und Ferrozyankalium zusammengegossen. Der entstehende Niederschlag von Berlinerblau ist so hoch dispers — er ist in der Tat kolloid, daß die Flüssigkeit zwar intensiv blau gefärbt, indessen dem bloßen Auge noch völlig klar erscheint (Dem.)[1]. Im zweiten Zylinder habe ich nun etwas konzentriertere Lösungen zusammengegeben; Sie sehen, wie sich ein voluminöser dunkelblauer Niederschlag abgesetzt hat und ein nur schwach gefärbtes Dispersionsmittel über dem Niederschlag steht. Zweifellos nimmt also der Dispersitätsgrad ab, die Teilchengröße des Niederschlags zu mit steigender Konzentration der reagierenden Lösungen. Nun habe ich aber hier zwei noch konzentriertere, nämlich praktisch gesättigte Lösungen der zwei genannten Stoffe. Wenn ich nun diese zwei Flüssigkeiten zusammengebe[2]) und mit einem Glasstab umrühre (Dem.), so nehmen Sie zunächst eine sehr bemerkenswerte äußere Erscheinung wahr. Die zwei Flüssigkeiten erstarren beim Umrühren zu einer käsigen Paste, die so steif ist, daß ich den Zylinder umkehren kann, ohne daß etwas herausläuft (Dem.). Ich bitte, sich daran zu erinnern, daß diese Paste aus zwei vollkommen beweglichen Flüssigkeiten von nicht einmal übertrieben großer Viskosität ent-

---

[1]) Zur Demonstration eignen sich besonders gut größere Zylinder oder paralellwandige biologische Präparatengläser, welche von hinten mit einer Glühlampe erleuchtet werden, die durch weißes Glas oder Papier hindnrchscheint.

[2]) Da die gesättigte Ferrozyankaliumlösung viel weniger Salz enthält als die entsprechende Eisenchloridlösung, müssen zu 10 ccm Zyanidlösung tropfenweise ca. 2 ccm Chloridlösung gegeben werden. Man gießt das Eisenchlorid zweckmäßig in die Zyanidlösung, nicht umgekehrt.

standen ist. Nun kann ich aber noch folgenden Versuch machen: Wenn ich etwas von diesem dicken Niederschlag in ein größeres Volum von destilliertem Wasser bringe (Dem.), so entsteht wiederum eine klare blaue Flüssigkeit, die ziemlich stabil ist und ebenfalls ein Kolloid darstellt, wie Sie sich durch den Filtrierversuch überzeugen können (Dem.). Es scheint also, als ob bei Verwendung extrem konzentrierter Reaktionsgemische die Teilchengröße des Niederschlags wieder abnimmt. Dies ist nun in der Tat der Fall, wie wiederum P. P. von Weimarn ausführlich gezeigt hat. Die gröbstkörnigen Niederschläge erhält man bei mittleren Konzentrationen, während die Teilchengröße sowohl in großen Verdünnungen als auch in sehr hohen Konzentrationen wieder abnimmt. Eine Kurve, welche die Abhängigkeit der Teilchengröße von der Konzentration der reagierenden Lösungen darstellt, würde also bei mittleren Konzentrationen ein Maximum zeigen, etwa nach Art der nebenstehenden Abbildung (Abb. 5).

Abb. 5.
Einfluß der Reaktionskonzentration auf die Teilchengröße des Niederschlags.

Bei der Wichtigkeit dieses Weimarnschen Gesetzes für sämtliche chemische Kondensationsmethoden der Kolloidsynthese möchte ich Ihnen eine Reihe von Mikrophotogrammen zeigen, welche Ihnen die geschilderte Abhängigkeit unmittelbar vor Augen führt (Dem.)[1]). Es handelt sich um die Entstehung von Bariumsulfatniederschlägen, wie man sie durch Zusammengießen von Bariumzyanid- und Mangansulfatlösungen nach P. P. von Weimarn erhält. Ich werde mit den Resultaten in den verdünntesten Lösungen beginnen und allmählich zu den höherkonzentrierteren übergehen. Das erste Bild (Tafel I, Abb. A) zeigt die Photographie eines Niederschlags, der beim Vermischen von Lösungen mit einem Gehalt von etwa $^1/_{2000}$ Normalität erhalten wurde. Sie sehen, wie ich hoffe, nichts. Das ist gerade das, was ich Ihnen zeigen wollte. In diesen Konzentrationen erhalten wir nämlich einen kolloiden Niederschlag von Bariumsulfat, und da, wie ich Ihnen

[1]) Siehe P. P. von Weimarn, Koll.-Ztschr. 2 (1907, 1908), ferner „Zur Lehre von den Zuständen der Materie". Dresden und Leipzig 1914. Verlag von Th. Steinkopff. — Es sind nicht alle der im Original vorhandenen Niederschlagsbilder reproduziert worden. Natürlich sind beim Vortrag tunlichst Diapositive zu projizieren.

sagte, kolloide Teilchen unter dem Mikroskop nicht mehr erkennbar sind, so darf die photographische Platte nichts zeigen, was sie also auch tut. Das zweite Bild (Konzentration $\frac{n}{1000}$) zeigt Ihnen nun bereits Teilchen; die Vergrößerung auf den Originalplatten beträgt 1 : 1500, ist also recht beträchtlich. Gehen wir zu höheren Konzentrationen $\frac{n}{500}$ oder gleich $\frac{n}{50}$ (Tafel II), so erkennen wir deutlich die Vergrößerung der Teilchen bei zunehmender Konzentration. Ich will noch erwähnen, daß alle Photographien im selben Maßstabe aufgenommen worden sind. Bei noch höheren Konzentrationen ($\frac{n}{20}$ bis $\frac{n}{10}$, Tafel III) sehen

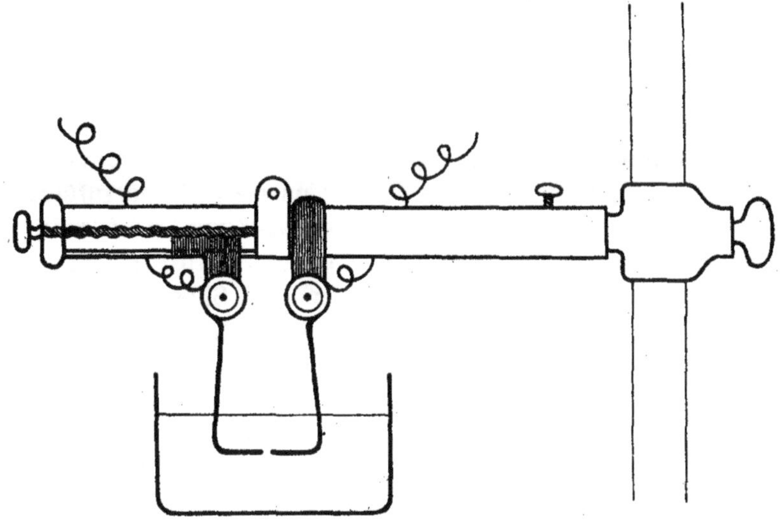

Abb. 6.
Apparat zur elektrischen Herstellung kolloider Metalle.

Sie nun bereits deutliche Kristalle resp. Kristallskelette auftreten. In diesem Konzentrationsgebiete haben wir aber bereits das genannte Maximum der Teilchengröße erreicht. Gehen wir jetzt nämlich wieder zu höheren Konzentrationen $\frac{n}{5}$, $\frac{n}{2}$ und 1fach normal (Tafel IV, V), so sehen Sie, wie trotz der höheren Konzentration die Teilchengröße ganz deutlich und stetig wieder abnimmt. Kommen wir zu noch höheren Konzentrationen (ca. 1—2fach und 3—7fach normalen Lösungen, Tafel V, VI), so erhalten wir die pasten- oder gallertartigen Niederschläge von der Art, wie ich sie Ihnen eben beim Berlinerblau gezeigt habe. Sie sehen auf den Bildern Gallerthäutchen, die Risse und Schrumpfungsfiguren zeigen; zum Teil kann man gerade noch erkennen, daß diese Häutchen offenbar aus winzig kleinen Einzelteilchen zusammengesetzt sind. Nehmen wir nun die allerkonzentriertesten, praktisch gesättigten Lösungen, so zeigt die Mikrophotographie (Tafel VI, K) wiederum nichts, und der Kreis schließt sich hiermit. Es entsteht ein mikroskopisch völlig undifferenziertes Gallerthäutchen, das erst nach Stunden durch allmähliche Kristallisation optisch auflösbar wird.

Es ist vielleicht ganz amüsant, darauf hinzuweisen, daß in den klassischen deutschen Rezepten zur Herstellung kolloider Lösungen auf dem Wege der chemischen Kondensation fast nur in dem verdünnten Konzentrationsgebiete gearbeitet wird, während umgekehrt der bekannte amerikanische Kolloidforscher Carey Lea häufig gerade im zweiten Gebiet, in dem Gebiet der höchsten Konzentrationen, gearbeitet hat. Entsprechend dem bekannten Maßstab sonstiger amerikanischer Verhältnisse beginnen seine Rezepte gelegentlich gleich mit mehreren Grammen von Goldchlorid.

Dies wären also einige Beispiele chemischer Kondensationsmethoden. Um Ihnen auch eine Dispersionsmethode vorzuführen, bei der dazu noch eine andere Energieart Verwendung findet, möchte ich Ihnen hier die sogenannte elektrische Zerstäubung von Metallen nach G. Bredig zeigen. Sie haben hier zwei Silberdrähte an einem Stativ befestigt, derart, daß die Spitzen der Drähte durch eine Mikrometerschraube gegeneinander verschoben werden können (Abb. 6)[1]. Ich schicke durch diese Drähte einen Gleichstrom von etwa 5—8 Ampere, wie ich ihn aus der normalen 110-Volt-Stromanlage durch Vorschaltung eines Rheostaten bekomme. Die Spitzen der zwei Silberdrähte tauchen in destilliertes Wasser, das durch Zusatz einer minimalen Menge von Natriumbikarbonat ganz schwach alkalisch gemacht worden ist. Ich schalte jetzt den Strom ein und lasse durch Regulierung mit der Mikrometerschraube einen kleinen Lichtbogen zwischen den Silberdrähten im Wasser übergehen (Dem.). Sie sehen, wie dichte dunkelbraune oder grünliche Wolken von der Entladungsstelle sich ausbreiten und im Wasser wenigstens zum größeren Teile schweben bleiben. Diese grünlichbraune Flüssigkeit ist nun kolloides Silber vermutlich etwas verunreinigt von kolloidem Silberhydroxyd. Sie erscheint dem bloßen Auge klar und läuft, wie Sie sehen, glatt durch Filtrierpapier (Dem.). Ich will kurz erwähnen, daß auch viele andere Metalle auf ähnliche Weise kolloid dispergiert werden können, ja mit besonderen Hilfsmitteln (oszillatorischen elektrischen Entladungen

[1]) Dem Verfasser wurde die oben skizzierte außerordentlich handliche Anordnung im Laboratorium von Prof. Dr. J. Stieglitz (University of Chicago) zur Verfügung gestellt.

tiefen Temperaturen und organischen Dispersionsmitteln) hat The Svedberg unter anderen auch die Alkalimetalle zu schön gefärbten kolloiden Lösungen dispergieren können[1]).

Der Hinweis genüge, daß auch durch Bestrahlung einer Metallplatte z. B. mit ultraviolettem Licht, durch Erhitzen einer Schmelze und plötzliches Abschrecken in Wasser[2]), sogar einfach durch andauerndes mechanisches Zerreiben eines Pulvers kolloide Lösungen hergestellt werden können. —

Fassen wir noch einmal die wichtigsten Resultate unserer heutigen Besprechung zusammen, so können wir folgendes sagen:

Kolloide sind disperse Systeme, deren Dispersitätsgrad in typischen Fällen zwischen $^1/_{10000}$ und $^1/_{1000000}$ Millimeter liegt. Von anderen dispersen Systemen unterscheiden sie sich experimentell dadurch, daß sie nicht diffundieren und nicht dialysieren wie die molekulardispersen Lösungen, daß sie aber andererseits mikroskopisch nicht mehr aufgelöst werden können wie die groben Dispersionen, dagegen ungetrennt durch Filter hindurchlaufen, was letztere nicht tun. Es gibt alle Übergangssysteme zwischen Kolloiden und molekularen Lösungen und zwischen Kolloiden und grobdispersen Zerteilungen.

Der Kolloidzustand ergibt sich als ein allgemein möglicher Zustand der Materie; jeder Stoff kann grund-

---

[1]) Von einigen Autoren (The Svedberg u. a.) wird die Möglichkeit erörtert, daß die elektrische Zerstäubung der oben beschriebenen Art durch eine primäre Verdampfung und eine sekundäre Kondensation des Metalldampfes zustande kommt. Man hätte also eine Kombination von Dispersion und Kondensation vor sich und es ist zunächst willkürlich, ob man die Methode nach dem primären oder sekundären Vorgang kennzeichnen will. Dem Verfasser ist es übrigens unzweifelhaft, daß es reine elektrische Dispersionsmethoden gibt, z. B. die von O. Lehmann beschriebene Zerstäubung von geschmolzenem Schwefel (siehe Grundr. d. Verf., 7. Aufl., S. 82) sowie Versuche von R. Auerbach über elektrostatische Zerstäubung von Wasser in Paraffinöl, die demnächst veröffentlicht werden.

[2]) Kolloidsynthese durch Bestrahlung: Wo. Ostwald, Grundriß d. Kolloidchemie. 1. Aufl. 1909, S. 302ff.; The Svedberg, Koll.-Ztschr. **6**, 129, 238 (1910); durch Abschrecken einer Schmelze von Vanadinsäure; E. Müller, Koll.-Ztschr. **8**, 302 (1911); über die Herstellung von Kolloiden durch Zerreiben, vgl. z. B. Wo. Ostwald, Grundriß der Kolloidchem. 1. Aufl., S. 292ff. (1909); C. Benedicks, Koll. Beih. **4**, 260 (1913) (Herstellung von kolloidem Gold durch Zerreiben schon im 17. Jahrhundert); ferner insbesondere G. Wegelin, Koll.-Ztschr. **14**, 65 (1914). In neuerer Zeit sind solche Prozesse maschinenmäßig durch sog. Kolloidmühlen (H. Plauson) ausgeführt worden.

sätzlich in den kolloiden Zustand gebracht werden. Dies ist möglich entweder durch Dispersionsmethoden, bei denen von nicht oder grobdispersen Stoffen ausgegangen wird, oder durch Kondensationsmethoden, bei denen umgekehrt mit Molekülen begonnen wird. Nicht nur chemische, sondern auch mechanische, elektrische und andere Energien können zum Zwecke der kolloiden Dispersion oder Kondensation benutzt werden.

Tho. Graham

II.

Systematik der Kolloide. Die physikalisch-chemischen Eigenschaften der Kolloide in ihrer Abhängigkeit vom Dispersitätsgrad.

Meine Herren! Wir haben in der vorigen Besprechung uns mit den Grunderscheinungen und mit den Fundamentalbegriffen der Kolloidchemie beschäftigt. Ich versuchte Ihnen insbesondere zu zeigen in welcher Weise der Begriff des Kolloids durch die Aufstellung der Lehre von den dispersen Systemen eine neuartige Bedeutung, gleichzeitig aber eine um so engere Verknüpfung zu anderen Naturgebilden, groben Zerteilungen und molekularen Lösungen erhält. Die moderne Kolloidchemie betrachtet also die Kolloide als Spezialfälle von dispersen Systemen, die charakterisiert sind durch bestimmte Werte ihres Dispersitätsgrades. Indem sie die Werte dieses Dispersitätsgrades als Hauptcharakteristika für die speziellen physikalisch-chemischen Eigenschaften der einzelnen dispersen Systeme ansieht, betont sie den allerengsten Zusammenhang zwischen allen drei genannten Klassen von Dispersoiden. Die moderne Kolloidchemie vertritt mit anderen Worten den Grundsatz, daß keine scharfen Unterschiede oder gar Gegensätze zwischen groben Zerteilungen, Kolloiden und Molekulardispersoiden bestehen, sondern daß wir in der Natur eine kontinuierliche Serie von dispersen Systemen antreffen, deren Eigenschaften allmählich ineinander übergehen. Es wird die Hauptaufgabe meines heutigen Vortrages sein, Ihnen durch die Schilderung einer Anzahl solcher Übergangserscheinungen die Berechtigung dieser Kontinuitätsvorstellungen zu demonstrieren.

Bevor ich zu diesem meinem Hauptthema übergehe, bitte ich Sie, Ihre Aufmerksamkeit noch auf eine weitere allgemeinere Konsequenz richten zu dürfen, die aus der Charakterisierung kolloider Systeme als disperser Gebilde von speziellem Dispersitätsgrad folgt. Wir zogen bereits in der letzten Vorlesung einige solche Konsequenzen, die sich gleichsam von selbst aus der Lehre von den dispersen Systemen ergeben. So machte ich Sie darauf aufmerksam, daß die moderne Charakteristik der Kolloide zu dem Schluß führt, daß jeder Stoff grundsätzlich in kolloidem Zustande erscheinen kann. Der kolloide Zustand ist eine allgemein mögliche Zustandsform der Materie. Gleichzeitig ergab aber das viel erörterte Schema der dispersen Systeme auch den Hinweis auf die allgemeine Natur der Methoden zur Herstellung kolloider Lösungen. Je nachdem, ob wir von molekularen oder von grobdispersen Systemen ausgingen, konnten wir entweder auf dem Kondensationswege oder auf dem der Dispersion zu kolloiden Systemen gelangen. Ich möchte Sie nun auf eine dritte, nicht minder wichtige Konsequenz hinweisen, die aus dieser Lehre von den dispersen Systemen folgt.

Ich habe hier eine grobe Aufschwemmung von Infusorienerde in Wasser (Dem.). Sie wissen, daß es sich hier um die Kieselsäurepanzer kleiner Organismen handelt, die unter dem Mikroskop besondere Gestalt und Struktur zeigen. Es besteht gar kein Zweifel, daß wir hier eine Aufschwemmung von festen Partikeln vor uns haben. Dieselbe Annahme werden wir ohne weiteres z. B. für diesen schwarzen Goldniederschlag machen, den ich dadurch hergestellt habe, daß ich zu dem Ihnen gestern gezeigten blauen Goldkolloid noch mehr Goldsalz und noch mehr Reduktionsmittel hinzugegeben habe (Dem.). Schließlich ist auch die Annahme durchaus natürlich, daß auch in dem blauen und roten Goldkolloid selbst feste Goldteilchen enthalten sind, denn man kann sich Gold bei gewöhnlicher Temperatur schwerlich anders als in einem festen Zustande vorstellen. Wir nennen grobdisperse Aufschwemmungen fester Partikel in Flüssigkeiten Suspensionen, kolloide Zerteilungen fester Stoffe in Flüssigkeiten Suspensoide oder nach P. Ehrenberg auch „Körnchenkolloide".

In dieser Flasche habe ich zwei Flüssigkeiten, die sich nicht oder kaum miteinander molekular mischen: Wasser und Benzol, welch letzteres ich zur besseren Unterscheidung durch eine Spur Jod violett gefärbt habe (Dem.). Ich schüttele das System, und Sie erhalten eine resp. zwei Aufschwemmungen — Emulsionen — von Benzol in Wasser resp. von Wasser in Benzol. Sie haben hier eine grobe Zerteilung von zwei Flüssigkeiten ineinander. Sie wissen, daß es auch noch sehr viel feinere solcher Zerteilungen von Flüssigkeiten ineinander gibt, z. B. tierische und pflanzliche Milch, Lebertranemulsionen usw., die so hochdispers sind, daß man außerordentlich starke mikroskopische Vergrößerungen anwenden muß, um die einzelnen Tröpfchen zu erkennen. Dies gilt z. B. für menschliche Milch und den Milchsaft mancher

Einfluß der Konzentration auf den Dispersitätsgrad des Niederschlags

$[Ba(CNS)_2 + MnSO_4 = BaSO_4 + Mn(CNS)_2]$

nach P. P. von Weimarn.

(Vergrößerung 1 : 1500.)

Abb. A. Konz. ca. $\frac{n}{2000}$. Kolloider Niederschlag.

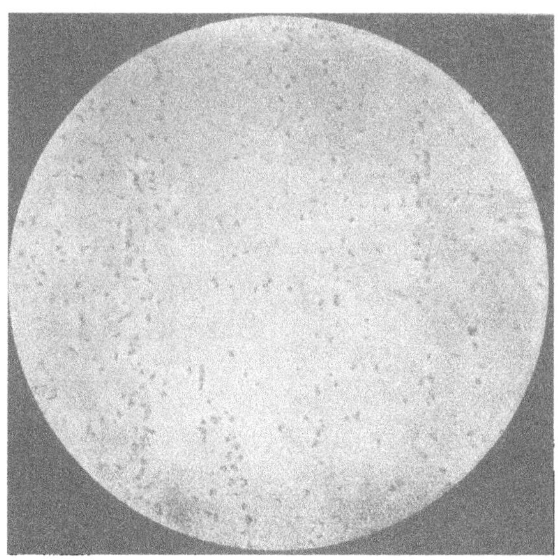

Abb. B. Konz. ca. $\frac{n}{1000}$.

VERLAG VON THEODOR STEINKOPFF, DRESDEN U. LEIPZIG.

Einfluß der Konzentration auf den Dispersitätsgrad des Niederschlags

$[Ba(CNS)_2 + MnSO_4 = BaSO_4 + Mn(CNS)_2]$

nach P. P. von Weimarn

(Fortsetzung.)

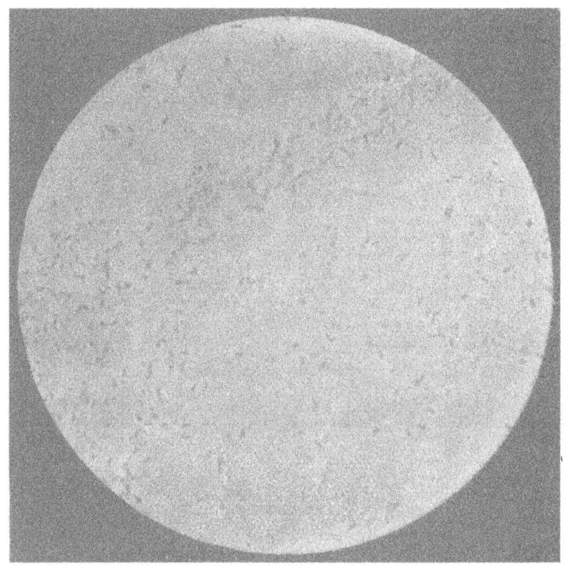

Abb. C. Konz. ca. $\frac{n}{500}$.

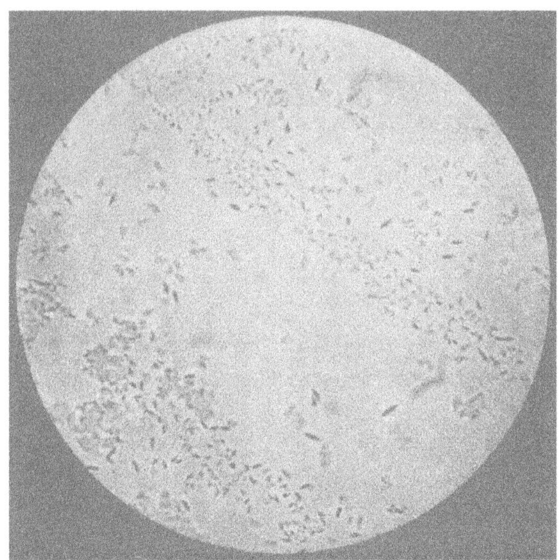

Abb. D. Konz. ca. $\frac{n}{50}$.

VERLAG VON THEODOR STEINKOPFF, DRESDEN U. LEIPZIG.

Einfluß der Konzentration auf den Dispersitätsgrad des Niederschlags

$[Ba(CNS)_2 + MnSO_4 = BaSO_4 + Mn(CNS)_2]$

nach P. P. von Weimarn.

(Fortsetzung.)

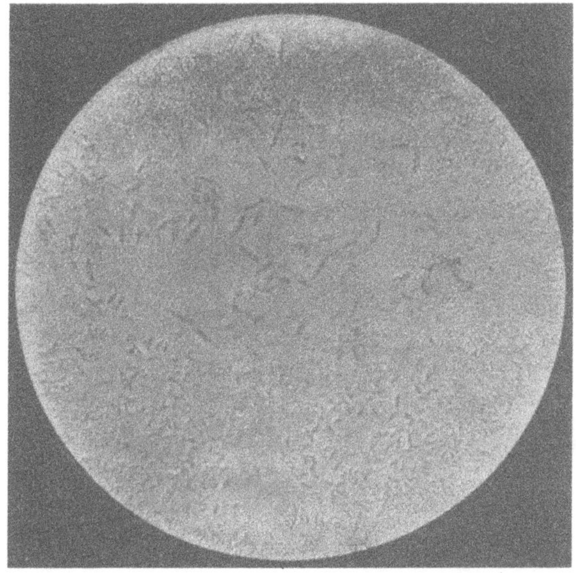

Abb. E. Konz. ca. $\frac{n}{20}$.

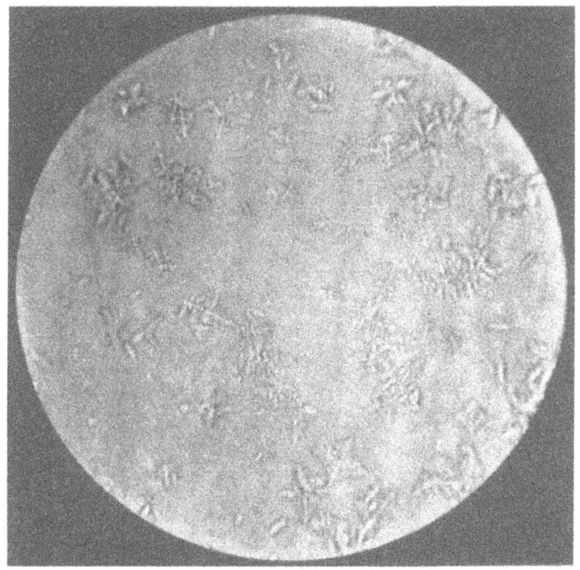

Abb. F. Konz. $\frac{n}{20} - \frac{n}{10}$; Maximum der Teilchengröße.

VERLAG VON THEODOR STEINKOPFF, DRESDEN U. LEIPZIG.

Einfluß der Konzentration auf den Dispersitätsgrad des Niederschlags
$[Ba(CNS)_2 + MnSO_4 = BaSO_4 + Mn(CNS)_2]$
nach P. P. von Weimarn.
(Fortsetzung.)

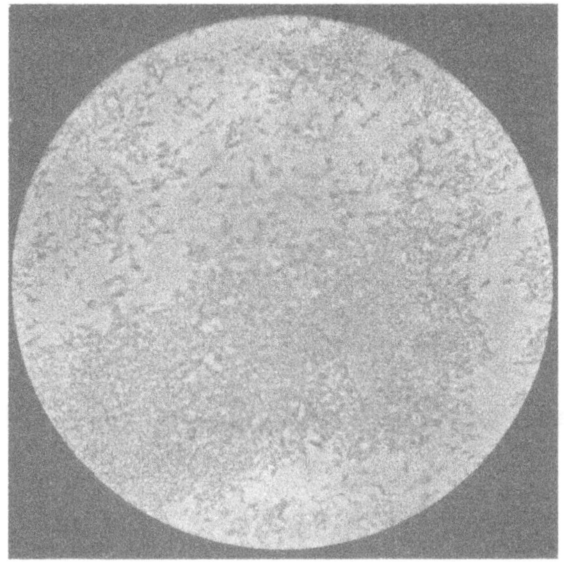

Abb. G. Konz. ca. $\frac{n}{5}$; die Teilchen werden wieder kleiner.

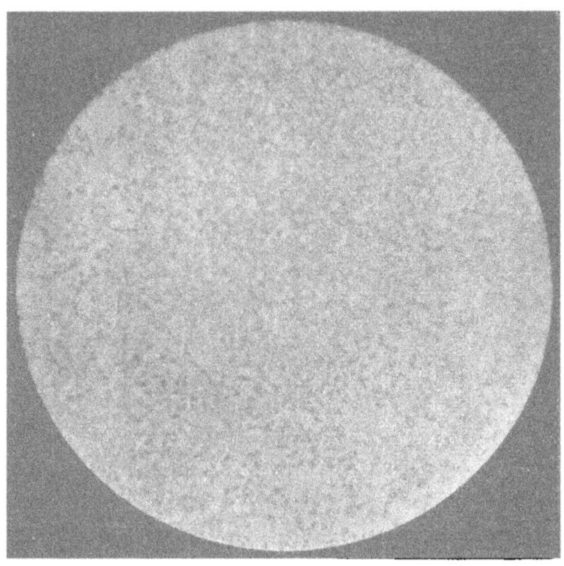

Abb. H. Konz. ca. $\frac{n}{2}$.

VERLAG VON THEODOR STEINKOPFF, DRESDEN U. LEIPZIG.

Einfluß der Konzentration auf den Dispersitätsgrad des Niederschlags

$[Ba(CNS)_2 + MnSO_4 = BaSO_4 + Mn(CNS)_2]$

nach P. P. von Weimarn.

(Fortsetzung.)

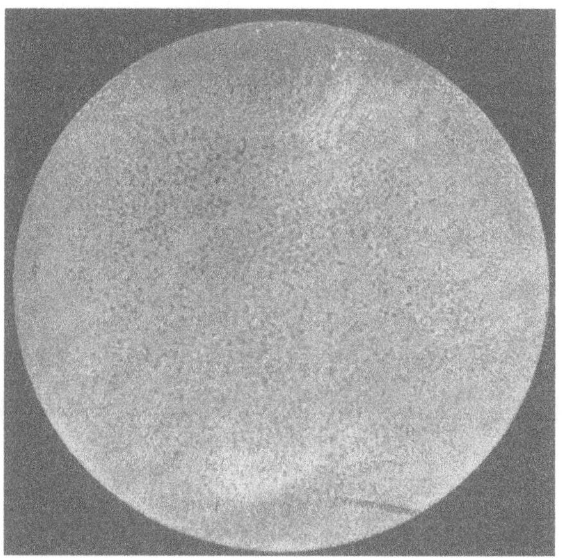

Abb. I. Konz. ca. 1fach norm.

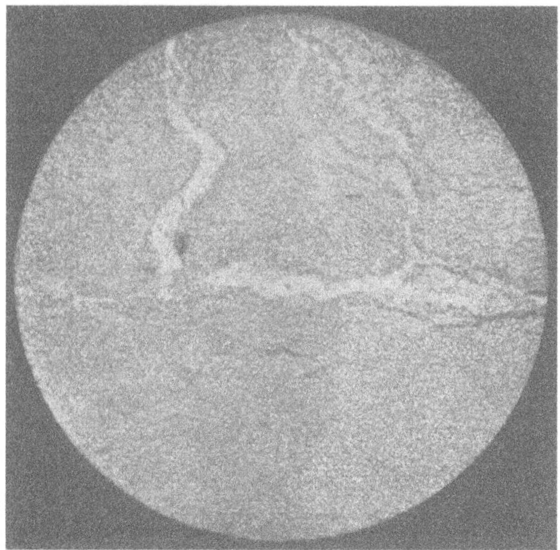

Abb. K. Konz. 1—2fach norm.; Flocken, welche aus kleinsten Kriställchen bestehen.

VERLAG VON THEODOR STEINKOPFF, DRESDEN U. LEIPZIG.

Einfluß der Konzentration auf den Dispersitätsgrad des Niederschlags

$[Ba(CNS)_2 + MnSO_4 = BaSO_4 + Mn(CNS)_2]$

nach P. P. von Weimarn.

(Fortsetzung.)

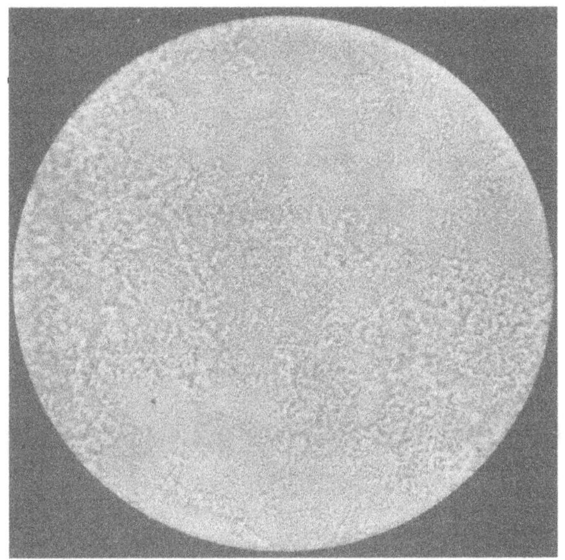

Abb. L. Konz. 3—7fach norm.; gallertartiges Häutchen mit Rissen.

Abb. M. Konz. 3—7 fach norm.; vollständig durchsichtiges und undifferenziertes Häutchen; kolloider Niederschlag.

VERLAG VON THEODOR STEINKOPFF, DRESDEN U. LEIPZIG.

Kautschukarten. Gibt es auch derartige Emulsionen von einem kolloiden Dispersitätsgrade? Es liegt offenbar nicht der geringste Grund vor, warum es solche kolloide Emulsionen nicht geben soll. Wir wissen ja, daß sich nicht nur feste, sondern auch flüssige Stoffe in Flüssigkeiten lösen, und die Kontinuitätsvorstellungen, wie sie unserer Auffassung der dispersen Systeme zugrunde liegen, weisen nachdrücklichst darauf hin, daß es zwischen grobdispersen und molekularen Zerteilungen von Flüssigkeiten in anderen auch kolloide Emulsionen geben muß. Dies ist tatsächlich nun auch der Fall, und ich kann Ihnen hier gleich zweierlei Typen von solchen kolloiden Emulsionen oder, wie der technische Ausdruck lautet, von Emulsoiden oder „Tröpfchenkolloiden" zeigen. Der eine Typus wird veranschaulicht durch diesen kolloiden Schwefel (Dem.). Wir wissen schon aus den Untersuchungen älterer Forscher, daß bei der Fällung von Schwefel in wäßriger Lösung Tröpfchen von flüssigem, nämlich unterkühltem Schwefel entstehen, die erst nach längerer Zeit allmählich fest werden resp. kristallisieren. Wir haben viele Gründe für die Annahme, daß nicht nur die mikroskopischen, sondern auch die kolloiden Schwefelteilchen diese flüssige Beschaffenheit beibehalten[1]). Für die zweite Art von flüssig-flüssigen Kolloiden kann ich Ihnen nicht nur eine Fülle von Beispielen zeigen, sondern ich muß hervorheben, daß vielleicht die bekanntesten und verbreitesten Arten von Kolloiden überhaupt zu ihnen gehören. Leim, Gelatine, Agar, Eiweißstoffe, Stärke usw., aber auch Kautschuk, Kollodium, Viskose usw. gehören zu ihnen. Wir werden auf diese besondere Klasse von Emulsoiden noch in der nächsten Vorlesung ausführlich einzugehen und auch die Verschiedenheiten kurz zu erörtern haben, die etwa zwischen einem Schwefelemulsoid und einem Gelatineemulsoid bestehen.

Hier in dieser dritten Flasche habe ich ein weiteres grobdisperses System, eine grobe Dispersion eines Gases in einer Flüssigkeit, nämlich Saponinschaum (Dem.). Warum soll nicht auch ein Gas in dispersem Zustand auftreten können? Fragen wir nach kolloiden Zerteilungen von Gasen in Flüssigkeiten, die es ebenso geben muß wie es molekulare Lösungen von Gasen in Flüssigkeiten gibt, so können wir allerdings nicht viele Beispiele anführen; kolloide Schäume sind noch sehr wenig untersucht worden[2]). Einige besonders interessante Beispiele von kolloiden Schäumen stellen vermutlich die opaleszierenden

[1]) Siehe die Monographie von S. Odén, Der kolloide Schwefel (Upsala 1913).

[2]) Über einige Beobachtungen an sehr hochdispersen Schäumen siehe z. B. Wo. Ostwald (Koll.-Ztschr. 1, 333 [1907]).

sogenannten kritischen Trübungen dar, die man bei der Verdampfung resp. Verflüssigung von Gasen im kritischen Temperatur- und Druckgebiet beobachtet.

Allerdings erhebt sich nun bei dieser Systematik der Kolloide entsprechend der Formart, d. h. dem Aggregatzustande ihrer Bestandteile folgendes Bedenken: Der Begriff des Aggregatzustandes bezieht sich, wie ja der Name bereits sagt, nur auf Materie in Masse, auf eine ganze Anzahl miteinander vereinigter Moleküle. Er verliert offenbar seine Bedeutung, wenn wir in unserer kontinuierlichen Serie von dispersen Systemen zu Molekulardispersoiden kommen. Wir können nicht mehr vom Aggregatzustand eines Moleküls sprechen. Wie steht es nun aber mit kolloiden Teilchen? Können diese einen ver schiedenen Aggregatzustand haben? Unser Schema der dispersen Systeme und die entsprechende Definition der Kolloide zeigt, daß wir tatsächlich noch von einem Aggregatzustand kolloider Teilchen sprechen können. Zum mindesten in typischen Kolloiden müssen die einzelnen Teilchen sich zusammensetzen aus einer ganzen Anzahl von Molekülen. Wohl aber müssen bei höherdispersen Kolloiden die Eigentümlichkeiten des Aggregatzustandes allmählich verschwinden, die Eigenschaften fester, flüssiger und gasförmiger Teilchen müssen einander immer ähnlicher werden. Dies ist ein notwendiger Schluß aus den Kontinuitätsvorstellungen, wie sie unser Schema der dispersen Systeme ausdrückt. Denn einer molekularen Lösung z. B. von Essigsäure in Wasser sieht man es auf keine Weise an, ob sie durch Auflösung von fester, flüssiger oder gasförmiger Essigsäure entstanden ist. Es ist klar, daß wir auch hier eine Fülle interessanter Übergangserscheinungen zu erwarten haben, ebenso übrigens wie bei Systemen, in denen die Eigenschaften des dispersen Anteils z. B. zwischen denen des festen und flüssigen Aggregatzustandes stehen.

Sie sehen, wie außerordentlich weit das Gebiet der kolloiden Systeme wird, wenn man auf Grund der Lehre von den dispersen Systemen die verschiedenen Aggregatzustände der Stoffe und ihre Kombinationen zu dispersen Systemen berücksichtigt. Aber wir können noch weiter gehen. Bisher haben wir ja nur Zerteilungen in einem flüssigen Dispersionsmittel in Betracht gezogen. Nun kann aber offenbar auch das Dispersionsmittel fest oder gasförmig sein, und wir erhalten insgesamt die folgenden acht Kombinationen, wobei ich den dispersen Teil oder die disperse Phase zuerst und das Dispersionsmittel zu zweit schreibe. (Es ist dabei F = fest, Fl = flüssig, G = gasförmig.)

F + F	F + Fl (Suspensoide)	F + G (Rauch)
Fl + F	Fl + Fl (Emulsoide)	Fl + G (Nebel)
G + F	G + Fl (Schäume)	—

Es ist nun sehr wesentlich, zu betonen, daß es von allen diesen acht Klassen disperser Systeme, sowohl grobe Dispersionen, als auch molekulare Lösungen, als auch kolloide Zerteilungen gibt, wenn schon häufig die ersteren zwei Arten, wie erklärlich, besser bekannt sind als gerade die kolloiden Dispersionen. In aller Eile will ich erwähnen, daß zu den Systemen F + F viele Mineralien, ferner die besonders wichtigen und noch zu besprechenden Metallegierungen, die festen Lösungen van t'Hoffs usw. gehören. Als kolloide Repräsentanten dieser Klasse zeige ich Ihnen hier das blaue Steinsalz (kolloides Natriummetall in Kochsalz) und das Goldrubinglas (kolloides Gold in Glas). Für die Zerteilungen von Flüssigkeiten in festen Dispersionsmitteln finden Sie ebenfalls Beispiele in der Mineralogie (Flüssigkeitseinschlüsse des verschiedensten Dispersitätsgrades, Okklusions-, Inklusions- und Kristallisationswasser), Beispiele für Systeme von der Beschaffenheit F + G sind z. B. Meerschaum, Bimsstein, Lava, Lösungen von Gasen in Metallen usw. — Gasförmige Kolloide mit fester disperser Phase haben Sie z. B. im Tabakrauch, in kondensierendem Salmiakrauch, im sogenannten kosmischen Staub usw. Systeme von der Zusammensetzung G + Fl finden Sie in Nebeln der verschiedensten Art, einschließlich der kosmischen Nebel und der Wolken am Himmel.

Ich habe Ihnen diese Aufzählung gegeben, nicht nur um zu zeigen, wie groß das allgemeine Gebiet der dispersen Systeme ist, sondern um Ihnen zu demonstrieren, wie enorm auch das Gebiet der eigentlichen kolloiden Dispersionen als Konsequenz dieser Anschauung sich erweitert. Diese moderne Auffassung des Kolloidbegriffs hat also in hohem Maße die Eigenschaft eines sammelnden Prinzips. In welche Abteilung der physikalischen Chemie gehörten bisher Systeme wie Schäume oder Emulsionen? Alle diese gleichsam heimatlosen und zuweilen technisch so überaus wichtigen Gebilde finden nicht nur ihren Platz in dieser Systematik, sondern sind von allergrößtem Interesse für die im Mittelpunkt stehende Wissenschaft der Kolloide. —

Wir kommen nun zum Hauptthema unserer heutigen Besprechung, zum Nachweis, daß in der Tat zwischen groben Dispersionen und Kolloiden sowie zwischen Kolloiden und Molekulardispersoiden kontinuierliche Übergangserscheinungen bestehen. Ich möchte gleichzeitig mit dieser Aufgabe noch eine zweite verbinden, nämlich eine etwas nähere Schilderung der speziellen physikalischen und chemischen Eigenschaften kolloider Systeme. Um diese doppelte Aufgabe zu lösen, will ich so vorgehen, daß ich Ihnen eine Reihe von mechanischen, optischen, elektrischen, physikalisch-chemischen Eigenschaften kolloider Lösungen schildere, gleichzeitig aber an der Hand unseres viel besprochenen Schemas Ihnen zu zeigen versuche, in welcher Weise diese Eigenschaften sich ändern, falls man sie durch die ganze Reihe disperser Systeme hindurch untersucht. Die physikalisch-chemischen Eigenschaften disperser Systeme und ihre Variation mit dem Dispersitätsgrade — so könnten wir unser Thema bezeichnen.

Beginnen wir mit einigen mechanischen Eigenschaften disperser Systeme. Betrachten Sie z. B. das Präparat einer feinen Suspension von Karminpartikeln in destilliertem Wasser unter dem Mikroskop, so nehmen Sie bei genügend hohem Dispersitätsgrade eine interessante Erscheinung wahr, die in den letzten[1]) Jahren außerordentlich eingehend untersucht und zu neuer Berühmtheit gelangt ist. Die mikroskopischen Teilchen bewegen sich spontan, sie zittern und rotieren in anscheinend völlig unregelmäßiger Weise, wie Ihnen diese Figuren zeigen, welche schematisch den von solchen Teilchen zurückgelegten Weg, genauer seine Projektion, darstellen (Abb. 7)[2]), und wie Sie es schon mit dem bloßen Auge in einigen Metern Entfernung bei folgendem Versuch nach J. Traube und P. Klein[3]) erkennen können (Dem.):

Ich habe hier vor dem Projektionsapparat eine große Küvette mit einer Suspension von Bleikarbonat aufgestellt, die ich so erzeugt habe, daß ich vor etwa 1—2 Stunden in eine sehr verdünnte, höchstens 0,001 normale Bleinitratlösung einige Tropfen Soda gegeben habe. Ich schicke nun einen intensiven Lichtstrahl durch die Küvette und Sie bemerken folgendes: Die Flüssigkeit ist erfüllt von unzähligen stark blitzenden und funkelnden winzigen Teilchen, oder doch Reflexen solcher, da Sie auch bei genauestem Hinsehen ein einzelnes

---

[1]) Zusammenfassende Darstellungen über Brownsche Bewegung: J. Perrin, Die Atome, 2. Aufl. (Dresden 1920); De Haas-Lorentz, Die Brownsche Bewegung (Braunschweig 1913); W. Mecklenburg, Die experimentelle Atomistik (Braunschweig 1910).

[2]) Eine nähere Demonstration der Brownschen Bewegung pflegt der Verfasser gleichzeitig mit der Demonstration ultramikroskopischer Apparate vorzunehmen, die sich diesem Vortrage anschließt.

[3]) J. Traube und P. Klein, Koll.-Ztschr. **30**, 19 (1921).

Teilchen nicht erkennen oder gar auf seinem Wege verfolgen können. Dies ist eine sehr eindrucksvolle Demonstration der berühmten Brownschen Bewegung, die wir, wie wir gleich sehen werden, überall, in allen Flüssigkeiten, aber auch z. B. in fast allen lebenden Zellen, in uns selbst nachweisen können oder annehmen müssen, und man kann sich lange in den Anblick dieser Suspension vertiefen und kann seiner kaum überdrüssig werden, wenn man bedenkt, daß man hier ein Grundphänomen aller jener kinetischen Theorien der Materie vor sich hat, die seit Jahrhunderten eine so große Rolle in Physik und Chemie gespielt haben und heute erst recht spielen.

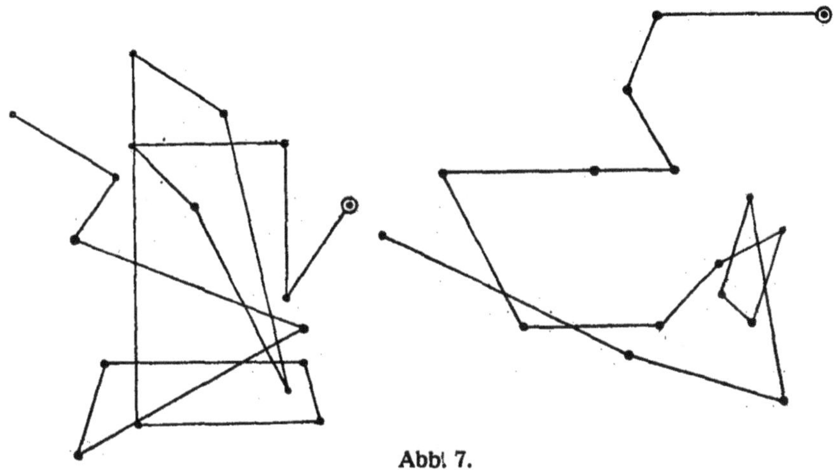

Abb. 7.
„Wege" zweier in Brownscher Bewegung befindlicher Teilchen.

Von grundlegender Bedeutung ist nur, daß diese Bewegungen nicht auf Kosten von Licht und Wärme, von elektrischen oder chemischen Vorgängen innerhalb des Systems hervorgerufen werden und daß weiterhin sämtliche bekannten dispersen Systeme diese sogenannte Brownsche Bewegung zeigen, falls folgende zwei Bedingungen eingehalten werden: Die dispersen Teilchen müssen genügend klein sein; in der Regel wird die Brownsche Bewegung deutlich sichtbar erst bei Teilchengrößen von etwa 5 μ und weniger. Bei der Ihnen gezeigten Bleikarbonat-Suspension handelt es sich um äußerst feine Nädelchen, deren Durchmesser (im Gegensatz zu ihrer Länge) die notwendigen minimalen Maße zeigt. Sodann muß das Dispersionsmittel von genügend großer Beweglichkeit sein, um die Bewegung zu gestatten; in festem Glas z. B. kann man natürlich solche Bewegungserscheinungen nicht erwarten. Sind aber diese zwei Bedingungen vorhanden, so zeigen in der Tat alle dispersen Systeme die Brownsche Bewegung. Sie wird in Emulsionen z. B. in der Milch gefunden, Gasbläschen zeigen sie, sehr schöne Brownsche Bewegung sieht man bei der mikroskopischen Betrachtung von Rauch usw. Es handelt sich also um eine allgemeine Eigenschaft disperser Systeme und weiterhin um eine Erscheinung, die bei konstanten Bedingungen von ewiger Dauer zu sein scheint. So sieht man Brownsche Bewegung in Flüssigkeitseinschlüssen von Mineralien, die sicher Tausende von Jahren alt sind.

Wie ändert sich nun diese Erscheinung mit dem Dispersitätsgrade? Gibt es auch in Kolloiden und molekularen Lösungen Brownsche oder eine ähnliche Bewegung? Zunächst wies ich schon darauf hin, daß nur bei genügend großem Dispersitätsgrade die Brownsche Bewegung mikroskopischer Teilchen deutlich sichtbar wird. Die Intensität nimmt aber in ausgesprochener Weise zu, je kleiner die mikroskopischen Teilchen sind. Aus den Kontinuitätsvorstellungen könnte man also folgern, daß in den kolloiden und molekularen Lösungen nicht nur auch solch eine Bewegung vorhanden ist, sondern daß hier die dispersen Teilchen sich noch viel schneller bewegen werden als in mikroskopischen Dispersionen. Hier fällt Ihnen nun gewiß die alte und so vielfach erörterte Annahme ein, nach der in einem molekularen System wie insbesondere in einem Gas oder einer flüssigen Lösung die Moleküle selbst in heftigster, ja in sogenannter „tumultuarischer" Bewegung sind. Die berühmte kinetische Theorie der Gase und Flüssigkeiten beruht ja auf dieser fundamentalen Annahme. Es gelingt nun in der Tat, mit neueren, noch zu besprechenden optischen Methoden zu zeigen, daß auch in dem kolloiden Zwischengebiet eine solche spontane Bewegung nicht nur besteht, sondern daß, ganz entsprechend den Erwartungen, die Brownsche Bewegung in kolloiden Systemen unter gleichen Umständen ganz wesentlich intensiver ist als in mikroskopischen Dispersionen. Ja noch mehr, man hat zeigen können, daß diese höhere Geschwindigkeit der Brownschen Bewegung in kolloiden Systemen nicht nur der Größenordnung nach sich den Werten nähert, die man für die Geschwindigkeit von Molekülen berechnet hat, sondern daß umgekehrt dieselben Gesetze, die man für die Kinetik der Moleküle aufgestellt hat, auch die Brownsche Bewegung von Kolloiden und groben Dispersionen beherrschen, falls man den verschiedenen Dispersitätsgrad dieser Systeme berücksichtigt. Wir werden hierauf noch später bei der Besprechung der wissenschaftlichen Anwendungen der Kolloidchemie eingehen. Es zweifelt heute kein Physikochemiker mehr daran, daß die „spontane Innenbewegung" oder „innere Eigenbewegung" eine Eigenschaft ist, die allen Dispersoiden unter den gegebenen Bedingungen zukommt, und daß die Intensität dieser Erscheinungen stetig und kontinuierlich zunimmt durch das ganze Gebiet disperser Systeme hindurch, von groben Dispersionen über Kolloide zu molekularen Lösungen.

Nehmen wir andere mechanische Eigenschaften disperser Systeme. Als ein besonders wichtiges qualitatives Kennzeichen kolloider Lösungen haben wir das Fehlen von Diffusions- und Dialysierfähigkeit festgesetzt. Typische Kolloide diffundieren und dialysieren nicht merklich, ebensowenig wie grobe Dispersionen. Es handelt sich also wieder um die Frage nach Übergangserscheinungen zwischen kolloiden und molekularen Lösungen. Gibt es Übergangssysteme, die etwa eine Zwischenstellung einnehmen, oder kann etwa gar, — und dies wäre offenbar der schönste Beweis — ein und derselbe Stoff einmal in diffundierendem und ein anderes Mal in nichtdiffundierendem Zustande auftreten? Für beide Fragen gibt es in der Tat experimentelle Antworten. Wir finden zahlreiche Lösungen, die gerade auf dem Grenzgebiete in bezug auf die Diffusionsfähigkeit stehen. Viele Eiweißkörper, Fermente, Toxine und Antitoxine, ferner Farbstofflösungen, wie solche von Kongorot, Nachtblau usw., zeigen eine kaum meßbare, aber immerhin doch noch vorhandene Diffusion. Zuweilen genügen ganz geringe Änderungen des Dispersionsmittels, um solchen Übergangssystemen eine deutliche Diffusionsfähigkeit zu erteilen. So diffundieren gewisse Eiweißlösungen nicht gegen destilliertes Wasser, wohl aber gegen verdünnte Neutralsalzlösungen, darum nämlich, weil die stark wasserhaltigen kolloiden Eiweißteilchen durch Neutralsalze teilweise dehydratisiert, damit höher dispers und damit auch diffusionsfähig gemacht werden[1]). Es gibt alle

[1]) Es ist bisher in der Literatur kaum in Betracht gezogen worden, daß der Zusatz eines Neutralsalzes oder Alkohols usw. zu einem hydratisierten Kolloid in zweierlei, einander entgegengesetzter Weise wirken kann. Durch Dehydratation der Teilchen erhöht ein solcher Zusatz zunächst den Dispersitätsgrad, und erst sekundär ergibt sich durch Agglomeration der Teilchen eine Dispersitätsverringerung, die evtl. zur Koagulation führt. Durch diese doppelte Wirkung solcher Zusätze, eine Wirkung, die nach unveröffentlichten Versuchen des Verfassers auch zeitlich in erheblichem Maße in ihre Einzeleffekte zerlegt werden kann, erklärt sich z. B. die bisher unverstandene oben erwähnte Tatsache, daß Eiweißlösungen gegen verdünnte Salzlösungen leichter diffundieren als gegen destilliertes Wasser (Literatur bei Wo. Ostwald, Grundriß, 7. Aufl., S. 275), ferner die Tatsache, daß bei kolloiden Farbstoffen wie Kongorot bei Salzzusatz zunächst eine Gelbfärbung und erst später kurz vor dem Ausfallen eine Rot- und Violettfärbung eintritt usw. Auch die bisher ebenfalls noch

Abstufungen des Diffusionsvermögens zwischen molekularen und kolloiden Lösungen, die man sich denken kann. Aber auch ein und derselbe Stoff in demselben Dispersionsmittel und ohne jeden Zusatz kann einen positiven oder einen negativen Diffusionsversuch ergeben, je nach seinem Dispersitätsgrade. Dies zeigten schon W. Ramsays Schüler, H. Picton und S. E. Linder, für Arsentrisulfidniederschläge. Entsprechend dem Weimarnschen Gesetze erhielten sie beim Arbeiten in außerordentlich verdünnten Lösungen Arsentrisulfidniederschläge, die nicht nur mikroskopisch klar waren und durch ein Filter liefen, sondern die auch eine unverkennbare Diffusion zeigten. Analoge Beobachtungen kann man auch nach meinen eigenen Erfahrungen an hochdispersen Berlinerblausolen machen. Auch an Goldsolen ist die gleiche Erscheinung beobachtet worden (The Svedberg), und der Zusammenhang zwischen Dispersitätsgrad und Diffusionsgeschwindigkeit scheint hier sogar so einfach zu sein, daß eine einfache umgekehrte Proportionalität zwischen Teilchendurchmesser und Diffusionskoeffizient angenommen werden kann[1]). Auch letzterer Schluß ist übrigens eine quantitative Konsequenz der Anwendung der kinetischen Molekulartheorie auf gröber disperse Systeme. — Es besteht also kein Zweifel, daß auch das Diffusionsvermögen (und analog natürlich auch das Vermögen zur Dialyse) stetig variiert, und zwar, wie die Brownsche Bewegung zunimmt mit steigendem Dispersitätsgrade.

Suchen wir nun nach analogen Übergangserscheinungen auf der anderen Seite unseres Dispersoidschemas, nach mechanischen Übergangserscheinungen zwischen groben Dispersionen und Kolloiden, so können wir die Filtrationserscheinungen heranziehen. Es ist klar, daß je nach der Porengröße des Filtrierkörpers die Grenze zwischen filtrierbaren und nichtfiltrierbaren Dispersionen sich bei einem verschiedenen Dispersitätsgrade befinden wird. Um sich über diese Größen zu orientieren, finden Sie auf beistehender Tabelle

Porenweite von Filtern

Filtrierpapiere (Schleicher und Schüll)

Nr. 1450	ca. 4,8 μ
„ 598	„ 3,3 μ

nicht verstandene notwendige Gegenwart großer Neutralsalzmengen zur Kristallisation von Eiweißstoffen erklärt sich durch den bei hydratisierten Kolloiden zunächst dispersitätsverringernden Einfluß der Neutralsalze. Denn es erscheint plausibel, daß die kristallinischen oder vektorialen Kräfte der Teilchen aufeinander um so besser in Wirkung treten können, je weniger sie durch die indifferenten gebundenen Lösungsmittelmengen in ihrer Berührung gehindert werden.

[1]) Siehe The Svedberg Ztschr. f. physik. Chem. 67, 105 (1909).

(Gewöhnliches dickes Filtrierpapier ca. 3,3 μ)

Nr. 597	ca. 2,9 μ
„ 602 hart	„ 2,2 μ
„ 566	„ 1,7 μ
„ 602 extra hart	„ 1,5 μ
Chamberlandkerze	ca. 0,2—0,4 μ
Reichelkerze	„ 0,16—0,18 μ

einige Schätzungen von Filterporengrößen. Nach unserer Definition kolloider Größen könnten Kolloide also höchstens nur von feinen Porzellankerzen zurückgehalten werden. Nun sind aber von C. J. Martin, G. Malfitano, H. Bechhold usw. andere Filterkörper gefunden worden, die eine mechanische Trennung auch von Kolloiden gestatten. Ja wir werden gleich sehen, daß es sogar Filter gibt, die wenigstens eine teilweise mechanische Trennung von Molekülen gestatten. Solche dichtere Filtermedien finden wir in den verschiedenartigen organischen und anorganischen Gallerten. Imprägniert man z. B. gewöhnliche Papierfilter in einer sehr einfachen von mir gefundenen Weise[1]) mit Kollodium, so kann man mit diesen Kolloid- oder Ultrafiltern viele kolloide Lösungen genau so einfach in disperse Phase und Dispersionsmittel zerlegen, wie man das bei einer grobdispersen Aufschwemmung bei Benutzung gewöhnlicher Papierfilter zu tun pflegt. Ich gieße hier in solche sog. „spontane" Ultrafilter z. B. eine verdünnte Nachtblaulösung, oder verdünnte schwarze Tusche, oder blaues Goldsol, oder ein Kolophoniumhydrosol usw. (Dem.). Wie Sie sehen, tropft aus diesen intensiv gefärbten kolloiden Lösungen

[1]) Über einfache Ultrafilter siehe Wo. Ostwald, Koll.-Ztschr. 22, 72, 143 (1918). Ferner Kl. Praktikum, S. 24ff. — Zur Herstellung „spontaner", d. h. schon mit dem eigenen hydrostatischen Druck laufender Ultrafilter, die sich für Demonstrationszwecke eignen, sei folgendes Rezept wiedergegeben: Ein gewöhnliches glattes Papierfilter wird in einen saubern Trichter dicht angelegt, mit Wasser ausgiebig angefeuchtet, das tropfbar vorhandene Wasser durch Ausschwenken entfernt. Von einer vorsichtig erwärmten Kollodiumlösung (4%) werden 20—30 ccm in das nasse Filter gegossen; durch wiederholtes Drehen wird eine erste Kollodiumschicht (die sog. „Schwammschicht") hergestellt; das überflüssige Kollodium wird sorgfältig ausgegossen; in der Spitze des Filters darf kein Tropfen zurückbleiben. Man läßt 5—10 Minuten an der Luft trocknen, wobei man das steifgewordene Filter vorübergehend aus dem Trichter herausnimmt. Mit der gleichen Kollodiumlösung wird sodann ein zweites Mal das Filter ausgeschwenkt (zweite Schicht); wiederum ist sorgfältiges Auslaufen des überschüssigen Kollodiums zu beachten. Nach 5—10 Minuten Trocknen an der Luft wird das Filter in destilliertes Wasser untergetaucht; nach ca. einer halben Stunde ist es gebrauchsfertig.

ein völlig farbloses Dispersionsmittel ab. Damit Sie sich überzeugen können, daß es sich hier wirklich um kolloide, nicht etwa um grobdisperse Systeme handelt, habe ich hier eine Reihe gewöhnlicher, nicht imprägnierter Filter aufgestellt. Jede der genannten Lösungen läuft (Dem.) farbig bzw. trüb durch gewöhnliches Filtrierpapier; es handelt sich also um typische Kolloide. Zur Beschleunigung dieser Ultrafiltration und ebenfalls bei der Ultrafiltration durch noch dichtere Membranen wendet man zweckmäßig eine Saugflasche an (Abb. 8). Auch kann man, um eine größere Filtrierfläche zu bekommen, Porzellannutschen als Ultrafilter herrichten. Ich habe Ihnen hier einige derartige einfache, aber für viele Zwecke sehr gut geeignete Ultrafilter vorgeführt (Dem.).

Abb. 8. Einfaches Ultrafilter.

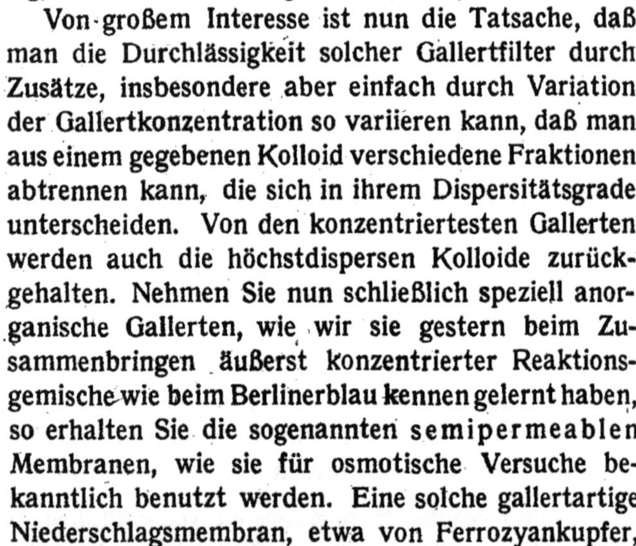

Von großem Interesse ist nun die Tatsache, daß man die Durchlässigkeit solcher Gallertfilter durch Zusätze, insbesondere aber einfach durch Variation der Gallertkonzentration so variieren kann, daß man aus einem gegebenen Kolloid verschiedene Fraktionen abtrennen kann, die sich in ihrem Dispersitätsgrade unterscheiden. Von den konzentriertesten Gallerten werden auch die höchstdispersen Kolloide zurückgehalten. Nehmen Sie nun schließlich speziell anorganische Gallerten, wie wir sie gestern beim Zusammenbringen äußerst konzentrierter Reaktionsgemische wie beim Berlinerblau kennen gelernt haben, so erhalten Sie die sogenannten *semipermeablen* Membranen, wie sie für osmotische Versuche bekanntlich benutzt werden. Eine solche gallertartige Niederschlagsmembran, etwa von Ferrozyankupfer, ist so dicht, daß sie auch vielen gelösten Molekülen nicht den Durchtritt gestattet, und wir können bekanntlich diese Eigenschaft nicht nur zu Änderungen der Konzentration molekularer Lösungen verwenden, bei denen der osmotische Druck die Rolle des Filtrationsdrucks übernimmt, sondern wir können in sehr konzentrierten Lösungen durch diese selektive Permeabilität unter Umständen sogar eine Abscheidung des festen Salzes veranlassen. So kristallisiert z. B. nach einem alten Versuche des Physiologen C. *Ludwig* eine ziemlich konzentrierte Glaubersalzlösung aus, wenn man in sie ein Stück trockene Schweinsblase hineinlegt, darum nämlich, weil das Wasser, nicht aber das Salz, in diese konzentrierte Gallerte hineinzudiffundieren vermag. An die Erscheinung der gewöhnlichen Filtration von grobdispersen Niederschlägen schließen sich also die Phänomene der Ultrafiltration der Kolloide und die der osmotischen Filtration oder „Überultrafiltration" (P. P. von Weimarn) durchaus stetig an, und auch hier finden wir alle Übergänge durch das ganze Gebiet der dispersen Systeme.

Gehen wir nun zu den optischen Erscheinungen kolloider Systeme über; hier finden wir eine besonders große Anzahl schöner und interessanter Übergangserscheinungen. Vielleicht das allgemeinste optische Phänomen, das wir in einem Dispersoid erwarten können, ist das der sogenannten optischen Heterogenität oder, einfacher gesagt, das der Trübung. Im allgemeinen werden disperser Anteil und Dispersionsmittel einen verschiedenen Brechungskoeffizienten haben und einen Lichtstrahl infolgedessen nicht ungehindert passieren lassen, sondern seitlich brechen, spiegeln und abbeugen. Dies ist die wissenschaftliche Definition der Trübung, und es ist Ihnen allen bekannt, daß grobe und mikroskopische Dispersionen diese Erscheinung in der Regel sehr deutlich zeigen. Ich brauche Sie nur an die weißen Farben von Quarzsuspensionen, Milch und Schäumen zu erinnern. Aber auch eine ganze Anzahl von regulären Kolloiden zeigt solche Trübungserscheinungen bei etwas eingehenderer Untersuchung, z. B. manche der hier mitgebrachten kolloiden Metallsulfide, das blauschwarze kolloide Gold usw. Wie Sie wissen, erkennt man feine Trübungen am besten, wenn man die betreffende Lösung gegen einen schwarzen Hintergrund betrachtet, wenn man mit anderen Worten die allseitige Beleuchtung durch eine mehr oder weniger einseitige ersetzt. Wie außerordentlich viel empfindlicher diese Methode der einseitigen Beleuchtung ist als z. B. die Betrachtung im diffusen oder durchfallenden Licht, ist Ihnen allen aus dem sog. „Sonnenstäubchenphänomen" wohlbekannt. Wenn in ein verdunkeltes Zimmer nur ein begrenztes Strahlenbündel, sei es von der Sonne oder etwa von einer Projektionslampe, hineingeschickt wird, so sehen Sie nicht nur einen leuchtenden Kegel, sondern auch eine Menge von Staub, dessen Vorhandensein Ihnen bei gewöhnlicher allseitiger Beleuchtung entgangen wäre. Diese Methode zum Nachweis feinster Trübungen ist nun bereits von Faraday verwandt worden, um die disperse Natur von kolloiden Goldlösungen, darunter auch von den für die gewöhnliche Betrachtung völlig klaren, roten Goldkolloiden zu erweisen. In noch weitergehendem Maße wurde diese Methode von J. Tyndall zur Untersuchung feinster Trübungen benutzt, und man bezeichnet diesen Lichtkegel, den man in sonst klar erscheinenden Dispersoiden durch einseitige intensive Beleuchtung hervorrufen kann, diesem Forscher zu Ehren als Tyndallkegel. Es ist nun sehr wichtig daß die Mehrzahl typischer Kolloide einen solchen Tyndallkegel zeigt. Da es sich um eine in mehrfacher Hinsicht interessante Erscheinung handelt, möchte ich Ihnen ein solches Tyndallphänomen vorführen (Dem.).

Sie haben hier eine Bogenlampe, aus der ein schmales Lichtbündel in dieses vorgestellte planparallele Gefäß fällt, das ich mit destilliertem Wasser gefüllt habe. Sie sehen — wie ich hoffe — nur einen sehr schwachen Lichtschein im Wasser. Wäre das Wasser vollkommen rein, d. h. enthielte es auch nicht die geringsten Staubteilchen oder Luftbläschen und könnte ich den reflektierenden Einfluß der Gefäßwände völlig ausschalten, so würden Sie gar nichts von dem Lichtstrahl erkennen. Ich will nur kurz erwähnen, daß es tatsächlich experimentell möglich ist, ein solches, für das bloße Auge „optisch leeres" Wasser herzustellen. Ich gieße nun einige Kubikzentimeter einer braunen kolloiden Silberlösung hinein, die bei gewöhnlicher Betrachtung völlig klar und durchsichtig erschien, und rühre um. Wie Sie sehen, flammt geradezu ein intensiver, grünlichweiß gefärbter Lichtkegel auf (Abb. 9). Das ist das berühmte Tyndallphänomen oder die Trübung kolloider Lösungen.

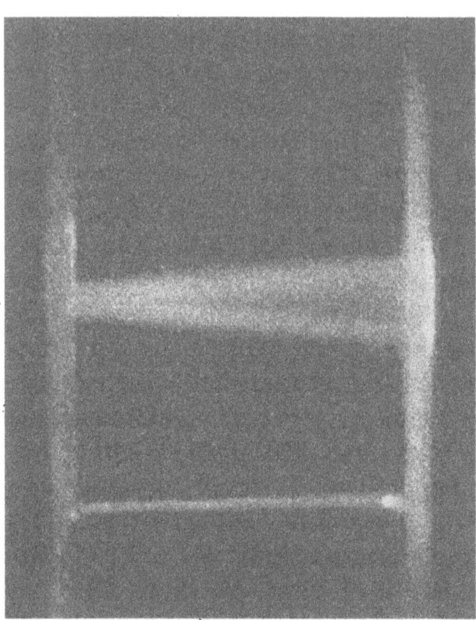

Abb. 9.
Tyndallkegel.

Ich könnte Ihnen nun jede der Ihnen hier vorgeführten kolloiden Lösungen in das Versuchsgefäß gießen, und Sie würden praktisch bei jeder eine Tyndalltrübung wahrnehmen können. Freilich gibt es auch eine Reihe Kolloide, die nur ein schwaches Aufleuchten zeigen wie die Lösungen mancher Eiweißkörper z. B. das Blutserum[1]), sog. Alkalialbuminate, nicht zu konzentrierte frisch hergestellte Kieselsäure, sehr reine Kongorotlösung usw., trotzdem die genannten Lösungen sich bei der dialytischen oder Diffusionsanalyse durchaus als

[1]) Blutserum ist nach F. Bottazzi im frischen Zustande praktisch optisch leer; siehe Wintersteins Handbuch der vergleichenden Physiologie 1, 145ff.

Kolloide erweisen. Alle diese Kolloide gehören zu der zweiten Art von Emulsoiden, auf die ich bereits hinwies, und über die wir in der nächsten Vorlesung noch näher sprechen werden. Ich will hier vorwegnehmen, daß diese Kolloide charakterisiert sind durch eine starke Hydratation resp. Solvatation; die kolloiden Teilchen enthalten mit anderen Worten eine große Menge des Dispersionsmittels, sie bestehen in der Tat vielfach zum überwiegenden Teil aus Dispersionsmittel oder halten das letztere etwa in Gestalt einer Hülle an sich gebunden. Diese Tatsache erklärt nun auch den Umstand, warum die Tyndalltrübung bei solchen Kolloiden verhältnismäßig schwach sein kann. Damit nämlich Lichtstrahlen in einem dispersen System seitlich gebrochen, gespiegelt oder abgebeugt werden können, ist es unerläßlich, daß ein deutlicher Brechungsunterschied zwischen disperser Phase und Dispersionsmittel besteht; dies ist die notwendige Vorbedingung für jede Art von Trübung. Wenn aber die kolloiden Teilchen zum größten Teile aus dem Dispersionsmittel selbst bestehen oder wenn etwa ein Molekül der dispersen Phase sich mit so viel Dispersionsmittel umgibt, daß es im ganzen kolloide Dimensionen annimmt, so fehlt offenbar diese notwendige Vorbedingung für das Auftreten einer Trübung Denn der optische Unterschied zwischen gebundenem und nichtgebundenem Dispersionsmittel kann natürlich nur äußerst gering sein. Auf diese Weise brauchen typische Kolloide, ja auch grobe Dispersionen nicht immer eine Trübung zu zeigen, wie denn auch ein ganz grob disperses Glaspulver in Kanadabalsam von genau gleichem Brechungskoeffizienten keine Trübung ergeben würde. Man muß sich also vor dem häufig gemachten Fehler hüten, aus dem Nichtvorhandensein einer deutlichen Trübung ohne weiteres auf einen besonders hohen Dispersitätsgrad schließen zu wollen[1]).

Wie weit reicht nun die Empfindlichkeit dieser Tyndallmethode und wie steht es mit den Übergangserscheinungen zu den molekulardispersen Lösungen? Um diese Fragen zu beantworten, müssen wir zweckmäßig vorher ein wenig auf die Theorie dieser Trübungen eingehen[2]). Es zeigt sich da, daß schon das Zustandekommen der Trübung in kolloiden Systemen mehr und mehr auf andere optische Ursachen zurückzuführen ist als die seitliche Zerstreuung des Lichtes in grob-

---

[1]) Eine Kieselsäurelösung ohne merkbaren Tyndallkegel beobachtete z. B. C. O. Weber, Chemistry of India Rubber, 3. Aufl. 1909, 74.

[2]) Ausführlicheres hierüber wie über optische Erscheinungen bei Kolloiden überhaupt findet der Leser bei Wo. Ostwald, Handb. d. Kolloidwissenschaft, Bd. I: Licht und Farbe in Kolloiden (Dresden 1924, Th. Steinkopff).

dispersen Systemen. Während die Trübung in letzteren vorwiegend auf der seitlichen Brechung und Spiegelung des Lichtes beruht, tritt an ihre Stelle in den höherdispersen Systemen die sog. Beugungstrübung. Werden nämlich die Teilchen kleiner als die Wellenlänge des sie beleuchtenden Lichtes, so können keine normalen Brechungsvorgänge mehr stattfinden, sondern das Licht wird vielmehr von dem betreffenden Teilchen diffus nach allen Seiten hin abgebeugt oder zerstreut. Dies tritt also bereits bei Kolloiden ein, da kolloide Teilchen definitionsgemäß kleiner sind als die halbe Wellenlänge des Lichtes. Das eigentliche Tyndallphänomen in kolloiden Lösungen entspricht also einer Beugungstrübung. Nun folgt aber aus der Natur dieser Beugungserscheinung, daß bei dem Auftreffen von gemischtem Lichte die Strahlen von kürzerer Wellenlänge stärker in ihrem Wege gestört und abgebeugt werden. In einem Tyndallkegel werden also vorwiegend die blauen, violetten und ganz besonders die ultravioletten Strahlen abgebeugt werden, während die gelben und roten relativ unbehindert hindurchgehen werden. Es gibt dies das wohlbekannte Farbenspiel der Opaleszenz, auf das wir gleich noch zurückkommen werden. Umgekehrt kann man nun aber auch sagen, daß die kurzwelligen Strahlen noch von Teilchen abgebeugt werden können, die zu klein sind, um z. B. blaue, gelbe oder rote Strahlen abzubeugen. Und das ist der uns hier interessierende Punkt. Wenn wir die Tyndallmethode so weit verfeinern, daß wir nicht nur gemischtes Tyndalllicht und nicht nur blaue und violette, sondern z. B. ultraviolette abgebeugte Strahlen wahrnehmen können, dann besteht theoretisch die Möglichkeit, daß wir auch in molekulardispersen Systemen Trübungserscheinungen nachweisen können. Denn ebenso wie kolloide Teilchen für die viel größeren Wellen des sichtbaren Lichtes ein Hindernis darstellen, können Moleküle eine Störung der viel kleineren ultravioletten Strahlen bewirken[1]). Eine solche Verfeinerung der Tyndallmethode besteht z. B in der Anwendung der Photographie, die bekanntlich gerade die chemisch besonders wirksamen ultravioletten Strahlen nachzuweisen gestattet. In der Tat habe ich nur selbst gelegentlich gefunden, daß destilliertes Wasser, das bei makroskopischer Betrachtung praktisch weitgehend optisch leer erschien, bei einer photographischen Aufnahme ein unerwartet kräftiges photographisches Bild ergab, das aber deutlich geschwächt wurde durch

---

[1]) Über die Möglichkeit ultravioletter und noch kurzwelligerer Tyndallkegel siehe Wo. Ostwald (Koll.-Ztschr. 18, 121 [1913]); sowie das in vorangehender Anmerkung zitierte Buch.

Einschaltung einer dicken Glasplatte, welch letztere bekanntlich ultraviolette Strahlen stark absorbiert Auch neuere Untersuchungen anderer Forscher führten zu Resultaten, die so gedeutet werden können, daß durch das Einfangen des „ultravioletten" Tyndallkegels mit der photographischen Platte subjektiv nicht nachweisbare Trübungen aufgefunden werden können[1]).

Wie steht es nun mit dem experimentellen Nachweis solcher feinster Trübungen z. B. in Übergangssystemen zwischen kolloiden und molekulardispersen Lösungen oder gar in letzteren selbst? Es ist offenkundig, daß Versuche dieser Art zu den allerdelikatesten Experimenten der ganzen physikalischen Optik gehören. Da ist z. B. die Frage der Verunreinigungen, des „optischen Schmutzes", des Staubes, der aus der Luft bei jeder Operation in die Flüssigkeiten einzudringen pflegt, und der z. B. das paradoxe Resultat erklärt, daß die Menge des optischen Schmutzes durch Filtrieren und Destillieren häufig vermehrt statt vermindert wird. Der belgische Forscher W. Spring hat mehrere sehr ingeniöse Methoden angegeben, mit Hilfe derer es gelang, Flüssigkeiten soweit von diesem optischen Schmutz zu reinigen, daß sie bei subjektiver Betrachtung optisch leer waren. Bei der photographischen Untersuchung von solcherart gereinigten Flüssigkeiten durch M. Le Blanc und W. Kangro ergab sich indessen doch eine Wirkung auf die Platte, d. h. eine feine Trübung. Sodann wurde von W. Spring, Lobry de Bruyn und andern das für uns besonders interessante Resultat gefunden, daß manche Lösungen molekulardisperser Art, z. B. konzentrierte Rohrzuckerlösung auf keine Weise optisch leer zu erhalten waren, im Gegensatz zu andern molekulardispersen Systemen, die nach Reinigung mit denselben Methoden subjektiv keinen Tyndallkegel mehr zeigten. Dies wären offenbar solche uns hier besonders interessierende Übergangserscheinungen, an die um so mehr zu denken ist, als Rohrzucker z. B. in konzentrierter Lösung auch in anderer Hinsicht Ähnlichkeiten mit gewissen kolloiden

---

[1]) Diese vom Verfasser vielfach beobachtete weit größere Empfindlichkeit photographischer Untersuchungen des Tyndallphänomens erklärt vermutlich auch die Diskrepanz zwischen den Befunden von W. Kangro (Ztschr. f. physik. Chem. 87, 257 [1914]) und den bekannten Versuchen von W. Spring. Während es letzterem Forscher auf verschiedene Weise gelang, Wasser und manche Salzlösungen herzustellen, die für das menschliche Auge optisch leer waren — eine Möglichkeit, die jeder Ultramikroskopiker ohne weiteres bestätigen wird —, vermochte der letztere Forscher bei seiner photographischen Untersuchung die Springschen Resultate nur teilweise zu bestätigen.

Lösungen zeigt[1]). In neuerer Zeit ist nun aber von P. Wolski, ebenfalls im Leipziger physikalisch-chemischen Institut, gezeigt worden[2]), daß es mit Hilfe des oben beschriebenen Ultrafiltrationsprinzips beim Arbeiten unter Luftabschluß und sonstigen extrem delikaten Bedingungen gelingt, konzentrierte Rohrzuckerlösungen herzustellen, die in einer Schichtdicke von 45 μ subjektiv keinen Tyndallkegel mehr erkennen lassen. Aber auch aus diesen Resultaten darf man, wie ich glaube, noch nicht den Schluß ziehen, daß das Auftreten von Trübungen in molekulardispersen Systemen hiermit als nicht existierend erwiesen worden sei. Es ist durchaus denkbar, daß eine Flüssigkeit in so außerordentlich dünner Schicht (45 μ =0,045 Millimeter) „klar" ist, während dieselbe in größerer Schichtdicke eine Trübung ergibt, und daß weiterhin z. B. die photographische Methode auch hier eine kurzwelligere Trübung nachweisen würde, die der subjektiven, sehr anstrengenden Beobachtung entgeht. Das demonstrativste Beispiel dafür, welchen Einfluß besonders die Schichtdicke auf das Zustandekommen einer Trübung hat, liefert die Erdatmosphäre. Niemand wird z. B. bei blauem Himmel und auf dem Gebirge die Luft für ein „trübes Medium" ansehen wollen oder die Existenz dieser Trübung an einer Luftschicht von fünfhundertstel Millimeter Dicke nachweisen können. Und doch zeigt auch die reinste Atmosphäre in ihrer ganzen Schichtdicke die typischen optischen Eigenschaften eines trüben Mediums, Eigenschaften, die interessanterweise von Lord Rayleigh und andern Physikern nicht auf vorhandene Staub- und Wasserteilchen sondern auf die zerstreuende, d. h. trübende Wirkung der Luftmoleküle selbst zurückgeführt werden. Ja der berühmte polnische Forscher M. von Smoluchowski gibt an, bei sorgfältig gereinigter Luft sogar im Laboratoriumsversuch immer noch eine schwache Tyndalltrübung sogar subjektiv festgestellt zu haben, die er durchaus als „Molekulartrübung" anspricht[3]). Sie sehen, es handelt sich hier um verwickelte Fragen: Nicht nur Verunreinigungen, sondern subjektive oder objektive Methodik, Schichtdicke, Intensität der Beleuchtung, alle diese und

[1]) Eine kurze Zusammenstellung solcher Übergangseigenschaften konzentrierter Rohrzuckerlösungen findet sich bei Wo. Ostwald und K. Mündler, Koll.-Ztschr. **24**, 11 (1919).

[2]) Siehe M. Le Blanc und P. Wolski, Ber. d. sächs. Ak. d. Wiss. **72**, 24 (1920); P. Wolski, Koll.-Beih. 1920. — Da der Verfasser bei diesen Versuchen mitgeholfen hat, kann er auch persönlich die experimentellen Resultate dieser Untersuchung bestätigen.

[3]) M. von Smoluchowski, Bull. Acad. Cracowie 1916, S. 218; siehe R. Fürth, Schwankungserscheinungen in der Physik, Viewegsche Samml. Heft 48, 1920, S. 61.

noch andere Faktoren sind bei Beantwortung der Frage zu berücksichtigen, ob auch molekulardisperse Systeme eine Trübung zeigen können. Zusammenfassend kann man einstweilen nur sagen, daß in der Tat Hinweise dafür vorliegen[1]), daß auch rein molekulardisperse Systeme, namentlich bei größerer Schichtdicke und bei Berücksichtigung auch der kurzwelligeren Trübung, optische Heterogenität aufweisen können, daß aber der einwandfreie experimentelle Nachweis dieser Molekulartrübung schwierig ist. Unsere Kontinuitätsvorstellungen führen uns weiterhin zu dem Schluß, daß ein solcher Versuch zweifellos zukünftig einmal ein positives Resultat ergeben wird[2]).

Dieselben Vorstellungen führen uns sogar noch weiter[3]): Theo-

[1]) Die von P. Wolski hergestellten optisch reinsten konzentrierten Lösungen von Rohrzucker, Zitronensäure usw. zeigen z. B. eine Erscheinung, die niemals bei verdünnten Lösungen oder in Wasser beobachtet wurde und die stark für das Vorhandensein optischer Heterogenität in diesen Systemen spricht. Bei der ultramikroskopischen Beobachtung von absichtlich hineingebrachten Staubteilchen zeigen sich diese von einem auffällig großen bläulich-weißen diffusen Lichthof umgeben, wie er in Wasser usw. niemals zur Beobachtung gelangt, und der so intensiv ist, daß er gelegentlich einen erheblichen Teil des ganzen Gesichtsfeldes erhellt. Man möchte hierbei an einen „sekundären Tyndalleffekt" denken, bei dem das von den Staubteilchen ausgehende Licht die Lichtquelle ist.

[2]) In neuester Zeit ist dieser vom Verfasser seit 1913 (siehe die folgende Anmerkung) vertretene Schluß vom Vorhandensein spezifischer Molekulartrübungen durch die schönen Arbeiten von W. H. Martin völlig sicher gestellt worden (Journ. phys. chem. **24**, 478 (1920); **26**, 75, 471 (1922); **28**, 1284 (1924); Trans. Roy. Soc. Canada **16**, 276 (1922); Raman, Nature **109**, 75, 42, 138 (1922) usw.); ferner die Zusammenfassungen von W. H. Martin in Alexanders Colloid Chem. 1926, S. 323, und von K. S. Krishman, Proc. Indian Assoc. Cult. Science **9**, 251 (1926). — W. H. Martin findet für besonders sorgfältig destillierte organische Flüssigkeiten konstante und spezifische Trübungen, die (in relativem Maßstab), z. B. für Benzol = 1, für CS_2 = 4,55, für Methyl-, Äthyl-, n-Propyl-, Isobutyl-, Isoamyl-Alkohol = 0,191, 0,200, 0,260, 0,280, 0,298, für Wasser dagegen nur 0,068 betragen.

[3]) Wo. Ostwald, Koll.-Ztschr. **13**, 121 (1913). Es heißt da u. a.: „Es liegt nun nahe, nicht nur die geordneten Diskontinuitäten, wie die Kristallgitter solche darstellen, in bezug auf ihre Beugungsfähigkeit für Röntgenstrahlen zu untersuchen (wie dies M. Laue und seine Mitarbeiter getan haben), sondern dieselbe Methode auch zur Untersuchung der ungeordneten oder diffusen Strahlung zu benutzen, wie eine solche z. B. von homogenen Flüssigkeiten, molekularen Lösungen usw. ausgeübt werden müßte. Man kann mit andern Worten vermuten, daß durch die Anwendung der Röntgenstrahlen eine noch viel erheblichere Erweiterung des Gebietes der Trübungs- oder Strahlungserscheinungen disperser Systeme ermöglicht werden kann, als dies selbst durch Verwendung von ultraviolettem Lichte möglich wäre. Ein „Röntgen-Tyndallkegel" würde noch außerordentlich viel höhere Dispersitätsgebiete einer optischen Untersuchung zugänglich machen können als ultravioletter Tyndallkegel,

retisch zunächst liegt offenbar nichts im Wege, Strahlen von noch kleineren Wellenlänge zum Nachweis noch feinerer optischer Heterogenitäten heranzuziehen, z. B. die Röntgenstrahlen, deren Wellenlänge nur ca. 0,04—0,06 $\mu\mu$ beträgt, und die nach den Untersuchungen von C. Barkla und anderen ebenfalls abgebeugt werden können. Für dieses Problem sind nun von großer Wichtigkeit die bekannten Untersuchungen von M. Laue, den beiden Braggs, P. Debye und ihren Mitarbeitern über die Analyse der Kristallstruktur mittels Röntgenstrahlen. Es gelang bekanntlich diesen Forschern, Beugungsbilder von Röntgenstrahlen zu photographieren, welche durch Kristalle hindurchgingen; sie erhielten Bilder, die aus kleinen Lichtfleckchen bestanden, deren Anordnung und Abstand z. B. bei Kochsalzkristallen weitgehend der Anordnung der Atome im Kristall entsprach. Ein jeder dieser Punkte auf der photographischen Platte würde einem konzentrierten Kegel von Röntgenstrahlen, gleichsam einem Röntgen-Tyndallkegel entsprechen, der je nach der Orientierung der Atome im Kristall in den verschiedenen Richtungen des Raumes verschiedene Stärke zeigt. Ja sogar beim Durchgang von Röntgenstrahlen durch „homogene" Flüssigkeiten wie Benzol fanden P. Debye und W. Scherrer Beugungserscheinungen, die zu Schlüssen auf Größe und Gestalt des Benzolmoleküls verwandt wurden. In diesem Gebiet extrem hoher Dispersitäten ist also wiederum ein geradezu glänzender Anschluß zwischen dem hier theoretisch vertretenen Kontinuitätsprinzip und dem Experiment vorhanden.

Makroskopische Trübung in grobdispersen Systemen, Tyndallkegel in typischen Kolloiden und vermutlich manchen Molekulardispersoiden, unsichtbarer ultravioletter Tyndallkegel und schließlich Röntgen-Tyndallkegel in sogenannten homogenen Systemen — man kann sich kaum eine größere Stetigkeit in den Phänomenen und einen besseren Beweis für die tatsächliche Kontinuität der verschiedenen Klassen von dispersen Systemen denken als diese Erscheinungsreihe!

Gestatten Sie bitte, daß ich noch einmal zu dem Tyndallphänomen typischer Kolloide zurückkehre, da diese Erscheinung der Ausgangspunkt für eine Reihe von Untersuchungen gewesen ist, die

---

normaler Tyndallkegel, Ultramikroskop und Mikroskop. Eine experimentelle Inangriffnahme dieser Frage wäre von erheblichem Interesse." — Die schönen Arbeiten von P. Debye und P. Scherrer, die diesen Gedanken z. B. beim Benzol jedenfalls ohne Kenntnis obiger Arbeit verwirklichten, erschienen erst 1916ff. in der Physik. Ztschr.

zu einer sehr wichtigen Methode der neueren Kolloidchemie geführt haben. Ich erinnerte Sie daran, daß man beim Sonnenstäubchenphänomen gelegentlich Teilchen aufblitzen sieht, die so klein sind, daß sie der gewöhnlichen Beobachtung entgehen. Wenn man genauer hinsieht, beobachtet man, daß solche Teilchen gleichsam von einem leuchtenden Rand, einer Strahlung oder einem „Halo" umgeben sind, wie Sie ihn etwa bei Sonnenuntergang an den Silhouetten undurchsichtiger Gegenstände sehen, welche sich zwischen Ihnen und der Sonne befinden. Werden die Teilchen nun kleiner, so schließen sich diese Ränder immer enger zusammen unter Verlust der geometrischen Ähnlichkeit des Bildes mit dem Objekt, von dem sie ausstrahlen, und bei sehr kleinen Teilchen verschmelzen sie schließlich zu einem einzigen leuchtenden Fleck. Ähnliche Erscheinungen beobachtet man nun unter dem Mikroskop, wenn man Dunkelfeldbeleuchtung anwendet, d. h. genau wie bei einer Trübungserscheinung oder einem Tyndallphänomen auf dunklem Hintergrund beobachtet. Ich bitte Sie nun, sich an meine frühere Konstatierung zu erinnern, nach der noch Teilchen eine derartige Beugungserscheinung geben, die kleiner sind als die Wellenlänge des sie beleuchtenden Lichtes. Die Leistungsfähigkeit des gewöhnlichen Mikroskops, genauer gesprochen die Grenze der sogenannten geometrischen Abbildungsmöglichkeit, ist, wie ich Ihnen ebenfalls schon sagte, begrenzt durch die Wellenlänge des Lichtes; Beugungsbilder oder vielmehr Beugungsflecke können wir jedoch auch noch erhalten von Teilchen, die kleiner sind als die Lichtwellenlänge.

Diese Methoden zum optischen Nachweis von einzelnen Teilchen unter Lichtwellendimensionen mit Hilfe der Beugungserscheinungen, aber unter Verzicht auf eine geometrisch ähnliche Abbildung, nennt man nun die Verfahren der Ultramikroskopie. Da kolloide Teilchen definitionsgemäß disperse Systeme von Dimensionen unter Lichtwellenlänge sind, so besteht also die Möglichkeit, mit Hilfe dieser Dunkelfeldmethoden die individuellen Teilchen in einem Kolloid sichtbar zu machen. Dies gelang in der Tat zum ersten Male zwei deutschen Forschern, H. Siedentopf und R. Zsigmondy, denen wir auch den wesentlichen Ausbau dieser ultramikroskopischen Methoden verdanken. Es ist ohne weiteres ersichtlich, wie außerordentlich wertvoll eine solche Methode zur Sichtbarmachung der Einzelteilchen in kolloiden Systemen ist und in wie unmittelbarer Weise hiermit der allmähliche Übergang von grobdispersen Teilchen zu kolloiden Partikeln nachgewiesen werden kann.

Vielleicht die einfachste und übersichtlichste Art eines ultramikroskopischen Verfahrens erhalten Sie, wenn Sie sich einen Tyndallkegel, wie ich Ihnen einen solchen vorführte, mit einer Lupe oder einem Mikroskop betrachtet denken. Schon der belgische Forscher W. Spring benutzte übrigens ein Vergrößerungsglas bei der Betrachtung von Tyndallkegeln, und ebenso finden wir Vorläufer unserer heutigen Ultramikroskope in den lange bekannten Vorrichtungen zur Dunkelfeldbeleuchtung, wie sie von den Bakteriologen und Diatomeenforschern benutzt wurden. Man kann aber natürlich auch stärkere Vergrößerungen zur optischen Auflösung eines solchen Tyndall-

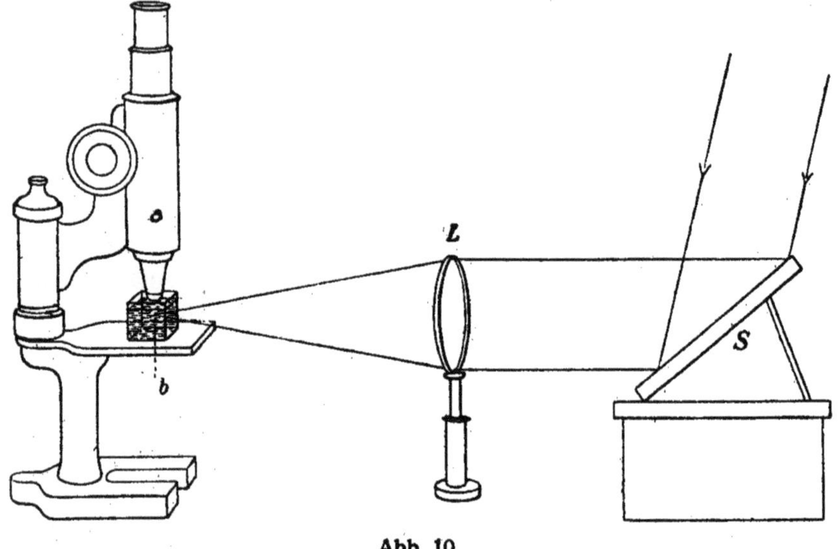

Abb. 10.
Einfachste ultramikroskopische Vorrichtung nach R. Zsigmondy.

kegels verwenden, indem man z. B. einen schmalen Tyndallkegel erzeugt, dessen hellster Teil sich gerade unter dem Objektiv eines Mikroskops befindet, wie dies die beistehende Abb. 10 in einfachster Anordnung zeigt. Es würde hier zu weit führen, wenn ich auf die verschiedenen Spezialkonstruktionen von Ultramikroskopen näher eingehen wollte, und ebenso ist es unmöglich, Ihnen ausführlicher über die Fülle von Einzelbeobachtungen zu berichten, die schon jetzt mit solchen Ultramikroskopen gemacht worden sind. Nur kurz sei erwähnt, daß insbesondere die suspensoiden Kolloide, wie etwa die Metallkolloide die verschiedenartigsten, häufig außerordentlich farbenprächtigen Ultrabilder zeigen; ein solcher aufgelöster Tyndallkegel von kolloidem Gold ist z. B. erfüllt von zahllosen blitzenden Teilchen, die, was ich besonders betonen möchte, in schönster Form die Brownsche Bewegung zeigen, von der wir früher sprachen. Auf der anderen Seite finden wir Ultrabilder z. B. bei Eiweiß- oder manchen Farbstofflösungen, die sich nicht in „Ultramikronen" auflösen lassen, vielfach indessen nicht etwa darum, weil die Teilchen zu klein wären, sondern darum, weil, wie schon erwähnt, die Teilchen zu stark hydratisiert sind, um einen deutlichen Brechungsunterschied zu ihrem Dispersionsmittel aufzuweisen[1]). Alle diese Erscheinungen sind viel besser zu zeigen als zu beschreiben, so daß ich Sie auf die nach der Vorlesung stattfindende Demonstration hinzuweisen mir erlaube[2]). Was schließlich die Frage nach der äußersten Leistungsfähigkeit dieser Ultramikroskope anbelangt — eine Frage, die für unsere Kontinuitätsvorstellungen von besonderem Interesse ist —, so möge die Angabe genügen, daß die äußerste Sichtbarkeitsgrenze in hohem Grade von der Intensität der Beleuchtung abhängt. Bei stärkstem Bogen- und Sonnenlicht kann man noch die Beugungsscheibchen von Teilchen erkennen, die nur wenige $\mu\mu$ Durchmesser haben. Freilich wirken hier die Lichtstrahlen häufig schon so stark photochemisch auf die Objekte ein, daß die Untersuchungen mit so starken Lichtquellen gelegentlich sehr schwierig werden. Für die Kontinuitätsvorstellungen ist aber von besonderer Wichtigkeit die Tatsache, daß R. Zsigmondy rosa gefärbte Goldkolloide herstellen konnte, die so hochdispers waren, daß sie auch bei Verwendung von Sonnenlicht nicht mehr unter dem Ultramikroskop aufgelöst werden konnten, ganz analog also den früher erwähnten Goldkolloiden, die bereits ein merkbares Diffusionsvermögen hatten.

Von ganz besonderem Interesse in den verschiedensten Beziehungen sind nun auch die Farberscheinungen an kolloiden Systemen. Die einfachste Farberscheinung, die „Farbe der farblosen Kolloide", ist die bereits erwähnte Opaleszenz. Die allerverschiedensten festen, flüssigen und gasförmigen Kolloide zeigen gegen einen dunklen Hintergrund blaue und violette Töne, bei Durchsicht gelbe und rote. Dies

---

[1]) Der Fehler, allein aus einem negativen ultramikroskopischen Versuch auf eine molekulardisperse Beschaffenheit der fraglichen Lösung zu schließen, wird auch noch in neuester Zeit gemacht.

[2]) Der Verfasser hat in der Regel nach dieser Vorlesung eine Demonstration ultramikroskopischer Apparate veranstaltet, die natürlich je nach Menge und Art der verfügbaren Apparate und je nach der Zahl der Interessenten von Fall zu Fall einen sehr verschiedenen Umfang besaß. Der Leser sei in bezug auf eine eingehendere Schilderung ultramikroskopischer Bilder auf die Lehrbücher der Kolloidchemie verwiesen, speziell auf die Monographie des Verfassers: Licht und Farbe in Kolloiden. (Dresden 1924.)

sehen Sie z. B. an reinen Gelatine- oder Eiweißlösungen, an diesem Mastixkolloid (hergestellt durch Eintropfen einer alkoholischen Mastixlösung in Wasser), an Milchglas und an sogenanntem Milchopal[1]), aber auch an den verschiedensten gasförmigen Kolloiden (Dem.). Das großartigste Beispiel eines gasförmigen Dispersoids mit Opaleszenzfarben stellt die Erdatmosphäre dar. Sehen Sie bei wolkenlosem Himmel durch dieses Himmelsdispersoid hindurch auf den dunklen Hintergrund des Weltraums, so erscheint es blau; betrachten Sie es aber in der Durchsicht gegen die Lichtquelle der Sonne wie bei Sonnenaufgang und -untergang, so erhalten Sie die entsprechenden gelben und roten Opaleszenzfarben. Die Entstehung dieser Opaleszenz beruht, wie ich ebenfalls schon andeutete, auf der Tatsache, daß die langwelligen gelben oder roten Strahlen von hochdispersen Systemen weniger gestört und seitlich abgebeugt werden und somit glatt hindurchgehen können, während umgekehrt die kurzwelligen violetten und blauen Strahlen eine verhältnismäßig viel stärkere seitliche Zerstreuung erleiden.

Um Ihnen zu zeigen, daß nicht nur die Farben Gelb und Blau, sondern auch andere Farben in dispersen Systemen auftreten können, die aus zwei an und für sich farblosen Stoffen zusammengesetzt sind, gebe ich Ihnen hier ein Fläschchen mit polymerisiertem Zimtsäureäthylester herum. Sie sehen hier eine prachtvolle grün-rote Opaleszenz, die beim Erwärmen in blau-gelb übergehen würde. Das System besteht aus einem, wie der Tyndallversuch zeigt, mindestens kolloiden Gemisch von polymerisiertem und monomolekularem Ester. Ganz analoge Farberscheinungen finden Sie an dem Ihnen bereits gezeigten gallertartigen kolloiden Natriumchlorid, ja Sie erhalten solche sogenannte Christiansensche Opaleszenzfarben schon, wenn Sie Natriumchlorid zerpulvern und in einem Gemisch von Benzol und Schwefelkohlenstoff suspendieren, das praktisch denselben Brechungskoeffizienten hat wie das Natriumchlorid selbst. Es würde mich zu weit führen, hier auf die Theorie dieser interessanten Farberscheinungen einzugehen[2]).

---

[1]) Das Farbenspiel des Edelopals ist vermutlich nur zum Teil auf Opaleszenz, zum anderen Teil aber auf ganz andere optische Grundlagen zurückzuführen, auf die später bei Besprechung der Erscheinungen der sog. mesomorphen oder kristallinischen Flüssigkeiten noch hingewiesen werden wird.

[2]) Ausführliches über diese Christiansenschen Farben und verwandte Erscheinungen findet der Leser in der zitierten Monographie des Verfassers über „Licht und Farbe in Kolloiden" (Dresden 1924).

Auch diese Opaleszenzfarben variieren in ausgesprochenem Maße mit dem Dispersitätsgrade, derart, daß zunächst grobdisperse Systeme nur schwache Opaleszenz zeigen, während die Intensität dieser Färbungen außerordentlich stark zunimmt im kolloiden Gebiet. Fragt man nach der Opaleszenz in molekulardispersen Systemen, so nehmen, wie erwähnt, Lord Rayleigh, M. von Smoluchowski u. a. Forscher in der Tat an, daß auch durch die störende Wirkung von Gasmolekülen Opaleszenz entstehen kann, und daß wenigstens ein Teil der am Himmel zu beobachtenden Opaleszenz auf eine solche selektive Beugung an den Luftmolekülen zurückzuführen ist. Wenn wir auch die Möglichkeit dieser molekularen Opaleszenz durchaus zugestehen, so bleibt es

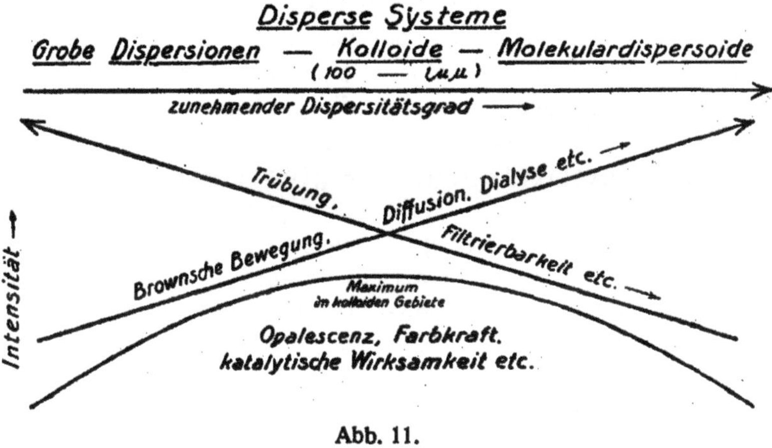

Abb. 11.

doch unzweifelhaft, daß die Intensität der Opaleszenzfärbung sehr stark abnimmt in molekulardispersen Systemen, wie etwa jede farblose Salzlösung zeigt, und nur dann merklich wird, wenn wir so ungeheure Schichten wie bei der Erdatmosphäre vor uns haben. Es ergibt sich also hier zum ersten Male der interessante Fall, daß die Intensität einer Eigenschaft disperser Systeme ein Maximum hat, und zwar gerade im kolloiden Gebiete. Bisher haben wir nur Eigenschaften besprochen, die entweder wie die Brownsche Bewegung oder die Diffusionsgeschwindigkeit stetig zunahmen mit steigendem Dispersitätsgrad, oder aber wie etwa die Trübungsintensität stetig abnahmen, wenn wir vom grobdispersen über das kolloide in das molekulardisperse Gebiet gingen. Wir sehen, daß dies durchaus nicht die einzigen Funktionen zwischen Eigenschaftswert und Dispersitätsgrad sind, und wir werden auch noch weiterhin Eigenschaften kennen lernen, die in analoger, überaus interessanter

Weise gerade im kolloiden Dispersitätsgebiete ein Maximum oder Minimum zeigen, wie das Schema (S. 55) Ihnen veranschaulichen soll.

Gleich die nächste Eigenschaft, die wir untersuchen wollen, die Farbkraft oder Farbintensität kolloider Lösungen, zeigt ein solches Verhalten. Es ist bekannt, daß speziell kolloide Metalle, Sulfide usw. schon in außerordentlich kleinen Konzentrationen eine überaus starke Färbung zeigen können, so daß diese Kolloidfärbungen direkt zum qualitativen Nachweis von Metallspuren dienen können, wie wir in einer der nächsten Vorlesungen sehen werden. Ja die Farbintensität dieser Kolloide ist unter Umständen sogar größer als die wohlbekannte starke Farbkraft von Anilinfarbstoffen. So beträgt in willkürlichen Einheiten die Farbkraft des Fuchsins etwa 5, die des kolloiden Eisenhydroxyds ungefähr ebensoviel, dagegen diejenige des Arsentrisulfids ungefähr 100 und die des kolloiden Goldes sogar 2000 Einheiten (The Svedberg). Untersucht man nun die Farbintensität eines Stoffes in verschiedenem Dispersitätsgrad, so findet man tatsächlich, daß im kolloiden Dispersitätsgebiet die größte Farbintensität erreicht wird. Wenn wir z. B. Gold als Beispiel nehmen, so ist zunächst ganz klar, daß ein schwarzer grobdisperser Goldniederschlag weniger gut zu „decken" imstande ist als eine kolloide Goldlösung von demselben Goldgehalt. Bei der sogenannten Koagulation oder Ausfällung eines Goldkolloids, wie wir sie noch näher kennen lernen werden, wird die Lösung geradezu „entfärbt"; die kleine Menge schwärzlichen Gerinnsels am Boden hat eine minimale Deckkraft. Auf der anderen Seite erinnern Sie sich vielleicht, daß ich bei der Herstellung von kolloidem Gold eine Ausgangslösung von Goldchlorid verwendet habe, die praktisch völlig farblos war, d. h. die gelbbraune Farbe des Goldions überhaupt nicht mehr zeigte. Aus dieser farblosen Ausgangslösung entstanden die intensiv gefärbten roten und blauen Goldkolloide. Es ist also sicher, daß kolloides Gold eine intensivere Farbe hat sowohl als grobdisperses als auch als molekular- oder iondisperses Gold, und daß ein Maximum gerade im kolloiden Gebiet auftritt. Zum Überfluß zeigt Ihnen beistehende Abb. 12 nach The Svedberg noch in quantitativer Weise das Auftreten eines solchen Farbmaximums gerade im kolloiden Gebiete.

Neben der Intensität ist auch die Schönheit und Mannigfaltigkeit kolloider Färbungen sehr bemerkenswert. Ich zeigte Ihnen bereits rotes und blaues Gold, und vielleicht ist Ihnen schon selbst bekannt, daß man bei der Fällung des Goldes z. B. mit Oxalsäure gelegentlich auch grüne Golddispersoide erhält. Auch Silber und Platin zeigen in kolloidem Zustande die mannigfaltigsten Farben, so daß man geradezu berechtigt ist, wenigstens die drei Metalle Gold, Silber und Platin als pantochrom im kolloiden Zustande zu bezeichnen. Ich habe hier z. B. einige Platten, die nach dem Verfahren von Lüppo-Cramer (in der Tat von diesem Forscher selbst) mit solchen verschiedenfarbigen, Silberkolloiden in Gelatine bedeckt sind (Dem.)[1]). Sie sehen gelbe, orangene, rote, violette und blaue Färbungen, und schließlich kann ich Ihnen auch auf dieser Platte grünes kolloides Silber zeigen. So wie Sie diese Platte jetzt vor sich haben, zeigt sie eine unreine grauviolette

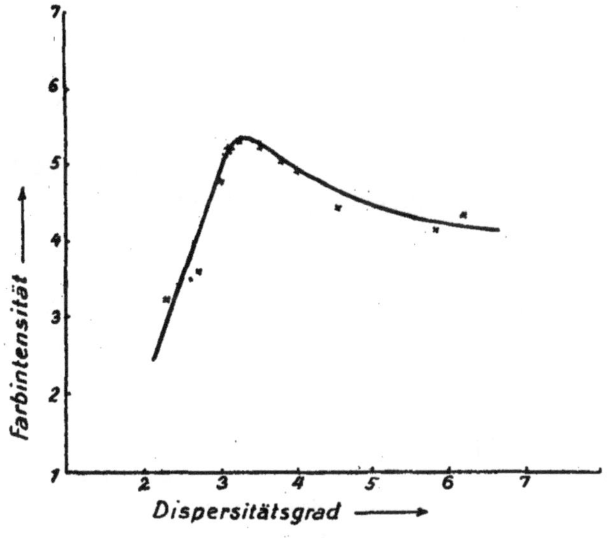

Abb. 12.
Abhängigkeit der Farbkraft des kolloiden Goldes vom Dispersitätsgrad nach The Svedberg.

Färbung; ich brauche sie jedoch nur einige Sekunden in Wasser zu tauchen, und Sie sehen sofort, wie das trübe Grau in eine klare rein dunkelgrüne Färbung umschlägt (Dem.)[2]). Alle diese Färbungen sind Farben kolloiden Silbers, und es erhebt sich natürlich die Frage nach der Ursache dieser Verschiedenheit. Ich will noch kurz erwähnen, daß der Amerikaner Carey Lea schon frühzeitig diese große Farben-

[1]) Diese sowie einige weitere Präparate wurden dem Verfasser in außerordentlich liebenswürdiger Weise von den Herren Dr. Lüppo-Cramer und R. L. Liesegang geschenkt; auch an dieser Stelle möchte der Verfasser ihnen seinen herzlichsten Dank aussprechen.

[2]) Siehe Lüppo-Cramer, Koll.-Ztschr. 8, 240 (1911).

mannigfaltigkeit des kolloiden Silbers und Goldes gekannt und untersucht hat.

Meine Herren! Es besteht nach den neuen Untersuchungen kein Zweifel mehr darüber, daß diese verschiedenen Farben ein und desselben Metalles in kolloidem Zustande zurückzuführen sind in erster Linie auf verschiedene Dispersitätswerte dieser Kolloide. Auch innerhalb des angegebenen Rahmens kolloider Dimensionen von ca. 100 bis 1 $\mu\mu$ kann natürlich der Dispersitätsgrad noch variieren, und diese feineren Dispersitätsvariationen sind in erster Linie für die verschiedenen Färbungen verantwortlich zu machen. Um Ihnen die Richtigkeit dieser Annahme zu zeigen, brauche ich zu diesem roten Goldkolloid nur etwas $BaCl_2$ zuzusetzen und umzurühren (Dem.). Es ist Ihnen vielleicht schon bekannt — jedenfalls kann ich es Ihnen hier sagen — daß durch einen solchen Zusatz das kolloide Gold ausgeflockt, das heißt in einen grobdispersen Niederschlag umgewandelt wird. Der erste Effekt aber, den dieser dispersitätsverringernde Zusatz auf das Goldkolloid ausübt, besteht, wie Sie sehen, in einer Farbänderung: beim Vergleiche mit dem ursprünglichen Goldkolloid sehen Sie, daß die Farbe bereits nach Violett umgeschlagen ist; in einiger Zeit wird sie auch blau sein und dann allmählich schwarzgrau werden[1]). In ähnlicher Weise sind auch für die Ihnen gezeigten verschiedenen Silberfarben verschiedene Teilchengrößen verantwortlich zu machen, wie aus ihren Herstellungsmethoden hervorgeht, auf die ich hier nicht näher eingehen kann. Auch die Reihenfolge dieser Farbänderungen bei Variationen des Dispersitätsgrades scheint eine ganz bestimmte zu sein. In der Regel sind z. B. die höchstdispersen kolloiden Metalle gelb oder orange gefärbt, ihr Absorptionsmaximum liegt also im Violett oder Blau. Mit abnehmendem Dispersitätsgrad geht die Farbe von Gelb über Orange nach Rot, Violett, Blau und evtl. auch Grün über; das Absorptionsmaximum verschiebt sich also mit abnehmendem Dispersitätsgrade allmählich nach den größeren Wellenlängen[2]). Es ist dies dieselbe Regelmäßigkeit, die man unter anderem bei organischen

---

[1]) Man stellt diesen Versuch zweckmäßig mit größeren Mengen von rotem Alkoholgold (siehe Kl. Praktik. S. 2) an, die sich etwa in zwei Meßzylindern befinden. Man darf nicht zuviel $BaCl_2$ auf einmal zugießen, da sonst sofort eine grobdisperse Ausfällung erfolgt, ohne daß der Farbumschlag nach Blau vorher deutlich aufgetreten wäre.

[2]) Näheres über diese Farbe-Dispersitätsgradregel siehe Wo. Ostwald, Kolloidchem. Beih. 2, 409 (1911), sowie die angekündigte zweite Hälfte der Monographie des Verfassers „Licht und Farbe in Kolloiden".

Farbstoffen häufig beobachtet, wenn man die Farben innerhalb einer homologen Serie analog konstituierter Farbstoffe betrachtet. Gelb ist dabei meist die Farbe der einfachsten Glieder, während die höhermolekularen Farbstoffe in diesen Serien z. B. häufig blaue oder violette Töne zeigen.

Ein ganz besonders schönes Beispiel für diesen Zusammenhang zwischen Farbe und Dispersitätsgrad verdanke ich meinem Schüler R. Auerbach[1]). Ich habe in dieser Küvette, die ich vor den seitlich abgeblendeten intensiven Strahl der Projektionslampe stelle (Dem.), eine verdünnte Natriumthiosulfatlösung, in die ich nunmehr einige Kubikzentimeter einer verdünnten Phosphorsäure hineingebe. Wie Sie wissen, wird das Salz durch Säuren unter Abscheidung von elementarem Schwefel zersetzt. Dieser scheidet sich bei der gewählten Konzentration zunächst in kolloider Teilchengröße ab; weiterhin wachsen aber die Teilchen, es entsteht zum Schluß eine dicke milchige Trübung grobdispersen Schwefels. Während dieser spontanen allmählichen Kornvergrößerung zeigt nun das System eine überraschend deutliche und schöne Serie von Farben. Zunächst entsteht (bei der Durchsicht), wie Sie inzwischen gesehen haben, Gelb, das bald in Orange übergeht. Warten wir noch ein Weilchen — der Versuch dauert allerdings etwa eine Viertelstunde — so finden wir einen Übergang in ein ausgesprochenes Rot. Nach weiteren fünf Minuten entsteht Violett, dann ein wunderschönes ausgesprochenes Blau, das gelegentlich sogar nach Grünblau übergeht. Dann verblaßt die Färbung, das System wird undurchsichtig oder „grau". Sie sehen, auch ein Dielektrikum wie Schwefel zeigt nicht nur Farbänderungen mit dem Dispersitätsgrade, sondern die Änderungen gehorchen auch der Farbe-Dispersitätsgrad-Regel. Das Beispiel ist fernerhin darum so interessant und eindeutig, weil kein nachträglicher Zusatz eines „fremden" Elektrolyten, sondern einfach die spontane Teilchenvergrößerung beim Abscheiden für die Änderung des Dispersitätsgrades verantwortlich zu machen ist.

Wie steht es nun aber hier mit den Übergangserscheinungen zwischen kolloiden, grobdispersen und molekularen Systemen? Nach der hier vertretenen Auffassung kolloider Systeme sind wir nicht nur berechtigt, sondern geradezu verpflichtet, uns überall danach zu er-

---

[1]) Siehe R. Auerbach, Polychromie des Schwefels, Koll.-Ztschr. 26 (1920). — Eine für Projektionszwecke besonders geeignete Mischung ist: 15 ccm 0,05 n $Na_2S_2O_3$ + (0,1 ccm H_3PO_4; d = 1,70; + 4,9 ccm H_2O). Der ganze Farbkreis von gelb bis blaugrün wird in ca. 20 Minuten durchlaufen. Dicke der Küvette ca. 1 cm; Beleuchtung möglichst intensiv.

kundigen, in welcher Weise sich die Eigenschaften kolloider Systeme ändern, wenn wir zu den benachbarten Dispersoidgebieten übergehen. Ich sagte Ihnen, daß die Farben kolloider Metalle — nehmen wir zunächst das Gold — mit abnehmendem Dispersitätsgrade übergehen von Rot nach Violett und schließlich nach Blau. Sie sahen diese Änderung ja selbst an dem vorgeführten Versuch. Was ist nun die Farbe von noch weniger kolloidem, also von grobdispersem Gold? Natürlich kommt nur die Durchsichtsfarbe des Goldes in Betracht, und da ist es Ihnen wohl allen bekannt, daß dünne Goldblättchen eine aus-

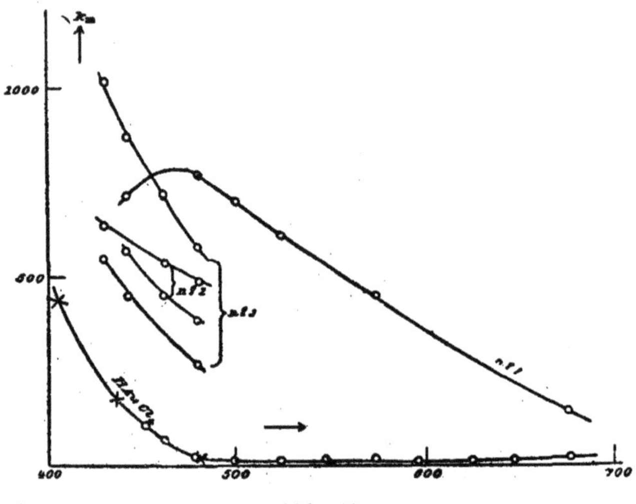

Abb. 13.
Änderung der Lichtabsorption von kolloidem Gold mit dem Dispersitätsgrad nach The Svedberg. — Die Kurve am weitesten rechts entspricht dem gröbsten Kolloid, die Kurve am weitesten links einer molekulardispersen Goldchloridlösung.

gesprochen grüne Färbung besitzen, wie Sie denn gelegentlich auch das Gold als grünlichen Niederschlag, wie gesagt, fällen können. Es besteht also eine völlige Kontinuität der Farbänderungen auf dieser Seite des kolloiden Gebiets. Wie steht es nun aber mit den Übergangserscheinungen zu molekularem resp. iondispersem Gold? Das höchstdisperse kolloide Gold, das wir bisher haben herstellen können, zeigt eine rubinrote bis gelbrote Färbung[1]). Goldion in Gegenwart eines farblosen Anions ist auf der anderen Seite, wie Sie wissen, ausgesprochen gelbbraun oder orange. Das genauere Studium dieser Übergangserscheinungen kann nun nicht mehr durch das bloße Auge, sondern

[1]) Siehe The Svedberg, Koll.-Ztschr. 4, 168 (1909); 5, 318 (1909).

nur auf spektroskopischem Wege vorgenommen werden. Auf diese letztere Weise hat aber The Svedberg gezeigt, daß unzweifelhaft die Absorptionskurven von Goldkolloiden immer ähnlicher den Absorptionskurven des Goldions werden, je höherdispers die betreffenden Kolloide sind[1]). Die beistehende Kurvenzeichnung nach The Svedberg veranschaulicht diese Verhältnisse. Die unterste Kurve stellt die Absorptionskurve des molekularen Goldchlorids dar, die oberste diejenige des relativ gröbsten Goldkolloids, die dazwischen liegenden Kurven diejenigen sukzessiv höher disperser Goldkolloide.

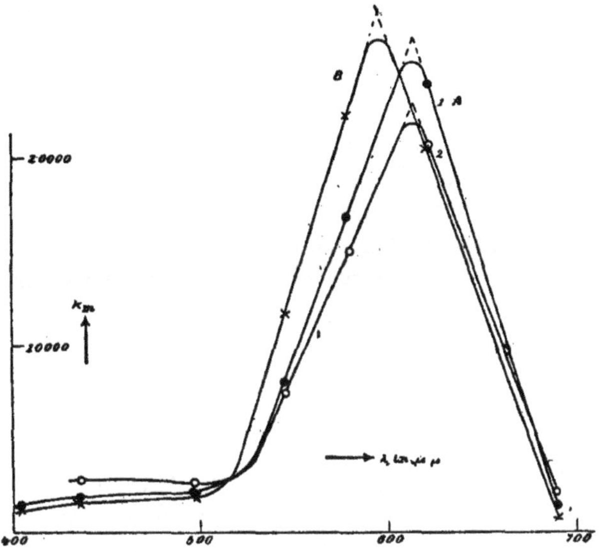

Abb. 14.
Lichtabsorption von verschiedenen dispersen Indigolösungen nach The Svedberg.

Nehmen wir die Farben des kolloiden Silbers. Auch hier variiert die Farbe von Gelb über Orange, Rot, Violett nach Blau, um in den gröbsten Kolloiden schließlich zum Grün zu werden. Aber auch die Farbe von dünnen Silberblättchen ist nach den Untersuchungen von G. Quincke und anderen blau bis grün. Hier ist der Anschluß vortrefflich. Die höchstdispersen Silbersole sind auf der anderen Seite schön durchsichtig gelb oder grünlichgelb, das heißt, ihr Absorptionsmaximum liegt im Violetten oder gar schon im Ultraviolett. Je höherdispers nun solche gelbe Silbersole werden, um so durchsichtiger werden

[1]) Siehe The Svedberg, l. c., sowie zahlreiche weitere Arbeiten in der Koll.-Ztschr. und Ztschr. f. physik. Chem.

sie, d. h. um so schwächer wird ihre Färbung. Ja beim Arbeiten mit großen Volumina sehr verdünnter Lösungen, Bedingungen, die also zu ganz besonders hochdispersen Kolloiden führen müssen, wird die Intensität der Gelbfärbungen zuweilen so gering, daß man an der Farbe kaum mehr erkennen kann, ob die Reduktion schon eingetreten ist. Dieses allmähliche Hellerwerden und fast Verschwinden der Färbung in höchstdispersen Silberkolloiden — auch in größeren Schichten — erscheint aber als ein deutlicher Hinweis auf den Übergang der Farbe des Kolloids zu der des Silberions. Letzteres ist bekanntlich in Gegenwart von farblosen Anionen im sichtbaren Spektrum farblos.

Ganz analoge Betrachtungen gelten für die Farben des kolloiden Platins: das höchstdisperse, von L. Wöhler hergestellte kolloide Platin ist orangerot, die wohlbekannte Farbe von Platinsalzen aber orangegelb. Aber nicht nur für kolloide Metalle, sondern auch für kolloide organische usw. Farbstoffe gelten dieselben Beziehungen. Um Ihnen noch ein quantitatives Beispiel zu geben, zeige ich Ihnen hier die Absorptionskurven von verschieden dispersem Indigo (nach The Svedberg, Abb. 14). In kolloider wäßriger Lösung ist der Indigo bekanntlich blau, in molekularer Lösung wie in heißem Petroleum oder in Chloroform rot bis violett. In der Abb. 14 zeigt nun die niedrigste Kurve A, 2 das Absorptionsspektrum einer gealterten, d. h. relativ grobdispersen kolloiden Lösung, Kurve A, 1 die Absorption der normalen kolloiden Indigolösung und Kurve B schließlich die Absorption des molekularen Indigos in Chloroform. Sie sehen, wie die Kurven in durchaus stetiger Weise mit zunehmendem Dispersitätsgrade zunächst immer höher werden und dann sich von den kleineren nach den größeren Wellenlängen verschieben[1]).

Aber nicht nur Intensität und Qualität der Farbe zeigen in dispersen Systemen derartige kontinuierliche Änderungen, auch für andere optische Eigenschaften, beispielsweise für die optische Drehung, gilt dasselbe Kontinuitätsprinzip. Auf beistehender Abb. 15 haben Sie eine Reihe Kurven abgebildet, welche die optische Drehung des Tannins in verschieden dispersen Zustande nach eigenen Untersuchungen mit E. Navassart darstellen[2]). Eine gewöhnliche wäßrige

---

[1]) Bei den in der Abb. dargestellten Versuchen betrug die Konzentration der Kolloide nur ungefähr die Hälfte der Konzentration der molekularen Lösung, so daß die spezifischen Farbintensitäten nicht aus der Figur abgelesen werden können; siehe The Svedberg, Die Existenz der Moleküle, S. 51.

[2]) E. Navassart, Koll.-Ztschr. 12, 97 (1913); Kolloidchem. Beih. 5, 299 (1914); Inaug.-Diss. Leipzig.

Tanninlösung, hergestellt durch einfaches Auflösen des Tannins stellt ein sogenanntes polydisperses System dar, d. h. ein solches, welches Teilchen von verschiedenem Dispersitätsgrade besitzt. Der überwiegende Anteil des Tannins ist im Wasser kolloid gelöst; immerhin wandert, wie schon Graham wußte, etwas Tannin durch Pergamentpapier usw., ist also höherdispers. Durch Anwendung verschieden dichter Dialysiermembranen kann man also eine gewisse Fraktionierung des wäßrigen Tannins vornehmen. In organischen Lösungsmitteln schließlich ist das Tannin molekular gelöst. Vergleicht man nun das optische Drehungsvermögen dieser verschiedenen Tanninlösungen, so zeigt sich sehr deutlich, daß das relativ gröbste Tannin die stärkste Drehung, das molekular-disperse Tannin umgekehrt dagegen die kleinste optische Aktivität besitzt. Das Verhalten dieser zwei Tanninlösungen, die also Extreme in bezug auf ihren Dispersitätsgrad darstellen, wird in der Abbildung 15 durch die oberste und unterste Kurve dargestellt. Dazwischen finden sich nun die Kurven der optischen Drehung von Tanninlösungen, die durch Pergamentpapier und schließlich durch Fischblase hindurch dialysiert sind. Der gegebenen Reihenfolge von Membranen entspricht zweifellos eine abnehmende Porengröße und ein abnehmender Dispersitätsgrad des hindurchgegangenen Tannins — gleichzeitig aber, wie Sie sehen, eine vollkommen parallele Anordnung der Kurven der optischen Drehung. Die spezifische optische Drehung nimmt stetig zu von den Werten des molekulardispersen Tannins bis zu denen des kolloiden Tannins.

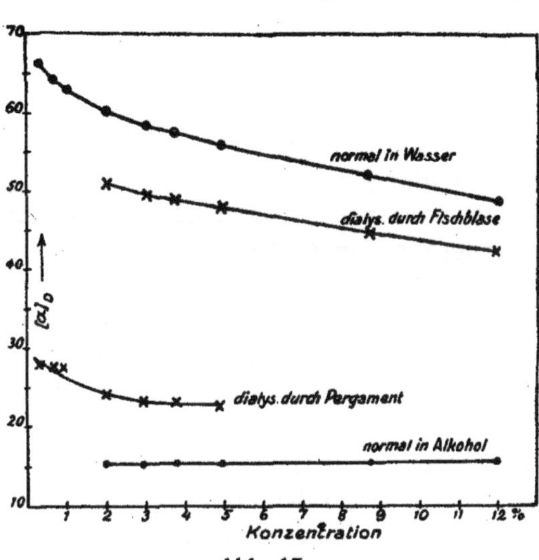

Abb. 15.
Einfluß des Dispersitätsgrades auf die optische Drehung von Tannin nach Wo. Ostwald und E. Navassart.

Ich glaube, daß Sie mir beistimmen werden, wenn ich sage, daß das Verhalten der optischen Eigenschaften bei variierendem Dispersitätsgrad in ganz besonders reichhaltiger und überzeugender Weise für die Angemessenheit des Kontinuitätsprinzipes spricht.

Nicht alle physikalischen Eigenschaften disperser Systeme sind bereits jetzt schon so eingehend und so systematisch von diesem Gesichtspunkte aus untersucht worden, als daß man schon jetzt überall die Übergangserscheinungen genau kennen würde. Das ist auch gar nicht zu verwundern, da diese Art der Fragestellung erst der neueren Kolloidchemie eigentümlich ist[1]). So finden wir ein noch schwieriges und vielfach unklares Gebiet, in dem wir noch recht wenig von den allgemeinen Beziehungen zu dem Dispersitätsgrade wissen, in dem elektrischen Verhalten der Kolloide. Da es sich auf der anderen Seite um eine Reihe von Eigenschaften handelt, die in der speziellen Kolloidchemie eine große Rolle spielen, so möchte ich trotzdem mit einigen Worten und Versuchen auf dieses Erscheinungsgebiet hinweisen.

Die Mehrzahl kolloider Systeme besitzt wie auch die Mehrzahl gröberer Dispersionen eine elektrische Ladung, wobei die Ursache dieser Ladungen eine sehr verschiedenartige sein kann[2]). Man erkennt das Vorhandensein einer elektrischen Ladung, gleichzeitig aber auch den Ladungssinn in diesen Systemen, wenn man durch sie einen elektrischen Strom hindurchschickt. Beim Vorhandensein einer elektrischen Ladung wandert das Kolloid im elektrischen Feld; wir beobachten die Erscheinung der Elektrophorese. In einfachster Weise geschieht dies, indem man etwa zwei Drahtelektroden in einen Tropfen des Dispersoids hineintaucht, der auf einem Objektträger unter dem Mikroskop sich befindet, oder aber indem man das Dispersoid in ein U-Rohr gießt und dann den Strom hindurchschickt. Ich habe in einem dieser zwei U-Rohre hier Mastixsol, in dem anderen kolloides Eisenhydroxyd (Dem.); durch beide Röhren schicke ich seit ca. 5 Minuten den Stadtstrom von 110 Volt hindurch[3]). Die Röhren sind parallel

---

[1]) Wo. Ostwald, Koll.-Ztschr. **1**, 291, 331 (1907); ferner Grundriß, 1. Aufl. 1909. Hier wurde nicht nur auf die Wichtigkeit der Untersuchungen dieser Übergangserscheinungen, soweit dem Verfasser bekannt, zuerst hingewiesen, sondern es wurde direkt das kurvenmäßige Ausmessen der Variationen physikalisch-chemischer Eigenschaften mit dem Dispersitätsgrade vorgeschlagen. Zwei Jahre nach dieser ersten Arbeit erschienen dann z. B. die Untersuchungen von The Svedberg und seiner Schüler, die sich ebenfalls in der l. c. vorgeschlagenen Forschungsrichtung bewegten.

[2]) Eine Aufzählung und kurze Diskussion dieser verschiedenen Ladungsursachen findet sich bei Wo. Ostwald, Koll.-Ztschr. **32**, 1 (1923).

[3]) Statt der genannten Kolloide eignen sich auch Berlinerblau oder kolloider Graphit (negativ), oder aber Nachtblau und Alkaliblau (positiv und negativ). Da die elektrophoretische Geschwindigkeit in erster Annäherung proportional dem Potentialunterschied ist, so empfiehlt sich die Anwendung stärkerer Spannung und geringerer Stromstärken. Auf eine übermäßige Erhitzung und auf die hierdurch hervorgerufenen Störungen ist bei einem Demonstrationsversuch besonders zu achten.

geschaltet, rechts von Ihnen befindet sich der positive Pol, die Anode. Sie sehen, wie in dem Rohr mit Mastix die Flüssigkeit an der Kathode fast völlig farblos geworden ist, während im Anodenschenkel eine dicke weiße Ansammlung zu beobachten ist. Die Mastixteilchen wandern also zur positiven Elektrode. Sie sind negativ geladen. Das umgekehrte Verhalten sehen Sie beim Eisenhydroxyd; das Kolloid hat sich in dicken Flocken an der Kathode angesammelt; es trägt also eine positive Ladung.

Auch ohne Hilfe des elektrischen Stromes können Sie mit einem außerordentlich einfachen Versuch vielfach den elektrischen Ladungssinn eines Kolloids bestimmen. Ich habe hier mehrere Streifen von gewöhnlichem Filtrierpapier aufgehängt, deren Enden in verschiedene kolloide Lösungen getaucht werden können. Wie Ihnen bekannt ist, pflegen Flüssigkeiten in solchen Filtrierpapierstreifen durch Kapillarwirkungen aufzusteigen. Hier habe ich nun zwei blaue kolloide Farbstofflösungen: Alkaliblau und Nachtblau. Ich tauche nun die Enden der Filtrierstreifen in diese beiden Lösungen hinein, und in kurzer Zeit — während ich noch spreche — werden Sie folgendes beobachten: In der Alkaliblaulösung steigt der Farbstoff gleichzeitig mit dem wäßrigen Dispersionsmittel kapillar empor; zwar wandert das Wasser um eine kleine Strecke voraus, immerhin aber steigt auch der Farbstoff deutlich mit nach oben und kann in einer Viertelstunde zehn und mehr Zentimeter zurückgelegt haben (Dem.). Ganz anders verhält sich das Nachtblau. Hier sehen Sie, wie das Wasser dem Farbstoff weit vorauseilt; es findet eine Trennung zwischen Farbstoff und Dispersionsmittel statt, und nach einer Viertelstunde wird sich zwar der Farbstoff kurz über der Eintauchsgrenze stark konzentriert haben, wird jedoch nicht dem Wasser nachgestiegen sein (Dem.)[1]. Zwei analoge Versuche haben Sie hier (Dem.), bei denen ein und dieselbe disperse Phase, nämlich kolloider Graphit, in zwei verschiedenen Dispersionsmitteln „kapillarisiert" worden ist. In dem einen Schälchen befindet sich wäßriger kolloider Graphit (Aquadag), im anderen kolloider Graphit in Mineralöl (Oildag), verdünnt mit etwas Ligroin. Der Aquadag ist praktisch unzersetzt mit dem Wasser zusammen nach oben gestiegen, während umgekehrt im Oildag die kolloide Phase sich unten angesammelt und konzentriert hat und das, selbst ein wenig gelblich gefärbte Dispersionsmittel allein hat hinaufsteigen lassen. Nun, meine Herren, nach den Untersuchungen von F. Fichter und N. Sahlbom ist die Verschieden-

[1]) Besonders geeignete Konzentrationen für diesen Versuch sind 0,2% Nachtblau und 1,0% Alkaliblau.

heit der elektrischen Ladung der Kolloide verantwortlich für diese Unterschiede beim kapillaren Aufstieg. Negativ geladene Kolloide steigen praktisch unzersetzt mit ihrem Dispersionsmittel zusammen hinauf, während positiv geladene Kolloide an der Eintauchgrenze festgehalten werden und sich somit vom Dispersionsmittel trennen. Die Erklärung für dies verschiedene Verhalten besteht vermutlich darin, daß Filtrierpapier bei Berührung mit Wasser und insbesondere beim Aufsteigen des letzteren selbst eine elektrische Ladung, und zwar eine negative, annimmt. Kommt nun ein positiv geladenes Kolloid mit den negativ geladenen Oberflächen der Filtrierpapierfasern in Berührung, so wird es aus elektrostatischen Gründen zurückgehalten und fixiert, während bei einem negativ geladenen Kolloid die Gleichsinnigkeit der Ladung ein ungestörtes Vorbeiströmen gestattet[1]).

Eine sehr wichtige und häufig übersehene Tatsache ist nun die Variabilität dieser elektrischen Ladung für ein und denselben dispersen Anteil[2]). In der Regel treten z. B. kolloide Metalle und Sulfide mit negativer elektrischer Ladung auf, namentlich in wäßrigem Dispersionsmittel. Es gibt indessen auch negative $Fe(OH)_3$-Sole, um nur ein Beispiel zu nennen, und in besonders drastischer Weise wird diese Variabilität der elektrischen Ladung ein und desselben Kolloids demonstriert durch den folgenden Versuch von A. Lottermoser: Stellen wir eine kolloide Jodsilberlösung dar durch Vermischen zweier verdünnter Lösungen von Silbernitrat und Kaliumjodid, so können wir mit denselben zwei Lösungen je nach Wunsch ein positives oder negatives Jodsilberkolloid erhalten. Gießen wir nämlich die Kaliumjodid-

---

[1]) Der Versuch mit kolloidem Graphit in Ligroin ist vielleicht nicht eindeutig, da möglicherweise das Filtrierpapier gegenüber Ligroin usw. eine andere Ladung annimmt als gegenüber Wasser. Um in diesem Falle das beschriebene Verhalten zu erklären, müßte man aber noch die zweite Annahme machen, daß im Gegensatz hierzu der Graphit im Öl seine negative Ladung beibehält, was nach den Untersuchungen von G. Quincke z. B. für die Ladung von Schwefelkörnchen in Terpentinöl und in Wasser (Wiedemanns Annalen **113**, 513 [1861]) nicht wahrscheinlich ist. Doch wäre eine eingehendere Untersuchung dieser Verhältnisse wie überhaupt der Kapillarmethode von Fichter-Sahlbom sehr erwünscht, da sich in manchen Fällen Unstimmigkeiten mit andern Methoden oder doch Komplikationen des im Text gegebenen einfachen Schemas gezeigt haben; siehe A. W. Thomas und J. D. Garrand, Chem. Zentr. 1918, 1114; Wo. Ostwald, Koll. Beih. **10**, 197 (1919); R. Keller, versch. Arbeiten in Koll.-Ztschr. 1920 usw.

[2]) Es wird keineswegs zur Zeit genügend beachtet, daß nicht nur die Größe sondern auch der Sinn der elektrischen Ladung disperser Systeme genau so variable Faktoren sind wie etwa ihr Dispersitätsgrad; vgl. Wo. Ostwald, Koll.-Ztschr. **22**, 79 (1918).

lösung in die Silbernitratlösung, so daß zunächst das Silbernitrat im Überschuß erscheint, so erhalten wir ein positiv geladenes Kolloid. Verfahren wir umgekehrt, gießen wir das Nitrat in das Jodid, so daß letzteres zunächst im Überschuß vorhanden ist, so entsteht ein negativ geladenes Kolloid. Dann gibt es wieder Kolloide, die nur eine schwache oder kaum bemerkbare elektrische Ladung anzeigen; stark von Elektrolyten befreite Eiweiß- oder Stärkelösungen gehören zu diesen Systemen, aber auch Goldkolloide kann man durch vorsichtigen Zusatz von Aluminiumsulfat „entladen" und „umladen", so daß man zeitweilig gar keine Elektrophorese oder eine solche zum negativen Pol beobachten kann. Die Geschwindigkeit der elektrophoretischen Wanderung von Kolloiden scheint von ungefähr derselben Größenordnung zu sein, wie etwa die Geschwindigkeit von Ionen und auch gröberdispersen Teilchen[1]). Da aber genauere Untersuchungen über die Beziehung Dispersitätsgrad und elektrophoretische Geschwindigkeit bisher fehlen, so darf man nicht den Schluß ziehen, daß letztere Größe grundsätzlich abhängig vom Dispersitätsgrad sei. Übrigens zeigt schon das bekannte Verhalten größerer oder komplexer Ionen, daß die relative Wanderungsgeschwindigkeit bereits im molekulardispersen Gebiete abnimmt mit abnehmendem Dispersitätsgrad, so daß man im Anschluß an dieses Verhalten vermuten kann, daß kolloide Teilchen bei genauerer Messung ebenfalls eine spezifische, vielleicht durch ein Minimum bei mittlerer Teilchengröße gehende Wanderungsgeschwindigkeit besitzen werden.

Fragen wir auch hier nach den Übergangserscheinungen, so erlaubt uns der erwähnte Mangel an systematischen Untersuchungen — und nicht zuletzt auch die Kompliziertheit der Erscheinungen — einstweilen noch nicht, so einfache und klare Beziehungen aufzustellen wie etwa zwischen den optischen Eigenschaften verschieden disperser Systeme. So finden wir auch in der neueren kolloidchemischen Literatur viele Erörterungen z. B. über die Frage, ob Kolloide „Ionen" sind oder nicht. Für die Beantwortung dieser Frage kommt es nun sehr darauf an, was wir unter Ionen verstehen. Verstehen wir unter Ionen weiter nichts als materielle Träger der Elektrizität, so sind auch kolloide und grobdisperse Teilchen Ionen, da bei einem elektrophoretischen Vorgange selbstverständlich Elektrizitätsmengen durch die wandernden

---

[1]) Siehe die neueste Zusammenstellung von S. N. Ray, Koll.-Zeitschr. **41**, 193 (1927). Vergleiche indessen hierzu die Betrachtungen von G. von Hevesy (Koll.-Ztschr. **21**, 129 (1917) sowie insbesondere Wo. Ostwald, Koll.-Ztschr. **33**, 300 (1923), wo über die Ursachen scheinbarer Unabhängigkeit physikalisch-chemischer Variablen vom Dispersitätsgrad Näheres mitgeteilt wird.

dispersen Teilchen transportiert werden. Verstehen wir aber unter Ionen solche materielle Träger der Elektrizität, die wie die Ionen in Salzlösungen dem Faradayschen Gesetze gehorchen, d. h. gleiche Elektrizitätsmengen mit äquivalenten Stoffmengen transportieren, so gehören kolloide und grobdisperse Teilchen jedenfalls nicht allgemein zu den Ionen. Denn bisher hat noch niemand die Gültigkeit des Faradayschen Gesetzes für die Elektrophorese nachgewiesen, und unsere bisherigen Erfahrungen sprechen sogar dafür, daß in Kolloiden dieses Gesetz jedenfalls in seiner gewöhnlichen Form nicht gilt[1]). Auch der Einfluß der Konzentration auf die elektrophoretische „Leitfähigkeit" erscheint ziemlich verschieden von dem entsprechenden Verhalten in molekulardispersen Elektrolyten usw. Wohl aber ergeben sich einige interessante Analogien zwischen dem Verhalten speziell von Kolloiden und den Eigenschaften einer anderen Art von Ionen, nämlich den Ionen, welche für die elektrische Leitfähigkeit in Gasen verantwortlich zu machen sind. Auch unter den verschiedenen Gasionen gibt es solche, die dem Faradayschen Gesetze nicht gehorchen, sondern ganz eigene Gesetzmäßigkeiten zeigen. Auch hier ist der Einfluß der Verdünnung auf die Leitfähigkeit nicht derselbe wie bei wäßrigen Elektrolyten. Ganz genau so wie bei der Kolloid-Elektrophorese gibt es auch gasförmige Systeme, in denen vorwiegend Elektrizitätsträger einer Art, also vorwiegend positive oder negative Ionen die Leitung besorgen, und in denen in entsprechender Weise vorwiegend nur in einer Richtung ein stofflicher Transport stattfindet. Die elektrische Wanderung von Gasionen wird durch ein seitlich angebrachtes Magnetfeld abgelenkt, was ebenfalls bei Kolloiden[2]), nicht jedoch bisher bei normalen wäßrigen Elektrolyten beobachtet worden ist usw. Vielleicht würde also eine weitere Untersuchung der Analogien zwischen Elektrophorese und den Leitfähigkeitserscheinungen in Gasen einfachere Resultate und mehr Material für die Stärkung unserer Kontinuitätsvorstellungen ergeben, als der bisher fast ausschließlich gezogene Vergleich von Kolloiden mit wäßrigen Elektrolyten geliefert hat.

---

[1]) Weiteres über die Diskrepanzen zwischen dem Verhalten kolloider und normaler elektrolytischer Ionen siehe z. B. bei Wo. Ostwald, Koll.-Ztschr. 7, 132 (1910). Die dort auf S. 152 angestellte rechnerische Überlegung über die Ähnlichkeiten der Diffusionskoeffizienten ist jedoch nicht richtig, da bei der Definition der Diffusionskoeffizienten ein Dimensionsfehler gemacht worden ist. Eine zusammenfassende Darstellung der Eigentümlichkeiten kolloider gegenüber molekularen Ionen wird gegeben bei Wo. Ostwald, Koll.-Ztschr. **32**, 1 (1923).

[2]) Siehe J. J. Kossonogow, Koll.-Ztschr. **7**, 129 (1910), sowie die sich dieser Arbeit anschließenden Bemerkungen des Verfassers.

Gestatten Sie mir zum Schluß, auf eine Reihe von Eigenschaften einzugehen, die wiederum in überaus deutlicher Weise die Rolle des Dispersitätsgrades für das physikalisch-chemische Verhalten disperser Systeme erkennen lassen. Es ist eine keineswegs genügend gewürdigte Tatsache, daß solche fundamentale Größen wie die maximale Löslichkeit, der Gefrierpunkt oder der Schmelzpunkt eines Stoffes in erstaunlichem Maße variieren mit der Teilchengröße des betreffenden Stoffes. So nimmt die (molekulardisperse) Löslichkeit von festen Stoffen, soweit wir wissen, stets zu mit steigendem Dispersitätsgrad. Wie groß diese Unterschiede aber sein können, geht z. B. schon aus den alten Versuchen von G. Stas hervor, der die Löslichkeit von flockigem, d. h. annähernd kolloidem Chlorsilber über hundertmal größer fand als die Löslichkeit des körnigen, d. h. grobdispersen Präparats[1]). Es ist diese Erscheinung nicht etwa nur eine Spezialität des Chlorsilbers, sondern alle festen Stoffe, soweit man sie darauf untersucht hat, zeigen eine solche Löslichkeitserhöhung in höherdispersem Zustande. In analoger Weise sinkt der Gefrierpunkt des Wassers nicht nur in Gegenwart von molekulardispersen Phasen, sondern einfach dadurch, daß man reines Wasser in kapillaren Räumen, d. h. in einem dispersen Zustande gefrieren läßt. Eine mit Wasser getränkte Tonkugel gefriert erst bei —0,7° und auch nasses Filtrierpapier erstarrt erst bei —0,1°, und untersucht man das Gefrieren von typischen Gelen wie solchen von Eisen- und Aluminiumhydroxyd, Kieselsäure usw. mit kleinen Mengen von Wasser oder auch organischen Flüssigkeiten, wie dies F. W. Parker[2]) getan hat, so ergeben sich Gefrierpunktserniedrigungen von mehreren Graden. Wohlgemerkt handelt es sich hier nicht um Unterkühlungstemperaturen, sondern um die tatsächlichen Erstarrungstemperaturen. Eine Gefrierpunktsbestimmung in kapillaren Röhren würde also leicht zu große Gefrierpunktserniedrigungen geben. Umgekehrt liegt aber dem Dispersoidchemiker der Gedanke nicht so fern, daß man auch die Gefrierpunktserniedrigung in molekulardispersen Systemen als eine „kapillare" Erscheinung auffaßt, bei der durch die Gegenwart der Moleküle und Ionen das Lösungsmittel in so viele und so kleine kapillare Anteile zerlegt wird, daß sich die kleine Gefrierpunktserniedrigung etwa in einer grobdispersen Ton-

[1]) Näheres über dieses sowie weitere Beispiele siehe des Verfassers Grundriß, 7. Aufl., S. 98ff. sowie 122ff. — Vgl. indessen die neuere Arbeit von T. Glovczynski (Koll.-Beih. 6, 147 [1914]), der die Resultate von Stas nur teilweise bestätigen konnte. Neueste Zusammenfassung: G. A. Hulett in Alexanders Coll. Chem. 1926.

[2]) F. W. Parker, Journ. Amer. Chem. Soc. 43, 1011 (1921).

kugel zu den bekannten großen Gefrierpunktserniedrigungen molekulardisperser Lösungen summiert [1]).

[1]) Man könnte als erste Annäherung annehmen, daß die Gefrierpunktserniedrigung eines Dispersoids proportional ist seiner inneren spezifischen Oberfläche, d. h. dem Quotienten aus Oberflächengröße der dispersen Phase (pro Gewichtseinheit) und dem Volum des Dispersionsmittels. Der Wert $\Delta_{mol} = 1{,}84^{0}$, die molare Gefrierpunktserniedrigung molekulardisperser wäßriger Systeme, ergäbe sich dann als die kapillare Depression maximaldisperser Systeme (Moleküle und Ionen), die ein Mol disperse Phase im Liter Wasser enthalten. Bei solchen maximaldispersen Systemen tritt dann die Vereinfachung ein, daß statt der spezifischen Oberfläche die Konzentration, d. h. die Anzahl der Teilchen pro Volum gesetzt werden kann, da hier alle Teilchen praktisch gleich groß sind. Dies gilt bekanntlich nur in entsprechenden Grenzfällen z. B. bei „unendlicher" Verdünnung, nicht jedoch in konzentrierten Lösungen und speziell nicht bei Zumischung von polymeren, assoziierten und insbesondere kolloiden Teilchen, die für die molare Lösung zu kleine Gefrierpunktserniedrigungen geben. Um den normalen maximalen Δ-Wert auch hier zu erhalten, braucht man bekanntlich mehr von diesen größeren Teilchen pro Volum.

Nimmt man der Einfachheit wegen zunächst einfache Proportionalität zwischen spezifischer Oberfläche und Gefrierpunktserniedrigung an (in Wirklichkeit besteht vermutlich nur Symbasie), so verhält sich die spezifische Oberfläche (Ω_m) von molekularen Teilchen von einem durchschnittlichen Durchmesser von 0,1 $\mu\mu$ zu der spezifischen Oberfläche (Ω_k) kolloider Teilchen vom Durchmesser 100 $\mu\mu$ bei Annahme von Kugelgestalt etwa wie $5 . 10^{8} : 5 . 10^{5}$ (siehe Grundriß, 7. Aufl., S. 30) resp. wie 1000 : 1. Zur Erreichung derselben spezifischen Oberfläche brauchte man also tausendmal mehr kolloide Teilchen im selben Volum als bei Verwendung von Molekülen.

Um die normale resp. maximale Gefrierpunktserniedrigung in Wasser zu erhalten, müßte man z. B. 197,2 g Gold, also rund 200 g Gold in 1000 ccm Wasser molekular auflösen; eine molares molekulares Golddispersoid enthielte also ca. 20% Au. Eine molare kolloide Au-Lösung mit gleicher spezifischer Oberfläche müßte dagegen $\frac{200 \times 1000}{1000}$, d. h. 200 Teile Au auf 1 Teil Wasser enthalten, mit anderen Worten, erst ein 99,5 %iger kolloider Au-Schlamm mit nur ca. 0,5 % Wasser würde eine Gefrierpunktserniedrigung von $1{,}84^{0}$ ergeben. Ein Goldschlamm mit einer Teilchengröße von 100 $\mu\mu$ und ca. 5% Wasser würde ein Δ von ca. $0{,}1^{0}$ ergeben, desgleichen ein solcher mit Teilchen von 10 $\mu\mu$ und ca. 33% Wasser. Umgekehrt würde ein 2%iges Goldsol, das zu den konzentriertesten normalerweise zur Beobachtung gelangenden Goldsolen gehört, bei einer Teilchengröße von 100 $\mu\mu$ nur eine Depression von $0{,}00018^{0}$, bei einer Teilchengröße von 10 $\mu\mu$ eine solche von $0{,}00184^{0}$, d. h. erst eine Änderung in der dritten Dezimale anzeigen. Dies sind Werte, deren Größenordnung durchaus den Resultaten der experimentellen Erfahrung entspricht, speziell wenn man dem Δ-erhöhenden Einfluß der Verunreinigungen noch Rechnung trägt.

Nehmen wir weiter an, daß die kapillaren Gefrierpunktserniedrigungen in erster Annäherung unabhängig sind von der speziellen chemischen Zusammensetzung der dispersen Phase, wie dies ja die klassische Theorie der Lösungen lehrt, so würde ein Dispersoid, das wie nasses Filtrierpapier einen Δ-Wert von $0{,}1^{0}$ zeigt und nach H. Bechhold Poren von ca. 1 μ = 1000 $\mu\mu$ Durchmesser hat, eine „Konzentration" von 99,0% festen Stoffes, resp. einen Wassergehalt von ca. 1% besizten müssen. Desgleichen

Auch der Schmelzpunkt eines Stoffes variiert mit dem Dispersitätsgrade, und zwar sinkt die Schmelztemperatur mit steigendem Dispersitätsgrade. Den wenigsten organischen Chemikern, die fast täglich Schmelzpunktbestimmungen machen, wird es aber bekannt sein, wie groß diese Unterschiede sind. So gibt P. Pawlow[1]) an, daß feinste, aber immerhin noch mikroskopische Stäubchen von Salol, Antipyrin usw. bei einer Temperatur schmelzen, die bis um 7° niedriger ist als die Schmelztemperatur großer Partikel. Freilich hat F. Meissner[2]) erst bei submikroskopischen Teilchengrößen diesen Einfluß wieder finden können, so daß die Frage, bei welcher Teilchengröße der Einfluß merklich wird, noch umstritten ist.

Nun denken Sie sich aber alle diese noch in relativ grobdispersen Systemen beobachteten Variationen physikalisch-chemischer Größen weiter fortgesetzt bis in das kolloide Dispersitätsgebiet. Jede Eigenschaft scheint hier einen anderen Wert annehmen zu können, und man braucht sich in der Tat nicht zu wundern, wenn Kolloide physikalisch-chemische Reaktionen zeigen, die der unzerteilte oder grobdisperse Stoff nicht aufweist. Nach dem alten sogenannten Wenzelschen Ge-

würde ein Dispersoid von der Art der Tonkugel von Bachmetjew, der man nach den Resultaten mit Filterkerzen usw. höchstens eine Porengröße von 200 $\mu\mu$ zuschreiben kann, und welche ein Δ von 0,7° zeigt, eine „Konzentration" von 99,3%, resp. einen Wassergehalt von ca. 0,7% aufweisen müssen. In Wirklichkeit sind in den letzten beiden Fällen jedenfalls viel höhere Wassergehalte verwendet worden, wenn schon die betreffenden Erscheinungen theoretisch am intensivsten sein müßten bei den geringsten Wassergehalten, wie dies auch den oben zit. Versuchen von F. W. Parker durchaus entspricht. Hieraus würde sich ergeben, daß wenigstens ein Teil der Poren und Hohlräume in Filtrierpapier und Tonkugeln feiner ist, als die angegebenen Werte besagen. Dieser Schluß entspricht mit sehr großer Wahrscheinlichkeit dem wirklichen Verhalten. Überdies wirken die stets vorhandenen molekularen Verunreinigungen natürlich ebenfalls im Sinne einer Erhöhung des Δ-Wertes.

Diese Bemerkungen sollen nur auf die prinzipielle Möglichkeit einer Kapillartheorie dieser und der verwandten Erscheinungen hinweisen; für eine eingehendere Theorie müssen zunächst quantitative Versuche in gröberdispersen Systemen, Kapillaren usw. angestellt werden. Daß auch solche Messungen umgekehrt benutzt werden könnten, um nach Art der bekannten Versuche von J. Perrin wiederum die Konstanten molekulardisperser Systeme zu berechnen, kann ebenfalls nur angedeutet werden.

[1]) P. Pawlow, Koll.-Ztschr. 7, 37 (1909); daselbst frühere Arbeiten.

[2]) F. Meißner, Ztschr. f. anorg. Chem. 110, 169 (1920). — Dem Verfasser scheint, als wenn bei der Diskussion dieser Frage der Unterschied zwischen konvexen und konkaven Oberflächenkrümmungen nicht scharf auseinander gehalten wird. Eine Schmelze, die sich in einem spitzwinkligen Kapillarraum (zwischen zwei Glasplatten z. B.) befindet, dessen Wände sie benetzt, ist nicht zu vergleichen mit einem freien Tröpfchen oder Körnchen desselben Stoffes, so daß es nicht überrascht, wenn diese zwei Versuchsanordnungen verschiedene Resultate geben.

setze ist z. B. die Reaktionsgeschwindigkeit zwischen festen und flüssigen Stoffen proportional der Größe der Berührungsfläche. Hat man nun solche ungeheure Oberflächen wie in kolloiden Systemen — wir kommen auf diesen Punkt noch in einer späteren Vorlesung zurück —, so braucht man sich nicht zu wundern, daß z. B. kolloider Schwefel als energisches Reduktionsmittel auf Silbersalze wirkt, was grobdisperser Schwefel nicht tut [1]), oder daß kolloides Platin noch in einer Verdünnung von 1 g-Atom in 70 Millionen Litern (G. Bredig) Wasserstoffperoxyd zersetzt. Wir werden auf solche katalytische Wirkungen in anderem Zusammenhange nochmals zu sprechen kommen. Man braucht sich aber auch nicht zu wundern, wenn man andererseits findet, daß höchstdisperse Metallkolloide wieder schwächer zersetzend auf Wasserstoffperoxyd einwirken [2]). Denn wir wissen ja wieder, daß molekulares oder iondisperses Platin, wie etwa Platinchlorid, nicht oder nur schwach katalytisch wirkt, und unsere Kontinuitätsvorstellungen werden gerade auf das schönste bestätigt durch diese Abnahme der katalytischen Wirksamkeit höchstdisperser Platinkolloide. Wir haben mit anderen Worten auch hier wiederum eine Kurve mit einem Maximum, ganz genau so wie etwa bei der Abhängigkeit der Farbintensität disperser Systeme von ihrem Dispersitätsgrade. Nicht- oder grobdisperses Platin auf der einen Seite, molekulardisperses Metall auf der anderen Seite katalysieren nicht oder nur wenig, während kolloides Metall dies energisch tut: Irgendwo in der Mitte dieser Serie disperser Systeme muß also notwendigerweise ein Maximum eintreten. –

Meine Herren! Das Gebiet der Beziehungen zwischen physikalisch-chemischen Eigenschaften und Dispersitätsgrad ist außerordentlich groß, und ich könnte noch lange fortfahren, Ihnen hierüber zu berichten. Sollten Sie schon meine bisherigen Ausführungen zu ausführlich finden, so bitte ich Sie daran erinnern zu dürfen, daß die ganze Ihnen hier entwickelte moderne Auffassung des Kolloidbegriffes steht und fällt mit der Anerkennung dieser Beziehungen. Wir sind in der Tat nur dann berechtigt, Kolloide als Spezialfälle disperser Systeme mit willkürlich festgelegten Dispersitätsgrenzen aufzufassen, wenn es uns gelingt zu zeigen, daß die Eigentümlichkeiten kolloider Systeme kontinuierlich übergehen in die Eigenschaften sowohl grobdisperser als auch molekularer Systeme. Diese ganze Neuorientierung des Kolloidbegriffs im Gegensatz zu den alten Auffassungen, die immer wieder versuchten, prinzipielle Gegensätze zwischen den einzelnen Klassen disperser

[1]) M. Raffo und A. Pieroni, Koll.-Ztschr. 7, 158 (1910).

[2]) Siehe St. Rusznyak, Ztschr. f. physik. Chem. 85, 681 (1913).

Systeme zu finden — diese ganze Neuorientierung erscheint ja solange nur als eine theoretische Idee, solange nicht die experimentellen Beweise vorliegen.

Ich hoffe, daß es mir gelungen ist, Ihnen auch die experimentelle Berechtigung dieser modernen Auffassung kolloider Systeme demonstriert zu haben, trotzdem ich nochmals hervorhebe, daß bei der Neuheit dieser Ideen noch viele Gebiete von Übergangserscheinungen einer Bearbeitung noch gar nicht unterzogen worden sind. Das primär Kennzeichnende eines Kolloids ist tatsächlich sein spezieller Dispersitätsgrad innerhalb der großen Gruppe disperser Systeme. Erkennen wir dies an, so ergibt sich aber aus der Lehre von den dispersen Systemen noch eine letzte Schlußfolgerung, die nicht minder wichtig erscheint als die anderen Konsequenzen, die wir schon früher aus ihr deduziert haben: Die Kolloidchemie ist in erster Linie nicht die Lehre von den Eigenschaften einer speziellen Gruppe von Stoffen, sondern sie ist vielmehr die Lehre von einem physikalisch-chemischen Zustand[1]), den grundsätzlich alle Stoffe zeigen können. Sie entspricht also etwa der Wissenschaft der Kristallographie, die sich auch mit einem bestimmten physikalisch-chemischen Zustande der Stoffe beschäftigt. Natürlich gibt es auch eine spezielle Kolloidchemie, welche die einzelnen Variationen zeigt, die man an bestimmten chemischen Individuen in kolloidem Zustande wahrnimmt, ähnlich wie ja auch in einem chemischen Lehrbuche die kristallographischen Angaben nicht fehlen. Früher glaubte man aber, daß die Kolloidchemie aufging in einer solchen gleichsam anhangsweisen Beschreibung der kolloiden Eigenschaften chemischer Verbindungen. Demgegenüber betont die neuere Wissenschaft die Existenz der Kolloidchemie als einer selbständigen physikalisch-chemischen Wissenschaft, der Wissenschaft nämlich des kolloiddispersen Zustandes. Das ist in kurzen Worten die Zusammenfassung des wichtigsten Inhaltes unserer heutigen Besprechung.

[1]) Da in neuerer Zeit obige Definition die Kolloidchemie zu wiederholten Malen P. P. von Weimarn zugeschrieben worden ist, sei der Hinweis gestattet, daß sie vom Verfasser gezogen worden ist; Oppenheimer, Handb. d. Biochemie 1, 853 (1908); ferner Ostwald, Grundriß der Kolloidchemie. 1. Aufl. (Dresden 1909).

III.

Die Zustandsänderungen der Kolloide.

Meine Herren! Unsere bisherigen Besprechungen bezogen sich auf Erscheinungen und Ideen, deren Gesamtheit wir etwa als die allgemeine physikalische Chemie des kolloiden Zustandes oder auch als allgemeine Dispersoidchemie bezeichnen können. Ich versuchte Ihnen zu zeigen, welche Stellung kolloide Systeme innerhalb des großen Rahmens disperser Systeme überhaupt einnehmen. Unser Hauptaugenmerk war auf die Verwandtschaft und auf die Unterschiede zwischen Kolloiden und Dispersoiden anderen Dispersitätsgrades gerichtet; konloide Systeme ergeben sich nur als Spezialfälle dieser überaus weitverbreiteten und außerordentlich wichtigen Klasse von Naturgebilden. Im Gegensatz hierzu wollen wir uns in der heutigen Besprechung mit Erscheinungen beschäftigen, die wir als spezifisch für das besondere Dispersitätsgebiet ansehen können, das wir den Kolloiden zugeordnet haben. Es bedeutet diese Feststellung natürlich nicht, daß es Kolloiderscheinungen gibt, für die absolut keine Analoga in den angrenzenden Dispersoidgebieten gefunden werden können. Im Gegenteil versuchte ich Ihnen in der letzten Stunde ja zu zeigen, daß grundsätzlich alle Kolloiderscheinungen im grobdispersen oder molekulardispersen Gebiete ihren Anfang oder ihr Ende finden. Wohl aber machte ich Sie darauf aufmerksam, daß eine ganze Reihe von Phänomenen ein Maximum (oder Minimum) ihrer Intensität im kolloiden Gebiete erreicht und in diesem Sinne als spezifisch für den kolloiden Zustand angesehen werden kann. Derartige Erscheinungen wollen wir heute in den Mittelpunkt unserer Betrachtungen stellen, und zwar wollen wir insbesondere untersuchen, welche Änderungen solche typisch kolloiden Dispersoide erleiden, wenn wir sie verschiedenartigen Einflüssen aussetzen. Wir wollen also ausgehen von kolloiden Systemen, wollen letztere den verschiedenartigsten experimentellen Eingriffen und Versuchsbedingungen aussetzten und wollen feststellen, was mit ihnen geschieht, in welcher Weise der kolloide Zustand sich ändert. Es ist ersichtlich, daß wir diese Gruppe von Erscheinungen mit einigem Recht als die spezielle physikalische Chemie des kolloiden Zustandes bezeichnen können.

Die Überlegungen der vorangegangenen beiden Vorlesungen gestatten uns nun wiederum, gleich eine ganze Anzahl derartiger kolloider Zustandsänderungen vorauszusehen, resp. in deduktiver Weise gleich von Anfang an ein wenig Ordnung in dieses überaus reichhaltige Erscheinungsgebiet hineinzubringen. Was kann eigentlich mit einem Kolloid alles geschehen, wenn wir dabei nur dispersoidchemische, also nicht z. B. radikale chemische Umwandlungen ins Auge fassen?

Beistehendes Schema zeigt Ihnen einen Überblick über die wichtigsten Zustandsänderungen kolloider Systeme, wie er sich im Rahmen der Lehre von den dispersen Systemen, man möchte fast sagen, automatisch ergibt.

Allgemeine Zustandsänderungen kolloider Systeme.

Grobdisperse Systeme		Kolloide		molekulardisperse Systeme
Dispersion	→	Entstehung	←	Kondensation
Koagulation	←	Vernichtung	→	Dissolution

Über die Entstehung kolloider Systeme durch Kondensation oder Dispersion haben wir schon gesprochen. Die Vernichtung eines Kolloids kann offenbar ebenfalls in zweierlei Sinne, dispersoidchemisch gesprochen, erfolgen: Entweder wird das Kolloid zum grobdispersen System; dann spricht man von Koagulation. Aus dem Sol wird ein Gel, oder besser gesagt: ein Koagel (G. Weissenberger). Oder aber das Kolloid wird zu einem molekulardispersen System: Wir lösen z. B. ein Mastixsol wieder auf, indem wir eine reichliche Menge Alkohol hinzugeben, noch besser, indem wir einige Kubikzentimeter Mastixsol in Alkohol hineingießen (Dem.): Dann haben wir die interessante Erscheinung der Dissolution[1]).

Kann man die Koagulation zu einem Gel wieder rückgängig machen, etwa durch Auswaschen des Koagulationsmittels, so spricht man von Peptisation des Gels, die also eine spezielle Dispersionsmethode darstellt.

Es sind dies insbesondere Änderungen des Dispersitätsgrades innerhalb des ganzen großen Gebietes disperser Systeme, und zwar kann diese Variation sowohl nur innerhalb des kolloiden Dispersitätsgebietes erfolgen, als auch über dasselbe hinausführen, entweder zu molekulardispersen oder zu grobdispersen Systemen. Im ersteren Falle, bei Varia-

[1]) Weitere Beispiele von Dissolution siehe Ostwald, Kl. Praktikum der Kolloidchemie. 6. Auflage. S. 154.

tionen innerhalb des kolloiden Dispersitätsgebietes, spricht man auch von inneren kolloiden Zustandsänderungen im Gegensatz zu den radikalen Zustandsänderungen, die über das kolloide Gebiet hinausführen, wie wir sie bei Koagulation und Dissolution sehen.

Eine weitere große Gruppe von Zustandsänderungen ergibt sich, wenn man Formart und Solvatationsgrad des dispersen Anteils: in Betracht zieht. Sie werden sich vielleicht erinnern, daß man, zunächst theoretisch, fest-flüssige und flüssig-flüssige Kolloide, Suspensoide und Emulsoide erwarten kann. Wir kommen heute noch auf diese zwei Kolloidklassen näher zu sprechen. Nun ist es aber möglich, daß die Beschaffenheit kolloider Partikel in ein und demselben Dispersionsmittel wechselt zwischen fest und flüssig. Es können auch hier, vollkommen stetige Übergänge zwischen festen und flüssigen kolloiden Partikeln auftreten. Dies gilt in erster Linie für die hydratisierten oder solvatisierten Kolloide, d. h. also für diejenigen Systeme, in denen der disperse Anteil mehr oder weniger vom Dispersionsmittel an sich gebunden herumträgt. Der Solvatationsgrad eines kolloiden Teilchens kann kleinere (innere) wie höchst radikale, äußerlich erkennbare Änderungen erfahren. Ähnlich wie etwa ein massives Stückchen Gummiarabikum je nach der aufgenommenen Menge Wasser alle Übergänge zwischen einem spröden festen Körper und einer tropfbaren Flüssigkeit zeigt, oder ähnlich, wie etwa ein festes Bröckchen Gelatine sich zu einer fast „unfühlbaren“ Masse in Wasser verwandeln kann, ebenso können auch die dispersen Teilchen vieler Kolloide analoge Variationen durchmachen. Sie werden vielleicht später, nachdem ich zu dem experimentellen Teil unserer heutigen Besprechung gekommen bin, erstaunt sein über die große Rolle solcher Solvatations- und Formartänderungen bei kolloiden Zustandsänderungen. Die Phänomene der Gelatinierung und Quellung gehören unter anderem hierher.

Aber noch eine dritte Klasse sehr interessanter Zustandsänderungen können wir theoretisch voraussehen. Wenn Sie aufgefordert werden, würden, eine stark vergrößerte Skizze eines begrenzten Volums einer kolloiden Lösung aufzuzeichnen, so würden Sie vermutlich ein Schema von der folgenden Art angeben (Abb. 16A); Sie würden als das Natürlichste eine gleichmäßige Verteilung des Kolloids in dem betrachteten Volum annehmen. Eine nähere Untersuchung zeigt nun aber, daß diese Annahme nur in allererster Annäherung richtig ist. In einem von irgendwelchen Grenzflächen (Gefäßwänden, der Grenzfläche gegen Luft usw.) umgebenen Volum einer kolloiden Lösung ist die räumliche Verteilung des Kolloids nicht eine vollständig gleichmäßige. Es treten vielmehr unmittelbar an diesen Grenzflächen Konzentrationsunterschiede auf gegenüber den inneren Teilen des betrachteten Volums; die Grenzschichten enthalten entweder weniger oder mehr von der dispersen Phase als das übrige System (Abb. 16B). Letzteres, also eine Ansammlung des Kolloids in den Grenzschichten, ist bei weitem der häufigere Fall. Man nennt solche Verschiebungen der Konzentration an Grenzflächen allgemein Adsorptions- oder auch einfach Sorptionserscheinungen, und es war der große Amerikaner Willard Gibbs, der zuerst darauf hinwies, daß in den Grenzflächen disperser Systeme stets eine andere Konzentration zu erwarten ist als in der Masse des Dispersoids. Freilich kannte und gebrauchte dieser Forscher nicht den modernen Begriff der dispersen Systeme; doch sind seine Überlegungen

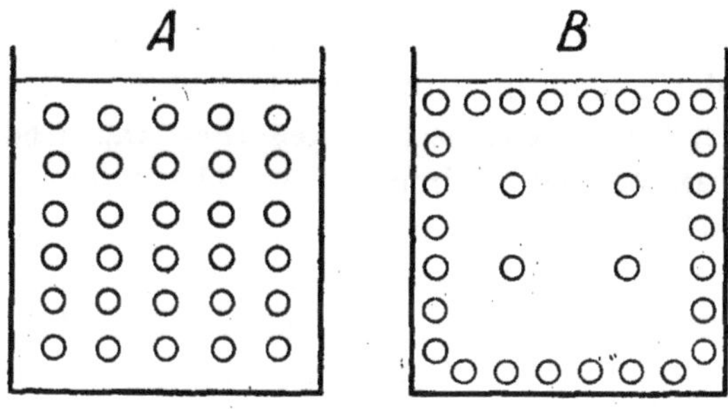

Abb. 16.
Schema zum Begriff der Adsorption.

so allgemeiner Art, daß sie auch auf die ihnen soeben gegebene spezielle Fassung angewandt werden können. Auch diese Adsorptionserscheinungen sind von enormer Mannigfaltigkeit und spielen in den verschiedensten Richtungen eine große Rolle bei den kolloiden Zustandsänderungen.

Schließlich sei hervorgehoben, daß Änderungen des Dispersitäts- und Solvatationsgrades und der räumlichen Verteilung eines Kolloids keineswegs die einzigen möglichen Zustandsänderungen sind (besonders Änderungen der elektrischen Ladung kolloider Teilchen spielen noch eine große Rolle), und daß weiterhin diese Hauptgruppen von Änderungen nicht nur einzeln für sich auftreten, sondern im Gegenteil sehr häufig miteinander verknüpft sind. Diese vielfache Kombinationsmöglichkeit und die unzähligen hieraus entstehenden Variationen miteinander verknüpfter Zustandsänderungen ist in erster Linie dafür verantwortlich, daß Kolloide das Kennzeichen einer großen Instabilität tragen. Schon Graham sagte, daß im kolloiden Zustande „nie Ruhe“

herrschte. Es ist leicht ersichtlich, daß diese Tatsache nicht nur die wissenschaftliche Beschäftigung mit den kolloiden Zustandsänderungen ganz besonders interessant macht, sondern daß sie gleichzeitig auch eine Erklärung dafür abgibt, warum so besonders komplizierte Phänomene wie die Lebenserscheinungen sich gerade und ausschließlich nur in einem kolloiden Medium abspielen.

Doch verlassen wir diese theoretischen Erwägungen und kehren wir zurück zu der experimentellen Betrachtung, die ja doch sowieso viel interessanter ist als alle Theorie. Mit welchen experimentellen Methoden können wir Zustandsänderungen in Kolloiden untersuchen und möglichst auch quantitativ charakterisieren? Da ist zunächst im Auge zu behalten, daß kolloide Zustandsänderungen zeitliche Phänomene sind mit bestimmten Geschwindigkeiten. Sie brauchen genau so wie etwa chemische Reaktionen Zeit, unterscheiden sich aber von letzteren darin, daß ihr Endzustand nicht so einfach definiert ist wie bei einer normalen chemischen Reaktion. Das Endresultat einer chemischen Reaktion sind bestimmte chemische Verbindungen von konstanten Eigenschaften; die Zustandsänderungen eines Kolloids können dagegen bei einem beliebigen Dispersitäts , Formart- oder Hydratationsgrad haltmachen. Es folgt hieraus, daß die Kinetik der kolloiden Zustandsänderungen für die Charakterisierung dieser Vorgänge eine noch viel größere Rolle spielt als die Kinetik in der reinen Chemie, und daß die ideale Methode zum Studium einer Zustandsänderung stets eine kinetische sein wird. Weiterhin folgt aber hieraus, daß es nur eine sehr grobe Annäherung darstellt, wenn man Gelatinierungen, Quellungen, Koagulationen usw. durch „Punkte" charakterisiert. Man kann z. B. nicht sagen: eine Eiweißlösung koaguliert genau bei einer Konzentration von 20% Ammonsulfat, denn auch bei etwa 10% erscheint eine „leichte Trübung", bei 15% eine „starke Trübung", bei 17% etwa eine „beginnende Niederschlagsbildung" usw., und auch die Erstarrung einer Gelatinelösung beim Abkühlen findet nicht plötzlich etwa im Temperaturintervall eines Zentrigrades statt. In allen diesen Fällen ist offenbar die kinetische Methode, die mit dem Aufstellen einer Geschwindigkeitskurve beginnt, ein viel genaueres Verfahren zur Untersuchung der Änderung des kolloiden Zustandes[1]).

---

[1]) Soweit dem Verfasser bekannt, hat er zuerst hervorgehoben, daß Zustandsänderungen definitionsgemäß eine kinetische Darstellung und Charakterisierung erfahren sollten, statt der üblichen Feststellung durch „Punkte", d. h. einzelne Konzentrationen, Temperaturen, Zeiten usw. Siehe Grundriß 1. Aufl., S. 267ff. (1909); ferner Koll.-Ztschr. 12, 218ff. (1913), ferner ibidem 246; ferner: Die neuere Entwick-

Handelt es sich um einfachere Zustandsänderungen, z. B. um einfache Variationen des Dispersitätsgrades, so kann man natürlich direkt mit dem Ultramikroskop, der Ultrafiltration usw. die Änderung der Teilchengröße bei der Zustandsänderung feststellen und in eine Geschwindigkeitskurve eintragen. Oder aber man kann sich das in unserer vorigen Besprechung erörterte Prinzip zunutze machen, nach dem die Mehrzahl physikalisch chemischer Eigenschaften eines Kolloids mit dem Dispersitätsgrade variiert. So demonstrierte ich Ihnen den Koagulationsvorgang des kolloiden Goldes durch die Änderung der Farbe von Rot nach Blau. In vielen, namentlich komplizierteren Fällen ist man heute fast vollständig auf die Anwendung solcher indirekter Methoden angewiesen. Man mißt die Änderungen der Leitfähigkeit, der Trübungsstärke, der Viskosität usw., welche den Zustandsänderungen der Kolloide parallel verlaufen, und charakterisiert das jeweilige Stadium der Zustandsänderung durch den korrespondierenden Wert dieser Eigenschaften. Der Vorzug kommt hierbei natürlich solchen Eigenschaften zu, die gut meßbar sind und die möglichst stark schon bei geringfügigen Zustandsänderungen varriieren. Ferner müssen diese Meßmethoden es gestatten, den Verlauf einer Zustandsänderung an ein und demselben System zu charakterisieren, ohne daß dabei das Kolloid zerstört wird usw.

Beginnen wir zunächst mit der Erörterung einiger innerer Zustandsänderungen, d. h. solcher Variationen des kolloiden Zustandes, die ännähernd innerhalb des kolloiden Dispersitätsgebietes verlaufen. Wir finden solche Erscheinungen in ganz außerordentlicher Mannigfaltigkeit bei kolloiden Lösungen vom Typus der Gelatine oder der Eiweißkörper, aber auch des Kautschuks oder der Zellulose. Wir hatten solche Kolloide als solvatisierte Emulsoide bezeichnet und werden über ihre Eigenschaften gleich noch mehr erfahren. Die physikalisch-chemische Eigenschaft, welche geradezu als der Indikator solcher innerer Zustandsänderungen angesehen werden kann, ist die Viskosität. Für die Mannigfaltigkeit und die Wichtigkeit der Zustandsänderungen, welche durch eine Variation dieser Eigenschaft festgestellt und gemessen werden können, kann ich vielleicht keinen besseren Beleg erbringen als die Anführung der Tatsache, daß die Faraday-Society im Jahre 1913 eine Versammlung eigens und allein zum Zwecke der Diskussion über das

lung der Kolloidchemie (Dresden 1912), 18. Diesen Anregungen sind dann später die Arbeiten von H. Paine, H. Freundlich, N. Ishizaka usw. gefolgt, vgl. Koll.-Ztschr. **11**, 115 (1912); Koll.-Ztschr. **12**, 230 (1913); Kolloidchem. Beihefte **4**, 24 (1912); in den zit. Arbeiten weitere Literatur.

Thema „Die Viskosität der Kolloide" einberief[1]). Mehr als ein Dutzend von Kolloidforschern behandelte in zwei Sitzungen nur dieses eine Gebiet der Kolloidchemie. In der Tat kann vielleicht auch ich Ihnen nicht besser die große Mannigfaltigkeit von Zustandsänderungen demonstrieren, die alle ungefähr innerhalb des Rahmens des kolloiden Dispersitätsgebiets verlaufen, als durch eine gedrängte Schilderung der Viskositätsverhältnisse in Kolloiden.

Jeder, der vielleicht zum Zwecke einer ersten praktischen Orientierung auf dem Gebiete der Kolloidchemie eine größere Anzahl von Lösungen im Dialysator oder im Diffusionsversuch untersucht hat, wird sehr bald zu der Erkenntnis kommen, daß sich unter den vielen nicht dialysierenden und nicht diffundierenden Dispersoiden zwei sonst recht verschiedene Kolloidklassen vorfinden. Der ganze allgemeine „Habitus" dieser zwei Kolloidarten scheint verschieden, insbesondere aber zeigt sich auch schon ohne jede genauere Messung ein gewaltiger Unterschied in den Viskositätsverhältnissen dieser zwei Kolloidarten. Auf der einen Seite haben wir Kolloide vom Typus des Goldsols oder der Metallsulfide, die in bemerkenswert geringfügigem Maße die Viskosität ihres Dispersionsmittels verändern. Sie sind wenigstens in den kleineren Konzentrationen praktisch fast ebenso beweglich wie ihr Dispersionsmittel, und bei etwas höheren Konzentrationen nimmt die Viskosität zunächst in einfachster arithmetischer Weise zu proportional der Konzentration (Abb. 17, A). Dies Verhalten ist charakteristisch für die fest-flüssigen Kolloide, die Suspensoide. Ganz wesentlich andere Erscheinungen zeigen die Kolloide von der Art der Gelatine, wie wir sie oben als hydratisierte Emulsoide kennzeichneten. Es ist umgekehrt charakteristisch für sie, daß sie schon in minimalen Konzentrationen ganz enorme Viskositätswerte aufweisen und daß überdies diese Viskositätswerte eine

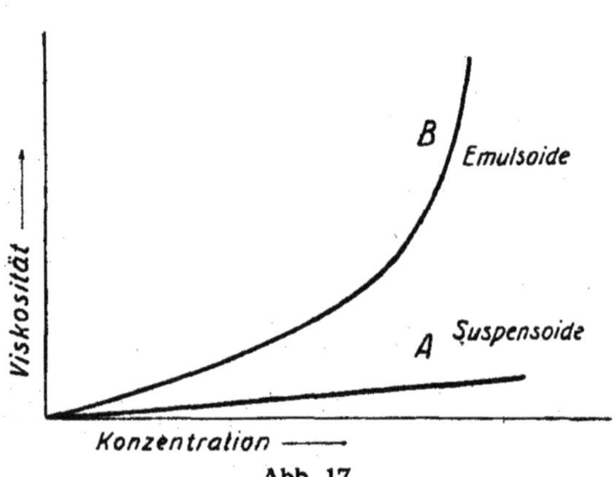

Abb. 17.
Schema der Viskosität-Konzentrationsbeziehung in Kolloiden.

[1]) Siehe Koll.-Ztschr. 12, Heft 5 (1913).

rapide Zunahme zeigen mit steigender Konzentration (Abb. 17, B). Wie Sie wissen, durchläuft eine Gelatinelösung innerhalb der ersten 2% alle Viskositätswerte von dem des reinen Wassers bis zu dem Viskositätswert einer festen Gallerte, mit anderen Worten, bis zu einem für die üblichen Meßmethoden unendlich großen Viskositätswerte, der Viskosität fester Körper. Ja es gibt andere Emulsoide, welche in noch viel kleineren Konzentrationen diese Variation der Viskosität von 1 bis unmeßbar groß durchlaufen. So bildet Rizinusölseife in Gegenwart gewisser Alkalikonzentrationen schon in einer Konzentration von 0,1% eine nicht mehr fließende Gallerte, und ähnliche Erscheinungen in kleinsten Konzentrationen beobachtet man noch bei vielen anderen organischen Kolloiden[1]).

Neben diesem großen absoluten wie relativen Einfluß der Konzentration findet man aber noch weitere interessante Viskositätsphänomene bei diesen Kolloiden. So hat z. B. die Temperatur einen ähnlich abnormen Einfluß. Wir wissen, daß die Viskosität einer molekularen Lösung stetig abnimmt mit steigender Temperatur; bei reinem Wasser beträgt diese Abnahme innerhalb der ersten 25° ca. 2% pro 1°. Bei einer Gelatinelösung ist aber diese Viskositätsabnahme ganz wesentlich größer. Ja in konzentrierteren Lösungen oder Gallerten ist die Viskositätsabnahme namentlich in gewissen Temperaturgebieten eine so rapide, daß wir Erscheinungen wahrnehmen, die dem Schmelzen homogener fester Körper analog erscheinen. Innerhalb eines Temperaturintervalles von wenigen Graden findet ein Abfall der Viskosität statt von den für feste Körper charakteristischen Werten bis auf diejenigen einer tropfbaren Flüssigkeit. Von wesentlicher Bedeutung ist, daß es sich auch hier um stetige Veränderungen der Viskosität handelt, nicht etwa um diskontinuierliche Formartänderungen wie beim Schmelzen eines Kristalls. Ferner beobachtet man auch bei nicht oder nur schwach solvatisierten Emulsoiden derartige hohe Viskositäten, z. B. bei konzentrierten Schwefelsolen, die gelegentlich „salbenartige" Konsistenz zeigen, und es ergibt sich ganz allgemein aus theoretischen Erwägungen, daß in der Tat nicht nur die Solvatation, d. h. die Bindung des Dispersionsmittels an den Teilchen, sondern ihre flüssige Beschaffenheit ganz allgemein schon genügt, um diese abnorme Viskosität emulsoider Kolloide wenigstens zu einem Teil physikalisch verständlich zu machen[2]).

Aber auch andere viel weniger tief eingreifende Einflüsse ändern

[1]) Weitere Beispiele bei W. Döhle, Koll.-Ztschr. **12**, 73 (1913).

[2]) Vgl. insbesondere E. Hatschek, Koll.-Ztschr. **7**, 81, 301 (1910); **8**, 34 (1911); **11**, 280, 284 (1912); **12**, 283 (1913); **13**, 88 (1913).

die Viskosität solvatisierter Emulsoide. Einfaches Schütteln, mehrmaliges Durchpressen durch ein Kapillarrohr genügt, um die Viskosität, z. B. bei Gelatinelösungen, Farbstoffsolen usw. herabzusetzen. Umgekehrt beobachtet man ein Ansteigen der Viskosität, wenn man z. B. Tonsuspensionen, aber auch gewisse Nitrozelluloselösungen derartig mechanisch vorbehandelt[1]). In analoger Weise verringert sich die Viskosität, wenn man solche Kolloide längere Zeit bei höherer Temperatur hält. Ja Sie brauchen gar keine spezielle Behandlung des Kolloids vorzunehmen, Sie brauchen es einfach einige Zeit stehen zu lassen, um auch hier schon eine Änderung der Viskosität, in manchen Fällen eine Zunahme (wie bei Gelatine), in anderen Fällen dagegen eine Abnahme (wie bei Stärkelösung) feststellen zu können. Allein die Zeit genügt also, um die Viskosität eines Kolloids zu ändern. Schließlich sei noch erwähnt, daß natürlich Zusätze aller Art die Viskosität dieser Kolloide in weitestgehendem Maße beeinflussen, und zwar Elektrolyte wie Nichtelektrolyte. Ich habe Ihnen hier eine Reihe von Gelatinelösungen mit Zusätzen vorgeführt, welche diesen Einfluß zeigen (Dem.). In der ersten Röhre haben Sie eine reine Gelatinelösung von ca. 2,5 %; wie Sie sehen, ist sie zu einer Gallerte erstarrt, die sich jedoch bei etwas energischem Schütteln in Brocken von der Gefäßwand loslöst. In der zweiten Röhre habe ich genau dieselbe Gelatinelösung, nur versetzt mit einigen Prozenten festen Magnesiumsulfats. Die entstandene Gallerte ist deutlich steifer als die reine Gelatinegallerte, sie zerreißt beim Schütteln nicht. In der Tat erhöhen Sulfate, Zitrate, Phosphate usw. die Viskosität der meisten wäßrigen Kolloide von der Art der Gelatine, und zwar natürlich ganz wesentlich mehr, als sie die Viskosität des reinen Wassers erhöhen würden. In der dritten Röhre habe ich zu der Gelatinelösung einige Kaliumjodidkristalle zugegeben. Wie Sie beim Umdrehen der Röhre bemerken, ist hier die sonst ganz gleichartig behandelte Gelatinelösung flüssig geblieben. Jodide, Bromide, Zyanide, auch manche Chloride in bestimmten Konzentrationen erniedrigen die Viskosität. In den weiteren Röhren habe ich noch Gelatinelösungen mit Nichtelektrolyten als Zusätzen, die sämtlich die Viskosität erniedrigen: Chloralhydrat, Harnstoff usw. Alkohol in kleinen Mengen erhöht dagegen die Viskosität. Ganz besonders kompliziert wird dieser Einfluß von Zusätzen noch dadurch, daß ein und derselbe Stoff je nach seiner Konzentration sowohl viskositätserhöhend als auch -erniedrigend wirken kann. So zeigen Gelatinelösungen mit Säure und Alkalizusatz ver-

[1]) Siehe Wo. Ostwald und F. Piekenbrock, Koll. Beih. **19**, 138 (1924); W. von Neuenstein, Koll.-Ztschr. **39**, 88 (1926).

schiedener Konzentration je ein Minimum und ein Maximum der Viskosität, beim Zusatz von Chloriden können sich sogar mehrere Minima und Maxima der Viskosität ergegen usw. usw.[1])

Meine Herren! Allen diesen Variationen der Viskosität entsprechen nun auch Variationen des kolloiden Zustandes dieser Systeme, Änderungen des Dispersitätsgrades und Änderungen der Formart bzw. das Solvatationsgrades der dispersen Phase. Wir wissen z. B. aus ultramikroskopischen und anderen Befunden, daß beim Altern einer verdünnten Stärkelösung eine Dispersitätsverringerung stattfindet, gleichzeitig aber auch eine Dehydratisierung der dispersen Phase. Die kolloiden Teilchen geben spontan das in ihnen enthaltene Wasser teilweise ab und vereinigen sich gleichzeitig zu größeren Komplexen. Hier entspricht eine Abnahme der Viskosität also einer Dispersitätsverringerung und einem Übergang flüssig—fest. Umgekehrt erhöht der Zusatz von Alkali und Säure in bestimmten Konzentrationen unzweifelhaft die Hydratation von Eiweißlösungen, bewirkt also eine Veränderung der dispersen Phase im Sinne einer Verschiebung fest-flüssig, was sich wiederum in einem Anstieg der Viskosität zeigt. In anderen Fällen sind wir noch nicht völlig im klaren, welchen speziellen inneren Zustandsänderungen die äußeren Variationen der Viskosität entsprechen. So erscheint es zwar nach den neusten Untersuchungen unzweifelhaft, daß beim Abkühlen einer Gelatinelösung, bis zur Gallertbildung eine sekundäre Struktur, d. h. eine Anordnung der kolloiden Teilchen zu größeren, vermutlich miteinander zusammenhängenden Aggregaten entsteht. Wir werden hierauf gleich noch näher eingehen. Auf der anderen Seite können wir aber noch nicht den Einfluß verschiedener Zusätze, z. B. der Salze in verschiedenen

[1]) Von zahlreichen weiteren Variabeln der Viskosität speziell bei solvatisierten Solen sei noch die in neuerer Zeit viel untersuchte Abhängigkeit von der Fließgeschwindigkeit des Sols erwähnt (Arbeiten von R. Heß, E. Hatschek, H. Freundlich, Wo. Ostwald und ihren Mitarbeitern; siehe z. B. die Zusammenfassung in Koll.-Ztschr. 36, 99, 157 (1925 und folgende Bände). Bei normalen Flüssigkeiten oder molekulardispersen Lösungen ist die Viskositätskonstante unabhängig von der Schnelligkeit, mit der diese Flüssigkeiten bewegt bzw. deformiert werden. Bei einer Gelatinelösung aber z. B. ist der Widerstand gegenüber einer Bewegung umso größer, je langsamer diese Bewegung in dem Sol erfolgt. Ja bei sehr geringfügigen Bewegungen steigt dieser Widerstand — Strukturviskosität genannt — so stark an, daß es theoretisch und bei genügend konzentrierten Solen auch praktisch eine untere Grenze der mechanischen Beanspruchung gibt, unterhalb derer das Sol überhaupt nicht mehr fließt, sich also wie ein fester Körper verhält. Über diese merkwürdigen Übergänge zwischen flüssigen und festen Zuständen bei Kolloiden vgl. auch das später im Texte über Gallerten Gesagte.

Konzentrationen, eindeutig verknüpfen mit den Änderungen des Dispersitäts- und Hydratationsgrades, welche zweifellos beim Zusatz dieser Stoffe stattfinden und auch den Gelatinierungsvorgang modifizieren. Hier muß die allgemeine physikalisch-chemische Untersuchung notwendig ergänzt werden durch die rein kolloidchemischen Methoden der Ultramikroskopie, der Ultrafiltration usw. — Soviel über innere Zustandsänderungen.

Der Prozeß der Gelatinierung oder Gallertbildung führt uns bereits an die Grenze des innerhalb des kolloiden Dispersitätsgebietes verlaufenden Zustandsänderungen. Lassen Sie uns zunächst folgende Frage stellen: Was passiert eigentlich beim Abkühlen und Erstarren einer Gelatinelösung? Was sind die inneren Vorgänge, die, wie Sie wissen, zuweilen bei ein und derselben Temperatur nur im Laufe der Zeit einen so enormen Viskositätsanstieg bewirken, daß aus einer Flüssigkeit ein formbeständiger fester Körper wird. Gestatten Sie, daß ich Ihnen die Theorie der Gelatinierung kurz erläutere an einem Versuch, der auch noch in anderer Hinsicht von Interesse ist (Dem.).

Ich habe in diesem Glaskolben zwei Flüssigkeiten, die sich bei gewöhnlicher Temperatur nur teilweise miteinander vermischen: Phenol das etwas Wasser enthält, und Wasser, das ein wenig Phenol gelöst hat. Sie erkennen auch auf größere Entfernung diese nur partielle Mischbarkeit durch die weiße Farbe der Emulsion, die ich durch Schütteln herstellen kann (Dem.). Die gegenseitige Löslichkeit von Phenol und Wasser nimmt nun beträchtlich zu mit steigender Temperatur. Um Ihnen dies zu zeigen, erhitze ich das Gemisch unter andauerndem Schütteln (Dem.). Habe ich eine Temperatur von etwa 70° erreicht, so klärt sich nicht nur die Emulsion, d. h. die hier gewählten Mengen von Phenol und Wasser mischen sich nicht nur vollständig, sondern ich könnte bei dieser Temperatur beliebige weitere Mengen eines der beiden Bestandteile hinzusetzen, ohne daß eine Ausscheidung stattfände. Phenol und Wasser werden über dieser „kritischen" Temperatur in allen Verhältnissen mischbar. Für den vorliegenden Versuch habe ich nun allerdings nicht beliebige Mengen von Phenol und Wasser genommen, sondern eine Konzentration von ca. 36% Phenol gewählt. Es ist dies die sog. „kritische" Konzentration von Phenol und Wasser, auf deren Bedeutung ich hier nicht näher eingehen kann. Inzwischen sehen Sie, daß sich die weiße Emulsion von Phenol und Wasser geklärt hat; es ist völlige Mischbarkeit eingetreten, und es resultiert eine völlig klare molekulare Lösung beider Flüssigkeiten miteinander. Besonders interessante Erscheinungen — diejenigen, welche ich Ihnen hier in erster Linie zeigen wollte —

beobachten wir nun beim Abkühlen dieses Systems, das ich durch Schwenken in der Luft, evtl. unter Benutzung der Wasserleitung, etwas zu beschleunigen suche. Es ist klar, daß ich, falls ich genügend tief abkühle, wieder eine Entmischung des Systems herbeiführen muß, denn die hier auftretenden Löslichkeitsphänomene sind natürlich völlig reversibel. Die Lösung ist nun inzwischen um einige Grade kühler geworden, hat aber gleichzeitig ihr Aussehen merklich verändert. Sie sehen eine ausgesprochene Farbenerscheinung, in der vorher völlig farblosen Lösung. Es tritt eine deutliche blaugelbe Opaleszenz auf, die identisch erscheint mit der Opaleszenz einer Eierklarlösung oder auch eines hochdispersen Mastixkolloids. Die Opaleszenz wird zunächst immer ausgesprochener bei der langsamen Abkühlung, der das System ausgesetzt ist. Die große Ähnlichkeit schon dieser Erscheinung mit der Opaleszenz typisch kolloider Erscheinungen legt nun den Schluß sehr nahe, daß wir es hier mit einem kolloiden Entmischungsstadium des Phenol-Wasser-Gemisches zu zun haben. Ja die nähere Überlegung zeigt, daß ein solches kolloides Stadium bei der Entmischung eines solchen Systems einfach auftreten muß, und daß das Problem eigentlich nur darin liegt, ob es uns gelingt, dieses kolloide Stadium genügend lange zu erhalten oder es irgendwie zu „stabilisieren", um es näher untersuchen zu können. Denn wir gehen aus von der bei höherer Temperatur zweifellos molekularen Mischung und gelangen bei niedrigerer Temperatur zu einem grob oder gar nicht dispersen Phenol-Wasser-Gemisch. Irgendwo in der Mitte muß aber notwendigerweise diese Entmischung über ein kolloides Dispersitätsstadium führen, und die Opaleszenz des vorliegenden Gemisches macht es sehr wahrscheinlich, daß wir unter den gewählten Konzentrationsbedingungen dieses kolloide Stadium in besonders günstiger und relativ dauerhafter Entfaltung vor uns haben. In der Tat ist nun aber auch durch direkte ultramikroskopische Untersuchungen mit aller wünschenswerten Deutlichkeit festgestellt worden, daß diese opaleszierenden kritischen Flüssigkeitsgemische tatsächlich Gemische von kolloidem Dispersitätsgrade sind[1]).

[1]) Auf die Analogie zwischen kritischen Flüssigkeitsgemischen und kolloiden Lösungen ist anscheinend zuerst von D. Konowalow (Drudes Ann. **10**, 378 [1905]) aufmerksam gemacht worden. Unabhängig und ohne Kenntnis von dieser Arbeit charakterisierte dann der Verfasser 1906 diese Systeme als Emulsoide; vgl. Koll.-Ztschr. **1**, 335 (1907); ferner Grundriß, 1. Aufl. (1909), 102ff. Ultramikroskopisch ist nach negativen Versuchen von Ch. Füchtbauer die Entmischung kritischer Flüssigkeitsgemische dann beschrieben worden von W. von Lepkowsky, Ztschr. f. physik. Chem. **75**, 608 (1910).

Aber noch andere, zum Teil sehr überraschende Analogien ergeben sich zwischen den Eigenschaften solcher kritischer Flüssigkeitsgemische und den Eigentümlichkeiten speziell solvatisierter Emulsoide von der Art etwa der Gelatine. Allerdings kann ich Ihnen diese Analogien nicht so leicht hier demonstrieren. Kritische Flüssigkeitsgemische zeigen u. a., wie viele Kolloide, die Eigentümlichkeit des Schäumens, was ihre molekularen Lösungen bei höherer Temperatur nicht tun. Vor allen Dingen aber — und das ist vielleicht die interessanteste Analogie — findet gleichzeitig mit dem Auftreten der Opaleszenz ein sehr bemerkenswerter Anstieg der Viskosität des Gemisches statt. Natürlich nimmt wie Sie wissen, die Viskosität einer jeden Flüssigkeit zu bei Abkühlung. Das Charakteristische im Verhalten eines kritischen Flüssigkeitsgemisches liegt aber nun darin, daß in dem kritischen Temperaturgebiete diese Zunahme der Viskosität ganz abnorm stark erfolgt und daß weiter hin nach Durchschreiten des opaleszenten Stadiums die Viskosität wieder abfällt, trotzdem das System dann eine niedrigere Temperatur angenommen hat als vorher.

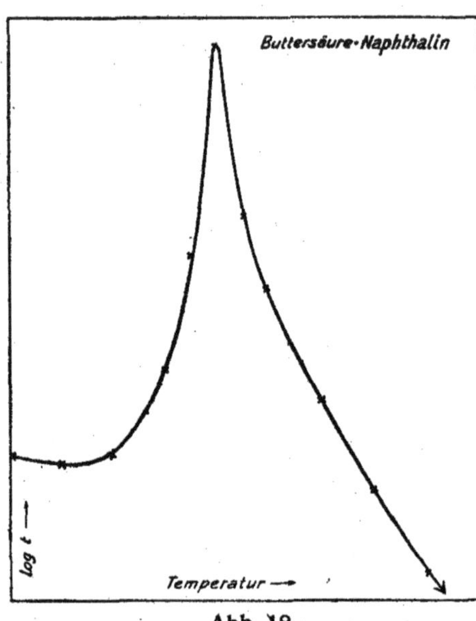

Abb. 18.
Viskosität eines kritischen Flüssigkeitsgemisches.

Wenn Sie also die Viskosität des vorliegenden Phenol-Wasser-Gemisches bei der Abkühlung messen, so beobachten Sie in dem Temperaturgebiet der Opaleszenz zunächst einen plötzlichen Anstieg der Viskosität (Abb. 18)[1]). Die maximale Viskosität in diesem Gebiete ist dabei wesentlich größer als die Viskositäten der beiden reinen Komponenten. Kühlen Sie dann weiter ab, so verschwindet diese Opaleszenz wieder, nachdem sie ein Maximum durchschritten hat und macht einer weißlichen Trübung Platz, dem Kennzeichen eines relativ groben Dispersoids. Dies ist das Stadium, das inzwischen auch das Ihnen vorgeführte Phenol-Wasser-Gemisch angenommen hat (Dem.).

[1]) In der Abb. ist als Ordinate der Logarithmus der Durchlaufszeit eingetragen nach Messungen von V. Rothmund, Ztschr. f. physik. Chem. 63, 54 (1908).

Messen Sie nun die Viskosität einer solchen weißen Emulsion, so finden Sie dieselbe wesentlich niedriger als die Viskosität des opaleszenten, kolloiden Gemisches. Parallel mit der Opaleszenz zeigt also auch die Viskosität ein Maximum gerade im kolloiden Stadium der Entmischung (Abb. 18). Um Ihnen eine ungefähre Vorstellung von der quantitativen Seite dieser Viskositätsanomalie zu geben, möchte ich ein paar Zahlen anführen, die an den besonders eingehend studierten kritischen Flüssigkeitsgemischen Isobuttersäure-Wasser gewonnen wurden. Während die Viskosität des reinen Wassers bei 20,12° den Wert von 1,1245, die reine Säure bei 20,08° den Wert 1,983 hat, steigt die Viskosität eines kritischen Gemisches von 59,93 % Säure bei 20,99° auf den Wert von 3,677. Noch deutlicher sieht man diese interessante Anomalie der Viskosität, wenn man die Logarithmen der Viskosität mit der Temperatur vergleicht, wie dies in beistehender Abbildung geschehen ist.

Diese unzweifelhaften Analogien zwischen dem Verhalten kritischer Flüssigkeitsgemische und solvatisierter Emulsoide, ja die offenkundige allerengste Verwandtschaft zwischen diesen Systemen gestattet uns nun auch einige Schlüsse zu ziehen in bezug auf die Vorgänge, die beim Gelatinieren stattfinden. Der plötzliche Viskositätsanstieg eines kritischen Flüssigkeitsgemisches beim Abkühlen entspricht der gleichen Erscheinung in einem solvatisierten Kolloid und dem Gelatinierungsvorgang konzentrierter Kolloidlösungen. Wie beim kritischen Flüssigkeitsgemisch, so findet jedenfalls auch beim Gelatinieren eine Entmischung der kolloiden Lösung statt, ein Befund, der auch durch ultramikroskopische und andere Untersuchungen bestätigt wird[1]). Man wird nicht fehlgehen, wenn man bei der Gelatinierung von Kolloiden wie der Gelatine selbst, des Agars, der Eiweißlösungen usw. annimmt, daß diese Entmischung hier ebenfalls in zwei flüssige Anteile stattfindet, in eine konzentrierte Kolloidphase mit relativ wenig Wasser und in eine verdünnte wäßrige Phase mit relativ wenig Kolloid, ganz analog also wie beim Phenol-Wasser-Gemisch. Dies ist zum mindesten bei den genannten Kolloiden anzunehmen, die in Gegenwart von genügend Wasser stets die Tendenz haben, in den flüssigen Zustand überzugehen und z. B. nie als feste Kristalle beobachtet worden sind. Es ist aber durchaus möglich, daß eine Entmischung bei Abkühlung statt zur Abscheidung flüssiger Tröpfchen entweder sogleich oder, was vermutlich

[1]) Siehe Wo. Ostwald, Grundriß, 1. Aufl., 347 (1909); die dort vorausgesagten ultramikroskopischen Erscheinungen sind in der Tat von R. Zsigmondy, W. Menz, W. Bachmann usw. (Literatur siehe Koll.-Ztschr.) aufgefunden und natürlich auch erweitert worden.

viel häufiger ist, nach einiger Zeit zur Abscheidung von festen Kriställchen führt[1]). Solche Kristallisationsentmischungen finden im Laufe der Zeit bei der Gelatinierung der Kieselsäure oder mancher Seifenlösungen statt und führen ebenfalls zu einer Art von Gallerten, die sich von den genannten emulsoiden Gallerten besonders durch den Mangel größerer Elastizität unterscheiden. Es gibt neben Emulsoidgallerten zweifellos auch Suspensoidgallerten oder Kristallgallerten, und die von manchen Kolloidforschern besonders hervorgehobene Verwandtschaft zwischen Gelatinierung und Kristallisation ist in manchen Fällen, sicher aber nicht in allen, vollkommen berechtigt. Das Generelle bei allen diesen Vorgängen bleibt aber die Tatsache der Entmischung, d. h. einerseits der Dispersitätsverringerung des ganzen Systems, andererseits der Aufteilung des Dispersoids in zwei räumlich und mechanisch eng miteinander verknüpfte, eine Struktur miteinander bildende Anteile von verschiedenem Gehalt an dem betreffenden Stoff.

Meine Herren! Sie können nun gegenüber dieser Analogisierung von Gelatinierung und Entmischung den sehr beachtenswerten Einwand erheben, daß in einem kritischen Flüssigkeitsgemisch die Trennung der beiden Anteile auf dem dispersen Stadium nicht stehen bleibt wie anscheinend bei der Gelatinierung eines Kolloids, sondern daß im ersteren Falle allmählich eine grob- oder gar nichtdisperse Trennung der beiden Flüssigkeitsschichten stattfindet. Meine Herren, auch diese Erscheinung findet ihr deutliches Analogon bei allen gelatinierenden Kolloiden. Die betreffende Erscheinung war schon Graham bekannt und ist inzwischen außerordentlich häufig gesehen, indessen merkwürdig wenig beachtet worden[2]). Beobachten Sie nämlich irgendeine Gallerte

---

[1]) Dem Verfasser wird wiederholt zu Unrecht die Auffassung zugeschrieben, daß er sämtliche Gallerten als emulsoide Systeme ansieht, während er diese Kennzeichnung immer nur auf Gallerten vom Typus der Gelatine, nicht aber z. B. auf solche des Bariummalonats, mancher Seifen usw. beschränkt hat.

[2]) Der Verfasser hat seit Jahren wiederholt Versuchsserien über Synäresis angestellt, ohne indessen bisher die Zeit für ihre Abrundung und Veröffentlichung gefunden zu haben. Aus der Literatur ist sowohl der Ausdruck Synäresis als auch der Hinweis auf diese Phänomene fast ganz verschwunden; es findet sich z. B. in keinem der bisherigen Lehrbücher der Kolloidchemie etwas Näheres über diese wichtige Erscheinung. Der Verfasser hält dieses Phänomen und sein Studium für ganz außerordentlich wichtig, wie nicht nur oben im Text, sondern auch noch an zahlreichen anderen Stellen des vorliegenden Buches angedeutet worden ist. Er sieht in den Phänomenee der Synäresis nicht nur eine Gruppe von Zustandsänderungen, die den Erscheinungen der Quellung und Gelatinierung als gleichwertig koordiniert sind, sondern er hält die Phänomene der Synäresis auch einer mindestens gleich weitreichenden Anwendung fähig in wissenschaftlichen wie in technischen Gebieten; siehe hierzu

etwas länger, lassen Sie dieselbe z. B. unter aseptischen Kautelen und unter Vermeidung von Verdunstung einige Stunden oder auch Tage stehen, so tritt tatsächlich eine Trennung in zwei zusammenhängende Schichten auf. Jedem Bakteriologen, der Agarkulturen darstellt, ist die fragliche Erscheinung wohl bekannt. Die Agargallerte scheidet im Laufe der Zeit Flüssigkeitströpfchen aus, die sich evtl. zu einer zusammenhängenden, ganz beträchtlichen Flüssigkeitsmenge vereinigen können. Man pflegt diese Flüssigkeit Kondensationswasser zu nennen, eine Bezeichnung, die in mehrfacher Hinsicht irreführend ist. Denn die Flüssigkeit wird natürlich nicht aus dem Wasserdampf des abgeschlossenen Gefäßes kondensiert, sondern sie wird umgekehrt aus der Gallerte sezerniert. Sodann aber handelt es sich gar nicht um reines Wasser, sondern um eine Lösung, die meist alle die Bestandteile der Gallerte, die kolloiden wie die molekulardispersen, enthält[1]), nur in wesentlich anderer, d. h. meist kleinerer Konzentration. Das abgeschiedene „Serum" stellt also tatsächlich eine zweite verdünnte Kolloidlösung dar, die sich aus der konzentrierten Lösung der Gallerte in zusammenhängender Form ausscheidet — ganz analog den weiteren Entmischungsstadien eines kritischen Flüssigkeitsgemisches. Graham nannte diese Entmischung „Synäresis", und es ist sehr verwunderlich, wie wenig dieses theoretisch wie praktisch gleich interessante Phänomen bisher untersucht worden ist. Ich habe noch kein Kolloid gefunden, das in eine passende Gallertform gebracht, nicht Synäresis gezeigt hat. Man beobachtet sie nicht nur an Agar oder Gelatine (bei denen die Menge der ausgeschiedenen Flüssigkeit zunimmt mit abnehmender Kolloidkonzentration), sondern auch besonders schön bei Stärkekleister, bei Kieselsäuregallerten (bei denen umgekehrt in konzentrierteren Gallerten mehr Flüssigkeit abgeschieden wird), ferner bei Kautschukgallerten und Kollodium, bei dem Ihnen bereits gezeigten gallertartigen Kochsalz, bei Viskosegallerten usw.

Kapitel 4 und 5 des vorliegenden Buches. — In neuerer Zeit sind von H. N. Holmes und Mitarbeiter an Kieselsäure (Journ. Amer. Chem Soc. **41**, 1329, 1919), von M. Le Blanc und M. Kröger an Kautschuk (Ztschr. f. Elektrochemie **27**, 335, 1927) und insbesonders im Laboratorium des Verfassers von T. Mukoyama (Koll.-Ztschr. **42** [1927]) an Viskosegallerten etwas eingehendere Studien über Synärese veröffentlicht worden.

[1]) Der Nachweis des Vorhandenseins speziell des Gallertkolloids auch in dem synäretischen Serum wurde von dem Verfasser (in unveröffentlichten Versuchen) geführt für die Seren von Kieselsäure, Gelatine, Agar, Stärke, polymerisiertem Zimtsäuremethylester, Kochsalzgallerte usw. In allen beobachteten Fällen scheint der Dispersitätsgrad des Kolloids im Serum wesentlich höher zu sein als in der Gallerte.

Als Beispiele zeige ich Ihnen die Synäresis einer Gelatine-, eine Kieselsäure- und einer Viskosegallerte (Dem.). Um Ihnen zu beweisen, daß die abgeschiedene Flüssigkeit tatsächlich nicht nur Wasser oder eine Salzlösung darstellt, sondern ebenfalls das Kolloid enthält, gieße ich aus beiden Flaschen einen Teil des Serums ab. Zum Nachweis der Gelatine füge ich einige Tropfen sehr verdünnter Salzsäure und etwas Tanninlösung hinzu. Sie sehen eine starke weiße Trübung, das Kennzeichen für das Vorhandensein von Gelatine. Um die Kieselsäure nachzuweisen, mache ich einen analogen Versuch mit Zusatz von Kupfersulfatlösung; auch hier zeigt der entstehende Niederschlag von Kupfersilikat, daß das Serum tatsächlich ebenfalls eine kolloide Lösung ist.

Abb. 19.
Synäresis einer Viskosegallerte.

Die Synäresis der Viskosegallerte (siehe beistehende Abb. 19) ist besonders auffällig durch ihren außerordentlichen Umfang; etwa zwei Drittel des ursprünglichen Gallertvolums haben sich in flüssiger Form von einem sehr festen Kuchen getrennt. Freilich hat hieser Prozeß auch einige Jahre gebraucht.

Diese interessanten Erscheinungen der Synäresis schließen also in sehr angenehmer Weise den Kreis der Analogien zwischen dem Verhalten eines kritischen Flüssigkeitsgemisches und dem eines hydratisierten Kolloids. Ich will zum Überfluß noch erwähnen, daß auch direkte *mikroskopische* Untersuchungen an Kolloiden, die mit dehydratisierenden Zusätzen versehen waren, diese Annahme der „tropfigen" Entmischung bei Gelatinierungsvorgängen auf das kräftigste unterstützen[1]), wenn schon ich hier nochmals wiederholen möchte, daß nicht nur die „tropfische" sondern auch die „körnige" Entmischung, besonders dann, wenn die ausgeschiedenen Teilchen *nadel-* oder *stäbchenförmig* sind, zu Gallerten führen kann.

---

[1]) Siehe die Untersuchungen insbesondere von O. Bütschli und W. B. Hardy, zusammengefaßt bei Wo. Ostwald, Grundriß, 1. Aufl. (1909), 350ff.

Der Zustand einer Gallerte kann nun noch auf einem anderen Wege erreicht werden. Es ist ihnen allen bekannt, daß eine feste Leimscheibe in eine Gallerte übergeht, falls man sie einige Zeit mit Wasser in Berührung läßt. Es tritt das Phänomen der Quellung auf, das Sie auch bei anderen Kolloiden und Dispersionsmitteln, z. B. bei Kautschuk und Benzol usw., beobachten. Gestatten Sie, daß ich Ihnen zunächst einige solche Quellungserscheinungen vorführe, um an der Hand der Versuche selbst auf die wichtigsten Eigentümlichkeiten dieser kolloiden Zustandsänderungen aufmerksam zu machen. Hier habe ich z. B. eine Scheibe von gewöhnlichem braunem Tischlerleim, deren untere Hälfte ich über Nacht in Wasser habe stehen lassen (Dem.) Sie sehen die ganz beträchtliche Volumzunahme der eingetauchten Partie, gleichzeitig auch noch einen recht interessanten optischen Effekt: Die gequollene Partie ist weißlich trübe, während die obere ungequollene Hälfte mit ihrer braunen Farbe auch ihre relative Durchsichtigkeit behalten hat. Es ist eine ganz normale Gallerte entstanden mit Formelastizität (Dem.) bis zu gewissen Grenzen von Biegung und ähnlicher mechanischer Beanspruchung, mit muscheligem Bruch usw. Die Volumzunahme bei der Quellung kann ich Ihnen in vielleicht noch deutlicherer Weise mit dem folgenden Versuche demonstrieren. Ich habe hier einen Streifen von ganz dünner, nur schwach vulkanisierter Kautschukfolie, wie sie z. B. zu chirurgischen Zwecken benutzt wird. Der Streifen ist der Länge nach in zwei gleiche breite Schenkel zerschnitten, doch so, daß die beiden Schenkel durch einen kleinen Streifen noch verbunden sind (Abb. 20). Ich will nun den einen Schenkel dieses Kautschukstreifens quellen lassen, den anderen nicht, so daß wir durch den Vergleich die Volumänderung nach der Quellung in sehr bequemer Weise feststellen können. Zu diesem Zwecke hänge ich den einen Schenkel in ein Reagenzrohr hinein, während der andere Schenkel außen hängen bleibt und fülle das Rohr vorsichtig mit Kumol oder Benzol bis zum Rand. Da die Quellungsvorgänge, wie alle

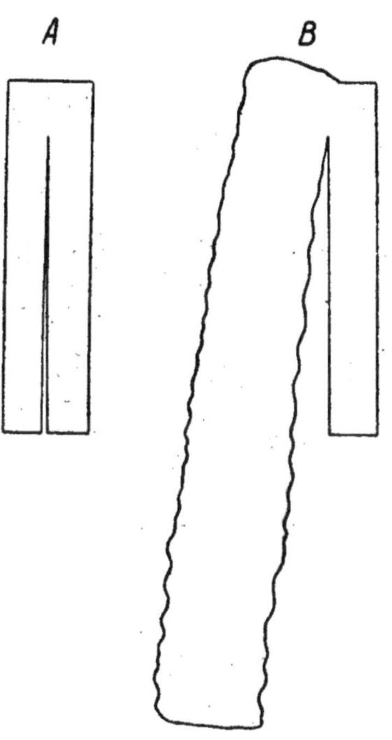

Abb. 20.
Quellungsversuch mit Kautschuk.

anderen kolloiden Zustandsänderungen, Zeit brauchen, so lasse ich das Rohr einige Minuten lang stehen.

Es ist sehr bemerkenswert, daß für das Entstehen von Gallerten durch Quellung bestimmte physikalisch-chemische Beziehungen zwischen dem festen Stoff und dem Quellungsmittel nötig sind, über deren Natur wir noch sehr wenig wissen. Gelatine quillt in Wasser, aber nicht in Benzol; beim vulkanisierten Kautschuk verhält es sich gerade umgekehrt. Zuweilen ist auch eine bestimmte Temperatur nötig, um den Quellungsvorgang eintreten zu lassen. So quillt Stärke nicht bei Zimmertemperatur — wobei wir unter Quellung immer das Entstehen einer Gallerte verstehen wollen —, wohl aber von einer höheren, relativ genau bestimmbaren Temperatur an, die bei Kartoffelstärke z. B. zwischen 57 und 58° liegt. Man kann diese Quellungstemperatur ziemlich genau bestimmen[1]), indem man wiederum die Viskosität einer Stärkesuspension mit steigender Temperatur mißt. Bei der genannten Temperatur tritt dann ein ganz plötzlicher Anstieg der Viskosität auf, der namentlich beim Vergleich der Logarithmen der Viskositäten mit der Temperatur außerordentlich scharf dargestellt werden kann (Abb. 21). Sehr interessant ist auch, daß **Kristalle**, wie z. B. die Eiweißkristalle, ausgesprochene Quellungserscheinungen zeigen können, die wie bei den

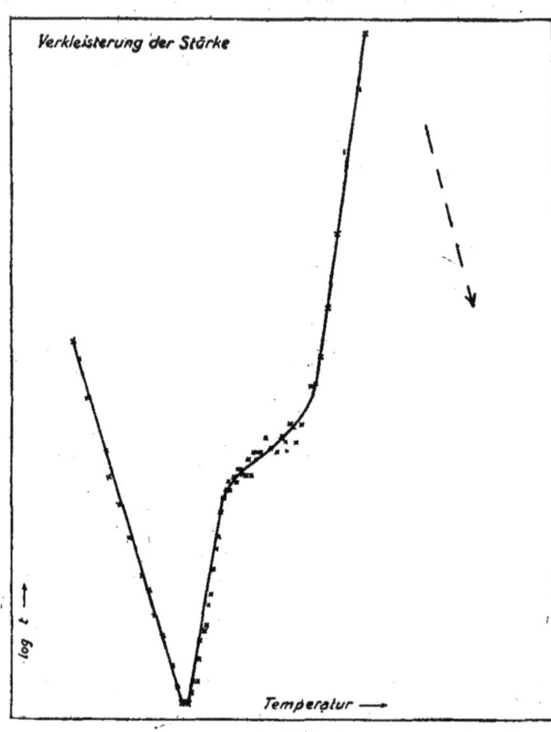

Abb. 21.
Viskositätsänderung bei der Verkleisterung einer Stärkesuspension.

[1]) Siehe Wo. Ostwald, Koll.-Ztschr. **12**, 218 (1913); Kl. Praktikum 1920, S. 38. Über eine optische Methode zur Bestimmung dieses Quellungspunktes siehe M. Samec, Koll. Beih. **3**, 129 (1911).

Kristallen der Agarizinsäure ganz ähnlich wie bei der Stärke erst bei bestimmten höheren Temperaturen einsetzt (A. Kuhn). Ja selbst bei anorganischen Salzen und schließlich sogar bei Metallen, wie Natrium- und Kaliummetall, beobachtet man in Gegenwart von flüssigem oder gasförmigen Ammoniak Phänomene, die ganz außerordentlich Quellungserscheinungen ähneln. Die genannten Stoffe schwellen beträchtlich, ohne, wenigstens bei niedrigen Temperaturen, die allgemeinen Umrisse ihrer Gestalt und ihren Zusammenhang zu verlieren. Verjagt man das Ammoniak, so erhält man die reinen Salze und Metalle wieder zurück. Läßt man dagegen das Ammoniak längere Zeit einwirken, so zerfließen die genannten festen Substanzen ganz allmählich zunächst zu einer teigartigen, sehr viskosen Masse, die ihrerseits dann in eine, vermutlich in den meisten Fällen, kolloide Lösung übergeht[1]). Ganz dasselbe Verhalten beobachteten wir aber auch bei der Quellung von Gelatine, Eiweiß oder Kautschuk. Auch hier geht bei längerer Einwirkung des Quellungsmittels und besonders bei höheren Temperaturen, die Quellung stetig über in eine kolloide Auflösung. Bei manchen Kolloiden, wie bei Gummiarabikum, liegt das Temperaturgebiet der Quellung so tief, daß wir bei Zimmertemperatur fast nur den letzten Vorgang beobachten. Bei 0° zeigen aber auch Stückchen von Gummiarabikum Quellungserscheinungen. Schließlich sei auch erwähnt, daß Quellung nicht nur in flüssigen, sondern auch in dampfförmigen Quellungsmitteln stattfinden kann, obgleich sich bei gewöhnlicher Versuchsanordnung nicht nur Unterschiede in der Quellungsgeschwindigkeit, sondern auch in der maximalen Flüssigkeitsmenge ergeben, die bei einer gegebenen Temperatur von dem quellenden Körper aufgenommen werden. Im Wasserdampf nimmt z. B. eine Gelatinescheibe weniger Flüssigkeit auf, als im Wasser selbst.

Inzwischen ist unser Quellungsversuch mit der Kautschukfolie wohl genügend weit fortgeschritten, und ich ziehe also den eingetauchten Schenkel wieder heraus. Wie Sie sehen (Abb. 20), hat bereits in den vergangenen wenigen Minuten die Quellung einen ganz erheblichen Betrag erreicht. Der eingetauchte Schenkel ist wenigstens um 40—50% größer und breiter als der unbehandelte Teil. Auch sonst ist der Kautschuk bei der Quellung verändert worden; beim Schütteln des Streifens hören sie z. B. einen merkwürdigen Ton, ähnlich wie beim Schütteln von Schreib-

[1]) Über diese Quellungserscheinungen von Metallen und Salzen in Ammoniak sowie über die sehr wahrscheinlich kolloide Natur dieser Lösungen, wenigstens in größeren Konzentrationen, siehe Wo. Ostwald, Koll. Beihefte 2, 437ff. (1911); daselbst Literatur.

papier usw. Das Wesentlichste nun, was ich Ihnen bei diesem Versuche zeigen wollte, ist die relativ große Geschwindigkeit, mit der solche erhebliche Zustandsänderungen eintreten können. Diese große Quellungsgeschwindigkeit ist von ganz besonderem Interesse für gewisse, noch zu besprechende biologische Anwendungen. Hier möchte ich Ihnen noch einen anderen Quellungsvorgang von noch größerer Geschwindigkeit zeigen, der Ihnen zum Unterschied eine Quellung in Dampf, dazu aber noch die sehr häufige und enge Verknüpfung von Quellungserscheinungen mit kinetischen Vorgängen demonstriert. Es handelt sich um sehr dünne gefärbte Gelatineblättchen, an deren Quellungserscheinungen Sie sich vielleicht noch aus Ihrer Jugendzeit her erinnern. Lege ich ein solches, z. B. in Fischform geschnittenes Gelatineblättchen auf ein Stück Filtrierpapier und hauche darauf, so sehen Sie, wie das Gelatineblättchen sich energisch krümmt, aufrollt, und evtl. sogar in die Höhe springt (Dem.). Vielleicht könnten Sie meinen, daß diese Bewegung nur auf dem mechanischen Effekte meines Blasens beruht. Um diesen Einwand zu widerlegen, habe ich ein ähnliches Blättchen an diesem Stativ befestigt. Wenn ich es jetzt von der Seite anhauche, so krümmt es sich auch im Sinne meiner Atembewegung (Dem.). Es verharrt aber einige Zeit in dierer neuen Stellung und kehrt erst allmählich in die alte Lage zurück. Dies beweist, daß die Bewegung tatsächlich durch die Volumvergrößerung der angehauchten quellenden Seite des Blättchens stattfindet, eine Quellung, die aber ziemlich schnell zurückgeht, da das aufgenommene Quellungswasser bei der großen Oberfläche sehr bald wieder verdunstet.

Dieser Versuch zeigt Ihnen besonders drastisch die außerordentliche Schnelligkeit und den entsprechend großen Umfang von Quellungsphänomenen. Tatsächlich werden ganz analoge Quellungsphänomene selbst zu wissenschaftlichen Meßzwecken, wie in den bekannten Haarhygrometern, benutzt, in welchen die Änderung der Länge eines gespannten menschlichen Haares durch den Feuchtigkeitsgehalt der Luft das Meßprinzip darstellt. Warum hierbei blonde Haare so viel empfindlichere Quellungserscheinungen zeigen als dunkle, ist allerdings noch nicht überzeugend wissenschaftlich festgestellt worden.

Besonders interessant ist nun der Einfluß von Zusätzen auf die Quellungsvorgänge. Es gibt sowohl quellungsfördernde als auch quellungshemmende Elektrolyte und Nichtelektrolyte. Zu den mächtigsten quellungsfördernden Agenzien auf in Wasser quellbare Kolloide gehören Säure und Alkali. In geeigneten Konzentrationen können z. B. Gelatine oder Fibrin ein Vielfaches von Flüssigkeit aufnehmen, verglichen mit der Quellung in reinem Wasser. Quellungsfördernd wirken meist auch Zyanide, Jodide, Chloride in bestimmten Konzentrationen usw., quellungshemmend dagegen Sulfate, Zitrate, Phosphate, Alkohol, Zucker usw. Kombiniert man dagegen z. B. Salz und Säuren, so ruft der Salzzusatz meist eine Hemmung hervor, obschon er allein eine Quellungsförderung veranlassen könnte. Um Ihnen diese Einflüsse experimentell zu zeigen, habe ich Ihnen eine Reihe von Gefäßen vorgeführt, in denen Gelatineplatten in reinem Wasser, in Säure, Alkali, Kaliumjodid, Kalziumchlorid und Magnesiumsulfat quellen (Dem.). Die Gelatineplatten hatten ursprünglich genau die gleiche Größe und gleiches Gewicht (innerhalb eines Zentigramms); um sie deutlicher aufzuzeigen, wurden sie mit einer Spur eines kolloiden Farbstoffs, nämlich mit Kongorot, gefärbt. Ein molekulardisperser Farbstoff würde ja während des Quellungsversuches aus der Platte ausdiffundieren. Wenn Sie jetzt die Größenordnung der ca. 24 Stunden quellenden Platten feststellen, so erhalten Sie die Anordnung: Säure, Alkali, Kaliumjodid, Kalziumchlorid, reines Wasser und Magnesiumsulfat[1]). Dabei sind die Dimensionen der in Säure gequollenen Platte schon beinahe doppelt so groß wie bei der in reinem Wasser befindlichen.

Ganz kurz möchte ich schließlich noch darauf hinweisen, daß bei der Quellung zuweilen recht ansehnliche Wärmebeträge freigemacht werden, und daß insbesondere sehr erhebliche Energiebeträge bei der Quellung umgesetzt werden. Es ist bekannt, daß quellende Samen große Gewichte heben können oder daß man z. B. Schädel zersprengen kann, wenn man sie mit trockenen Erbsen durch das Hinterhauptloch füllt und in Wasser legt. Die alten Ägypter benutzten solche Quellungserscheinungen sogar zum Felsensprengen, indem sie trockene Holzblöcke zwischen Spalten trieben und diese dann durch Begießen mit Wasser zum Quellen brachten.

Fragen Sie mich nun, was die inneren dispersoidchemischen Vorgänge sind, die aus einem festen Körper und Flüssigkeit oder Dampf eine Gallerte entstehen lassen, so bin ich in einiger Verlegenheit, Ihnen hierauf eine kurze und einfache Antwort zu geben. Von dem wenigen, was wir über die inneren Vorgänge gerade bei diesen Zustandsänderungen

---

[1]) Man stellt sich solche Platten her durch Ausgießen einer möglichst konzentrierten Gelatinelösung, Zerschneiden, Trocknen und Wägen derselben; siehe Kl. Praktik. S. 82. Um den beschriebenen Demonstrationsversuch zu machen, wählt man etwa $\frac{n}{20}$ bis $\frac{n}{10}$ Salzsäure und Natronlauge, ca. $\frac{n}{2}$ Kaliumjodid, ca. $\frac{n}{5}$ Kalziumchlorid sowie eine tunlichst konzentrierte z. B. gesättigte, Magnesiumsulfatlösung.

wissen, möchte ich folgendes hervorheben. Zunächst ähnelt ein quellendes System in hohem Maße einem emulsoiden System mit Synäresis. Auch im letzteren Falle haben wir eine konzentrierte, häufig praktisch feste Schicht, und eine verdünnte wäßrige Kolloidlösung darüber. Auch bei der Quellung eines Kolloids geht, was ich hier noch nachzutragen habe, fast regelmäßig ein kleiner Teil des quellenden Körpers in das Quellungsmittel direkt über in kolloide Lösung. Die Quellung entspricht nun einer Umkehr der Synäresis, wie wir eine solche beobachten, wenn wir eine bei tiefer Temperatur synäretisch gewordene Gelatinegallerte wieder auf höhere Temperaturen bringen. In beiden Fällen wird also aus einem ausgesprochen zweiteiligen nichtdispersen System ein einziges disperses Gebilde, die Gallerte. Die Bildung eines dispersen Systems aus zwei makroskopischen, zusammenhängenden Schichten — das ist wohl das Allgemeinste, was wir über den Quellungsvorgang aussagen können.

Im einzelnen scheint nun aber die Fähigkeit eines festen Körpers zur Gallertbildung durch Quellung gebunden zu sein an das Vorhandensein einer bestimmten, in vielen Fällen sogar mikroskopischen Struktur Es ist durch die meisterhaften und umfangreichen mikroskopischen Untersuchungen von O. Bütschli, ferner von G. Quincke u. a., über allen Zweifel nachgewiesen worden, daß solche mikro- und wohl auch ultramikroskopische Diskontinuitäten — in Form von Waben, Netzen, Zellen, Schaumwänden — von ganz außerordentlich allgemeiner Verbreitung sind. Aber nicht nur quellbare feste Körper, die durch Eintrocknen von kolloiden Lösungen hergestellt worden sind, zeigen derartige Strukturen, sondern man beobachtet sie sogar in Kristallen anorganischer Stoffe, wie in den sog. Kristallskeletten von Kaliumpermanganat und Salmiak, in erstarrten Schwefeltröpfchen usw[1]. Es steht dieser Befund durchaus im Einklang mit der oben angeführten Tatsache, daß auch solche kristallisierte Stoffe Erscheinungen zeigen können, die den Quellungsphänomenen zum mindesten sehr nahe verwandt sind, und daß auch schließlich Metalle beinahe in überreichlichem Maße solche Strukturen aufweisen, ist jedem Metallographen wohlbekannt. Nehmen wir also mit O. Bütschli, G. Quincke u. a. an, daß eine solche Struktur die Vorbedingung für die Quellbarkeit fester Körper ist, so erweist sich der Quellungsvorgang zunächst als eine Erhöhung des Dispersitätsgrades dieser Systeme, ganz analog wie auch die Umkehr einer Synäresis

---

[1]) Eine Zusammenstellung solcher mikrophotographischer Abbildungen mikroskopischer Strukturen quellbarer Körper usw, nebst Literaturangaben findet man bei Wo. Ostwald, Licht u. Farbe in Kolloiden (Dresden 1924), S. 160 ff.

oder analoger Alterungserscheinungen durch Erwärmen von einer Dispersitätserhöhung begleitet wird. Es findet eine Art Zerteilung der gröberen Struktur des festen Körpers, ein Auseinandertreten der zu sekundären gröberen Teilchen aggregierten „primären" Teilchen statt. In der Tat hat auch N. Gaidukow gefunden, daß die ultramikroskopischen Teilchen einer Gallerte beim Quellen kleiner oder jedenfalls lichtschwächer werden[1]). Gleichzeitig aber findet bei der Quellung unzweifelhaft ein zweiter Vorgang statt, der unter Umständen dieser Dispersitätserhöhung sogar entgegengesetzt verlaufen kann. Die einzelnen Teilchen nehmen das Quellungsmittel auf und solvatisieren sich, natürlich unter Vergrößerung ihres Umfanges und bei Gelatine z. B. unter allmählicher Verwandlung in flüssige Tröpfchen. Diese Kombination von Dispersitätsvariationen und Formartänderung im Sinne fest → flüssig scheint unter allen Umständen charakteristisch zu sein für den normalen Quellungsvorgang, wie er etwa bei einer Gelatineplatte zu sehen ist, und hiermit stellt sich der Quellungsvorgang dar als eine Umkehrung insbesondere der Synäresis, bei welcher dieselben Prozesse nur in umgekehrter Reihenfolge stattfinden.

Die neuere Strukturtheorie der Kristalle, wie sie uns die Röntgenoskopie gegeben hat, scheint uns aber noch einen etwas tieferen, intimeren Blick in die inneren Vorgänge zu ermöglichen, die bei der Quellung stattfinden. Nach der neueren Strukturtheorie der Kristalle sind diese samt und sonders bekanntlich Raumgitter, deren Gitterbestandteile oder Leptonen (F. Rinne) alle möglichen Größen von Atomen, Ionen, Molekülen usw. bis zu ganzen Molekülgruppen haben können, und die teilweise chemisch und physikalisch aus dem Gitter entfernt oder durch andere Leptonen ersetzt werden können, ohne daß der räumliche Zusammenhang des ganzen Kristalls dabei verloren geht. Man nennt derartige Umbauvorgänge auch topochemische Reaktionen (V. Kohlschütter). Im Sinne dieser Gittertheorie sind quellbare Stoffe nichts anderes als Micellargitter, d. h. Gitter aus Leptonen von kolloiden Dimensionen, wobei das Wort Micell (K. von Nägeli) ein oft gebrauchtes Synonym für „kolloides Teilchen" darstellt. Und zwar Micellargitter, die durch Aufnahme von Flüssigkeiten ohne wesentlichen Verlust ihres Zusammenhanges, also auf topochemische Weise, ihre Micellarabstände erheblich erweitern können und damit zu Gallerten werden. Seiner elektronistischen Struktur ent-

[1]) Siehe N. Gaidukow, Dunkelfeldbeleuchtung und Ultramikroskopie in der Biologie und in der Medizin, Jena 1910; ferner Koll.-Ztschr. 6, 260 (1910).

sprechend wäre also z. B. Kautschuk ein homopolares Micellargitter, während der große schon erwähnte Einfluß von Elektrolyten auf die Quellbarkeit z. B. von Gelatine so gedeutet werden könnte, daß diese durch Bindung der Elektrolyte zu einem heteropolaren Micellargitter wird (R. O. Herzog), und damit sehr ausgesprochene Affinitäten zum Wasser mit seiner hohen Dielektrizitätskonstante erhält.

Gestatten Sie mir nun noch einige Worte über die so überaus interessanten Eigenschaften der Gallerten zu sagen, wie wir sie entweder durch Gelatinierung oder durch Quellung in ganz gleichartiger Beschaffenheit erhalten. Gallerten vereinigen in sehr merkwürdiger Weise die Eigenschaften fester und flüssiger Körper. Selbst bei einem Flüssigkeitsgehalte von 98 und mehr Prozent können sie Formbeständigkeit und Formelastizität zeigen. Sie können solche Gallerten biegen und wieder zurückschnellen lassen, in formbeständige Stücke zerbrechen oder zerschneiden usw., ganz analog wie sie dies mit festen Körpern tun können (Dem.). Auf der anderen Seite zeigen Gallerten auch Eigenschaften flüssiger Körper. So zeigen sie bei langsamer Deformation deutlich die Erscheinung des Fließens, wie Sie leicht beobachten können, wenn Sie ein großes Stück 2%ige Gelatinegallerte in ein konisch verlaufendes, nicht zu enges Glasrohr bringen, durch welches das Stück im Laufe der Zeit hindurch gleitet. Dieser Versuch geht allerdings zu langsam, als daß ich ihn hier vorführen könnte. Aber auch das bekannte Durchbiegen von Glasröhren beim Lagern ist eine ganz analoge Erscheinung und zeigt, wie dieses bei schnellen Deformationen höchst spröde, in der Tat zerbrechliche Gel bei langsamer Deformation „plastisch" wird oder fließt.

Wohl aber kann ich Ihnen dies doppelseitige Verhalten je nach der Schnelligkeit der mechanischen Beanspruchung sehr schön zeigen an einem System, das zwar nicht zu den typischen Gallerten, immerhin aber zu nahe verwandten Gebilden, nämlich den Teigen gehört. Ich habe in dieser Reibschale einige Gramm gewöhnlicher Kartoffelstärke und gebe nun unter stetigem Reiben soviel Wasser hinzu, daß ein Teig entsteht, der, wie Sie sehen (Dem.), beim Neigen der Schale auf eine Glasplatte in kontinuierlichem Strahle ausfließt. Es entsteht ein großer flacher „Tropfen". Wenn ich nun aber mit einem Spatel oder Löffel versuche, in diesem Tropfen herumzurühren (Dem.), geschieht etwas, was durchaus nicht mit der physikalischen Beschaffenheit einer Flüssigkeit in Übereinstimmung ist: mein schnell bewegter Spatel treibt geschichtete, mit scharfen Rändern versehene Brocken vor sich her, d. h. Teile, die durchaus nicht die Form einer Flüssigkeit, vielmehr diejenige eines festen Körpers besitzen. Warte ich einen Augenblick, so glätten sich wieder die Ränder der Brocken, sie „zerfließen" wieder. Ich kann auch eine größere Menge dieses Teiges bei schnellem Zusammenballen und Kneten etwa in die Form einer Kugel bringen (Dem.). Setze ich dieselbe auf die Platte, so zerfließt sie sofort unter ihrer eigenen Schwere, hätte ich sie in der Hand behalten, so wäre sie mir durch die Finger gelaufen. Sie sehen, wie nur nach der Geschwindigkeit der mechanischen Beanspruchung ein solches Gebilde sich einmal wie eine Flüssigkeit, das andere Mal wie ein fester Körper benimmt.

Den Flüssigkeitseigenschaften einer Gallerte entspricht weiter insonders die freie Beweglichkeit, welche molekulardisperse Teilchen der Gallerten haben, eine Erscheinung, die wir schon in unserer ersten Besprechung bei den Diffusionsversuchen in Gallerten gesehen und erörtert haben. In welcher Weise ist nun diese merkwürdige Kombination von Eigenschaften erklärbar?

In den vorangehenden Erörterungen haben wir den Schluß gezogen, daß Gallerten einerseits gröberdisperse Systeme sind als die flüssigen Sole, durch deren Abkühlung sie entstehen können, andererseits aber vermutlich einen höheren Dispersitätsgrad aufweisen als die Mikrostrukturen der festen Körper, aus denen sie durch Quellung hervorgehen. Sie müssen jedenfalls in bezug auf ihren Dispersitätsgrad eine Mittelstellung zwischen diesen zwei Extremen einnehmen, und fernerhin kann der Dispersitätsgrad einer Gallerte offenbar auch stetig variieren zwischen grobdispersen und kolloiden Werten. Aus der Nichtberücksichtigung dieses Umstandes, daß es ganz natürlich Gallerten von sehr verschiedenem Dispersitätsgrad geben kann, ist sehr viel unnützer wissenschaftlicher Streit erwachsen. Es ist z. B. eine ganz falsche Problemstellung, zu fragen, ob Gallerten entweder eine mikroskopische oder eine ultramikroskopische Struktur haben, da beides nicht nur in verschiedenen Gallerten, sondern sogar gleichzeitig an ein und derselben Gallerte vorkommen kann. Wie schon Bütschli angenommen hatte und wie besonders aus den ultramikroskopischen Untersuchungen von R. Zsigmondy, W. Bachmann u. a. entnommen werden kann, besitzen viele Gallerten eine zweifache Struktur. Sie enthalten kolloide Teilchen, die sich ihrerseits wieder zu einer zweiten gröberen Struktur vereinigen, die durchaus mikroskopische Dimensionen annehmen kann. Vermutlich ist dieser letztere Fall sogar der allgemeine, wie dies auch der oben skizzierten Theorie der Gelatinierung entspricht, nach der die Gallertbildung eine stetige disperse Entmischung eines höher dispersen Systems darstellt. Ferner kann eine Gallerte durchaus eine Struktur von mikroskopischen Dimensionen haben, wenn auch das mikroskopische oder selbst das ultramikroskopische Bild nichts davon zeigt. Denn wie ich Ihnen schon früher sagte, gehört zur optischen Differenzierung jedesmal ein Sprung in den Brechungsdifferenzen, wie wir ihn bei stark solvatisierten Kolloiden gar nicht erwarten können und endlich bleibt auch eine zunächst optisch homogene Gelatinegallerte eine Gallerte, wenn man nachträglich durch Behandlung mit Alkohol oder einem anderen wasserentziehenden Mittel die zur optischen Differenzierung nötige Brechungsdifferenz herstellt. Die für eine Gallerte charakteristischen Eigenschaften, wie Formbeständigkeit, Elastizität, Durchlässigkeit für molekulare Lösungen usw. werden hierdurch nur in quantitativer, nicht in qualitativer Weise geändert. Nur die Tatsache bleibt unter allen Umständen konstant, daß der Dispersitätsgrad einer typischen Gallerte niedriger ist als der ihrer flüssigen Lösung, und höher als der des festen Körpers, aus dem sie durch Quellung entstand. Zwischen diesen Grenzen kann ihr Dispersitätsgrad jede Größe haben. In den bei weitem häufigsten Fällen, in denen Gallerten durch Abkühlung kolloider Lösungen entstehen, können wir also mit Gewißheit annehmen, daß die charakteristische Struktur dieser Systeme je nach der Größe der „primären" Kolloidteilchen entweder an der Grenze des kolloiden Dispersitätsgebietes oder aber schon im mikroskopischen Gebiete liegt. Ob man hierbei die etwa noch vorhandenen „primären" Kolloidteilchen z. B. auf ultramikroskopischem Wege noch gleichzeitig unterscheiden kann, ist eine sekundäre Frage, die von Fall zu Fall je nach Dispersitäts- und Solvatationsgrad eine verschiedene Antwort haben wird.

In gleicher Weise wie der Dispersitätsgrad kann aber auch die Formart der Strukturelemente einer Gallerte variieren. Bei einer durch typische Quellung von der Art der Gelatinequellung entstandenen Gallerte wüßte ich Ihnen keinen Fall zu nennen, bei dem man mit Sicherheit z. B. eine feste kristallinische Beschaffenheit der Gallertelemente annehmen könnte. Hier werden wir es wohl stets mit emulsoiden Gallerten zu tun haben. Wohl aber sind Fälle von Entmischungen beim Abkühlen bekannt, in denen entweder sofort oder doch nach einiger Zeit unzweifelhaft festkristallinische Gallertelemente entstehen. So ist ja jedem Chemiker bekannt, daß die gallertartigen Niederschläge von Metallhydroxyden nach einiger Zeit in kristallinische übergehen, wobei allerdings die typischen Gallerteigenschaften sich verlieren. Ähnliches beobachten wir auch bei der Kieselsäuregallerte, die im Laufe der Zeit zu einer bröckligen, keineswegs mehr elastischen

Masse zerfällt. Hier wird die Auffassung, daß zunächst eine emulsoide und erst sekundär eine suspensoide Gallerte entsteht auf das schönste bestätigt durch neuere röntgenographische Untersuchungen, die zeigen, daß in normalen Kieselsäuregallerten keine kristallinische Struktur, wohl aber eine solche in geglühten Gallerten zu beobachten ist [1]). Überhaupt scheint im allgemeinen eine große Elastizität häufiger bei emulsoiden als bei suspensoiden Gallerten aufzutreten, wennschon auch in letzteren z. B. durch Zwillingsbildung und ähnliche Verfestigungen der kristallinischen Gallertelemente die mechanischen Bedingungen für das Auftreten hoher Elastizitätswerte durchaus gegeben sind. Ich verlasse diese vielleicht etwas lang geratenen theoretischen Ausführungen und beeile mich, Ihnen nun einige weitere Eigentümlichkeiten von Gallerten gleich in Versuchen resp. Präparaten vorzuführen (Dem.). Aus der Durchlässigkeit von Gallerten für molekulare Lösungen folgt, daß man in ihnen chemische Reaktionen dadurch anstellen kann, daß man zwei molekular gelöste Stoffe in einer Gallerte gegeneinander diffundieren läßt. Gieße ich in die untere Hälfte eines Reagensrohres eine Gelatinelösung, die z. B. etwas Kaliumbichromat enthält, lasse die Gelatine erstarren und schichte sodann eine Silbernitratlösung darauf, so werden beide Substanzen ineinander diffundieren. Speziell

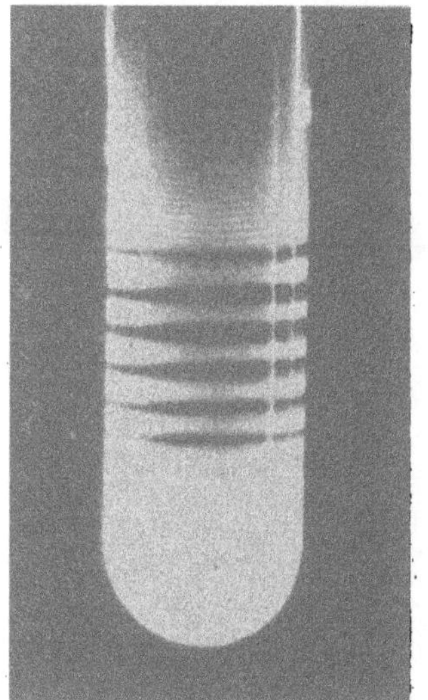

Abb. 22.
Periodische Niederschlagsbildung von Bleichromat nach E. Hatschek.

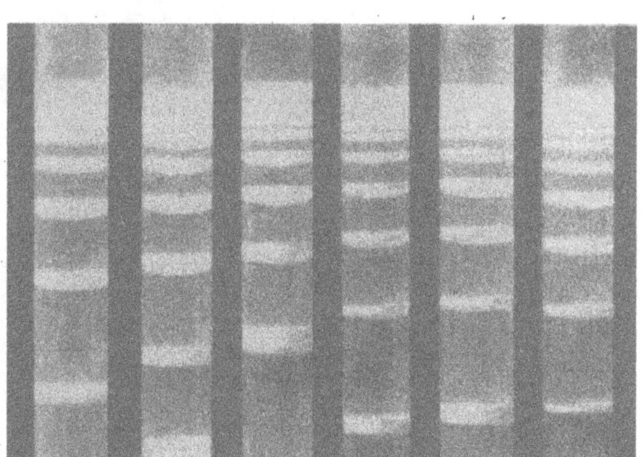

Abb. 23.
Periodische Niederschlagsbildung von $Mg(OH_2)$ nach Wo. Ostwald und K. Popp.

[1]) S. Kyropoulos, Ztschr. f. anorg. Chem. 99, 197, 249 (1917).

wird die Silbernitratlösung zunächst genau so in die Gallerte wandern, wie bei den Ihnen schon gezeigten Diffusionsversuchen, also auch wie in eine reine Bichromatlösung. Ebenso wie bei freier Diffusion wird sodann ein Niederschlag von Silberchromat entstehen, dessen Menge zunehmen wird, je weiter die Diffusion fortschreitet. Hier passiert nun aber bei einer solchen Reaktion innerhalb einer Gallerte etwas Besonderes. Wäre keine Gallerte vorhanden, so würde die Menge

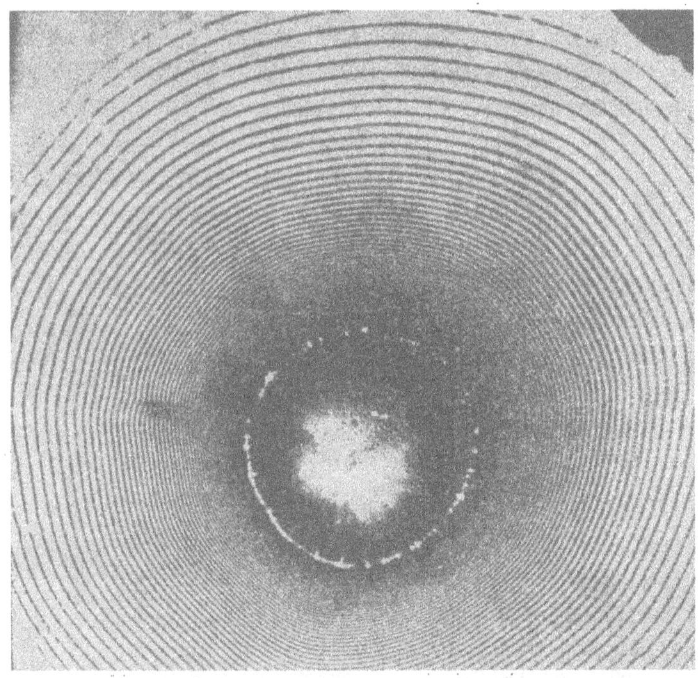

Abb. 24.
Periodische Niederschlagsbildung von Silberchromat in Gelatine nach R. E. Liesegang.

des Niederschlags stetig zunehmen, entsprechend dem Fortschreiten der Reaktion, und zu Boden sinken. In Gegenwart der Gallerte findet aber unter bestimmten Versuchsbedingungen eine unstetige oder periodische Niederschlagsbildung statt. Sie sehen in den Reagenzrohren, die ich herumreiche, statt einer kontinuierlichen Säule von Silberchromat eine ganze Reihe von Ringen oder vielmehr Schichten, in denen das Silberchromat angesammelt ist, während dazwischen Schichten auftreten, deren helle Färbung die Abwesenheit des Niederschlags in ihnen demonstriert. Auch bei anderen Niederschlagsreaktionen in Gallerten erhalten Sie analoge periodische Niederschläge, wie die hier vorliegenden schönen Präparate z. B. von $Mg(OH)_2$ zeigen[1]). Noch besser kann ich Ihnen diese Erscheinung mit der Projektionslampe an Plattenpräparaten vorführen, bei denen die Gallerte auf eine Glasplatte ausgegossen wurde und die zweite reagierende Lösung als Tropfen oder als Flüssigkeitsring darauf gesetzt wurde (Abb. 24ff.). Sie sehen, wie der Fleck des ursprünglichen Tropfens umgeben ist von einer außerordentlich großen Anzahl dunkler Ringe, welche den Silberchromat-

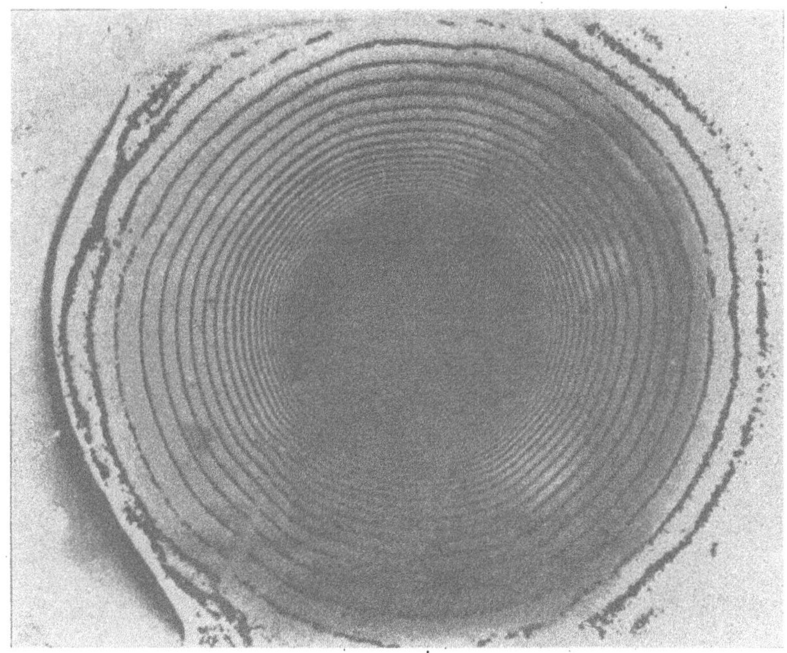

Abb. 25.
Silberchromatringe in Gelatine.

niederschlag in periodischer Anordnung enthalten. Die folgenden Bilder zeigen Ihnen einige weitere derartige Präparate mit verschiedenen Versuchsanordnungen (Abb. 25, 26).

---

1) Über diese periodischen Schichtungen oder „Liesegang-Ringe" findet sich eine große Zahl von Arbeiten in den Bänden der Koll.-Ztschr. Literaturzusammenstellungen geben u. a. C. A. Schleussner, Koll.-Ztschr. **31**, 347 (1922); R. E. Liesegang, Chem. Reaktionen in Gallerten, 2. Aufl. (Dresden 1924); R. E. Liesegang, Kolloidchemie, 2. Aufl. (Dresden 1926); N. R. Dhar und A. C. Chatterji, Koll.-Ztschr. **37**, 2, 89 (1925) usw.

Man nennt diese periodischen Fällungserscheinungen in Gallerten nach ihrem Entdecker Liesegangsche Ringe. Die Theorie ihres Entstehens ist eins der meist diskutierten Probleme der Kolloidchemie. Es gibt mehr als ein halbes Dutzend verschiedener Theorien, darunter als erste eine von Wilh. Ostwald und als eine der letzten eine von

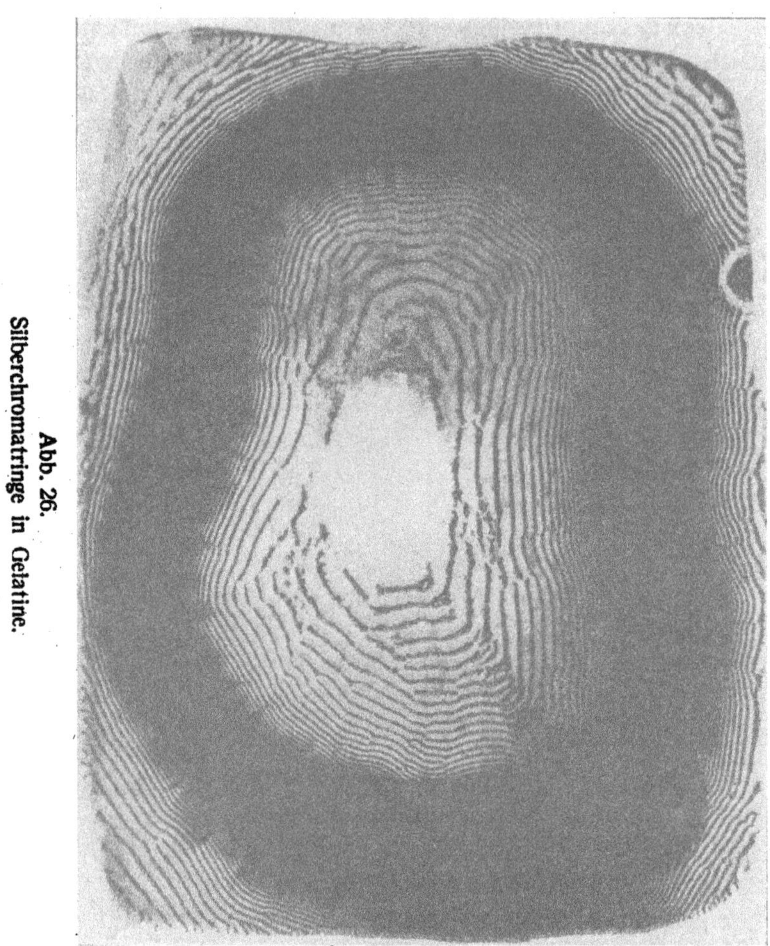

Abb. 26. Silberchromatringe in Gelatine.

mir selbst. Da ich keine neue Theorie aufgestellt hätte, falls mir die älteren ausreichend erschienen wären, so bitte ich kurz auf diese letztere eingehen zu dürfen, während ich in bezug auf die andern Theorien auf die zitierte Literatur verweisen muß.

Betrachten wir z. B. eine so schön regelmäßige periodische Niederschlagsbildung wie diejenige von $Mg(OH)_2$, wie sie von mir und

K. Popp[1]), neuerdings auch von R. Fricke und O. Suwelack[2]) quantitativ studiert wurde. Man erhält die Ringe, wenn man in einer 3%igen Gelatinelösung ein Mol $MgCl_2$ auflöst, die Gelatine erstarren und nun konzentriertes Ammoniak (etwa 12 Mol stark) eindiffundieren und reagieren läßt entsprechend dem Reaktionsschema:

$$MgCl_2 + 2NH_4(OH) \rightleftarrows Mg(OH)_2 + 2NH_4Cl.$$

Es sind in diese Reaktionsgleichung Doppelpfeile gesetzt worden, der übliche Hinweis darauf, daß es sich um chemische Gleichgewichte handelt, im besondern, daß wir es hier mit einer sog. unvollständigen, besser gesagt: begrenzten Reaktion im Sinne des Massenwirkungsgesetzes zu tun haben. Aus der analytischen Chemie ist es wohlbekannt, daß man Mg-Ion mit Ammoniak nicht vollständig ausfällen kann. Der entstehende Salmiak hemmt wie jedes Ammonsalz die Fällung. Es ist sehr wichtig, daß die Mehrzahl von Reaktionen, die zu schönen Liesegang-Ringen führen, zu solchen sich selbst hemmenden Reaktionen gehört[3]), z. B. auch die ursprüngliche Liesegangsche Reaktion zwischen Silbernitrat und Kaliumbichromat, bei der das gebildete Silberchromat unter Komplexsalzbildung von dem entstehenden Kaliumnitrat aufgelöst werden kann.

Der hineindiffundierende Ammoniak erzeugt zunächst einen dicken Pfropfen von $Mg(OH)_2$. Dann hört die Niederschlagsbildung plötzlich, wenigstens für eine Zeit, auf. Warum? Ich glaube, daß in diesem plötzlichen Aufhören der Niederschlagsbildung schon der Hauptkern des Problems liegt. Im Sinne des früher Gesagten hört die Niederschlagsbildung offenbar darum auf, weil gleichzeitig mit dem ausfallenden $Mg(OH)_2$ Salmiak, und zwar gleich zwei Moleküle für ein Molekül $MgCl_2$ entsteht. Im Sinne obigen Gleichgewichts wird die Konzentration des eindiffundierenden Ammoniaks allmählich zu klein, als daß sie in Gegenwart des immer mehr zunehmenden Salmiaks noch Mg-Ion fällen könnte. Darum hört die Niederschlagsbildung nach einer gewissen Zeit oder Diffusionsstrecke auf.

Dieser entstehende Salmiak diffundiert aber nun seinerseits, und zwar nach allen Richtungen, insbesondere aber auch voraus, ganz besonders, wenn man bedenkt, daß er einen höheren Diffusionskoeffi-

---

[1]) Wo. Ostwald, Zsigmondy-Festschrift 1925, S. 380; K. Popp, Koll.-Ztschr. **36**, 210 (1925); vgl. ferner Arbeiten mit K. Popp und Albrecht im laufenden Bande der Koll.-Zeitschrift.

[2]) R. Fricke und O. Suwelack, Ztschr. f. physik. Chem. **124**, 359 (1927).

[3]) Vgl. Wo. Ostwald, Koll.-Ztschr. **40**, 144 (1926).

zienten hat als z. B. $MgCl_2$ und in doppeltmolarer Konzentration auftritt. Er hält also zunächst die dem Tropfen angrenzende Schicht niederschlagsfrei, und gestattet zunächst sowohl dem $MgCl_2$ als auch dem $NH_4(OH)$ aufeinander zuzudiffundieren, ohne daß es zunächst zu einem Niederschlag kommt. Indessen reicht die erstmals gebildete Salmiakmenge natürlich nicht aus, um diese Hemmung der Niederschlagsbildung dauernd aufrecht erhalten zu können. Allmählich wird die allseitige Diffusionswelle des Salmiaks überholt von der viel konzentrierteren Ammoniakwelle, bis das Ammoniak wieder eine solche $MgCl_2$-Konzentration antrifft, daß die hemmende Salmiakwirkung überrannt wird, und wieder ein $Mg(OH)_2$-Niederschlag entstehen kann. Dann wiederholt sich das Spiel von neuem.

Dies sind nur die Grundzüge dieser neuen sog. Diffusionswellen-Theorie der Liesegang-Ringe, die also einerseits auf der Tatsache „begrenzter" chemischer Gleichgewichte, andererseits auf dem Vorhandensein und der Superposition von Diffusionswellen der Reaktionskomponenten beruht. Auf Einzelheiten kann ich hier nicht eingehen. Nur kurz sei darauf hingewiesen, daß in dieser Theorie der bei der Reaktion entstehende Elektrolyt — der sog. Reaktionselektrolyt — hier der Salmiak — offenbar eine sehr große Rolle spielt. In der Tat kann man Abstand und Dicke der Schichten sehr stark verändern durch Zusatz dieses Reaktionselektrolyten, ja man kann seine Wirksamkeit z. B. im Falle der $Mg(OH)_2$-Bildung sehr schön demonstrieren indem man bei einem fertigen Präparat den Ammoniak abgießt und ihn durch eine konzentrierte Salmiaklösung ersetzt. Während der Salmiak eindiffundiert, löst er die vorhandenen $Mg(OH)_2$-Ringe glatt wieder auf, wie vorliegendes Präparat zeigt (Dem.).

Die folgenden Präparate (Abb. 27) zeigen Ihnen eine weitere sehr anmutige Eigentümlichkeit von Gallerten. Wenn man dünne Gelatineschichten auf Glasplatten gefrieren läßt, so kristallisiert bei geeigneten Versuchsbedingungen[1]) das Wasser in Gestalt der bekannten Eisblumen aus, indem es sich dabei natürlich von der Gelatine trennt, resp. die letztere beiseite schiebt. Taut man dann solche Präparate vorsichtig wieder auf, so behält die Gelatine die ihr von den Eisblumen

---

[1]) Nach R. E. Liesegang (siehe z. B. Prometheus 25, 369) werden Glasplatten mit einer dünnen Schicht einer 2—10%igen Gelatinelösung bedeckt und dann, ehe sie getrocknet sind, dem Frost ausgesetzt. Zur Erhaltung der feinsten Strukturen ist es am günstigsten, wenn man die Präparate noch länger in der Kälte läßt. Das Eis verdunstet dabei als solches in etwa einem Tage. Die so getrockneten Schichten verändern sich, wenn man sie hiernach ins Zimmer bringt, nicht im geringsten mehr.

Abb. 27.
Künstliche Eisblumen in Gelatine.

gegebene Gestalt bei. Es entstehen negative Abdrücke der Eiskristalle, die dauerhafte und zuweilen außerordentlich hübsche Bilder ergeben. Die Ihnen hier vorgeführten Präparate stammen ebenfalls wie das ganze Verfahren von R. E. Liesegang.

Endlich möchte ich Ihnen noch eine dritte Art von Präparaten zeigen, welche Ihnen gleichzeitig veranschaulicht, wie groß die Energiebeträge sind, welche durch die Wirkung von Gallerten umgesetzt werden. Trocknen Sie eine Gelatinelösung auf einer Glasplatte ein,

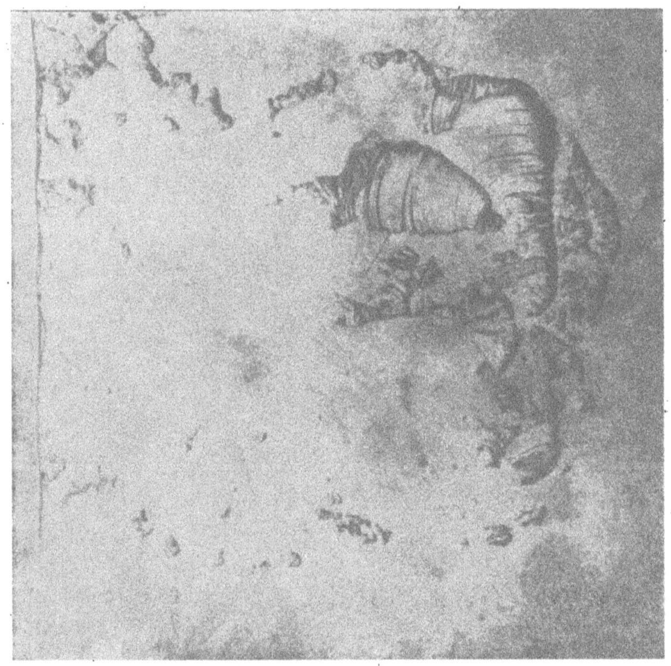

Abb. 28.
Sprung-Figuren auf einer Glasplatte, hervorgerufen durch eintrocknende Gelatine.

z. B. in einem Trockenschrank bei ca. 100°, so kontrahiert sich natürlich die Gallerte. Gleichzeitig aber haftet sie so fest an der Glasunterlage, daß große muschelförmige Brocken aus der Glasschicht einfach herausgerissen werden, wie die folgenden Präparate Ihnen zeigen (Abb. 28). Derartige Verfahren, bei denen als Kolloid neben Leim auch Hausenblase angewendet wird, werden zur technischen Herstellung undurchsichtiger Fensterscheiben benutzt. —

Ich beeile mich nun, Ihnen noch etwas über weitere Zustandsänderungen in kolloiden Systemen zu berichten. Schon seit den frühesten kolloidchemischen Untersuchungen hat man sich besonders eingehend mit den Koagulationsprozessen kolloider Lösungen beschäftigt, d. h. mit solchen Dispersitätsvergröberungen, die zu mikro- und makroskopischen Dispersoiden führen. Man kann beinahe sagen, daß alle die verschiedenen sogenannten Kolloidtheorien, wie sie im Laufe der Zeit aufgestellt wurden, in der verschiedenen Deutung der Koagulationsvorgänge ihren Mittelpunkt hatten. Man stellte elektrische, chemische und mechanische Theorien des kolloiden Zustandes auf und meinte in der Regel dabei die entsprechenden Theorien der Koagulationsprozesse. Jede dieser Theorien versuchte eins der genannten Prinzipien entweder als das einzige oder doch als das wichtigste Koagulationsprinzip zu erklären. Ich bitte Sie nun, meine Herren, sich bei der Frage nach den Kräften, welche die Vernichtung des kolloiden Zustandes durch Koagulation hervorrufen, an das zu erinnern, was ich Ihnen in der ersten Besprechung über den umgekehrten Vorgang, die Entstehung kolloider Systeme, gesagt habe. Wir fanden, daß es außerordentlich viele Wege und insbesondere viele Energiearten gibt, welche man zur Erzielung kolloider Dispersitätswerte benutzen konnte. In ganz analoger Weise kann man nun aber folgern, daß auch die Koagulationsvorgänge von verschiedenen Kräften bewirkt werden können, und daß es somit nicht, wie man früher dachte, nur ein Koagulationsprinzip, sondern eine ganze Reihe verschiedener einander koordinierter Koagulationsprinzipien gibt. In der Tat zeigt auch eine objektive Sortierung der verschiedenen Koagulationsphänomene das Vorhandensein von mechanischen, elektrischen und chemischen Methoden, die alle zu der radikalen Dispersitätsverringerung führen können, die wir Koagulation nennen.

Im speziellen hat sich ergeben, daß z. B. die Elektrolytkoagulation der suspensoiden Kolloide vorwiegend, obschon vielleicht nicht so ausschließlich, wie man bisher dachte[1]), eine elektrische Koagulation ist, wie denn auch bei der Entstehung solcher Systeme, bei ihrer Peptisation, überhaupt für ihr ganzes Verhalten elektrische Faktoren eine so große Rolle spielen, daß man diese Sole gelegentlich elektrokratische Kolloide (H. Freundlich) genannt hat. Es fällen sich besonders entgegengesetzt geladene disperse Teilchen. So werden die negativ geladenen Metallsole schon in außerordentlich kleinen Kon-

[1]) So ist die Wertigkeit keineswegs immer und allein für die Fällungskraft eines Elektrolyten ausschlaggebend; siehe Wo. Ostwald, Koll.-Ztschr. **26**, 28, 69 (1919); **32**, 10 (1923); **40**, 201 (1926).

zentrationen von Säuren, also insbesondere vom positiv geladenen H-Ion gefällt, und ähnlich erweisen sich die anderen Kationen z. B. von Neutralsalzen besonders wirksam. Umgekehrt wird das positiv geladene Eisenhydroxydsol besonders leicht durch Basen, insbesondere also durch das negative OH-Ion gefällt, und entsprechend erweisen sich bei der Salzfällung die Anionen von besonderer Wirksamkeit. Der große Einfluß der elektrischen Faktoren bei diesen Koagulationsvorgängen zeigt sich am treffendsten in der Rolle der Wertigkeit der fällenden Ionen. So steigt die Koagulationskraft z. B. für Goldsole rapid in der Reihenfolge: NaCl, $MgCl_2$, $AlCl_3$, und in entsprechender Weise bei der Koagulation von Eisenhydroxyd in der Reihenfolge NaCl, Na_2SO_4, $Na_3(C_6H_5O_7)$. Man braucht also von den Salzen mit höherwertigen Ionen sehr viel kleinere Konzentrationen, um eine radikale Dispersitätsverringerung herbeizuführen, eine Beziehung, die unter dem Namen „Schulze-Hardysche Regel" bekannt ist. Ebenso fällen sich auch entgegengesetzt geladene Kolloide untereinander aus, z. B. Goldsol und Eisenhydroxydsol oder Kongorot und Aluminiumhydroxyd usw. (Dem.). Die fällende Wirkung kommt hier vermutlich durch elektrostatische Anziehung, Neutralisation und Vereinigung der Teilchen zustande, wobei das ausfallende Koagulum allerdings selbst noch eine Ladung im einen oder anderen Sinne aufweisen kann. Bemerkenswert ist in äußerer Beziehung noch der Umstand, daß vielfach sehr kleine Konzentrationen von Elektrolyten zur Fällung suspensoider Kolloide genügen. So darf man bekanntlich die suspensoide chinesische Tusche nicht mit Wasserleitungswasser verdünnen, da die hier vorhandenen minimalen Salzmengen schon genügen, um die Tusche auszufällen.

Wesentlich komplizierter liegen die Verhältnisse bei der Elektrolytkoagulation von hydratisierten Emulsoiden oder solvatokratischen Solen (Wo. Ostwald), wie bei näherer Überlegung eigentlich schon zu erwarten ist. Denn wir wissen ja, daß bei der Fällung etwa einer Eiweißlösung durch Neutralsalze zwei Prozesse nebeneinander verlaufen müssen. Einmal die Dehydratisierung, die zu einer Dispersitätserhöhung führen würde, und andererseits die gleichzeitige oder auch nachträgliche Vereinigung der Teilchen zu grobdispersen Aggregaten. Die Rolle der Dehydratation wird schon äußerlich treffend gekennzeichnet durch den Umstand, daß zur Fällung dieser Kolloide in der Regel große Salzmengen nötig sind. Man pflegt aus diesem Grunde hydratisierte Emulsoide als stabiler zu bezeichnen als die infolge ihrer Elektrolytempfindlichkeit relativ instabilen Suspensoide. Die dehydratisierenden Wirkungen von Neutralsalzen, wie auch von Alkohol usw., sind aber jedenfalls von vornherein nicht elektrischer Natur, wenn schon sie unzweifelhaft auch von der elektrischen Ladung beeinflußt werden können[1]), sondern haben ihre eigenen, bisher allerdings noch wenig verstandenen physikalisch-chemischen Gesetzmäßigkeiten. Es lagern sich daher elektrische und nichtelektrische Prozesse bei der Neutralsalzfällung von hydratisierten Emulsoiden übereinander, wie vielleicht am besten daraus hervorgeht, daß besonders nach den Untersuchungen von W. Pauli das ganze Salz resp. beide Ionen wesentlich an der Fällung beteiligt sind und so ein additiver, evtl. sogar antagonistischer Gesamteffekt entsteht. Dies gilt besonders für schwach geladene oder elektrisch neutrale Emulsoide, während bei merklich geladenen, z. B. sauren oder alkalischen Eiweißsolen, die elektrischen Effekte wie bei der Suspensoidfällung wieder etwas mehr in den Vordergrund treten. Für die Fällung ausgesäuerter, d. h. also positiver Eiweißlösungen wächst die koagulierende Kraft der Neutralsalze in der viel zitierten sogenannten Hofmeisterschen Ionenreihe: Chlorat, Nitrat, Chlorid, Azetat, Sulfat, Tartrat, und: Magnesium, Ammonium, Natrium, Kalium, Lithium. Diese Reihenfolgen drehen sich gerade um, wenn man statt in saurer in alkalischer Lösung arbeitet. Der Einfluß der Wertigkeit der Ionen tritt aber, wie die Ionenreihen zeigen, fast ganz zurück, und ebenso verliert nach den Befunden von W. Pauli elektrisch neutrales Eiweiß keineswegs seine Fähigkeit, durch Neutralsalze gefällt zu werden. Es sind dies sichere Kennzeichen dafür, daß hier die elektrischen Beziehungen nur eine sekundäre Rolle spielen, und daß man diese Art der Koagulation vielleicht am besten immer noch als „Koagulation durch Lösungsmittelentziehung“ bezeichnet.

Übrigens werden auch bei der Koagulation von elektrokratischen Solen Desolvatationsvorgänge nicht völlig ausgeschaltet sein, ja man kann sogar an Änderungen der Hydratation der fällenden oder peptisierenden Ionen denken[2]), die ja bekanntlich ebenfalls individuell verschiedene Wassermengen binden. Zieht man die stets anzutreffen-

[1]) Siehe speziell die Arbeiten von Wo. Pauli und seinen Schülern in der Biochem. Ztschr., in der Koll.-Ztschr. und den Koll. Beiheften, z. B. Wo. Pauli, Koll.-Ztschr. **7**, 241 (1910); **12**, 222 (1913); H. Handowsky, Koll.-Ztschr. **7**, 183, 267 (1910), sowie das Buch von Pauli, Kolloidchemie der Eiweißkörper I (Dresden 1920, Th. Steinkopff).

[2]) Wo. Ostwald, Koll. Beih. **10**, 285 (1919); G. Wiegner, Zsigmondy-Festschrift, S. 341 (1925); ferner sind wichtig für die Frage des Zusammenhanges von Hydratation und Wertigkeit besonders die Überlegungen von G. von Hevesy, Koll.-Ztschr. **21**, 129 (1917).

den Übergangssysteme zwischen elektro- und solvatokratischen Solen in Betracht, so kann man wohl allgemein sagen, daß bei jeder Koagulation beide Grundvorgänge: Entladung und Entwässerung zu berücksichtigen sind, im einen Falle mehr von der einen, im andern Falle mehr von der andern Erscheinung[1]).

Für die Entwässerung gelten die Hofmeisterschen Ionenreihen, für die Entladung die Schulze-Hardyschen Regeln über Ladungssinn und Wertigkeit. Oder aber: die bekanntlich schon selbst nach der Ionenvalenz geordneten aber kontinuierlichen Hofmeisterschen Reihen, welche die Flockung stark solvatisierter schwach geladener Kolloide beherrschen, zerfallen[2]) in die einzelnen Wertigkeitsklassen mit sprungsweise verschiedener Wirksamkeit, wenn es sich um stark geladene, schwach solvatisierte Systeme handelt. In jedem Falle müssen aber bei genauer Analyse beide Ionen, nicht nur das entgegengesetzt geladene, in Betracht gezogen werden[3]). H. R. Kruyt[4]) hat besonder schön gezeigt, daß man an ein und demselben Systeme (Agar + Alkohol oder Tannin verschiedener Konzentration) diese zwei verschiedenen Zustände und die ihnen entsprechenden zweierlei Koagulationsformen beobachten kann.

Sehr interessante Erscheinungen ergeben sich, wenn man Gemische von Suspensoiden und hydratisierten Emulsoiden in bezug auf ihre Koagulationserscheinungen untersucht. Es zeigt sich dann, daß in vielen Fällen die größere Stabilität des emulsoiden Anteils gleichsam übertragen wird auf das Suspensoid, indem nun auch dieses z. B. gegen Salzzusätze sehr viel weniger empfindlich ist. Man bezeichnet diese Erscheinung als Schutzwirkung emulsoider Kolloide und erklärt sie durch die Annahme, daß das flüssige Emulsoidtröpfchen das Suspensoidteilchen umfließt oder sich in ähnlicher Weise mit ihm vereinigt, eine Annahme, die z. B. durch ultramikroskopische Beobachtung gut gestützt ist. Diese Schutzwirkung wird schon von sehr kleinen Mengen emulsoider Kolloide ausgeübt, was ebenfalls mit der gegebenen Erklärung übereinstimmt, da zur Umschließung eines Suspensoidteilchens ja nur ein Emulsoidteilchen nötig ist. Solche Schutzwirkungen emulsoider Kolloide werden vielfach in der wissenschaftlichen und technischen Kolloidchemie angewandt und spielen eine große Rolle.

---

[1]) Siehe Wo. Ostwald, Koll.-Ztschr. **40**, 201 (1926) und die frühere dort angegebene Literatur.

[2]) Wo. Ostwald, Koll.-Ztschr. **32**, 10 (1923).

[3]) Vgl. die neuere Zusammenfassung von K. C. Sen, Koll.-Ztschr. **39**, 140 (1926).

[4]) H. R. Kruyt und H. G. de Jong, Ztschr. f. physik. Chem. **100**, 250 (1922).

So kann man z. B. in Gegenwart kleiner Mengen von Gelatine viel konzentriertere und auch viel höherdisperse Suspensoidsole herstellen als in einem reinen Medium. Die überaus günstige Wirkung des Tannins bei der Herstellung der hochdispersen roten Goldsole, die ich Ihnen in der ersten Stunde zeigte, beruht wohl auf einem solchen Schutzeffekt. Das Tannin wirkt hier nicht nur als Reduktionsmittel, sondern gleichzeitig als Schutzkolloid. Ein weiterer Vorteil bei der Verwendung von Schutzkolloid liegt in der Möglichkeit, solche Suspensoidsole zu einem Trockenrückstand eindampfen zu können, der wegen der spontanen Löslichkeit des Schutzkolloids insgesamt wieder in kolloide Lösung übergeht, wobei der suspensoide Anteil seinen ursprünglichen hohen Dispersitätsgrad beibehält. Solche „feste Hydrosole", wie sie z. B. nach dem Paalschen Verfahren mit Eiweißspaltprodukten als Schutzkolloid in technischem Maßstabe hergestellt werden, kann ich Ihnen hier in mehreren Proben zeigen (Dem.). Es sind verschiedenartig, meist dunkelgefärbte Schüppchen und muschelförmige Bröckchen, die sich zum Teil außerordentlich leicht wieder in Wasser auflösen, wie Sie hier z. B. beim kolloiden Silber sehen (Dem.).

Nicht immer und nicht notwendigerweise überträgt ein solvatisiertes Kolloid seine größere Stabilität auf ein suspensoides System. Es gibt auch zahlreiche Fälle, bei denen das Gegenteil, eine sogenannte Sensibilisierung, d. h. eine Empfindlichkeitssteigerung gegenüber koagulierenden Einflüssen auftritt. So schützt zwar z. B. Gelatine in größerer Konzentration Silbersol, macht es jedoch in sehr kleiner Konzentration umgekehrt wesentlich empfindlicher gegenüber Elektrolytwirkung, ja kann unter Umständen ohne weiteren Elektrolytzusatz selbst eine Flockung hervorrufen, was also der gegenseitigen Flockung zweier Kolloide entsprechen würde[1]).

Neben diesen zwei bisher am meisten untersuchten Gruppen von Koagulationsvorgängen infolge von Zusätzen verschiedener Art gibt es nun noch Fällungserscheinungen durch Zufuhr strahlender Energie, wie z. B. von Radiumstrahlen, durch normale Belichtung, endlich aber durch Schütteln mit verschiedenen Pulvern, wie mit Kohle oder Walkererde, aber auch mit nichtmischbaren Flüssigkeiten. So kann man manche Kolloide, z. B. auch Eiweiß, aus ihrem Dispersionsmittel fast vollständig in grobdisperser Form entfernen, indem man sie mit Benzol oder Petroleum andauernd schüttelt, und auch bei der

---

[1]) Von neuesten Arbeiten mit reichlichen Literaturangaben über Sensibilisierung wären zu nennen: A. Rabinerson, Koll.-Ztschr. 39, 112 (1926); H. Freundlich und S. Mitsukuri, ibidem 123.

Herstellung z. B. eines Eiweißschaums koaguliert regelmäßig ein Teil des in den Schaumwänden befindlichen Kolloids. Diese letzteren Verfahren gehören also zu den mechanischen Koagulationsmethoden. Über die Einzelheiten ihrer Wirkungsweise werden Sie, wenigstens zum Teil, in den folgenden Ausführungen einige Auskunft finden. Endlich kann man auch durch intensives Rühren usw. eine bis zur Koagulation führende Dispersitätsverringerung in gewissen Kolloiden herbeiführen, wie H. Freundlich und H. Kroch neuerdings gezeigt haben [1]. Allerdings handelt es sich gerade in letzterem Falle sehr wahrscheinlich nicht um eine einfach mechanische, sondern um eine reibungselektrische Koagulation [2].

Auch die Umkehrungen der Koagulationsprozesse, die sogenannten Peptisationserscheinungen, können mit den verschiedenartigsten chemischen, elektrischen und mechanischen Mitteln herbeigeführt werden. Man kann z. B. Gele durch Behandlung mit schwachen Säuren und Basen durch „Anätzung" wieder in den kolloid-dispersen Zustand zurückführen, wie wir an einem technisch recht interessanten Beispiel in einer unserer nächsten Besprechungen noch sehen werden. Von besonderer Wichtigkeit erscheinen fernerhin solche Peptisationserscheinungen, bei denen durch Zusatz kleiner Elektrolytmengen zu einem Gel wieder eine Zerteilung erfolgt. So kann man frisch gefällte Sulfide durch Behandeln mit verdünntem Schwefelwasserstoffwasser wieder in kolloide Lösung überführen, ein ähnliches Beispiel habe ich (nach den Untersuchungen von A. Lottermoser) Ihnen hier vorgeführt (Dem.). In diesen drei Flaschen habe ich überall die gleiche Menge von frisch gefälltem Jodsilbergel in Wasser resp. in Jodkalilösungen verschiedener Konzentration. Die Konzentration des Jodkalis nimmt in der Reihenfolge der Flaschen zu und beträgt im äußersten Falle ca. $\frac{n}{4}$ [3]. Sie sehen, wie sowohl im destillierten Wasser wie in der konzentriertesten Jodkalilösung der Niederschlag grobdispers geblieben ist; die überstehende Flüssigkeit ist praktisch klar. In den drei anderen Jodkalilösungen haben Sie eine milchiggetrübte Flüssigkeit, und besonders in der mittleren, die etwa 0,03 normal ist, hat sich das Gel wieder zu einem typischen Jodsilberkolloid verwandelt. Derartige dispergierende Wirkungen kleiner Elektrolytmengen beobachtet man

[1] H. Freundlich und H. Kroch, Ztschr. f. physik. Chem. **124**, 155 (1926).

[2] Wo. Ostwald, Koll.-Ztschr. **41**, 71 (1927).

[3] Siehe A. Lottermoser, Koll.-Ztschr. **2**, Supplement I, 4 (1907); **3**, 31 (1908); **6**, 78 (1910); ferner Ztschr. f. physik. Chem. **62**, 359 (1908) usw.

sehr häufig, und man nennt die dispergierenden oder stabilisierenden Ionen solbildende Ionen. Ihre Wirkung tritt nur dann auf, wenn das Gel frisch ist und eine bestimmte „mechanische" Beschaffenheit besitzt. Diese letztere besteht vermutlich darin, daß in frischen Gelen die kolloiden Teilchen nur aggregiert, aber nicht fester miteinander verschmolzen sind, ähnlich wie wir es ja auch bei Gallerten finden. In solchen Fällen erteilen die Ionen den „primären" Gelteilchen vermutlich eine elektrische Ladung, die dann zu einer elektrostatischen Abstoßung und damit zu einer Wiederauflösung des Gels führt.

Übrigens sei bemerkt, daß in vielen Fällen, sowohl bei Emulsoiden als auch bei Suspensoiden, einfach die Herstellung der früheren Bedingungen genügt, um eine Koagulation rückgängig zu machen. Man spricht dann von „reversiblen" Koagulationen. Im allgemeinen sind reversible Koagulationen häufiger bei Emulsoiden als bei Suspensoiden. Doch ist es falsch, wenn man die Irreversibilität der Fällung direkt als ein Charakteristikum der Koagulation suspensoider Kolloide ansieht, wie das gelegentlich noch heute in der Literatur geschieht. Um nur ein Beispiel zu nennen, sei erwähnt, daß z. B. kolloides Silber durch Ammoniumzitrat oder -nitrat reversibel gefällt werden kann[1]). —

Wir kommen nun zu der letzten Gruppe von kolloiden Zustandsänderungen, zu den Adsorptionserscheinungen. Entsprechend unseren Ausführungen am Anfang dieses Vortrags verstehen wir unter Adsorption die Konzentrationsänderungen, die Kolloide und allgemein disperse Systeme an ihren Grenzflächen zu anderen Gebilden erleiden. Diese Konzentrationsänderung an Grenzflächen ist das einzig konstante Phänomen innerhalb der überwältigenden Fülle von Erscheinungen, die man mit dem Namen Adsorption oder Sorption bezeichnet hat, und wir wollen daher in den Begriff der Adsorption nicht mehr als das Gesagte hineinlegen: eine Konzentrationsverschiedenheit zwischen Grenzflächenschicht und Hauptmasse des dispersen Systems. Nachher, nach der Einstellung dieser Konzentrationsdifferenz kann nun eine große Reihe sekundärer Vorgänge eintreten. So kann bei der weitaus häufigsten positiven Adsorption oder Konzentrationserhöhung eine Fixierung des Kolloids oder überhaupt des dispersen Teils an der festen, flüssigen oder gasförmigen Adsorptionsfläche stattfinden, so daß z. B. der übrigbleibende Teil des dispersen Systems abgegossen werden kann, ohne daß das in der Grenzfläche befindliche Dispersoid mit entfernt wird. Dies kann

---

[1]) Siehe S. Odén und E. Ohlon, Ztschr. f. physik. Chem. **82**, 78 (1913).

z. B. dadurch bewerkstelligt werden, daß das Kolloid hier zu einer zusammenhängenden Schicht koaguliert wird. In der Tat beruhen die oben genannten mechanischen Koagulationen zum Teil primär auf derartigen Adsorptionsphänomenen. Es kann diese Konzentrationserhöhung sogar so weit gehen, daß der adsorbierte Stoff in fester Form, ja sogar in Kristallen auf der Oberfläche des Adsorbens ausgeschieden wird, wie man z. B. bei der Adsorption von organischen Farbstoffen an Kohle gelegentlich beobachtet. Oder aber der adsorbierte Stoff wandert in das Adsorbens hinein und bildet dort eine flüssige oder feste Lösung. Dies gilt natürlich nur für diffusionsfähige, also molekulardisperse Adsorbenda, z. B. für die Adsorption von Jod durch Kohle. Endlich aber können im Gefolge einer solchen Anreicherung des dispersen Teils in einer Oberfläche chemische Reaktionen aller Art eintreten, zunächst Polymerisationen, wie sie tatsächlich, z. B. bei der Adsorption von Amylen[1]), beobachtet werden, ferner aber auch tiefer eingreifende chemische Reaktionen wie Hydrolyse, Oxydation usw. Alles dies sind aber sekundäre Vorgänge, die für jeden speziellen Adsorptionsfall ganz verschieden sein können; der primäre und konstante Vorgang ist wie gesagt nur die Konzentrationsänderung in der Grenzfläche.

Bevor ich Ihnen einige Adsorptionsversuche zeige, möchte ich noch kurz darauf hinweisen, daß die Intensität eines Adsorptionsvorganges offenbar in erster Linie abhängig sein muß von der Größe der adsorbierenden Oberfläche. In bekannter Weise benutzt man ja auch für praktische Adsorptionszwecke möglichst hochdisperse Pulver wie Kohle, Walkererde usw. Man macht sich nun im allgemeinen nicht klar, wie enorm groß die adsorbierenden Oberflächen in derartigen dispersen Systemen sind und wie enorm schnell diese Oberfläche wächst mit zunehmender Zerteilung. Um Ihnen eine Anschauung von diesem Oberflächenwachstum zu geben, habe ich auf der beistehenden Tabelle das Oberflächenwachstum eines Kubikzentimeters bei dezimaler Zerteilung dargestellt.

Ein kleiner massiver Kohlenwürfel von einem Zentimeter Seitenlänge, den Sie etwa bis zur mikroskopischen Sichtbarkeitsgrenze (0,1 μ) zerteilen würden, hätte also bereits eine Gesamtoberfläche von ca. 60 qm, bei kolloider Zerteilung eine solche zwischen 60 und 600 qm. Ein Zuckerfabrikant, der zum Klären die gar nicht übertrieben große Menge von einem Kubikmeter Knochenkohle kauft, würde bei einer Korngröße

---

[1]) Siehe L. Gurwitsch, Koll.-Ztschr. 11, 17 (1912).

Oberflächenwachstum eines Würfels bei zunehmender dezimaler Zerteilung.

Seitenlänge	Anzahl der Würfel	Gesamte Oberfläche
1 cm	1	6 qcm
1 mm	10^3	60 „
0,1 mm	10^6	600 „
0,01 mm	10^9	6000 „
1 μ	10^{12}	6 qm
0,1 μ	10^{15}	60 „
0,01 μ	10^{18}	600 „
1 $\mu\mu$	10^{21}	6000 „
0,1 $\mu\mu$	10^{24}	60000 „
0,01 $\mu\mu$	10^{27}	600000 „
0,001 $\mu\mu$	10^{30}	6 qkm

von einem Millimeter 6000 qm, bei einer Korngröße von 1 μ dagegen 6 Millionen Quadratmeter d. h. 6 Quadratkilometer adsorbierende Oberfläche für sein Geld erhalten. Diese Zahlen mögen Ihnen veranschaulichen, in wie außerordentlich großem Maße sich solche Oberflächenwirkungen summieren können, wenn wir es mit hochdispersen Adsorbentien zu tun haben.

Ich möchte Ihnen nun die überaus große Verbreitung solcher Adsorptionserscheinungen in der folgenden Weise zeigen (Dem.). Ich habe hier Flaschen mit den verschiedenartigsten gefärbten kolloiden und molekulardispersen Flüssigkeiten: Eisenchlorid, Fuchsin, Berlinerblau, Kongorot, kolloides Silber, kolloides Gold, kolloider Graphit usw. Daneben stehen Flaschen, in die ich ein bis zwei Löffel trockene Knochenkohle hineingegeben habe. Über diese Knochenkohle gieße ich nun die genannten Flüssigkeiten und schüttele sie kurz um. Nachdem ich hiermit fertig geworden bin, entleere ich diese Flaschen samt der Kohle eine nach der andern in diesen großen Trichter resp. in das Filter von gewöhnlichem Filtrierpapier, das sich in ihm befindet. Sie sehen, daß das Filtrat trotz der von mir angestrebten möglichst großen Schnelligkeit meiner Manipulationen farblos abläuft. Die Adsorption verläuft also in diesen Fällen außerordentlich schnell und praktisch vollständig. Um Ihnen zu zeigen, daß nicht etwa nur gefärbte Dispersoide und nicht nur Kohle derartig prompte Adsorptionen geben, möchte ich Ihnen hier einen Versuch zeigen mit einem farblosen Alkaloid — Chininsulfat — und mit einem besonderen Präparat von Walkererde, das Prof. John

Uri Lloyd in Cincinnati hergestellt hat[1]). Ich gieße etwa 100 ccm der klaren Lösung über etwa 0,5 g des trockenen Adsorbens, schüttele um und lasse das Präparat einen Augenblick stehen. Um Ihnen nun zu zeigen, daß die Lösung Chininsulfat in beträchtlicher Menge enthält — sie ist in der Tat ca. 0,25% stark —, säure ich eine Probe von ihr schwach an und gieße das bekannte Alkaloidreagens von Mayer hinein (Dem.). Sie sehen einen gewaltigen weißen Niederschlag. Nun filtriere ich mein Adsorptionsgemisch und mache mit dem Filtrat genau denselben Versuch. Natürlich kann man nicht von vornherein erwarten, daß auch hier eine vollständige Adsorption stattgefunden hat und daß der Testversuch gar keine Trübung mehr ergibt. Wie Sie indessen sehen, bleibt das Filtrat vollkommen klar, wieviel Reagens oder Säure ich auch hinzugeben mag[2]).

Untersucht man die Adsorptionsverhältnisse genauer, so findet man natürlich auch beträchtliche Unterschiede in bezug auf die Stärke der Adsorbierbarkeit. So werden z. B. Säuren in der Regel immer besser adsorbiert als ihre Salze, ferner organische Salze wesentlich besser als anorganische. Besonders gut pflegen hochmolekulare Stoffe und speziell Kolloide adsorbiert zu werden, so daß die leichte Adsorbierbarkeit von manchen Autoren geradezu als ein Spezifikum des kolloiden Zustandes bezeichnet worden ist. Freilich gibt es auch hier Unterschiede und wenn ich ein konzentriertes Arsentrisulfidsol vorhin mit Kohle geschüttelt und in das Filter gegossen hätte, so wäre mir das Filtrat wahrscheinlich doch nicht farblos abgelaufen.

Von großer Wichtigkeit sind ferner gewisse quantitative Verhältnisse bei den Adsorptionserscheinungen, die wir bei der Adsorption aus verschieden konzentrierten Lösungen beobachten. Man kann sie kurz dahin charakterisieren, daß aus verdünnten Lösungen relativ viel, aus konzentrierten dagegen ein relativ kleinerer Bruchteil aufgenommen wird, und daß es in den meisten Fällen ein Adsorptionsmaximum zu geben scheint, über welches hinaus keine weitere Anreicherung in der Oberfläche des Adsorbens stattfindet. Benutzt man

---

[1]) Der Verfasser ist Herrn Prof. J. U. Lloyd zu großem Danke verpflichtet für die Überlassung eines reichlichen Demonstrationsmaterials. Das Präparat erscheint unter dem Namen „Lloyds Alkaloidal Reagent" im Handel.

[2]) Nach den beigefügten Druckschriften werden von dem Lloydschen Präparat vollständig sorbiert: 1 g Cocainhydrochlorid von 10 g; 1 g Strychninsulfat von 10 g; 1 g Cinchoninsulfat von 10 g; 1 g Cinchonidinsulfat von 10 g; 1 g Chininbisulfat von 8 g; 1 g Atropinsulfat von 8 g; 1 g Brucinsulfat von 5,6 g; 1 g Codëinsulfat von 5 g; 1 g Morphinsulfat von 4 g des Adsorbens, alles in 100—200 ccm Wasser; vgl. hierzu die neuere Arbeit von E. Ungerer, Koll.-Ztschr. **36**, 228 (1925).

noch konzentriertere Lösungen, so nimmt in manchen Fällen die adsorbierte Menge wieder ab, ja geht unter die Anfangskonzentration, die positive Adsorption wird zur negativen, indem die Kohle mehr Lösungsmittel als Gelöstes adsorbiert. Es ergibt sich also eine um die Konzentrationsachse geschlungene S-förmige Kurve[1]), die man als die allgemeinste bisher bekannte „Adsorptionskurve" ansehen kann, da wohl stets Gelöstes und Lösungsmittel gleichzeitig adsorbiert werden.

Der besonders wichtige Anfangsteil der Adsorptionskurve[2]) (im Gebiete verdünnter Lösungen) hat also bei graphischer Darstellung eine ungefähr parabolische Gestalt, die konkav zu der Abscisse verläuft, welche die Konzentration des nichtadsorbierten übriggebliebenen Anteils darstellt. Von der Verteilung eines Stoffes im Volum z. B. zweier nichtmischbarer Flüssigkeiten unterscheidet sich diese Konzentrationsfunktion der Adsorption sehr deutlich, insofern als die Verteilung z. B. eines Salzes zwischen Wasser und Chloroform durch eine gerade Linie dargestellt wird (Abb. 29). Endlich kann man hier zum Vergleich auch die Bildung stöchiometrischer chemischer Verbindungen heranziehen, wenn man als Adsorbens und Adsorbendum die beiden reagierenden Molekülarten bei verschiedenen Konzentrationen, als die adsorbierte Menge aber die pro Molekül des Reaktionsproduktes gebundene Molekülzahl des anderen Stoffes, d. h. also die stöchiometrische Ver-

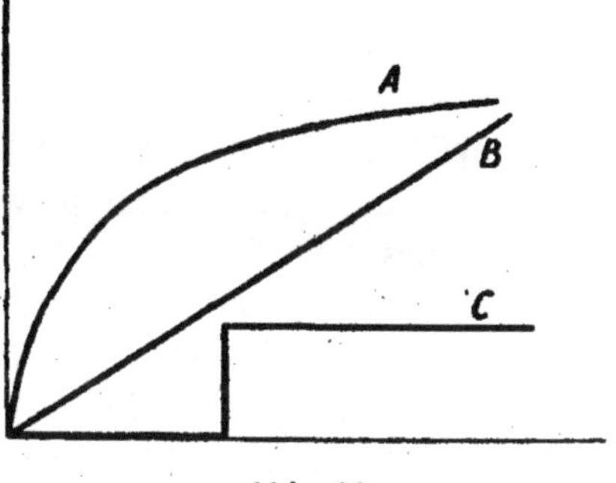

Abb. 29.
Schema der Konzentrationsfunktionen bei Adsorption, Lösung und chemischer Verbindung.

[1]) Wo. Ostwald und R. de Izaguirre, Koll.-Ztschr. **30**, 279 (1922); **32**, 57 (1923).

[2]) In der Literatur findet man häufig die Bezeichnung „Adsorptionsisotherme" für diese Konzentrationsfunktion. Diese Bezeichnung bedeutet eine Koketterie mit den einfacheren Systemen der physikalischen Chemie mit nur drei Variablen wie z. B. mit den Gasen, bei denen man durch Ausschluß der einen Variablen die Funktion der andern beiden eindeutig erhält. Das ist nun aber bei Adsorptionsgleichgewichten keineswegs der Fall, da es z. B. bei konstanter Temperatur ganze Scharen von Adsorptionsisothermen gibt, z. B. bei der Variation der Menge des Adsorbens, seiner spezifischen Oberfläche, des Flüssigkeitsvolums usw. Die Bezeichnung als „Isotherme" ist daher nicht eindeutig und der Ausdruck „Konzentrationsfunktion" oder einfacher „Adsorptionskurve" deshalb vorzuziehen.

bindungszahl des Reaktionsproduktes auffaßt. In diesem Falle würde erst bei einer bestimmten, nämlich der stöchiometrischen Konzentration eine Absättigung aller als Adsorbens gedachter Moleküle stattfinden, dann nämlich, wenn für die benutzte Menge der Adsorbensmoleküle gerade so viel Moleküle der anderen Art vorhanden sind, um die resultierende chemische Verbindung zu ergeben. Bei dieser Konzentration aber würden alle Moleküle des Adsorbendums verbraucht werden und die Zusammensetzung des Reaktionsproduktes sich auch bei Überschuß der Moleküle des Adsorbendums nicht mehr ändern. Wir würden also bei graphischer Darstellung die folgende rechtwinklig gebrochene Kurve erhalten (siehe Abb. 29, Kurve C). Zwischen diesen drei Kurven gibt es nun mannigfaltige und zum Teil sehr interessante Übergänge, deren Erörterung hier aber zu weit führen würde.

Fragen wir uns nun, welche Kräfte diese Konzentrationsänderungen in Grenzflächen hervorrufen, so kann ich nur wieder mit dem Hinweis antworten, daß ganz genau so wie bei der Herstellung und der Vernichtung des kolloiden Zustandes auch für diese lokale Konzentrationsänderung eine ganze Reihe verschiedenartiger Prinzipien verantwortlich gemacht werden muß. Das Gemeinsame bei allen diesen verschiedenen Sorptionsprinzipien kann durch ein Theorem ausgedrückt werden, das die Verallgemeinerung eines spezielleren Theorems von Willard Gibbs darstellt, und das folgendermaßen lautet: Besteht in einer Grenzfläche irgendein Energiepotential, das durch eine Konzentrationsänderung des angrenzenden Dispersoids verringert werden kann, so wird eine solche, d. h. also eine Adsorption, eintreten[1]. Denken Sie sich zur Erläuterung z. B. einen festen Körper in eine Flüssigkeit getaucht, der gegenüber er eine elektrische Ladung, also eine elektrische Potentialdifferenz besitzt. Befindet sich nun in dieser Flüssigkeit eine disperse Phase, die eine entgegengesetzte Ladung zu dem festen Körper trägt, so würde die genannte Potentialdifferenz offenbar abnehmen können dadurch, daß sich die dispersen Teilchen an der Grenzfläche ansammeln und die dort vorhandene Potentialdifferenz teilweise neutralisieren. Dies wären also die Bedingungen für eine elektrische Adsorption. Denken Sie sich ferner zwei Stoffe, z. B. zwei nichtmischbare Flüssigkeiten, in deren Grenzfläche die gewöhnliche mechanische Oberflächenspannung herrscht. Wenn nun die eine Flüssigkeit aus einem Dispersoid besteht, dessen Grenzflächenspannung gegen die zweite Flüssigkeit abnimmt bei

[1]) Diese Verallgemeinerung des Gibbsschen Prinzips wurde vorgenommen in des Verfassers Grundriß, 1. Aufl. (Dresden 1909), 434ff.

Konzentrationserhöhung, so wird ebenfalls die Tendenz zu einer positiven Adsorption — und diesmal zu einer mechanischen — vorhanden sein. Der ebengenannte Fall der Adsorption infolge von „Oberflächenentspannung" ist bereits von W. Gibbs und J. J. Thomsen erkannt und in neuerer Zeit vielfach untersucht worden. Seine Wichtigkeit scheint sogar schon überschätzt worden zu sein, insofern als manche Autoren ihn als den einzig möglichen oder doch einzig maßgeblichen Fall angesehen haben. Denken Sie sich aber nun weiter, daß zwischen zwei Phasen, z. B. zwischen einem Adsorbens und einer Lösung, ein chemischer Potentialunterschied besteht, d. h. daß an dieser Grenzfläche eine chemische Reaktion vor sich geht, die wie die meisten Reaktionen um so schneller verläuft, je größer die Konzentration der beteiligten Stoffe ist, wie etwa die Umwandlung eines Silberbleches in Silberchlorid beim Eintauchen in Salzsäure. Auch in diesem Falle würde natürlich die Tendenz zu einer Ansammlung der dispersen Phase in dieser Grenzfläche bestehen, und Sie hätten eine Adsorption, deren treibende Kraft die chemische Energie wäre. Ähnliches gilt für thermische Potentiale, für Potentiale im Gefolge von Unterschieden in der Absorption strahlender Energie in Grenzflächen usw., ja man kann sich als allerallgemeinste Adsorptionsprinzipien die zwei Möglichkeiten vorstellen, daß ein gelöster bzw. überhaupt disperser Stoff in einer Grenzfläche einen andern, speziell kleineren Dispersitätsgrad oder einen andern, speziell kleineren Solvatationsgrad annehmen kann, und sich darum in dieser Grenzfläche ansammeln wird. Es gibt also zweifellos eine ganze Reihe von verschiedenen Adsorptionsprinzipien, die nicht nur einander koordiniert sind, sondern die sich sogar gelegentlich gegenseitig hindern können[1]). Es muß also von Fall zu Fall unterschieden werden, welche Energieart die für den Adsorptionsvorgang nötige Energie liefert.

In neuerer Zeit ist eine andere Seite dieser überaus mannigfaltigen Adsorptionserscheinungen in den Vordergrund des Interesses gerückt, die sich auf die intimere Struktur der Adsorptionsschicht bezieht. Daß der adsorbierte Stoff überhaupt in der Grenzschicht sitzt, ist, wie gesagt, auf verschiedenem Wege nachweisbar. Betrachtet man die Erscheinung nicht allgemein energetisch oder thermodynamisch, wie wir es bisher getan haben, sondern fragt man nach den molekularen, atomistischen, elektronistischen Kräften, die ihren Sitz in Oberflächen

[1]) Solche antagonistische und komplexe Adsorptionsprozesse finden z. B. statt bei dem gleichzeitigen Auftreten elektrischer und Oberflächenpotentiale in Grenzschichten; siehe Grundriß, 1. Aufl. (Dresden 1909), 435.

haben, so kann man die Adsorptionskräfte etwa mit „ungesättigten Restvalenzen" vergleichen (F. Haber), die aus dem Kristallgitter z. B. fester Adsorbentien noch herausragen. Die Adsorption würde gleichsam die Sättigung solcher Restvalenzen darstellen, und in der Tat wird diese sog. „chemische Theorie der Adsorption" mehrfach, besonders energisch von dem Amerikaner J. Langmuir vertreten[1]), wobei freilich wie ganz regelmäßig in solchen Fällen der Begriff „chemisch" eine erhebliche Erweiterung über den üblichen hinaus erfährt, ohne daß von den Vertretern solcher Theorien auf diesen Umstand aufmerksam gemacht wird. Eine Konsequenz dieser chemischen Theorie der Adsorption ist nun die Forderung, daß eine Adsorptionsschicht maximal eine Molekülschicht dick sein darf, da diese chemischen Kräfte natürlich nur eine minimale Reichweite ($< 1\ \mu\mu$) haben können. In der Tat glauben viele Autoren die Tatsache einer solchen monomolekularen Adsorptionsschicht nachgewiesen zu haben, und zwar nicht nur bei der Adsorption von Gasen an festen Oberflächen, die der Ausgangspunkt von Langmuirs Arbeiten waren, sondern z. B. auch bei der Adsorption aus Lösungen (F. Paneth u. a.). Man kann ohne weiteres einsehen, daß es Fälle von Adsorptionen geben wird, z. B. solche von sehr schlechter Adsorption, bei denen auch maximal so wenig adsorbiert wird, daß die Berechnung der von der Oberfläche gebundenen Menge nur eine Schicht Moleküle ergibt, ja sogar noch weniger, also etwa eine „fleckenweise" Adsorption. wie J. Langmuir gelegentlich annimmt. Aber in anderen Fällen, z. B. solchen sehr guter Adsorption, erscheint es sehr unwahrscheinlich, daß wirklich nur eine einzige Molekülschicht maximal vom Adsorbens gebunden werden kann[2]). Wir brauchen nur daran zu denken, daß bei großen Konzentrationen und Drucken tatsächlich Auskristallisation und Verflüssigung von Lösungen und Dämpfen bei der Adsorption beobachtet werden können, die sich in einem plötzlichen steilen Anstieg der parabolischen Adsorptionskurve zu erkennen geben, ohne daß damit die Bindungsfähigkeit des Adsorbens völlig erschöpft wäre[3]). Ferner sei darauf hingewiesen, daß bei jeder Adsorption aus Lösungen unzweifelhaft auch Lösungsmittel mit adsorbiert wird, wie wir schon früher erläutert haben, so daß die Adsorptionsschicht aus Gelöstem und Lösungsmittel besteht. Bei den üblichen Berechnungen der Dicke der Adsorptionsschicht wird aber dieses mit-

[1]) J. Langmuir, Journ. Amer. Chem. Soc. **39**, 1848 (1917) usw.

[2]) Wo. Ostwald und R. de Izaguirre, Koll.-Ztschr. **32**, 61 (1923); daselbst Literatur.

[3]) Vgl. O. Ruff und E. Hohlfeld, Koll.-Ztschr. **36**, 23 (1924).

adsorbierte Lösungsmittel nicht mitberücksichtigt und die berechneten Werte sind aus diesem Grunde grundsätzlich zu klein. Sodann sind von J. Traube und P. Klein[1]) außerordentlich interessante ultramikroskopische und kinematographische Versuche angestellt worden, die in denkbarer Sinnfälligkeit zeigen, daß z. B. die Adsorptionsschichten an flüssig-flüssigen Grenzflächen nicht nur mehrere Teilchenschichten umfassen, sondern mikroskopische Dicke (bis ca. 0,1 mm) besitzen können, wie denn bei der Adsorption von kolloiden Teilchen ja überhaupt nicht Schichten von molekularen, sondern höchstens solche von micellaren Dimensionen in Frage kommen. In der Tat mehren sich auch in neuester Zeit die Untersuchungen, die die Langmuirsche Forderung eines Aufhörens der Adsorption bei monomolekularer Adsorptionsschicht nicht bestätigen. So findet z. B. O. Bartsch[2]) bei der Adsorption von wäßriger Oleinsäure an gepulvertem Kupferkies ohne Berücksichtigung des mitadsorbierten Lösungsmittels die Adsorptionsschicht nicht aus einer, sondern aus ca. 9500 Molekülschichten zusammengesetzt. Diese Konsequenz der chemischen Adsorptionstheorie von J. Langmuir u. a. wird also im Laufe der Zukunft wohl aufgegeben werden müssen[3]).

Dagegen hat sich ein anderer Gedanke, ursprünglich von W. B. Hardy[4]) stammend, dann ebenfalls von J. Langmuir und W. D. Harkins[5]) weiter entwickelt, als sehr fruchtbar für die nähere Kenntnis der

[1]) J. Traube und P. Klein, Koll.-Ztschr. **29**, 236 (1921).

[2]) O. Bartsch, Koll.-Ztschr. **38**, 325 (1925).

[3]) Worauf der Verfasser seit Jahren (siehe z. B. Koll.-Ztschr. **32**, 61 [1923]) hingewiesen hat. Es bedeutet natürlich auch eine Aufgabe dieses viel zitierten, bewunderten und etwa im Sinne der „Rolle des pH" oder des „Donnangleichgewichtes" als besonders wichtiges Resultat der neueren Kapillarchemie angesehenen „Theorems der monomolekularen Adsorptionsschicht," wenn z. B. F. G. Keyes und M. J. Marshall (Journ. Amer. Chem. Soc. **49**, 158 [1927]) neuestens die Ansicht entwickeln, daß eine monomolekulare Adsorptionsschicht nun ihrerseits unter einer „Valenzspannung" steht, und zufolge dieser eine weitere monomolekulare Schicht adsorbieren kann, diese letztere wiederum eine solche usw. Andererseits ist durchaus nicht zu verkennen, daß eine derartige nochmalige Erweiterung des chemischen Valenzbegriffes auch in der normalen Chemie ihr Analogon hat, z. B. in der Wernerschen Koordinationslehre, gemäß der Verbindungen in zweiter und dritter Valenzsphäre auftreten können — wie denn überhaupt durch entsprechende Erweiterung chemischer Anschauungen bis zuguterletzt elektronistischen alle Gegensätze zwischen „chemisch" und „physikalisch" verschwinden.

[4]) W. B. Hardy, Proc. Roy. Soc. London A, **86**, 634 (1911—1912); **88**, 303 (1913).

[5]) Siehe die neuesten Zusammenfassungen von J. Langmuir und W. D. Harkins selbst in dem Sammelwerk Colloid Chemistry I, herausgegeben von J. Alexander (New York 1926).

Adsorptionsschichten erwiesen. Es ist dies das Theorem der orientierten Adsorption, das sich zunächst auf die Adsorption molekulardisperser Teilchen bezieht. Nach dieser Anschauung befinden sich adsorbierte Teilchen nicht regellos, sondern vielmehr geordnet und gerichtet in der Adsorptionsschicht. Und zwar ist diese Orientierung um so ausgesprochener, je stärker die Form eines Moleküls von der Kugelgestalt abweicht und je verschiedenartiger (um einen allgemeinen Ausdruck zu gebrauchen) die zwei Phasen sind, in deren Berührungsfläche die Adsorption stattfindet. In der Sprache der Elektronistik ausgedrückt kann man sagen, daß diese Grenzschichtorientierung um so ausgesprochener sein wird, je größer das sog. „Dipolmoment" ist, das ein Maß für die Stärke der Dissymmetrie des elektronistischen Aufbaus eines Moleküls ist, und je größer der Unterschied in den elektrischen Feldern ist, welche zwei Phasen an ihrer Berührungsfläche in bezug aufeinander aufweisen. Folgendes Beispiel möge diese theoretischen Folgerungen etwas sinnfälliger machen:

Ein Ölsäure- oder Buttersäuremolekül ist nach jeder Hinsicht ein zweifellos weniger symmetrisches Gebilde als etwa ein Benzolmolekül. Lassen wir speziellere Konstitutionsbetrachtungen außer Betracht, so können wir bei Fettsäuren, aber auch bei Alkoholen usw. ohne weiteres im Molekül einen Kohlenwasserstoffteil und einen „polaren" Anteil, also ein Hydroxyl-, Carboxyl-Radikal usw. unterscheiden, das z. B. einfach durch Substitution an die Stelle eines Wasserstoffatoms des Kohlenwasserstoffs getreten ist, von dem diese Stoffe sich ableiten lassen. Man kann an solchen Molekülen gleichsam einen aktiven, polaren „Kopf" und einen aus dem Kohlenwasserstoffrest gebildeten massiven, in vielen Fällen auch gestreckten „Molekülkörper" oder auch „Schwanz" unterscheiden. In der Tat wird von den beteiligten Forschern N. K. Adam[1]), J. Langmuir, W. D. Harkins usw. nicht nur ganz konsequent die Bezeichnung „Kopf" und „Schwanz" derartiger Moleküle gebraucht, sondern J. Langmuir gibt eine höchst detaillierte zahlenmäßige „Anatomie" einiger solcher Moleküle[2]), in denen nicht nur Länge und Oberfläche, sondern auch Querschnitt und Längsschnitt dieser „Molekülschwänze" berechnet werden. Stellen wir uns derartige Moleküle nun in einer Grenzschicht vor, etwa zwischen Benzol und Wasser. Nach bekannter Erfahrung pflegen chemisch ähnliche Stoffe sich leichter ineinander zu verteilen, also zu „lösen", als chemisch unähnliche. Der

---

[1]) N. K. Adam, Proc. Roy. Soc. London A. **99**, 336 (1921); **101**, 452, 516 (1922); **103**, 676, 688 (1923); **106**, 694 (1924); Journ. Phys. Chem. **29**, 87 (1925).

[2]) J. Langmuir, loc. cit. (1926), 537.

aktive Molekülkopf einer Fettsäure, z. B. die Carboxylgruppe eines solchen Moleküls, besitzt dem Wasser gegenüber offenkundig eine größere Affinität als dem Benzol gegenüber, während für den Kohlenwasserstoffschwanz gerade das Umgekehrte der Fall sein wird. Die Folge dieser lokalen Affinitätsunterschiede an einem einzigen Molekül wird nun eine Orientierung des Moleküls in der Grenzschicht sein: Der Carboxylkopf wird ins Wasser eintauchen, der Kohlenwasserstoffschwanz ins Benzol. Aber auch an der Grenzfläche Flüssigkeit-Gas können solche Orientierungen eintreten, wenn z. B. schwerlösliche flüssige Fettsäuren auf Wasseroberflächen ausgebreitet werden. Hier werden nur die ins Wasser eingetauchten Carboxylköpfe festgehalten, während die Kohlenwasserstoffschwänze frei in den Gasraum ragen. Da nun in homologen Reihen, etwa bei Palmitinsäure, Stearinsäure, Cerotinsäure das Carboxylradikal konstant bleibt und sich nur die CH_3-Gruppen vermehren, so sollte man annehmen, daß die von äquivalenten Mengen dieser Fettsäuren erzeugten Schichten auf Wasser, — vorausgesetzt allerdings, daß es sich hier um monomolekulare Schichten handelt — gleichgroß sind. Denn der Durchmesser oder Querschnitt des Moleküls sollte gleich bleiben und nur die Länge des Kohlenwasserstoffschwanzes sollte mit der Anzahl der CH_3-Radikale zunehmen. In der Tat fand J. Langmuir diese Folgerung mit ziemlicher Annäherung bestätigt. Ein solcher Fettsäurefleck auf Wasser erscheint also als eine „Molekülbürste", wobei die Borstenenden in Wasser eingesenkt und dort festgehalten sind. Die Borstenlänge variiert mit der Länge der Kohlenwasserstoffkette dieser Moleküle, in homologen Serien also um ganz bestimmte, diskontinuierliche Längenunterschiede. Das sind gewiß höchst eigentümliche und in ihrer Einfachheit verblüffende Folgerungen über die Struktur von Adsorptionsschichten.

Man kann indessen noch weitere Konsequenzen aus dieser Molekülorientierung in Grenzschichten bzw. aus dieser lokal verschiedenen physikalisch-chemischen Reaktionsfähigkeit einzelner Stellen des Moleküls ziehen. Nicht nur der Aufbau von Adsorptionsschichten, sondern das Zustandekommen von Adsorptionen überhaupt, also das Auftreten eines Adsorptionspotentiales selbst kann man in gleichem Sinne erwarten. W. D. Harkins spricht z. B. davon, das solche Grenzschichten eine größere Löslichkeit für derartige dissymmetrische Moleküle haben, da in ihnen die Löslichkeiten der beiden Grenzphasen sich gleichsam summieren. In der Tat würde ein solches Molekül, das etwa bei seiner Diffusion aus einer der beiden Phasen in diese Grenzschicht gelangt, dort festgehalten werden, so daß eine Konzentrationserhöhung entsteht.

Es scheint mir, als wenn diese Art von Adsorptionspotential ganz ähnlich wie z. B. das elektrostatische Adsorptionspotential besonders geeignet ist, die sog. irreversiblen Adsorptionen verständlich zu machen.

Weitere Anwendung findet dieses Theorem der orientierten Adsorption auch bei spezielleren Fragen der Dispersoidchemie. Was für eine ebene Grenzfläche z. B. zwischen Benzol und Wasser gilt, bleibt natürlich bestehen, wenn es sich um gekrümmte Oberflächen handelt wie bei Emulsionen und Suspensionen, ja spielt hier offenkundig, entsprechend der enormen Vergrößerung der Oberfläche, eine noch größere Rolle. So kann man z. B. die Stabilisierung von Emulsionen etwa durch verdünnte Seifenlösungen ohne weiteres mit diesem Prinzip verknüpfen. Bei einem fettsauren Salze wird z. B. das Natriumion der Wasserseite zugekehrt sein, das Fettsäureradikal dagegen dem Benzol. Es findet so gleichsam eine Verankerung der Tröpfchen statt. Analoge Betrachtungen können aber auch für die Stabilisierung von Suspensionen, ja Kolloiden überhaupt angestellt werden. Die Theorien der stabilisierenden Wirkung nicht nur von Ionen, sondern auch z. B. von Zucker (in kleinen Mengen) auf typische Kolloide, überhaupt die speziellere physikalisch-chemische Strukturchemie kolloider Micellen macht schon seit langem von diesem Prinzip der orientierten Bindung von Molekülen Gebrauch, wenn sie die Entstehung von „Doppelschichten", die man um jedes kolloide Teilchen herum annehmen muß, auf ähnliche Weise erklärt, und das Theorem von Hardy-Langmuir-Harkins ist hier zweifellos schon in mannigfaltigster Weise vorbenutzt.

Man kann noch weiter gehen und z. B. auch die Erscheinungen der molekulardispersen Löslichkeit von diesem Gesichtspunkte aus betrachten. Benzol und Wasser sind praktisch sehr wenig löslich ineinander, werden es merklich durch Zusatz von Alkohol. Bedenkt man, daß wir im Alkohol wieder einen Kohlenwasserstoffrest C_2H_5 und auf der anderen Seite die Hydroxylgruppe haben, so würde man zunächst eine ganz analoge Orientierung der Alkoholmoleküle in der Grenzfläche Benzol-Wasser annehmen können, wie man sie bei den Fettsäuren nachgewiesen hat. Auch eine entsprechende Anhäufung oder Adsorption des Alkohols in dieser Grenzschicht ist einleuchtend. Bemerkenswert aber ist der Unterschied, daß diese gerichtete Adsorption von Alkoholmolekülen nicht zur Ausbildung oder Verstärkung, zur mechanischen Verfestigung dieser Grenzfläche führt wie etwa im Falle der Emulgierung, sondern umgekehrt zur Zerstörung derselben, zur gegenseitigen Mischung. Man kann sich vorstellen, daß eine solche ursprünglich strukturierte Grenzschicht zerbricht in ihre Bestandteile, so daß das ternäre System Benzol-Wasser-Alkohol aus Komplexen bestehen würde, die an den beiden Enden Benzolmoleküle und Wassermoleküle tragen und durch die verknüpfenden Alkoholmoleküle zusammengehalten werden. Auch die Wirkung anderer Lösungsvermittler oder „Kuppelkörper" wird neu beleuchtet von diesem Gesichtspunkt der lokal verschiedenen Reaktionsfähigkeit von Molekülstellen. Man denke an die Wirkungen von Naphthensäuren, Sulfosäuren, Tannin, an die „hydrotropen" Effekte der Salze organischer Säuren (Benzoate, Salicylate usw.), die C. Neuberg beschrieben hat usw.[1]).

Auf eine bemerkenswerte Konsequenz dieses Prinzips der Molekülorientierung in Adsorptionsschichten ist anscheinend noch nicht hingewiesen worden. Es ist von O. Wiener gezeigt worden, daß Systeme aus gleichgroßen und gleichgerichteten, speziell laminaren und zylindrischen Teilchen Doppelbrechung zeigen können, wenn die Teilchen oder Schichten klein sind im Vergleich zur Lichtwellenlänge. Letzteres ist bei Molekülen und kolloiden Teilchen der Fall. Es folgt hieraus, daß gelegentlich, soweit nämlich ausgesprochene Orientierung auftritt, Adsorptionsschichten doppelbrechend sein sollten. Eine systematische experimentelle Prüfung dieses Schlusses liegt meines Wissens in der Literatur nicht vor, ebensowenig wie übrigens der Schluß selbst. Wir kommen auf diese Frage noch später, bei der Besprechung der Beziehungen zwischen kristallinischen Flüssigkeiten und Kolloidchemie zurück.

Gestatten Sie mir, zum Schluß noch kurz auf einige ganz besonders merkwürdige, aber auch ganz besonders interessante Adsorptionsfälle einzugehen, die sich ergeben, wenn man z. B. die gegenseitige Adsorption zweier Kolloide oder auch eines Kolloids und eines Moleküldispersoids in Betracht zieht. Welcher der zwei genannten Anteile ist dann Adsorbens und welcher Adsorbendum? Offenbar verschwin-

[1]) Im Jahre 1917 hat der Verfasser zusammen mit Wi. Ostwald einen Patentanspruch eingereicht über ein Verfahren zur Stabilisierung, Dispergierung und Löslichkeitserhöhung, gekennzeichnet durch Verwendung von „Kuppelkörpern", die chemisch verwandt sind sowohl mit dem einen als auch mit dem andern zu vereinigenden Stoff. Der Ausgangspunkt dieser Erkenntnis war zunächst die Löslichkeitsbeeinflussung binärer Flüssigkeitsgemische durch dritte, wie oben beschrieben, der sich die verwandten Erfahrungen über Dispergierung und Stabilisierung anschlossen. Die im selben Jahre erschienenen Arbeiten von Langmuir und Harkins waren den Verfassern unbekannt und aus Kriegsgründen auch unzugänglich. Es handelt sich wieder um ein Beispiel dafür, daß gewisse Erkenntnisse „in der Luft zu liegen" pflegen und gleichzeitig und unabhängig an verschiedenen Stellen entstehen.

den bei der gegenseitigen Adsorption höherdisperser Systeme die Unterschiede zwischen Adsorbens und Adsorbendum, ganz genau sowie bei dem oben herangezogenen Fall der chemischen Vereinigung von Molekülen. Letztere Analogie geht aber noch viel weiter. Zunächst findet natürlich durch die gegenseitige Adsorption zweier disperser Phasen eine Dispersitätsverringerung des gesamten Systems statt. Es kann also schon durch die gegenseitige Adsorption zweier disperser Systeme eine Niederschlagsbildung erfolgen, wie wir sie z. B. bei der gegenseitigen Fällung zweier entgegengesetzt geladener Kolloide gesehen haben. Sodann ist aber durch das Experiment gezeigt worden, daß diese Niederschlagsbildung nur bei gewissen ganz bestimmten Konzentrationen eintritt, resp. vollständig ist[1]), wobei dieses Mengenverhältnis gelegentlich noch stöchiometrische Zahlen ergeben kann[2]). Dies sind weitere Analogien zu der chemischen Vereinigung von Molekülen, die es unter Umständen ganz außerordentlich schwer machen, zu unterscheiden, ob wir es mit rein chemischen Niederschlagsbildungen oder mit den physikalischen Konsequenzen gegenseitiger Adsorptionen zu tun haben. Erwägen wir schließlich noch, daß auf Grund der obigen Ausführungen Adsorptionserscheinungen auch auf Grund einer chemischen Verwandtschaft zustande kommen und natürlich auch bei gegenseitigen Adsorptionen disperser Systeme auftreten können, — so ergibt sich ein Übergang zwischen diesen kolloidchemischen und rein chemischen Reaktionen, dessen Stetigkeit dem betrachtenden Forscher wegen ihrer Konsequenzen geradezu unheimlich erscheinen kann, und der gebieterisch nach einer gemeinsamen Betrachtungsweise dieser Phänomene ruft, deren Endglieder wir „rein mechanische" und „rein chemische" Erscheinungen zu nennen pflegen.

Meine Herren, solche Rufe nach gemeinsamer Betrachtung dieser Dinge von einem höheren, allgemeineren Gesichtspunkte aus, sind schon lange erschallt[3]). Aber erst in den letzten Jahren (und vielleicht auch nur vor den Augen einzelner Forscher) dämmert gleichsam der Schein eines solchen allgemeineren theoretischen Lichtes, unter dem nicht nur allgemeine Physik und allgemeine Chemie, sondern auch physikalische und chemische Erscheinungen in dispersen Systemen friedlich und fruchtbar nebeneinander stehen, etwa ebenso wie Lösungen, kolloide

---

[1]) Vgl. insbesondere die Arbeiten von J. M. von Bemmelen, W. Biltz und anderen; Literatur in Grundriß, 1. Aufl. (1909), S. 404ff.

[2]) Siehe z. B. A. Sanin, Koll.-Ztschr. 13, 305 (1913).

[3]) Siehe z. B. Wo. Ostwald, Die Entwicklung der neueren Kolloidchemie, 1. Aufl. 1912; auch erschienen in Koll. Beih. 4, 17 (1912).

und grobe Dispersionen in bezug auf manche optische mechanische Erscheinungen es heute schon tun. Es ist dies die elektronistische Theorie der Materie zusammen mit der Gittertheorie und der Dipol-Lehre. Verzeihen Sie, wenn ich Ihnen hier nur diese Stichworte hinwerfe. Es wäre zweifellos ein allzugroßes Wagnis, wenn ich es heute schon unternehmen wollte, Ihnen näher zu schildern, wie ich mir diese Vereinigung im besonderen Falle disperser Systeme denke. Aber Ihnen ist ja bekannt, daß die neuere Elektronistik die chemischen Valenzkräfte, wie etwa W. Kossel zeigte, mit denselben vorwiegend elektrostatischen Denkmitteln verständlich zu machen sucht wie z. B. die Kompressibilität von Kristallen (M. Born), und soweit wir von Sicherheit in diesen Schlüssen auch entfernt sind — wohl keiner kann sich heute mehr der Folgerung entziehen, daß in diesen Ansätzen ein Teil Wahrheit enthalten ist, und daß sie erstaunlich fruchtbare Ansätze sind. Wenn ich ein bißchen prophezeien darf: Auch in der Kolloidchemie, ja besonders hier, werden Elektronistik, besonders aber Gittertheorie und Dipol-Lehre in den nächsten zwanzig Jahren von grundlegender Bedeutung werden. —

Ich kann hier die Schilderungen der wichtigsten Phänomene und Ideen der reinen Kolloidchemie in ihrer neueren Entwicklung zwar nicht abschließen, wohl aber abbrechen. Ich hoffe, daß Sie selbst gemerkt haben, daß der Reichtum dieser neuen Wissenschaft so überaus groß ist, daß ich auch in der doppelten Zeit Ihnen nur eine Skizze dieses Gebietes hätte vorlegen können. — In den nächsten zwei Besprechungen werde ich nun versuchen, Ihnen über einige wissenschaftliche und technische Anwendungen der Kolloidchemie zu berichten.

IV.

Die wissenschaftlichen Anwendungen der Kolloidchemie.

Meine Herren, wir wollen in den letzten zwei uns zur Verfügung stehenden Stunden über die Anwendungen der Kolloidchemie sprechen. In zweierlei Sinne können wir eine Wissenschaft anwenden. Es ist uns allen geläufig, daß wir etwa in Biologie und Mineralogie Physik und Chemie nicht nur anwenden können, sondern sogar müssen. Eine Wissenschaft kann also auf andere Wissenschaften angewandt werden, wennschon eine solche Verknüpfung nicht mit jedem beliebigen Paar von Wissenschaften und nicht in jedem beliebigen Verhältnis derselben möglich ist. So können wir gewiß Chemie auf die biologische Lehre von der Vererbung, aber nicht umgekehrt Vererbungslehre auf Chemie anwenden, wobei wir aber auf die philosophischen Gründe dieser Sachlage hier nicht eingehen wollen[1]. Auf der anderen Seite kann man aber eine Wissenschaft anwenden auf technische, praktische, industrielle Erscheinungen und Probleme, wie Ihnen ja allen geläufig ist.

Auch die Kolloidchemie ist einer solchen zweifachen Anwendung fähig. Ja ich kann nicht anders, als meine Ausführungen über die wissenschaftlichen und technischen Anwendungen der Kolloidchemie mit dem „großen Wort" beginnen, daß seit den letzten fünfunddreißig Jahren, seit der Begründung der sog. klassischen physikalischen Chemie der molekularen Lösungen kein einziger Zweig der Physik und Chemie entstanden ist, der sich in Bezug auf wissenschaftliche und technische Anwendbarkeit mit der Kolloidchemie auch nur annähernd vergleichen könnte. Ich versichere Sie, daß ich mir der Größe dieses Anspruches voll bewußt bin, aber ich bilde mir ein, durchaus bereit zu sein zur Verteidigung dieser These, und die heutige sowie unsere nächste Besprechung sollen den

[1] Die Anwendbarkeit von Wissenschaften aufeinander wird reguliert durch dasjenige begriffliche Verhältnis zueinander, das in der bekannten Wissenschaftspyramide von A. Comte und Wilh. Ostwald zum Ausdruck gebracht ist.

Versuch darstellen, Sie von der Angemessenheit dieser Behauptung zu überzeugen. Ich weiß sehr wohl, daß z. B. die Radiochemie, die man in bezug auf ihr Alter eine Schwesterwissenschaft der Kolloidchemie nennen könnte, Resultate gezeitigt hat, die unser Wissen von der Natur auf das einschneidendste modifiziert und auf das überraschendste erweitert haben. Aber in bezug auf Anwendungen, in bezug auf die Zahl und die Mannigfaltigkeit wissenschaftlicher und technischer Probleme, die durch eine neue Wissenschaft angegriffen und vielleicht gelöst werden können, kann sich selbst eine Radiochemie nicht im entferntesten mit der Kolloidchemie messen.

Habe ich Ihnen bereits geklagt, daß der Reichtum der Erscheinungen und Ideen in der reinen Kolloidchemie eine angemessene Darstellung ihrer Hauptergebnisse schwer macht, so muß ich dasselbe Klagelied nur noch viel lauter anstimmen, wenn ich jetzt versuchen will, der angewandten Kolloidchemie gerecht zu werden. Ich glaube nicht, daß jemand sich z. B. getrauen würde, alle Abhandlungen durchzulesen, in denen etwas über die Anwendung der Kolloidchemie auf biologische und medizinische Probleme steht. Und analog wären eigentlich schon jetzt ganze Bücher nötig, um allein über die Geschichte kolloidchemischer Anschauungen auf relativ so speziellen technischen Gebieten wie auf denen der Färberei und Gerberei zu orientieren. Natürlich kann man auch gelegentlich beobachten, daß im Schwunge dieser neuen Erkenntnis Probleme als kolloidchemisch bezeichnet werden, die in ein anderes Wissenschaftsgebiet gehören. Aber trotz solcher gelegentlichen Fehlgriffe wird jeder, der ein wenig eingehender die Entwicklung der angewandten Kolloidchemie beobachtet hat, ohne weiteres mit mir übereinstimmen, daß nicht nur Zahl und Art der bereits sicher erkannten Anwendungsgebiete verwirrend groß und verschiedenartig sind, sondern daß auch die zukünftigen Grenzen dieser Anwendbarkeit heute noch gar nicht abzuschätzen sind. Es erscheint immer noch als ein gutes Geschäft, auf die weitere Anwendbarkeit der Kolloidchemie zu spekulieren.

Angesichts dieser Sachlage kann ich Ihnen in diesen zwei Vorträgen nichts weiter darbieten als eine bescheidene Auswahl aus dem Reichtum der angewandten Kolloidchemie. Es bestehen dabei die zwei Möglichkeiten, daß ich Ihnen entweder über ein paar Anwendungsgebiete verhältnismäßig eingehend berichte, oder aber, daß ich versuche, durch eine möglichst umfassende Darstellung Ihnen einen Überblick über das ganze Anwendungsgebiet zu geben. Ich muß, wenn ich das letztere zu tun versuche, oberflächlich sein und muß darauf verzichten, Einzelheiten zu erwähnen und insbesondere in jedem Falle genau abgrenzen, was an ihm kolloidchemisch ist und was nicht. Aber ich glaube doch, Ihren Wünschen besser zu entsprechen, wenn ich die zweite Möglichkeit wähle und das Moment der Mannigfaltigkeit oder Verschiedenartigkeit der angewandten Kolloidchemie nicht unterdrücke, sondern hervorhebe. Denn das letztere Moment gehört meiner Meinung nach zu den bemerkenswertesten und charakteristischsten Kennzeichen der modernen Kolloidchemie, von der ich Ihnen hier ein Bild entwerfen soll.

Wir wollen uns heute mit den wissenschaftlichen Anwendungen der Kolloidchemie beschäftigen. Schon im Rahmen der Chemie in ihren allgemeineren Sinne selbst finden wir zahlreiche Anwendungen. Beginnen wir mit dem Spezialzweig der Chemie, in dem wir in der Regel zuerst unterrichtet werden, mit der analytischen Chemie. Schon in unserer ersten Besprechung zeigte ich Ihnen ein kolloidchemisches Phänomen aus diesem Gebiete, das Durchlaufen von Niederschlägen, etwa von Sulfiden, durch Filtrierpapier. Die verschiedenen Maßregeln, welche die analytische Chemie zur Vermeidung dieses Phänomens gibt, sind z. B. Arbeiten in nicht zu verdünnten Lösungen, Stehenlassen der Niederschläge evtl. bei höherer Temperatur, Zusatz von Salzlösungen usw. Nach dem, was ich Ihnen inzwischen über den Einfluß der Konzentration auf den Dispersitätsgrad von Reaktionsprodukten, über Alterungs- und Koagulationserscheinungen von Kolloiden gesagt habe, erhalten diese Vorschriften sofort eine rationale, nämlich kolloidchemische Grundlage.

Umgekehrt geben uns aber die Methoden der Kolloidchemie auch Mittel in die Hand mit diesen kolloiden Niederschlägen weiter zu arbeiten, ohne sie erst in grobdisperser Form überzuführen. Ich bin, glaube ich, der erste gewesen, der die Ihnen früher gezeigten Ultrafilter für analytische Zwecke benutzt hat, nämlich zur schnellen Trennung und quantitativen Analyse so unangenehm filtrierbarer Niederschläge wie $BaSO_4$[1]). In neuerer Zeit ist von R. Zsigmondy und seinen Schülern, speziell von G. Jander, diese Methodik vielfältig ausgearbeitet worden. Weitere sehr interessante analytische Anwendungen der Kolloidchemie finden wir unter den Methoden zum Nachweis minimaler Mengen von Edelmetallen. Bei Besprechung der Farbenerscheinungen in Kolloiden machte ich Sie auf die außerordentliche Intensität der Farben kolloider Edelmetalle aufmerksam, eine Intensität, die gelegentlich sogar größer war als die Farbkraft der Anilinfarbstoffe. Es ist ganz natürlich, daß man diese Eigenschaft zum analytischen

---

[1]) Wo. Ostwald, Koll. Beih. 10, 207 (1919).

Nachweis von Spuren dieser Metalle benutzt hat, und so besteht denn auch schon eine der ältesten und bekanntesten Methoden zum Nachweis von Gold in der Erzeugung der betreffenden Kolloidfärbung. Ich meine hiermit die Bildung des Cassiusschen Goldpurpurs, die einen typischen Fall eines Niederschlags darstellt, der durch die gegenseitige Fällung zweier Kolloide in Form einer Adsorptionsverbindung entsteht. Die Probe beruht zunächst auf der Reduktionswirkung von Zinnchlorür auf Goldsalze, wobei kolloides Gold und kolloide Zinnsäure entstehen, die sich dann in Gestalt des bekannten rot-violetten Niederschlags vereinigen. Es gibt aber noch viel empfindlichere, auf demselben Prinzip beruhende Methoden zum Nachweis kleinster Mengen von Edelmetallen, und eine derselben möchte ich Ihnen hier zeigen (Dem.). Nach den hübschen, viel zu wenig bekannten Untersuchungen von J. Donau werden verdünnte Lösungen von Edelmetallsalzen auch in der Borax- oder Phosphorsalzperle zu festen kolloiden Lösungen reduziert, indem sie der sonst farblosen Schmelze je nach ihrem Dispersitätsgrad und nach der Art des Metalls verschiedene Färbungen erteilen. Ich bereite nun in der Platinöse über dem Bunsenbrenner auf ganz normale Art eine Boraxperle vor, indem ich das Salz zum „Schäumen“ bringe, befeuchte das letztere dann vorsichtig mit sehr verdünnter Goldchloridlösung und schmelze das Gemisch dann endgültig zur Perle. Wie Sie bei näherer Betrachtung sehen werden, hat die Perle eine ausgesprochen rosenrote Färbung angenommen, die Farbe des hochkolloiden Goldes. Würde ich konzentriertere Goldlösungen nehmen, so würde ich violette und blaue Perlen erhalten, entsprechend dem geringeren Dispersitätsgrad des reduzierten Goldes, und ebenfalls schlägt die Farbe bei längerem Erhitzen meist nach Violett um, da nämlich bei längerem Verweilen des kolloiden Goldes in der flüssigen Schmelze Dispersitätsverringerungen und schließlich Koagulation eintritt. Mit Silber erhält man meist braune und gelbe, mit Platin auch violette Perlen. Von besonderem Interesse ist nun aber die Empfindlichkeit dieser Methoden. Wie Sie wissen, ist das Verfahren der Spektralanalyse besonders berühmt durch seine überaus große Empfindlichkeit. Da ist es nun gewiß sehr bemerkenswert, feststellen zu können, daß in bezug auf den Nachweis von Edelmetallen die kolloidchemische Methode der spektralanalytischen nicht nur gleichkommt, sondern sie in einigen Fällen ganz wesentlich übertrifft. Die kleinsten Mengen von Gold, die man spektralanalytisch nachweisen kann, betragen 130 Milliontel Milligramm. Auf kolloidchemischem Wege können wir aber noch 2 Milliontel Milligramm erkennen. Die entsprechenden Zahlen sind bei Platin 130 und 50, während beim Silber wiederum die spektralanalytische Methode etwas empfindlicher ist (50 zu 180)[1]). Sie sehen also, daß die kolloidchemischen Methoden nicht nur anderen gleichwertig sein können, sondern sogar die Grenzen der uns experimentell zugänglichen Stoffmengen verschieben und erweitern können.

Ich sagte Ihnen bei der Herstellung von kolloidem Gold in unserer ersten Vorlesung, daß sehr verschiedene Stoffe speziell organischer Natur als Reduktionsmittel benutzt werden können. So ist neuerdings von P. P. v. Weimarn[2]) gezeigt worden, daß man Goldsole herstellen kann, indem man einfach ein bißchen in das siedende Wasser hineinspuckt, zu dem man das Goldsalz gibt, und A. Janek[3]) fand, daß auch das Einwerfen eines winzigen Zigarrenspitzchens zu gleichem Resultat führt. Unter den vielen organischen Reduktionsmitteln gibt es einige, die ganz besonders energisch z. B. auf Goldsalze wirken, so daß man umgekehrt die Bildung von kolloidem Gold für den Nachweis derartiger organischer Reduktionsmittel verwenden kann. Ein solcher Stoff ist z. B. die sog. Humussäure, jene intensiv gefärbte, ebenfalls meist in kolloidem Zustande auftretende kohlenstoffreiche Substanz, die der Ackererde ihre schwarze Färbung verleiht. Humussäuren reduzieren in so kleinen Konzentrationen Goldsalzlösungen zu kolloidem Gold, daß diese Reaktion schon frühzeitig zum Nachweis kleiner Mengen von Humussäuren selbst benutzt worden ist[4]). Ein analoges Beispiel haben Sie in der sog. Leyschen Probe zur Unterscheidung von natürlichem und künstlichem Honig. Reduziert man nämlich eine ammoniakalische Silbernitratlösung mit einigen Tropfen der stark verdünnten Honigproben, so entsteht in beiden Fällen kolloides Silber, das bei sonst gleichen Versuchsbedingungen bei der natürlichen Honigprobe jedoch anders, meist mehr rotgelb gefärbt ist als in der künstlichen Honiglösung, die einen dunkleren, mehr grünlichen Ton aufweist. Hier sind es jedenfalls minimale Mengen von Eiweiß, oder vielleicht ätherischen Ölen besonderer Art im natürlichen Produkt, durch deren „Schutzwirkung" der Farbunterschied, d. h. der höhere Dispersitätsgrad des kolloiden Silbers im Naturprodukte entsteht, Stoffe, die man dem Kunstprodukt einzuverleiben noch nicht verstanden hat. Obgleich ich eine solche Untersuchung natürlich nicht empfehlen würde, sollte es dem Kolloidchemiker eigentlich nicht schwer fallen, auch diesen

[1]) Siehe J. Donau, Koll.-Ztschr. **2**, 273 (1908).

[2]) P. P. von Weimarn, Koll.-Ztschr. **39**, 167 (1926).

[3]) A. Janek, Koll.-Ztschr. **41**, Heft 3 (1927).

[4]) P. Ehrenberg, Koll.-Ztschr. **5**, 30 (1909).

Unterschied zwischen Natur- und Kunstprodukt durch einen Zusatz entsprechender, als Schutzkolloid wirkender Stoffe zu beseitigen. Das praktische Resultat einer solchen Untersuchung würde dann vielleicht in einer Umkehrung der Leyschen Probe bestehen, insofern als die Fabrikanten vermutlich auch hier, wie meist, zuviel von diesem Schutzkolloid zusetzen würden.

Gehen wir zu anderen Zweigen der Chemie, in denen die Kolloidchemie Anwendung gefunden hat. Gestatten Sie, daß ich ein Beispiel anführe, das in gleicher Weise die anorganische Chemie und die Photochemie interessiert. Es ist Ihnen vielleicht bekannt, daß zu den interessantesten und meistdiskutierten Problemen in der photographischen Chemie die Frage nach der chemischen Natur der Substanz des latenten Bildes gehört. Experimentell weiß man, daß es sich um irgendein Reduktionsprodukt des Silberhaloids handeln muß, d. h. also um eine Verbindung, die mehr Silber und weniger Haloid enthält als z. B. durch die Formel AgCl dargestellt wird. Fernerhin ist dieses Reduktionsprodukt oder das „Photohaloid" ausgezeichnet durch lebhafte und insbesondere sehr verschiedenartige Farben (Gelb, Rot, Violett, Blau usw.), die Sie wahrnehmen, wenn Sie photographische Platten lange belichten ohne nachher zu entwickeln. Die bis vor kurzem herrschende und auch noch jetzt von einigen Forschern vertretene ältere Theorie bestand nun in der Annahme der Existenz eines sog. Subhaloids, d. h. einer Verbindung etwa von der Formel Ag_2Cl. Die Hauptschwierigkeit für diese Theorie liegt nun darin, daß man erstens dieses Subhaloid nie hat analytisch isolieren oder darstellen können und daß man zweitens zu der Annahme einer ganzen Anzahl verschieden gefärbter Subhaloide (α-, β-, γ-, δ- usw. Haloide) gezwungen war, die noch dazu stetig ineinander übergehen mußten. Vielleicht erinnern Sie sich nun schon selbst an die verschiedenen Farben des kolloiden Silbers, die ich Ihnen früher zeigte und kommen selbst auf einen Gedanken, der nach dem Vorgang von R. Abegg und R. Lorenz besonders durch zahlreiche und eingehende Untersuchungen von Lüppo-Cramer[1]) heute praktisch zur Gewißheit erhoben worden ist. Es handelt sich bei den Photohaloiden nicht um irgendwelche chemische Verbindungen, die Silber und Halogen

---

[1]) Siehe die zahlreichen Publikationen von Lüppo-Cramer über die Beziehungen der Kolloidchemie zur Photographie in sämtlichen Bänden der Koll.-Ztschr., ferner die selbständigen Werke „Kolloidchemie und Photographie", Dresden 1908 und „Kolloides Silber und die Photohaloide", Dresden 1908 und die eben erschienene dritte Auflage des zusammenfassenden Werkes: „Grundlagen der photograph. Negativverfahren" (Halle 1927, W. Knapp).

in stöchiometrischen Verhältnissen enthalten, sondern um Adsorptionskomplexe von kolloidem Silber wechselnden Dispersitätsgrades und normalen unreduziertem Silberhaloid. In sehr demonstrativer Weise ist die Richtigkeit dieser kolloidchemischen Theorie durch die Versuche von W. Reinders[1]) dargetan worden, dem es gelang, diese Photohaloide in verschieden gefärbten Kristallen synthetisch darzustellen. Er erzielte aber die verschiedenen Farben dadurch, daß er die Kristallisation des Silberhaloids in Gegenwart von hinzugegebenen verschieden gefärbten Silbersolen vor sich gehen ließ. Die Kristalle nahmen dann das kolloide Silber auf und erschienen mit denselben resp. ähnlichen Farben. Dies ist gewiß ein sehr eleganter Beweis für die kolloidchemische Auffassung der Photohaloide. Nebenbei möchte ich noch bemerken, daß auch zahlreiche andere Kolloide, z. B. organische Farbstoffe, aber auch Gelatine bei der Kristallisation aufgenommen wurden, eine sehr nachdenkliche Tatsache, insofern sie zeigt, daß Kristallisieren in Gegenwart von Kolloiden keineswegs immer eine Reinigung des betreffenden Stoffes bedeutet. Es sind auch noch andere Fälle in der anorganischen Chemie bekannt, in denen kolloide Verunreinigungen und ihre Konsequenzen in bezug auf Farbe usw. irrtümlicherweise zur Aufstellung von verschiedenen chemischen Verbindungen, sog. Chromoisomerien usw., geführt haben[2]), und ganz allgemein kann man sagen, daß verschiedene Färbung anorganischer Verbindungen durchaus nicht immer und a priori auf chemische bzw. chemische Strukturverschiedenheiten zurückzuführen ist, sondern daß es neben chemischen Chromoisomerien auch kolloidchemische Zustandsisomerien, im besonderen: Dispersitätsisomerien gibt. Ein bekanntes derartiges Beispiel ist das gelbe und rote Quecksilberoxyd, wobei die rote Form stets die gröber disperse ist[3]). Wir werden auf solche Beziehungen zwischen Farbe und Dispersitätsgrad noch später, bei Besprechung analoger Fälle in der organischen Chemie zurückkommen.

---

[1]) Siehe W. Reinders, Koll.-Ztschr. 9, 10 (1911); daselbst weitere Literatur.

[2]) Eine solche vermeintliche Chromoisomerie ist z. B. von O. Hauser beim Kaliumferrizyanid aufgedeckt worden, Ber. d. Dtsch. Chem. Ges. 45, 3516 (1912), wodurch die Anwesenheit von kolloidem Berlinerblau eine Chromoisomerie vorgetäuscht wurde. Der Verfasser glaubt, daß auch noch andere Fälle von Chromoisomerie auf ähnliche kolloidchemische Erscheinungen zurückzuführen sind. (Näheres siehe im noch nicht erschienenen zweiten Bande von „Licht und Farbe in Kolloiden" im Handb. d. Kolloidchemie 1 (1925)).

[3]) Über die dispersitätsisomeren Formen der Quecksilberjodids siehe das zit. Buch von Lüppo-Cramer, S. 71 ff. mit reichlichen Literaturangaben.

Ich kann nur ganz flüchtig darauf hinweisen, daß noch zahlreiche andere anorganische Verbindungen, z. B. solche mit Wasser (Hydrate) sich im Laufe der Zeit als Kolloid- oder Adsorptionsverbindungen erwiesen haben, wie z. B. manche der verschieden wasserhaltigen Hydroxyde[1]), daß sich wiederum andere Verbindungen, wie etwa die verschiedenen Zinnsäuren, im wesentlichen als ein und dieselbe chemische Substanz, aber in verschiedenem Dispersitätsgrade, ergeben haben[2]), daß

---

[1]) Vgl. die zahlreichen Abhandlungen von J M. von Bemmelen in „Die Absorption", herausgegeben von Wo. Ostwald (Dresden 1910).

[2]) Vgl. W. Mecklenburg, Ztschr. f. anorg. Chemie **64**, 368 (1909); **74**, 207 (1912); Referat in Koll.-Ztschr. **11**, 202 (1912). — In neuerer Zeit ist von R. Willstätter und seinen Mitarbeitern (zahlreiche Arbeiten in den Ber. d. Dtsch. Chem. Ges. **56**, 57ff; ab 1923), die vor ca. 50 Jahren (ab 1880) schon von J. M. von Bemmelen entwickelte und seitdem von verschiedener Seite (R. Zsigmondy, W. Biltz, W. Mecklenburg usw.) weiter ausgearbeitete Anschauung, daß sich unter diesen Hydraten auch solche nicht stöchiometrischer Zusammensetzung, also Adsorptionshydrate finden, ziemlich lebhaft angegriffen worden. Die Unterschiede zwischen den zahlreichen bekannten Modifikationen sind nach R. Willstätter nicht dispersoidchemischer, sondern nur chemischer Natur. Nun ist z. B. für die verschiedenen Zinnsäuremodifikationen, die besonders nach W. Mecklenburgs systematischen quantitativen Untersuchungen im wesentlichen Dispersitätsisomere sind, neuerdings von E. Posnjak (Journ. physic. Chem. **30**, 1073 [1926]) in sehr überzeugender Weise durch quantitative Röntgenoskopie gegen Willstätters Ansicht und für die kolloidchemische Auffassung entschieden worden. Denn die nach Willstätter chemisch verschiedenen Zinnsäuremodifikationen ergaben nicht nur in bezug auf Lage und Intensität der Ringe dasselbe Röntgendiagramm, was bei chemischer Verschiedenheit nicht möglich wäre, sondern die Breite der Linien variierte bei verschiedenen Modifikationen, ein Zeichen von verschiedener Teilchengröße von Kristallen derselben chemischen Zusammensetzung, im Sinne also einer Dispersitätsisomerie. Auch für Eisenoxydhydrate haben Untersuchungen mit physikalisch-chemischen Methoden, wie sie A. Simon und Th. Schmidt (Zsigmondy-Festschr. 64 [1923]) im Anschluß an Arbeiten von G. Hüttig ausführten, keine Anhaltspunkte für die Existenz verschiedener Einzelhydrate ergeben, wennschon ein stöchiometrisches Hydrat z. B. im kristallisierten Gel auch nach diesen Untersuchungen möglich ist und z. B. auch von J. M. van Bemmelen (Die Absorption, 390) durchaus angenommen wurde. — Vielleicht darf der Verfasser folgendes zur Vermittlung in dieser Frage bemerken: Trotzdem R. Willstätter zu Anfang und zu Ende seiner Ausführungen die dispersoidchemische Auffassung solcher Fälle ablehnt, weist er selbst im experimentellen Teil mehrfach auf dispersoidchemische oder kapillarchemische Variablen hin, welche z. B. störend bei der rein chemischen Bearbeitung der Präparate auftreten. Es handelt sich also vielleicht zum Teil nur um eine quantitativ verschiedene Einschätzung der Wichtigkeit dieser kolloidchemischen Variablen auf beiden Seiten. Sodann aber wird der Begriff der „stöchiometrischen Zusammensetzung" und der „chemischen Verbindung" im Gegensatz zu Adsorptionsverbindungen in der Literatur in sehr verschieden weitem Sinne gebraucht. Manche Forscher sprechen von einer chemischen Verbindung, wenn es möglich ist unter konstanten Reaktionsbedingungen einen konstant zusammengesetzten,

die merkwürdigen Lösungen der Alkalimetalle oder des Schwefels in flüssigem Ammoniak (besonders bei höherer Konzentration) wahrscheinlich Lösungen von kolloidem Dispersitätsgrade ergeben usw.[1]).

Auch in der organischen Chemie sind die Anwendungen der Kolloidchemie nicht nur schon jetzt überaus zahlreich, sondern eine noch viel größere Ernte steht hier bevor. Alle jene schmierigen, schleimigen, klebrigen, harzigen, pechartigen usw. Massen, die nicht kristallisieren wollen und die der Abscheu des normalen Organikers sind, die er sorgfältigst zu hinterst in sein Regal stellt mit der Aufschrift: „Zu weiterer Bearbeitung nicht geeignet" — gerade diese Dinge sind umgekehrt das Entzücken des Kolloidchemikers. Denn in den meisten Fällen sind die genannten Eigenschaften ja gerade die Eigentümlichkeiten von Kolloiden, insbesondere von solvatisierten Emulsoiden und schließlich einer Sorte von Kolloiden, über die ich bisher noch gar nicht gesprochen habe, den sog. Isokolloiden[2]). Erinnern Sie sich bitte daran, daß wir unter einem Kolloid weiter nichts als ein disperses System von einem bestimmten Dispersitätsgrade verstanden haben. Nun sind aber Fälle nicht nur denkbar, sondern tatsächlich auch realisiert, in denen disperse Phase und Dispersionsmittel dieselbe chemische (analytische) Zusammensetzung haben und doch nicht zu einem homogenen resp. mole-

---

Niederschlag zu reproduzieren, wobei es oft nicht einmal für nötig angesehen wird, daß z. B. zwischen Anhydrid und gebundenem Wasser ganzzahlige Molekülverhältnisse gefunden werden. Dies ist offenbar ein sehr weiter Begriff der chemischen Verbindung und unterscheidet sich radikal von einer anderen Definition, die fordert, daß die Zusammensetzung einer chemischen Verbindung weitgehend unabhängig sein soll von den Versuchsbedingungen, und daß speziell eine chemische Verbindung hylotroper Umwandlungen fähig sei, m. a. W. geschmolzen, umkristallisiert, umdestilliert usw. werden kann, ohne ihre Zusammensetzung zu ändern. Wählt man erstere Definition: Reproduzierbarkeit unter konstanten Versuchsbedingungen, so kann man natürlich alle Adsorptionsverbindungen als chemische Verbindungen ansprechen. Wählt man die engere Definition: Stabilität und Unabhängigkeit der Zusammensetzung innerhalb eines gewissen Variationsbereichs der Versuchsbedingungen, so gehören manche Oxydhydrate nach Willstätters eigenen Untersuchungen nicht zu solchen chemischen Verbindungen. Natürlich gibt es auch chemische Verbindungen von sehr kleinem Stabilitätsbereich und theoretisch steht nichts im Wege, auch solche Verbindungen chemisch zu nennen, bei denen das Stabilitätsgebiet nur auf einem Punkt einer kontinuierlichen Dampfdrucklinie oder auf ein minimales Temperaturgebiet beschränkt ist. Nur muß man sich bei einer solchen Erweiterung bewußt bleiben, daß sie verglichen mit der Stabilität normaler chemischer Verbindungen einer gewaltigen Inflation des Begriffes „chemisch" gleichkommt.

[1]) Siehe Wo. Ostwald, Kolloidchem. Beih. 2, 437ff.

[2]) Der Begriff der Isokolloide wurde aufgestellt und entwickelt in des Verfassers Grundriß, 2. Aufl., 128ff. (1911).

kulardispersen Gebilde verschmelzen. So ist z. B. eine polymere Verbindung sehr häufig nicht molekular löslich in ihrer monomeren Form, und das gleiche gilt für manche Paare von isomeren Stoffen. Um ein besonders interessantes Beispiel zu nennen, möchte ich Sie an die künstliche Synthese des Kautschuks durch Polymerisation von Isopren erinnern. Hier findet z. B. bei mehrstündigem Erhitzen allmählich eine Polymerisation zu einem kolloiden Produkt statt, das zunächst in dem monomeren Isopren kolloid gelöst ist, dessen Viskosität erheblich vermehrt, durch Alkohol ausgefällt werden kann, usw. Ja es gibt Kolloide, die aus einem einzigen Element bestehen, insofern als natürlich auch zwei Elemente in verschiedenen sog. allotropen Zuständen ineinander kolloid verteilt sein können[1]). Es ist Ihnen ja bekannt, daß z. B. Schwefel oder Phosphor in einer ganzen Anzahl von verschiedenen physikalischen Zuständen oder allotropen Modifikationen auftreten können, und es gibt eine ganze Reihe von Gemischen solcher allotroper Modifikationen, die z. T. nachweislich, z. T. mit größter Wahrscheinlichkeit kolloide Gemische darstellen. So verwandelt sich bekanntlich weißer Phosphor im Lichte allmählich in die rote Modifikation. Unter einem lichtstarken Ultramikroskop kann man aber direkt sehen, wie diese allotrope Umwandlung diskontinuierlich oder punktweise in der weißen Schmelze vor sich geht, indem sich unter dem Einflusse des Lichtes typische kolloide Teilchen bilden, die sich — ganz ähnlich wie bei der Gelatinierung, — allmählich zu größeren Aggregaten, zu Netzstrukturen, Gelgerüsten usw. zusammenlagern[2]). Auch in der Schmelze des Schwefels zwischen 160 und 200° haben wir mit großer Wahrscheinlichkeit ein kolloides Emulsoid zweier Schwefelmodifikationen, wie aus der völligen Übereinstimmung der bekannten Viskositätsanomalie mit dem

[1]) Der von manchen Phasentheoretikern hier erhobene Einwand, daß aus gleichgewichtstheoretischen Gründen Isodispersoide nicht existieren können, erscheint dem Verf. zunächst als der Versuch einer Vergewaltigung der Natur. Denn es existieren tatsächlich zahllos solche disperse Gemische allotroper Elemente, wie z. B. die an andern Orten (Grundriß, 2. Aufl., 128ff.[1911]) angeführten Beispiele zeigen, zu denen man noch viele Metalle, wie z. B. das Zinn und Zink, hinzufügen kann. Dadurch, daß diese Systeme aus der Gleichgewichtslehre herausfallen, da sie vielfach unstabil sind, verschwinden sie aber weder aus der Natur, noch verringert sich ihre eminente wissenschaftliche und praktische Bedeutung. Aber auch theoretisch ist dieser Einwand nicht stichhaltig, da nach W. Gibbs selbst phasentheoretische Betrachtungen in der üblichen Form ungültig sind, sowie die Anteile an Energie (und Entropie), die in den Trennungsflächen der Phasen sitzen, nicht mehr zu vernachlässigen sind gegenüber den Anteilen in den Massen (siehe des Verfassers Grundriß, 8. und 9. Tausend, [1925], 132). Kolloide sind definitionsgemäß derartige Systeme.

[2]) Siehe H. Siedentopf, Ber. d. Dtsch. Chem. Ges. 43, 692 (1910).

Verhalten der Viskosität bei einer kolloiden Entmischung und noch aus manchen anderen Gründen hervorgeht[1]). Zu solchen Isodispersoiden und speziell Isokolloiden gehören nun sehr wahrscheinlich viele Harze, viele Öle und insbesondere auch wohl die Mehrzahl jener „peinlichen Reste", die sich der normalen chemischen Verarbeitung durch Kristallisieren usw. entziehen.

Vielleicht ist hier auch der Ort, auf eine andere, den Isokolloiden in gewissem Sinne verwandte Klasse kolloider Systeme zu sprechen zu kommen, auf die sog. Eukolloide. Das Grundprinzip unserer Betrachtungen, die Kennzeichnung kolloider Systeme als disperse Systeme mittleren Dispersitätsgrades — nichts mehr und nichts weniger — enthält keinerlei Voraussetzungen darüber, auf Grund welcher Kräfte dieser mittlere Zerteilungsgrad herbeigeführt und aufrecht erhalten wird. Wenn wir ein Mastixsol herstellen durch Eingießen einer molekularen alkoholischen Lösung in Wasser, so sind es Löslichkeitsbedingungen, die dem Niederschlag im geeigneten Falle den kolloiden Zerteilungsgrad zwischen 1 und 100 $\mu\mu$ erteilen. Bei der Herstellung von kolloidem Gold durch Reduktion sind es die Geschwindigkeiten der Keimbildung und der Kristallisation, die für den Dispersitätsgrad des Produktes verantwortlich sind. Aber auch rein chemische Kräfte können durch chemische Anlagerung von Atomen und Molekülen schließlich zu so großen Teilchen führen, daß sie die kolloiden Dimensionen erreichen und damit sofort die Elementarkennzeichen kolloider Systeme aufweisen. Denn so sicher die endliche räumliche Begrenztheit eines chemischen Atoms ist, so sicher ist die Folgerung, daß durch Summation von Atomdimensionen schließlich auch kolloide Dimensionen erreicht werden müssen. Zu berücksichtigen ist dabei nicht nur die Zahl der Atome, sondern auch ihre räumliche Lagerung, die „Sperrigkeit" des chemischen Moleküls, entsprechend der Tatsache, daß nicht notwendig Anzahl von Atomen und Molekülgröße einander symbat gehen müssen[2]).

Die Erfahrung zeigt ausnahmslos, daß jedesmal Kolloidphänomene auftreten, wenn ein Stoff eine Teilchengröße von etwa 1—100 $\mu\mu$ annimmt, gleichgültig ob diese Zerteilung durch primäre oder sekundäre Affinitäten im Sinne des Chemikers erreicht wird. Immerhin muß man hervorheben, daß bei der Kolloidbildung durch chemische Verkettung von Atomen, wie wir sie bei den typischen Eiweißkörpern

[1]) Siehe Wo. Ostwald, Grundriß, 2. Aufl. (1911), 131; ferner Koll.-Ztschr. 12, 220 (1913).

[2]) Siehe z. B. S. J. Lewites, Koll.-Ztschr. 3, 145 (1908).

vor uns haben, besondere Eigentümlichkeiten auftreten. Entsprechend der größeren Festigkeit chemischer Bindung sind derartige Kolloide im allgemeinen stabiler als solche, deren Teilchengröße durch sekundäre Affinitäten bestimmt wird. Sie behalten ihre charakteristische Teilchengröße z. T. auch beim Eintrocknen ziemlich gut; sie sind „resolubel" im Sinne Zsigmondys. Man findet nicht wie für viele andere Stoffe zwei „indifferente" Lösungsmittel, in denen sie einmal molekular, das andere mal kolloid gelöst werden könnən, darum nicht, weil ein durch primäre chemische Kräfte kolloid gewordenes Teilchen offenbar nur durch primäre chemische Kräfte wieder in Teilchen von molekularen Dimensionen aufgespalten werden könnte. Ein solcher Spaltungsprozeß würde aber definitionsgemäß zu einer neuen chemischen Verbindung, nicht nur zur Änderung der Teilchengröße führen[1]). Nur bei derartigen kolloiden Systemen ist man berechtigt, von kolloiden Stoffen zu sprechen, da die Eigenschaft kolloide Zerteilungen zu geben nur bei ihnen eine chemische, d. h. eine Stoffeigenschaft ist[2]).

Ich habe solche kolloiden Systeme, um ihre Besonderheiten hervorzuheben, als Eukolloide bezeichnet[3]). Albumin, Globulin, polymere Kohlenhydrate, in gewissem Sinne auch Kautschuk gehören zu ihnen. In neuerer Zeit hat insbesondere H. Staudinger[4]) diesen Begriff und diese Betrachtungsweise aufgenommen und die Eigenschaften hochmolekularer Stoffe von diesem Gesichtspunkt aus diskutiert.

Aber auch auf anderen Gebieten der organischen Chemie, z. B. auf dem der Farbstoffchemie, stehen der kolloidchemischen Betrachtungsweise vermutlich noch sehr große Erfolge bevor. Man kann sagen: mit Notwendigkeit. Denn es ist bekannt, daß eine außerordentlich große Anzahl organischer Farbstoffe in Wasser typische kolloide Lösungen ergibt, und es erscheint selbstverständlich nach all dem, was ich Ihnen über die grundsätzliche Abhängigkeit aller physikalisch-chemischen Eigenschaften vom Dispersitätsgrade gesagt habe, daß z. B. die Ände-

---

[1]) Daß auf derartige Weise (Behandlung z. B. von Eiweiß mit verschiedenen Lösungsmitteln) sehr „milde" und entsprechend interessante Spaltungen erzielt werden könnten, ist einleuchtend und verdiente näher untersucht zu werden. Siehe hierzu Wo. Ostwald und P. Wolski, Koll.-Ztschr. **28**, 226 (1921).

[2]) Dem Verfasser erscheinen diese Betrachtungen eine Brücke zu bilden zu den „reinchemischen" Gesichtspunkten, von denen aus z. B. F. Bottazzi, S. P. L. Sörensen u. a. die Eigenschaften von Albumin- und polymeren Kohlenhydratsolen diskutieren.

[3]) Wo. Ostwald, Koll.-Ztschr. **32**, 2 (1923).

[4]) H. Staudinger, Ber. d. d. chem. Ges. **59**, 3019 (1926); daselbst frühere Arbeiten.

rungen des kolloiden Zustandes solcher Farbstoffe auch nicht ohne Einfluß auf die Farbe der letzteren bleiben werden. In der Tat liegen auch schon einige Versuche vor, auf diesem Wege in das Dunkel namentlich solcher Farbstoffprobleme einzudringen, in denen die konstitutionschemische Auffassung bisher versagt oder doch nur willkürliche Erklärungen zu geben vermag. So gilt für die Farbänderungen einer großen Anzahl kolloider organischer Farbstoffe die bei kolloiden Metallen gefundene Regel, daß sich die Farbe bei abnehmendem Dispersitätsgrade von Gelb nach Rot über Blau verschiebt, ganz genau so, wie wir bei kolloidem Gold oder Silber gesehen haben[1]. Ferner erinnere ich Sie daran, daß z. B. das rote kolloide Gold bei Elektrolytzusatz sich blau färbte, gleichzeitig aber gröber dispers wurde und schließlich ausfiel. Es ist Ihnen vermutlich bekannt, daß auch der Umschlag mancher Indikator-Farbstoffe, z. B. der von Kongorot, von einer ganz gleichen Änderung des Dispersitätsgrades begleitet wird. Man führte diese Tatsache bisher auf rein chemische Vorgänge zurück, bei Kongorot z.B. auf die Bildung der unlöslichen freien Farbsäure bei Säurezusatz. Daß diese rein chemische Erklärung nicht immer zureichend sein kann, möchte ich Ihnen an einem, dem Kongorot nahe verwandten Indikator, dem Kongorubin, experimentell zeigen (Dem.). Dieser Farbstoff schlägt nicht nur um bei Säurezusatz und bei größeren Mengen Lauge, sondern vor allen Dingen auch bei Zusatz von beliebigen Neutralsalzen, wie NaCl, $MgSO_4$ usw. (Dem.). Aber auch in ausgesprochen alkalischem Medium, etwa in Gegenwart von 0,1 norm. NaOH tritt bei Zusatz von Neutralsalzen der Umschlag ein; ja Baryt und Soda bläuen Kongorubin unmittelbar (Dem.). In allen diesen Fällen erfolgt mit der Blau-Violett-Färbung auch eine Dispersitätsverringerung, wie die Ultrafitration, das Ultramikroskop, meist schon das bloße Auge zeigt. Hier kann offenbar nicht die Bildung der freien Farbsäure maßgebend für den Farbenumschlag sein, da diese in Gegenwart von freiem Alkali nicht bestehen könnte. Vielmehr sprechen die Ihnen vorgeführten und noch manche andere Versuche dafür, daß hier genau so wie beim Goldsol der verschiedene Dispersitätsgrad des Systems für die Farbverschiedenheit verantwortlich zu machen ist[2].

[1] Siehe Kolloidchem. Beih. **2**, 409 (1911); Koll.-Ztschr. **10**, 97; 132 (1912); **38**, 336 (1926) usw.

[2] Näheres über die Farbenumschläge des Kongorubins von kolloidchemischen Gesichtspunkten findet man in Kolloidchem. Beih. **10**, 179 (1919), (ausführliche Monographie), ebenda **11**, 74 (1919); **12**, 92 (1919); Koll.-Ztschr. **24**, 67 (1919); ferner mehrere Arbeiten von H. Luers, R. Haller, R. Keller usw. in den letzten und laufenden Bänden der Koll.-Ztschr.

Eigentlich könnten solche Beziehungen von vornherein erwartet werden, da die speziellen optischen Eigenschaften namentlich fester organischer Farbstoffe den entsprechenden Eigenschaften der Metalle so ähnlich sind, daß in jedem größeren physikalischen Lehrbuch die Optik der Metalle und der organischen Farbstoffe gemeinsam behandelt wird.

Auch in den unmittelbaren Schwesterwissenschaften der Kolloidchemie, den einzelnen Zweigen der physikalischen Chemie, finden wir zahlreiche Anwendungen. Zunächst bestehen natürlich die allerengsten Beziehungen zwischen der Kolloidchemie und der eigentlichen Kapillarchemie, d. h. der physikalischen Chemie der Oberflächen. Die Kolloidchemie ist ja eigentlich nichts anderes als ein Spezialgebiet dieses allgemeinen Zweiges, indem sie sich auf Systeme bezieht, die praktisch nur „aus physikalischer Oberfläche bestehen". Während auf der einen Seite die Erscheinungen der Oberflächenspannung, der Adsorption an nichtdispersen Oberflächen oder die Phänomene der Kapillarelektrizität unmittelbare Anwendungen auf die Eigentümlichkeiten kolloider Systeme gestatten, wird natürlich auch das Studium der eigentlichen kapillarchemischen Phänomene umgekehrt befruchtet und bereichert durch die Erscheinungen der Kolloidchemie. Die wechselseitigen Beziehungen zwischen diesen zwei Wissenschaften sind so offenkundig, daß ich hier nicht näher darauf einzugehen brauche.

Aber auch bei ganz anderen scheinbar weitliegenden Gebieten der physikalischen Chemie ergeben sich Beziehungen zur Kolloidchemie. Betrachten wir z. B. das klassische Gebiet der echten oder molekularen Lösungen, so möchte ich Sie daran erinnern, daß die bekannten Lösungsgesetze von van't Hoff usw. um so weniger gelten, je konzentrierter die molekulardispersen Systeme sind. Auf der anderen Seite sagte ich Ihnen, daß solche konzentrierte Lösungen vielfach schon Kennzeichen des kolloiden Zustandes aufweisen, wie etwa das Tyndall-Phänomen usw. namentlich, wenn es sich gleichzeitig noch um hochmolekulare Stoffe handelt. Ferner ist in neuerer Zeit zur Erklärung des Verhaltens konzentrierter molekularer Lösungen die Verbindung mit dem Lösungsmittel oder die Solvatation herangezogen worden, indem man annimmt, daß Ionen und Moleküle sich unter Umständen mit sehr zahlreichen Molekülen des Dispersionsmittels locker vereinigen können, mit viel mehr Molekeln jedenfalls, als wir sie im festen Zustand als Kristallwassermolekeln z. B. anzutreffen gewohnt sind. Es scheint bisher noch nicht darauf hingewiesen worden zu sein, daß sich aus der Vereinigung von einigen Hundert Molekülen schon räumlich notwendigerweise ein kolloides Teilchen ergibt. Sodann weiß man, daß die Menge dieses von den Molekülen gebundenen Dispersionsmittels stetig variiert und nicht durch einfache stöchiometrische Zahlenverhältnisse ausgedrückt werden kann. Eine eingehendere Betrachtung zeigt aber, daß zwischen den Gesetzmäßigkeiten dieser Solvatation eine ganze Reihe, darunter sogar quantitativer Analogien und Übereinstimmungen besteht mit den Kennzeichen solcher lockerer Verbindungen, die wir oben als Adsorptionsverbindungen bezeichnet haben[1]). — Andererseits ist ja die Solvatation geradezu charakteristisch für eine große Reihe von Kolloiden, wie wir früher besprochen haben, und tritt hier sogar in exzessiver Form auf. In einem Teilchen einer Eiweiß- oder Gelatinelösung ist das Verhältnis zwischen trockner Substanz und Wasser zuweilen sicher noch größer als 1 zu 1000. Es ergibt sich aus diesen Befunden und Überlegungen, die noch viel weiter ausgesponnen werden könnten, das Lösungsgesetze gefunden werden müssen, die beide Dispersoidklassen, kolloide und molekulardispersoide, umfassen sollten, wobei sich dann grobe Kolloide (oder gar grobe Dispersionen) auf der einen Seite, verdünnte Molekulardispersoide auf der anderen Seite als extreme Fälle ergeben würden. Wir haben einstweilen solche Gesetze noch nicht oder doch nur die ersten Anfänge hierzu[2]). Ich glaube aber, daß ein solcher Gesichtspunkt fruchtbarer sein wird, als der Versuch, durch immer weitergehende Korrekturen die Gesetze verdünnter molekularer Lösungen den nicht mehr so hochdispersen Systemen anzupassen. Da die Erscheinungsreihe zwischen molekulardispersen und kolloiden Systemen eine kontinuierliche ist, so würden solche allgemeinere Gesetze natürlich von vornherein die Korrekturen für die Anomalie der konzentrierten molekularen Lösungen mit enthalten.

Es ist nicht nur Zufall, wenn neben diesem alten klassischen Problem auch die drei modernsten Zweige der physikalischen Chemie, die Lehre von der Katalyse, von den kristallinischen Flüssigkeiten und von den radioaktiven Stoffen, interessante Beziehungen zur Kolloidchemie ergeben haben. Was die Lehre von der Katalyse anbetrifft, die Wissenschaft von den Reaktionsbeschleunigungen und -ver-

---

[1]) Siehe z. B. Koll.-Ztschr. **9**, 189 (1911), und spätere Arbeiten von G. von Georgievics, A. Reychler u. a.; vgl. auch die Arbeit von Wo. Ostwald und K. Mündler in Koll.-Ztschr. **24**, 11 (1919), in der gezeigt wird, daß die Solvatation bzw. Quellung fester Gele wie Kautschuk und Gelatine derselben allgemeinen Gleichung quantitativ gehorcht wie die sog. osmotische Wasseraufnahme von Rohrzuckerlösungen usw.

[2]) Vgl. indessen voranstehende Anmerkung.

langsamungen durch die Gegenwart von Stoffen, welche nicht im Reaktionsprodukt erscheinen, so machte ich schon in der zweiten Vorlesung darauf aufmerksam, daß gerade kolloide Stoffe, wie etwa die kolloiden Metalle, überaus wirksame Katalysatoren sind. Desgleichen wurde schon früher auf die Rolle des Dispersitätsgrades gerade bei der sog. „heterogenen" Katalyse hingewiesen (siehe S. 72). Neben dieser eigentlichen Kolloidkatalyse gibt es nun aber zahlreiche weitere katalytische Prozesse, in denen ebenfalls sehr oberflächenreiche, wennschon nicht kolloiddisperse Substanzen den katalytischen Effekt hervorbringen. Ich brauche nur an den Kontakteffekt von Platinmohr und anderen Metallpulvern bei der Schwefelsäureherstellung, an die Methoden von J. Sabatier mit feinverteilten Metallhydroxyden usw. zu erinnern. Schließlich aber hat sich auch herausgestellt, daß der katalytische Einfluß der Gefäßwände etwa bei Gasreaktionen in hervorragendem Maße z. B. von ihrer Rauhigkeit abhängt, und daß somit ganz allgemein die Fälle von Katalysen durch Oberflächenwirkung sehr häufig sind. Versucht man sich eine Theorie dieser heterogenen Katalyse zu machen, so liegt es unmittelbar nahe, an die Adsorptionserscheinungen zu denken, für deren Ausgiebigkeit ja ebenfalls die Größe der absoluten und speziell spezifischen Oberfläche (des Quotienten aus Oberfläche und Volum oder Gewicht) maßgebend ist. Durch diese Konzentrationserhöhung in den Grenzflächen, vielleicht auch durch die lokale Wärmeentwicklung, die bei solchen Adsorptionen stattfindet, kann zum mindesten ein gewisser Teil der beobachteten Reaktionsbeschleunigungen erklärt werden. Daß dabei die Geschwindigkeit solcher Kolloidkatalysen nicht immer proportional der Menge des Kolloids ist, sondern z. B. schneller als letztere zunehmen kann wie etwa bei der Wasserstoffperoxydzersetzung durch kolloides Platin[1]), erscheint nicht verwunderlich. Denn bei der kapillarchemischen Auffassung dieser Vorgänge sind es ja nicht die Massen, sondern die Oberflächen des Kolloids, welche als „aktive" Komponenten auftreten, und letztere sind wiederum Funktionen der Teilchengröße. Alle Faktoren aber, welche die Teilchengröße maßgeblich beeinflussen — übrigens nicht nur diese, sondern z. B. auch den Solvatationsgrad, die Ladung usw. — alle diese Faktoren können daher auch die Reaktionsgeschwindigkeit verändern. Im oben genannten Falle kann man speziell an eine Peptisation bzw. Dispersion des kolloiden Platins bei mittlerer Menge und konstanten übrigen Verhältnissen denken, wie sie in neuester Zeit ganz allgemein bei variierender „Boden-

---

[1]) Siehe z. B. Oppenheimer-Kuhn, Lehrbuch der Enzyme (Leipzig 1927), 102.

körpermenge" z. B. auch bei Kohlesuspensionen nachgewiesen worden ist[1]).

Für eine andere Gruppe solcher Katalysen könnten weiterhin die sekundären chemischen Reaktionen herangezogen werden, die, wie ich bereits früher zu schildern versuchte, im Gefolge von Adsorptionsvorgängen möglich sind, z. B. dann, wenn durch die besonders starke oder spezifische Adsorption eines Bestandteils des Reaktionsgemisches das chemische Gleichgewicht in letzterem gestört wird. Die Erscheinungen der Kolloid- und Adsorptionskatalyse stellen überaus wichtige Beziehungen zwischen diesem Zweige der physikalischen Chemie und der Kolloidchemie dar. Daß schließlich auch die sog. „Fermente" der Organismen sich in der Mehrzahl in kolloidem Zustande befinden, und daß dementsprechend ihre Reaktionen vom Standpunkt der Kolloid- und Adsorptionskatalyse betrachtet werden müssen, sei hier nur angedeutet. Wir werden später auf diese Frage noch ausführlicher zurückkommen.

Ein zweites Gebiet äußerst interessanter Beziehungen zwischen Kolloidchemie und neuerer physikalischer Chemie haben wir in dem der flüssigen Kristalle resp. besser: der mesomorphen Körper, jener eigentümlichen Substanzen, deren Brechungserscheinungen sie in engste Verwandtschaft zu Kristallen setzen. Diejenigen unter Ihnen, welche sich für die Frage nach der Natur dieser „Schmelzen" etwas näher interessiert haben, werden wissen, daß lange Zeit diskutiert worden ist über eine Frage, die in fast verblüffender Weise identisch ist mit einem Problem, das die Kolloidchemie lange Zeit beschäftigt hat. Es handelt sich um die Frage, ob diese zuweilen deutlich trüb erscheinenden oder auffällige Farben aufweisenden, häufig auch stark viskosen Gebilde homogene, d. h. molekulardisperse oder aber heterogene Systeme sind von der Art etwa der Emulsionen, eine Frage, die wir, wie Sie sich erinnern, in Anwendung auf kolloide Systeme ausführlich in unserer ersten Vorlesung besprochen haben. Wie bei den Kolloiden sprachen auch hier manche Umstände für die eine und manche wieder für die andere Ansicht, und ebenfalls wie bei den Kolloiden hat auch hier die Diskussion keine Entscheidung im einen oder anderen Sinne gebracht. Genau so wie in der Kolloidchemie ist dieser Streit um die „Natur der flüssigen Kristalle" mit großer Heftigkeit geführt worden, und noch in neueren Arbeiten werfen sich die Verfasser einander ziemlich herbe Fehlschlüsse, „falsche Definitionen" usw. vor[2]).

---

[1]) Vgl. Arbeiten von Wo. Ostwald, A. von Buzagh, W. von Neuenstein, R. Köhler u. a. in Koll.-Ztschr. **41** und **42** (1927).

[2]) Vgl. z. B. D. Vorländer, Ztschr. f. physik. Chem. **93**, 516 (1918), oder auch

Erlauben Sie, daß ich zunächst versuche, in Kürze und in möglichst geordneter Form die wichtigsten Tatsachen dieses Kapitels der „mesomorphen Körper“ zu rekapitulieren[1]): Gewisse Stoffe, vorwiegend organischer Zusammensetzung, zeigen beim Abkühlen aus Schmelzen, oder auch bei der Ausscheidung aus Lösungen Abscheidungsformen von folgenden allgemeinen Eigentümlichkeiten: Ausgesprochene Plastizität bis völlig flüssige Beschaffenheit; Mangel oder große Labilität scharf geradliniger und scharf winkliger Begrenzungsformen, wie wir sie an normalen Kristallen zu sehen gewohnt sind, bis herab zum Auftreten typischer Flüssigkeitsformen, also insbesondere von Tropfenform; trotzdem Vorhandensein von Doppelbrechung oder auch optischer Drehung von zuweilen extrem großer Intensität. Diese drei Eigentümlichkeiten zusammen können als die allgemeinen Hauptkennzeichen wohl aller mesomorpher Körper bezeichnet werden.

Wie gesagt, können diese mesomorphen Körper, oder besser: Zustandsformen sowohl aus Schmelzen als auch aus Lösungen entstehen. Die bekanntesten Beispiele für mesomorphe Schmelzkörper sind Para-Azoxyanisol und Para-Azoxyphenetol, für einen mesomorphen Lösungskörper Ammoniumoleat. Das Azoxyphenetol ergibt beim Abkühlen der Schmelze bis auf ca. 168° klare Tröpfchen mit starker

die seit O. Lehmanns und D. Vorländers Schriften wichtigste Monographie über dieses Gebiet von G. Friedel, Ann. Physique (IX, sér.) **18**, 273 (1922); ferner den neueren Artikel desselben Autors in Alexanders Colloid Chemistry, I (1926). — Es ist übrigens auch „une idée germanique“ (und zwar eine besonders gute, auf E. Mach zurückzuführende), daß Definitionen und Namen nicht „falsch“ und „richtig“, sondern vielmehr nur „unzweckmäßig“ oder „zweckmäßig“ sein können, und daß man solche nicht „widerlegen“, sondern daß man nur bessere an Stelle von schlechteren „empfehlen“ kann. Niemand kann es als „falsch“ bezeichnen, wenn man z. B. ein charakteristische Formen zeigendes, doppelbrechendes Stäbchen von p-Azoxybenzoesäure-Äthylester einen flüssigen Kristall nennen will, da dieses Stäbchen leichtdeformierbar ist und z. B. bei geeigneter Berührung mit einer Luftblase schon von dieser zum Auseinanderfließen gebracht wird. Vielleicht ergibt aber das nähere Studium, daß es „zweckmäßiger“, klarer, eindeutiger usw. ist, diese Bezeichnung lieber nicht zu verwenden sondern einen allgemeineren oder neutraleren Namen, wie dies der von G. Friedel vorgeschlagene Ausdruck „mesomorpher Körper“ in der Tat ist.

[1]) Die wichtigsten zusammenfassenden Werke über mesomorphe Körper sind O. Lehmann, Flüssige Kristalle (Leipzig 1904), (Hauptwerk, mit zahlreichen photographischen Taleln); derselbe: Die neue Welt der flüssigen Kristalle (Leipzig 1911), (ca. 400 Seiten); R. Schenck, Kristallinische Flüssigkeiten (Leipzig 1905), (physikalisch-chemische Messungen); D. Vorländer, Kristallinisch-flüssige Substanzen (Stuttgart 1908), (chemische Seite); G. Friedel, Les états mésomorphes de la matière, Ann. d. Physik (IX. sér.) **18**, 273—474 (1922), In diesen Schriften reiche Literaturangaben. Vgl. auch die folgenden Anmerkungen.

Doppelbrechung, wie beifolgende, im polarisierten Licht aufgenommene Photographie nach O. Lehmann zeigt, bis bei ca. 137,5° normale Kristallnädelchen auftreten. Ammoniumoleat, zweckmäßig hergestellt aus alkoholischer, mit Ammoniak versetzter Ölsäure, ergibt bei schwachem Erwärmen und folgendem Abkühlen der Lösung, aber auch einfach durch Verdampfen einer alkoholischen Lösung bei Zimmertemperatur[1]) doppelbrechende Doppelkegel oder eiförmige zweispitzige Rotationskörper, wie beistehende Photographie (Tafel VII, Abb. A) nach O. Lehmann erkennen läßt[2]). Auch durch Löslichkeitserniedrigung bzw. Entmischung lassen sich Körper in mesomorphem Zustande erhalten. Versetzt man z. B. die kaltgesättigte Lösung von Phytostearinvalerat in Essigester mit Azeton, so fällt die flüssige, doppelbrechende Modifikation aus (F. M. Jaeger[3])).

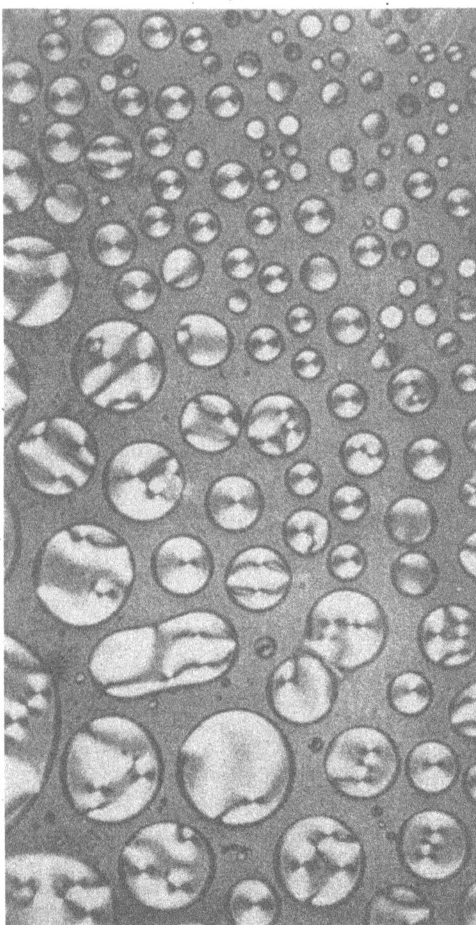

Abb. 30.

Im einzelnen ist nun die Mannigfaltigkeit der Formen und Eigentümlichkeiten, wie sie die mikroskopische und polarimetrische Untersuchung zeigt, überwältigend groß. Versucht man ein wenig Ordnung in diese Fülle hineinzubringen, so können wir mit G. Friedel (l. c.), dem wir hier wesentliche Fortschritte verdanken, etwa die folgenden zwei bis drei Typen mesomorpher Körper (oder besser: Zustände) herausschälen:

---

[1]) A. Młodziejowski, Ztschr. f. Kristallogr. 52, 1 (1913).

[2]) Man beachte speziell die eiförmigen „Zweiecke" beim Oleat (noch schöner beim Cholesterin-Benzoat); O. Lehmann (l. c. S. 34, 38).

[3]) Zit. nach D. Vorländer, l. c. S. 12.

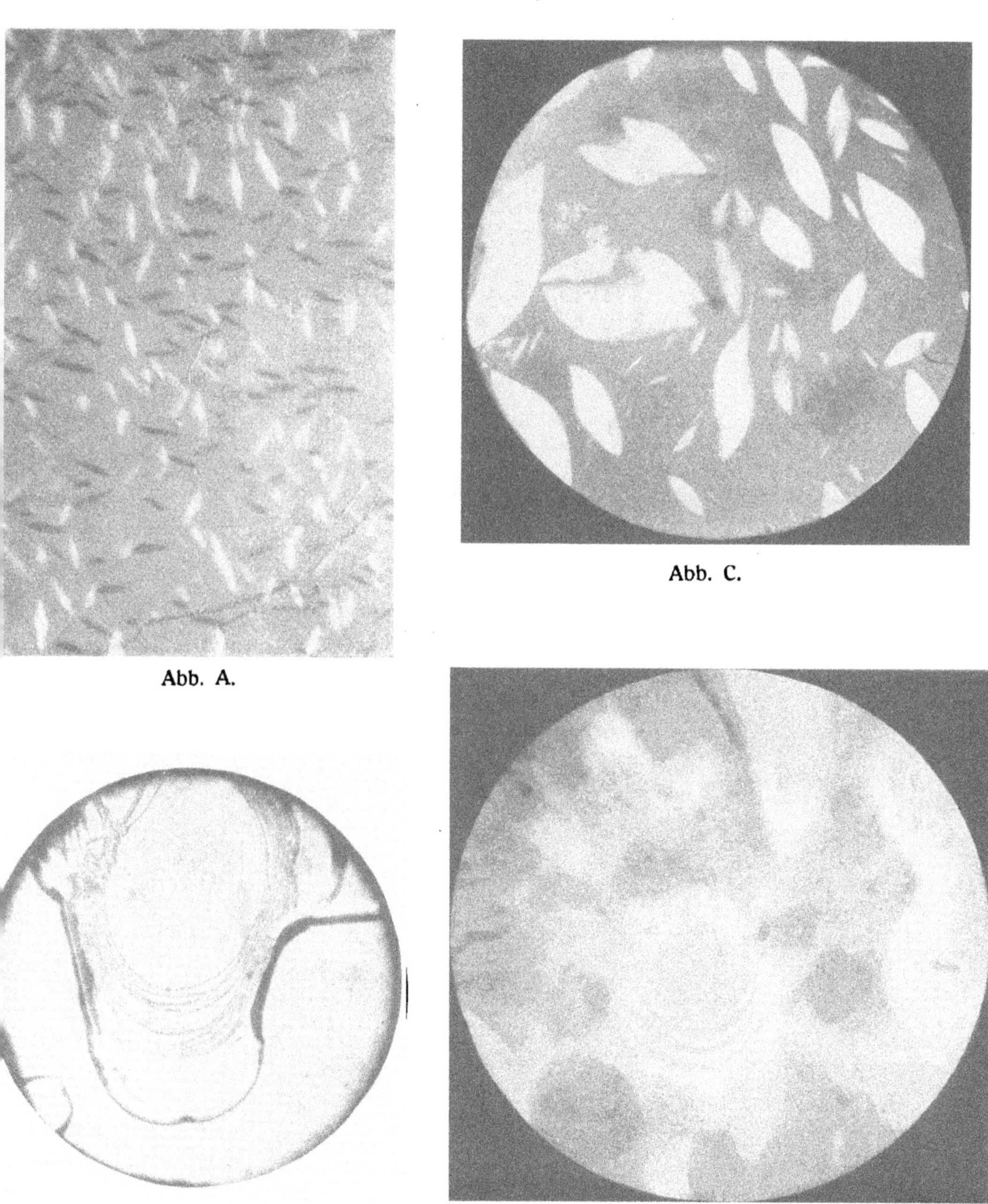

Abb. A.

Abb. C.

Abb. B.

Abb. D.

VERLAG VON THEODOR STEINKOPFF, DRESDEN U. LEIPZIG.

Erstens den smektischen (seifenartigen) Zustand. Das schon erwähnte Oleat, aber auch der Äthylester der Azoxybenzoesäure, den G. Friedel als vollkommensten Vertreter dieses Typus bezeichnet, sind Beispiele. Es handelt sich meist um noch verhältnismäßig feste, aber stark plastische Formen. Nach G. Friedel sind alle smektischen Körper, soweit bekannt, optisch einachsig und zeigen ebenfalls stets positive Doppelbrechung. Ganz besonders eigentümlich ist ihnen aber die von Grandjean zuerst beschriebene Erscheinung des „Treppentropfens", wie sie Abb. B auf Tafel VII nach G. Friedel zeigt. Beobachtet man einen am besten frei, z. B. in einem Loch des Objektträgers aufgespannten Tropfen des Äthyl-Azoxybenzoats, so findet man ihn zusammengesetzt aus lauter scheibenartigen Lamellen, die sich mit großer Leichtigkeit etwa wie ein Kartenspiel horizontal, dagegen sehr schwer in anderer Richtung verschieben lassen. Diese übereinanderliegenden, verschobenen Schichten ergeben eine treppenartige Abstufung am Rande des Tropfens, wie die Abbildung es deutlich zeigt. Es ist nach G. Friedel wahrscheinlich, daß auch die Häutchen der gewöhnlichen Seifenblasen aus solchen parallel gelagerten Schichten bestehen, wie auch aus Untersuchungen von J. Perrin und P. V. Wells gefolgert werden kann. Im allgemeinen zeigen diese smektischen mesomorphen Körper noch die meiste Ähnlichkeit mit normalen Kristallen, an denen ja auch „Gleitflächen" bekannt sind.

Der zweite Typus ist der nematische oder fadenartige, der durch die klassischen schon genannten Beispiele Para-Azoxyanisol und Para-Azoxyphenetol repräsentiert wird. Er kann als Vorläufer des smektischen Zustandes beim Abkühlen der isotropen Schmelze oder beim Verdampfen ihrer Lösungen erscheinen[1]). Typisch nematische Körper sind durchschnittlich „flüssiger" als smektische, ja meist flüssiger als die isotrope Schmelze, aus der sie durch Abkühlen entstanden sind. Indessen zeigen sie niemals die Erscheinung des „Treppentropfens", wohl aber leicht Beeinflussungen ihrer Form und Struktur durch äußere Kräfte (elektrische und magnetische Felder, aber auch Grenzflächenkräfte), auf die wir noch zu sprechen kommen werden. Die Doppelbrechung ist ebenfalls meist positiv.

Ein dritter besonders auffälliger Typus wird von G. Friedel als der cholesterische bezeichnet, da Cholesterinderivate ihn besonders zeigen. Er stellt eine Abart des nematischen Zustandes dar mit der Eigentümlichkeit, daß zu der hier negativen Doppelbrechung noch

[1]) Beispiele für die Abscheidung nematischer Körper aus Lösungen bei G. Friedel, l. c.

optisches Drehungsvermögen hinzukommt, und zwar gelegentlich von so enormer Intensität, wie es nirgends sonst beobachtet worden ist. Es gibt dabei rechtsdrehende und linksdrehende Formen. Ferner sind diese Körper, speziell die Cholesterinderivate selbst (Cholesterylpropionat, -benzoat usw.) ausgezeichnet durch das vorübergehende Auftreten von prächtigen „Schillerfarben", falls die Schmelzen in dünnen Schichten abgekühlt werden, obschon diese Erscheinung vermutlich nicht auf cholesterische Körper beschränkt ist, sondern z. B. auch bei smektischen auftreten kann. Desgleichen sind cholesterische Stoffe im allgemeinen wohl zähflüssiger als typisch nematische.

Folgendes Schema gibt in abgekürzter Form diese Friedelsche Systematik mesomorpher Körper oder Zustände wieder, wobei es keineswegs ausgeschlossen erscheint, daß die zukünftige Forschung noch andere Typen und Zustandsformen mesomorpher Zustände herausschälen oder auch diese Systematik modifizieren wird:

A. Isotrope oder amorphe Schmelze oder Lösung

↓

B. Nematische Zustandsformen

I. Normale nematische Formen (positive Doppelbrechung, keine optische Drehung)	II. Cholesterische Formen (anscheinend negative Doppelbrechung, optische Drehung)
	↙ ↘
	rechtsdrehende linksdrehende

↓

C. Smektische Zustandsformen (positive Doppelbrechung)

↓

D. Normale kristalline Formen

Die Pfeile bedeuten, daß die tieferstehenden Zustände durch Abkühlung oder Konzentrationserhöhung aus den darüberstehenden Zuständen erreicht werden können, wennschon nicht stets unter Durchlaufen aller genannten Zwischenstadien.

Nun, werden Sie vielleicht fragen: Wo bleibt aber die Kolloidchemie? Gestatten Sie, daß ich nochmals beginne mit dem Hinweis auf die erwähnte Diskussion vor einigen 20 Jahren über die Grundfrage: Sind mesomorphe Körper homogene oder heterogene Systeme? Die Kommission, welche im Jahre 1906 von der Deutschen Bunsengesellschaft eingesetzt wurde, um unter dem Vorsitz von J. H. van't Hoff diese Frage zu entscheiden, hat bis heute, so viel ich weiß, ihren Bericht und ihr Urteil noch nicht abgegeben, so, wie dies ja bei Kommissionen nicht selten der Fall ist. Wir müssen also selbst versuchen, hier eine Antwort zu finden.

Ich glaube, die Antwort lautet, daß die Fragestellung faslch ist[1]. Mesomorphe Zustände können zunächst auftreten sowohl bei chemisch völlig einheitlichen Stoffen (z. B. bei Azoxyanisol und -phenetol, wie R. Schenck u. a. durch sorgfältige Reinigungsversuche gezeigt haben), als auch bei Gemischen mehrerer Stoffe, zuweilen hier besonders schön, aber auch bei Lösungskörpern wie etwa Ammoniumoleat aus alkoholischer Lösung mit seinen verschiedenen chemischen Komponenten: Wasser, Alkohol, hydrolytische Ölsäure, Ammoniak usw. Ja es sind Fälle bekannt, bei denen nur durch Mischung zweier an sich nicht mesomorpher Körper ein dritter deutlich mesomorpher entsteht[2]. Es gibt also zweifellos zunächst einkomponentige wie vielkomponentige Systeme von mesomorpher Beschaffenheit. Aber auch der Mischungsgrad, oder wie wir Kolloidchemiker zu sagen pflegen: der Dispersitätsgrad von Stoffen mit mesomorphen Eigenschaften kann augenscheinlich variieren zwischen molekulardisperser Zerteilung, wie wir eine solche in der Regel bei Schmelzen ohne viel nachzudenken anzunehmen pflegen, bis hinüber zu solchen Fällen, bei denen O. Lehmann und D. Vorländer selbst angeben, daß die mesomorphe Natur des betreffenden Stoffes nur so zu erkennen ist, daß man ihn in mikroskopischer Tröpfchenform, emulgiert z. B. in einem anderen Medium untersucht[3], während größere Mengen derselben Schmelzen keine Doppelbrechung erkennen lassen. Die Frage: homogen oder heterogen? kann also gar nicht in einen oder andern Sinn entschieden werden, da sowohl chemisch homogene und heterogene als auch phasentheoretisch homogene und heterogene Systeme mesomorphe Eigenschaften zeigen können. Die Bedingungen dafür, daß Stoffe den mesomorphen Zustand annehmen, müssen offenbar von so allgemeiner Natur sein, daß homogene und heterogene Systeme und insbesondere auch disperse Systeme sehr verschiedenen Dispersitätsgrades ihnen in gleicher Weise unterworfen sind, wobei natürlich quantitative Variationen z. B in der Intensität der Ausbildung des mesomorphen Zustandes mit Sicherheit zu erwarten sind.

---

[1]) Wo. Ostwald, Koll.-Ztschr. 8, 270 (1911).

[2]) Z. B. Anissäure + Anisalpropionsäure nach D. Vorländer, l. c. S. 40.

[3]) Z. B. Emulgierung von Phenoläthern in Glyzerin; O. Lehmann, Ann. d. Physik (4) 21, 189 (1906). Ferner eine ganze Reihe von Stoffen, die nach D. Vorländer „nur in kleinen Tropfen" oder sogar „nur in kleinsten Tropfen" mesomorphe Beschaffenheit zeigen (D. Vorländer, l. c. S. 12, 57, 61, 63 usw.).

Wir sprachen eben von molekulardispersen und von grobdispersen mesomorphen Systemen. Die uns nächstliegende Frage ist: Gibt es auch kolloide mesomorphe Systeme? Diese Frage ist auf das lebhafteste zu bejahen. Ja es scheint so, als wenn der kolloide und der mesomorphe Zustand besonders gern gleichzeitig aufzutreten pflegen. So ist das Ammoniumoleat, der Typus der smektischen Stoffe, wie andere Seifen gleichzeitig ein Stoff in kolloidem Zustande. Desgleichen sind Lezithin und Cholesterin selbst bekannt als Körper, die leicht, Lezithin sogar spontan, kolloide Zerteilung annehmen, und ganz allgemein sind organische mesomorphe Körper oft von ziemlich komplizierter chemischerZusammensetzung und damit zu Assoziationen, Polymerisationen usw. neigend, wogegen nicht spricht, daß sie in geeigneten Lösungsmitteln gelöst normale Molekulargewichte ergeben. Auch aus physikalischen Messungen und Berechnungen z. B. aus dem Einfluß eines Magnetfeldes auf die Dielektrizitätskonstante von p- Azoxyanisol ergibt sich für diesen in Lösung ganz normales Molekulargewicht zeigenden und chemisch einheitlichen Stoff ein „Elementarkörper" von ca. 10000 Molekülen im mesomorphen Zustande[1]). Ferner kann man vermuten, daß unter den mesomorphen Schmelzen isodisperse und isokolloide Formen[2]) auftreten werden, d. h. Mischungen zweier physikalisch verschiedener z. B. allotroper Modifikationen, so, wie wir dies bei Schwefelschmelzen annehmen und bei Phosphorschmelzen unter dem Ultramikroskop direkt sehen können. Die Umwandlung der isomorphen Schmelze in die mesomorphe wird nicht anders wie eine Kristallisation gleichzeitig an vielen Stellen, also dispers erfolgen, und wiederholt wird von den Beobachtern darauf hingewiesen, daß phasentheoretisch „falsche Gleichgewichte", nämlich gleichzeitiges Vorhandensein mehrerer Phasen nebeneinander beobachtet werden kann[3]).

[1]) L. S. Ornstein, Ann. d. Physik **74**, 445 (1924); W. Kast, ibidem **73**, 145 (1924); Z. f. Physik **42**, 81 (1927).

[2]) Siehe Wo. Ostwald, l. c.; The Svedberg, Koll.-Ztschr. **16**, 103 (1915); **18**, 54 (1916); **20**, 73; **21**, 19 (1917); **22**, 68 (1918); E. Baur, Jb. d. Chem. (Braunschweig, Vieweg und Sohn), **25**, 362 (1916).

[3]) Es sei gestattet, in diesem Zusammenhang folgende Sätze von G. Friedel in Übersetzung wiederzugeben (l. c. S. 450): „Wohl verstanden kann eine Phase außerhalb ihres Stabilitätsbereichs in falschem Gleichgewicht existieren. Sie kann sogar sehr wohl gar kein Stabilitätsgebiet haben und trotzdem existieren, sei es in einer sehr flüchtigen Weise, sei es in einer zuweilen sehr dauerhaften Weise. Mehrere der erwähnten Körper zeigen weder im Gleichgewichtszustand noch beim Erhitzen, noch beim Abkühlen irgendeine mesomorphe Phase zwischen der kristallinen und der amorphen Phase. Wohl aber lassen sie eine solche erscheinen, wenn man durch plötzliche Abkühlung die Temperatur der unterkühlten isotropen Flüssigkeit derartig

Aber auch eine ganze Anzahl direkter Beobachtungen weisen darauf hin, daß bei sehr verschiedenartigen Stoffen kolloide Zerteilungsgrade gerade in dem charakteristischen mesomorphen Stadium auftreten, obschon dies nicht z. B. von der chemischen Formel nahegelegt wird. Zunächst muß darauf hingewiesen werden, daß bei mesomorphen Systemen, wie sehr häufig bei dispersen Systemen überhaupt, zweierlei Zerteilungen und zweierlei Zerteilungsgrade unterschieden werden müssen. Primäre kleinere Teilchen, z. B. Moleküle, aber auch kolloide Teilchen selbst können sich zu sekundären gröber dispersen Teilchen vereinigen. Wir finden solche Erscheinungen sehr häufig bei Gelen, z. B. Zinnsäuregelen (W. Mecklenburg), aber etwa auch bei Metallegierungen[1]) oder beim Ultramarin[2]). In gleicher Weise können wir bei mesomorphen Stoffen zunächst sehr verschiedene Variationen des sekundären Zerteilungsgrades beobachten, wie sie äußerlich in den bekannten Trübungen vieler mesomorpher Schmelzen zum Vorschein kommen. Intensive Trübungen, namentlich in dünnen Schichten, setzen mikroskopische, mindestens aber ultramikroskopische Diskontinuitäten voraus. Beobachtet man die Entstehung dieser mesomorphen Schmelzen ultramikroskopisch[3]), so sieht man in der Tat ganz ähnlich wie bei der ultramikroskopischen Betrachtung der Entmischung eines kritischen Flüssigkeitsgemisches das Auftreten ungeheurer Mengen von Ultramikronen in lebhaftester Brownscher Bewegung. Freilich handelt es sich hier oft (aber nicht immer!) um ein Durchgangsstadium; die ultramikroskopischen Tröpfchen wachsen oder vereinigen sich zu gröberdispersen Systemen. Es entstehen Aggregate von größeren Einzelindividuen, bei smektischen Formen gekennzeichnet dadurch, daß die einzelnen mesomorphen Individuen nicht völlig miteinander verschmelzen, sondern sich nur berühren, unter gleichzeitiger gegenseitiger Deformation. — Durch sehr bemerkenswerte Erörterungen hat G. Friedel (l. c.) es wahrscheinlich gemacht, daß solche Systeme mesomorpher Individuen sich

---

herabsetzt, daß die Kristallisationsgeschwindigkeit klein, zuweilen fast Null wird. In diesem letzteren Falle kann mit man Bequemlichkeit die mesomorphe Phase beobachten, obschon sie sich in einem falschen Gleichgewicht befindet usw."

[1]) Siehe im nächsten Kapitel die Ausführungen über Kolloidchemie und Metallurgie.

[2]) Wo. Ostwald und R. Auerbach, Koll.-Ztschr. **38**, 336 (1926).

[3]) P. P. von Weimarn, Koll.-Ztschr. **3**, 166 (1908); **4**, 59 (1909); G. Wulff, Ztschr. f. Kristallogr. **46**, 261 (1907); Ann. d. Physik **35**, 182 (1911); F. Stumpf, Physik Ztschr. **11**, 780 (1910); D. Vorländer, Ber. d. d. chem. Ges. **41**, 2048 (1908); Ztschr. f. physik. Chem. **93**, 516 (1918).

nicht mit Flächen, sondern nur mit Linien, sog. konischen Kurven, berühren, eine höchst absonderliche Erscheinung. Aber auch in diesem Falle, also ohne ein Dispersionsmittel, kann eine Trübung zustande kommen, dadurch nämlich, daß „diese Stoffe dem direkten Durchgang des Lichtes ein Hindernis von derselben Art entgegensetzen wie dasjenige ist, das von einem Agglomerat von kleinen doppelbrechenden Kristallen gebildet wird, die nach allen Richtungen gedreht sind" (H. Friedel, l. c. 1926, S. 110)[1] — nur mit dem Unterschied, daß es sich hier nicht um Diskontinuitäts flächen, sondern Linien handelt.

Wichtiger und noch interessanter sind die primären Dispersitätsverhältnisse, wie sie etwa bei der Untersuchung einzelner mesomorpher Tropfen zum Vorschein kommen. Neben ganz klaren Tropfen, die auch im Ultramikroskop ziemlich klar bleiben[2]), gibt es andere Stoffe, die schon im gewöhnlichen Mikroskop bei Dunkelfeldbeleuchtung einen ausgesprochenen Tyndalleffekt geben, also diffus erhellt sind[3]), ohne daß dies immer auf Verunreinigungen zurückzuführen wäre. Ferner aber zeigt sich bei nematischen Schmelzen chemisch homogener Körper, z. B. beim klassischen Azoxyanisol, beim Dibenzalbenzidin usw. unter gekreuzten Nikols eine dauernde Brownsche Bewegung in den Tropfen, deren Intensität wie üblich mit der Viskosität und der Temperatur variiert[4]), interessanterweise aber durch ein starkes Magnetfeld zum Stillstand gebracht wird. Nun wissen wir, daß Brownsche Bewegung mikroskopisch oder ultramikroskopisch sichtbar zu werden pflegt bei Teilchen von einigen μ, wobei (wie etwa bei den nadelförmigen Bleikarbonatteilchen, deren Brownsche Bewegung ich Ihnen makroskopisch zeigte) wenigstens eine Dimension des Teilchens diese Größe haben muß. Da die Brownsche Bewegung in den genannten Systemen als außerordentlich intensiv bezeichnet wird, handelt es sich jedenfalls um annähernd kolloide Diskontinuitäten, wenn auch vielleicht nicht der üblichen Art freischwebender Teilchen. Es sei dabei unentschieden gelassen, ob diese Systeme „Kolloide ohne Dispersionsmittel"[5]) nach Art der schon besprochenen Aggregate geschmolzener

[1]) Es ist dies die Erklärung der Trübung „homogener" Schmelzen von O. Lehmann, R. Schenck, (l. c. 1905, S. 43), Ch. Manguin, G. Friedel usw.

[2]) D. Vorländer, l. c. (1908, 1918).

[3]) Siehe z. B. O. Lehmann, Die neue Welt der flüssigen Kristalle, S. 242, 378.

[4]) G. Friedel, Grandjean, Ch. Manguin usw. siehe Friedel, l. c. S. 358. Bei smektischen Systemen tritt nach G. Friedel niemals Brownsche Bewegung auf.

[5]) Daß ein solches System „ohne Dispersionsmittel" durchaus unter die gegebene Definition eines dispersen Systems paßt, geht beim Vergleich mit S. 14 dieses Buches hervor. Nur die periodische Änderung der Eigenschaften, hier der Brechungsverhältnisse, ist kennzeichnend für ein disperses System; nichts mehr.

Individuen, oder aber isodisperse Systeme sind, in denen die eine Modifikation in der andern kolloid zerteilt ist wie etwa in den viskösen Schwefelschmelzen.

Letzterer Vergleich führt uns zu einer weiteren interessanten Übereinstimmung zwischen mesomorphen Systemen und dispersen, besonders auch kolloiddispersen Systemen. Wir haben bei Besprechung der Viskosimetrie kolloider Systeme die charakteristischen viskosimetrischen Entmischungskurven kennen gelernt, wie sie etwa bei der Hitzekoagulation des Eiweiß, bei Schwefelschmelzen, aber auch bei der Entmischung kritischer Flüssigkeitsgemische (im Gegensatz zu gewöhnlichen Flüssigkeitsgemischen) auftreten[1]. Ganz analoge Kurven finden wir bei der Umwandlung isotroper Schmelzen in den mesomorphen Zustand. Beim Abkühlen steigt speziell bei den nematischen Stoffen (anscheinend nicht bei smektischen und cholesterischen[2]) die Viskosität in üblicher Weise an, um dann beim Umwandlungspunkt in die mesomorphe Modifikation trotz weiterer Abkühlung rapid zu sinken und erst allmählig wieder zu steigen, genau dasselbe Verhalten wie bei einer typischen kolloiden Entmischung.

Ich könnte hier noch eine Reihe weiterer Übereinstimmungen zwischen kolloiden und mesomorphen Systemen, z. B. in bezug auf die Einwirkung elektrischer und magnetischer Felder (The Svedberg, J. Björnstahl), oder die eigentümliche, kolloidchemisch aber sehr einleuchtende Erscheinung, daß zuweilen nur sehr schnelle Abkühlung oder sehr schnelles Eindampfen kleiner Tropfen zu mesomorphen Formen führt (G. Friedel) usw. anführen. Ich will mich beschränken mit dem Hinweis auf ein ganz besonders hübsches Beispiel für den äußerst engen Zusammenhang beider Zustandsformen, das wir in der Bromphenanthrensulfosäure von H. Sandqvist finden, über die wir schon in unserer ersten Vorlesung gesprochen haben. Diese Säure war der Typus eines konzentrationsvariablen Dispersoids: molekulardispers in verdünnter, kolloid in konzentrierter wäßriger Lösung. Nur diese konzentrierte, gleichzeitig kolloide Lösung ergibt nach O. Lehmann typische „Kristalltropfen", und zwar nach G. Friedel (l. c.) sowohl nematische als auch smektische Formen. Übrigens ist inzwischen

---

[1]) Flüssigkeitsgemische von anderer Zusammensetzung geben keine solchen viskosimetrischen Entmischungskurven, wie F. Eichwald und R. Schenck gezeigt haben (R. Schenck, l. c. 1905, S. 41 ff), was darauf zurückzuführen ist, daß nur bei kritischem Mischungsverhältnis das kolloide Durchgangsstadium der Entmischung genügend stark ausgebildet wird und genügend beständig ist.

[2]) Wie die zwei entsprechenden Beispiele bei R. Schenck, l. c. S. 104: p-Azoxybenzoesäureäthylester und Cholesterylbenzoat zeigen.

von H. Freundlich, R. Stern und H. Zocher gezeigt worden[1]) daß sich auch aus konzentrierten Salvarsan-Lösungen anisotrope Tröpfchen ausscheiden, die anscheinend analoge mesomorphe Zustandsformen darstellen, wie wir sie in der konzentrierten Sandqvistschen Sulfosäure vor uns haben. Aber auch das Salvarsan zeigt namentlich in konzentrierter wässeriger Lösung unverkennbar kolloide Eigenschaften[2]).

Es soll durchaus nicht verschwiegen werden, daß es auch deutliche Unterschiede zwischen gewöhnlichen kolloiden Systemen und derartigen mesomorphen Zustandsformen gibt. So ist von den Vertretern der „Homogenitätstheorie" darauf hingewiesen worden, daß eine Trennung der mesomorphen Schmelzen durch Zentrifugieren und Elektrophorese nicht möglich ist[3]), während beide Methoden bekanntlich bei gewöhnlichen kolloiden Lösungen trennend wirken. Hierzu wäre vielerlei zu sagen. Zur Trennung durch Zentrifugieren gehört ein Dichteunterschied und besonders bei isodispersen Systemen kann dieser leicht so klein sein, daß die damals benutzten Zentrifugen nicht ausreichten. Ferner kann das System eine typische Wabenstruktur haben, derart, daß die viel viskosere isotrope Modifikation den zusammenhängenden Anteil bildet, in welchem die leichtflüssige mesomorphe Modifikation eingebettet ist, wie dies bei ihrer Entstehung ja zweifellos zuerst der Fall ist[4]). Bei einer solchen Struktur müßte beim Zentrifugieren noch eine mechanische Zerreißungsarbeit geleistet werden, was etwa dem Versuch entsprechen würde, eine konzentrierte Gelatinegallerte durch Zentrifugieren zu zerlegen. Sodann aber können manche mesomorphe Schmelzen, wie schon erörtert, als disperse Systeme ohne Dispersionsmittel aufgefaßt werden. In diesem Falle gibt es nichts, was man abzentrifugieren könnte, und man könnte höchstens eine gewisse Orientierung erwarten, falls die elementaren Bausteine, Moleküle oder Mizellen, ihren Schwerpunkt nicht in der Mitte haben sollten, ähnlich wie ein Magnetfeld solche trübe Schmelzen nach M. Bose orientiert und dabei klärt, ohne sie zu entmischen. Ganz analoge Betrachtungen gelten für die Elektrophorese. Auch hier sind stoffliche Unterschiede zwi-

---

[1]) H. Freundlich, R. Stern und H. Zocher, Biochem. Zeitschr. 138, 307 (1923).

[2]) Literatur über Kolloidchemie des Salvarsan, siehe später bei K.Ch. und Medizin.

[3]) Siehe Versuche von G. Bredig und von Schukowsky, Ber. d. d. chem. Ges. 37, 3419 (1904); A. Coehn, Ztschr. f. Elektrochem. 9, 856 (1904).

[4]) Der steile Viskositätsabfall würde einer Auflösung dieses zähen einbettenden Mediums und einem Freiwerden der mesomorphen Tröpfchen entsprechen.

schen dispersem Anteil und Dispersionsmittel erforderlich, die das Auftreten und Bestehenbleiben von Potentialdifferenzen ebenso ermöglichen wie das Auftreten von Dichteunterschieden. Es gibt nicht nur isoelektrische Kolloide, sondern auch kritische Flüssigkeitsgemische. Schwefelschmelzen, Gallerten mit geschlossener Struktur usw. können weder mit der einen noch mit der anderen Methode zerlegt werden. Schließlich gibt es aber, wie oft hervorgehoben, nicht nur mesomorphe Schmelzen, sondern auch mesomorphe Lösungen von notorisch kolloidem Charakter, wie die Seifenlösungen, bei denen z. B. eine Elektrophorese zweifellos vorhanden ist. In der Tat ist von A. Coehn beim Cholesterylpropionat auch eine Aufhellung an der einen Elektrode beobachtet worden.

In neuerer Zeit hat nun meine These, daß kolloider und mesomorpher Zustand besonders häufig miteinander verknüpft sind, eine erhebliche Erweiterung und Sicherung erfahren durch sehr bemerkenswerte Untersuchungen von H. Zocher[1]) und seinen Mitarbeitern. Freilich darf ich nicht verschweigen, daß ich in der theoretischen Bewertung dieser Ergebnisse von ihrem Entdecker abweiche, der in ihnen nur „merkwürdige Analoga" zu den mesomorphen Systemen erblickt und sie als wesentlich verschieden von diesen ansprechen möchte, während ich der Meinung bin, daß hier völlig typische mesomorphe Systeme vorliegen, so typisch wie etwa Ammoniumoleat oder die Sandqvistsche Bromphenanthrensulfosäure. Zunächst sind einige der Zocherschen Systeme insofern besonders bemerkenswert und neuartig, als sie Beispiele der bisher noch sehr selten beobachteten mesomorphen Formen anorganischer Stoffe darstellen. Es handelt sich besonders um Vanadinpentoxyd- und Eisenhydroxydsole neben verschiedenen Farbstoffsolen. Es sind dies Sole, welche zunächst die Erscheinungen der sog. Strömungsdoppelbrechung zeigen, wie sie zuerst von G. Quincke (1902) und L. Tieri (1911) aufgefunden wurden und in neuerer Zeit von H. Dieselhorst, H. Freundlich, H. Zocher und ihren Mitarbeitern sehr eingehend studiert worden sind[2]). In ruhendem Zustande sind sie meist isotrop und lassen bei gekreuzten Nikols das Gesichtsfeld dunkel. Rührt man aber z. B. in der Beobachtungskuvette oder läßt das Sol langsam strömen, so beobachtet man eine Aufhellung des Gesichtsfeldes, das Zeichen für Doppelbrechung. Ich kann Ihnen diese Erscheinung

[1]) H. Zocher und Mitarbeiter, Ztschr. f. physik. Chem. **98**, 293 (1921); Ztschr. f. anorg. Chem. **147**, 91 (1925); Koll.-Ztschr. **41**, 220 (1927) usw.; daselbst weitere Literatur.

[2]) Literatur bei H. Zocher, l. c.

besonders schön an einem farblosen Sol der Quecksilbersulfosalizylsäure mit dem Projektionsapparat (Dem.) zeigen[1]). Sie sehen, wie beim Rühren mit dem Glasstabe prachtvoll gefärbte Schlieren in dem sonst dunklen Gesichtsfelde auftauchen.

Bei den zwei genannten Oxydsolen wurde nun beobachtet, daß sie sich beim Altern, aber auch bei der Einwirkung von Licht, Wärme usw. entmischen. Es entstehen Tröpfchen eines konzentrierteren Sols, die sich zu Boden setzen und dabei teilweise oder ganz verschmelzen können. Wir haben in dieser spontanen Entmischung Vorgänge, die wohl eng verwandt sind mit denen der üblichen spontanen Gelatinierung oder auch der Retrogradation etwa von Stärkekleistern, Viskosesolen usw. Die mikroskopische Betrachtung lehrt nun aber, daß diese Tröpfchen, trotzdem sie flüssig sind und miteinander verschmelzen können, eine von der Kugelform abweichende Gestalt haben. Sie sehen beim Vanadinpentoxyd wie breite Spindeln oder „Zweiecke" aus (Abb. C auf Tafel VII), während es beim Eisenhydroxyd mehr kurze dicke Zylinder sind. Diese Tröpfchen zeigen nun aber permanente Doppelbrechung trotz ihrer flüssigen Beschaffenheit, und obgleich H. Zocher nur von einer „merkwürdigen Analogie" zwischen ihnen und flüssigen Kristallen spricht, sehe ich keinen Grund, warum man sie nicht ohne jeden Vorbehalt als solche apostrophieren soll, genau so wie die eiförmigen doppelbrechenden Tröpfchen etwa von Ammoniumoleat, der Sandqvistschen Säure, des Cholesterylbenzoats usw. Man vergleiche z. B. die Zochersche Abb. C (Vanadinpentoxyd) mit der Lehmannschen Abb. A (Ammoniumoleat), beide in polarisiertem Licht aufgenommen. Vanadinpentoxydsol ergibt unter den genannten Bedingungen die viel erwähnten Spindelformen, auch mit der nach G. Friedel kennzeichnenden positiven Doppelbrechung. Sehr bemerkenswert ist aber, daß entmischtes Eisenhydroxydsol den anderen Haupttypus G. Friedels, den smektischen aufweist[2]). H. Zocher unterscheidet bei diesen mesomorphen Formen des Eisenhydroxyds zwei Haupttypen; einen mehr geradlinig begrenzten, schichtig gebauten Typ, der starke positive Doppelbrechung ergibt, wie er nach G. Friedel auch für smektische Formen typisch ist, und eine zweite mehr kreisförmig umgrenzte aber ebenfalls geschichtete Form, die nach H. Zocher indessen nur durch andere Lagerung der ersten Form

---

[1]) Wo. Ostwald, und M. Mertens, Ambronn-Festschr. (1921), 242; S. Berkman und H. Zocher, ibid. 292.

[2]) Auch H. Zocher weist darauf hin, daß seine Solstrukturen den beiden Friedelschen Haupttypen äußerlich entsprechen, warnt aber vor einer „Verwechslung". Der Verfasser meint, daß sich H. Zocher hier wirklich selbst im Lichte steht.

zustande kommt, nämlich durch Lagerung der aufbauenden Schichten parallel zum Glase des Präparates.[1]) Nun zeigen die letzteren aber eine Erscheinung, die wir früher als eine besondere und auffällige Eigentümlichkeit des smektischen Zustandes kennen gelernt haben, nämlich das Phänomen des „Treppentropfens". Man vergleiche Abb. D (siehe Tafel VII), die eine Photographie von H. Zocher darstellt, mit der daneben stehenden Abb. B von G. Friedel[2]). Aber noch mehr: Gerade diese Treppentropfen zeigen außerdem in intensiver Weise Schillerfarben, so wie sie besonders auffällig bei cholesterischen Körpern zu finden sind. Da von optischer Drehung bei Eisenhydroxydsolen bisher nichts bekannt ist, scheint diese Farbenerscheinung also auch bei smektischen Systemen aufzutreten[3]). Daß schließlich H. Zocher in diesen Schichten ein lebhaftes spontanes Funkeln, also Brownsche Bewegung findet, entspricht ebenfalls den früher geschilderten Beobachtungen von G. Friedel und andern bei organischen mesomorphen Körpern, insbesondere auch mesomorphen Schmelzen. Ich kann nur wiederholen, daß ich in diesen Zocherschen Befunden[4]) ganz besonders schöne Hinweise auf die Tatsache erblicken kann, daß

---

[1]) Die röntgenoskopische Untersuchung der Präparate ergibt die Struktur der Goethit-Kriställchen.

[2]) Der Verfasser spricht auf eigene Verantwortung nach Beschreibung und Bild diese Formen des mesomorphen Eisenhydroxyds als „Treppentropfen" an; bei H. Zocher findet sich dieser Vergleich nicht.

[3]) Es liegt nahe, die viel behandelte Frage nach dem Farbenspiel des Edelopals mit diesen Erscheinungen an konzentrierten Eisenhydroxydsolen zu verknüpfen. Die einfache unspezifische Chromolyse im langwelligen und kurzwelligen Spektralteil, die zur Opaleszenz führt, genügt bekanntlich nicht. Es erscheint möglich, daß die Einlagerung mesomorphen Eisenhydroxyds auf Spaltflächen, wie sie fast regelmäßig in Kieselsäuregelen und auch in Opalen selbst zu beobachten sind, das eigentliche Farbenspiel verursacht. Der sog. mexikanische Feueropal stellt dabei wohl die homogenste Zerteilung von Eisenoxyd in SiO_2 -Gel dar, ohne wesentliche innere Spaltflächen, aber dafür auch nur mit einem allgemeinen schwächeren und diffusem Farbenspiel. Seine Durchschnittsfarbe und Trübung erinnert übrigens auffallend an die gleichen Eigenschaften der Mischsole von Eisenhydroxyd- und Kieselsäuresol, wie sie neuerdings von A. Fodor und A. Reifenberg beschrieben worden sind (Koll.-Ztschr. 42 (1927)). Es ist indessen auch nicht völlig von der Hand zu weisen, daß Cholesterinderivate selbst, die ja im Erdöl auftreten, den Effekt verursachen. An letztere mesomorphen Stoffe ist besonders zu denken beim Aufbau der Schuppen von Schillerfaltern (Apatura iris usw.), entsprechend der großen biologischen Verbreitung von Cholesterin und seinen Abkömmlingen.

[4]) Auf ganz analoge schöne mesomorphe Formen bei Farbstoffsolen (Benzopurpurin, Chrysophenin usw.), die H. Zocher beschreibt, kann hier nur verwiesen werden.

der mesomorphe Zustand zwar nicht ausschließlich an kolloide Zerteilungsgrade gebunden erscheint — es gibt ziemlich sicher auch chemisch homogene und molekulardisperse mesomorphe Systeme —, daß er aber besonders häufig und besonders deutlich zusammen mit der kolloiden Zerteilungsform auftritt. Man kann die Frage nicht unterdrücken, warum beide Erscheinungsformen der Materie so häufig zusammen auftreten.

Diese Frage führt uns zu der allgemeineren nach den Bedingungen und Kräften, die maßgebend sind dafür, warum nur gewisse, keineswegs alle Stoffe den mesomorphen Zustand annehmen können. Wie so oft in Fragen der Struktur der Materie können wir auf zwei entgegengesetzten Wegen, einem mehr chemischen und einem mehr physikalischen an diese Frage herantreten. Von chemischer Seite betrachtet, hat D. Vorländer in überzeugender Weise dargetan, daß möglichst langgestreckte, unverzweigte Moleküle erforderlich sind, um die Erscheinung des mesomorphen Zustandes zu geben. Stäbchenmoleküle sind charakteristisch für die Mehrzahl mesomorpher Körper, und man könnte einfach auf Grund dieser chemischen Kennzeichnung auch noch heute nach weiteren mesomorphen Körpern suchen[1]. Auch die Entstehung mesomorpher Körper durch Mischung isotroper könnte man sich ähnlich vorstellen, wie wir uns früher die Löslichkeitserhöhung z.B. von Benzol-Wasser durch Alkohol durch eine Verkettung dieser drei Moleküle miteinander vorgestellt haben.

Von der anderen physikalischen Seite her betrachtet, haben wir wieder zweierlei Erscheinungsgebiete zunächst getrennt zu behandeln, entsprechend der schon besprochenen Tatsache, daß wir primäre und sekundäre Strukturen bei mesomorphen Körpern unterscheiden müssen. Beginnen wir mit der Diskussion der Primärstruktur, so zeigen uns die erwähnten ultramikroskopischen Beobachtungen und besonders schön die Zocherschen mesomorphen Systeme, daß wir auch bei typisch kolloiden mesomorphen Formen anisodimensionale Bausteine: Stäbchen- und Scheiben-Mizellen vor uns haben. Denn es ist auf mannigfaltigem direktem und indirektem Wege und von den verschiedensten Forschern sichergestellt, daß wir z. B. in Vanadinpentoxydsolen nadelförmige, in Eisenhydroxydsolen scheibchenförmige kolloide Teilchen vor uns haben, wenigstens bei solchen Solen, welche Strömungsdoppelbrechung, Einstellung im Magnetfeld usw. zeigen. Hier haben wir also durchaus Kontinuität zwischen chemischer und physikalischer For-

[1]) Dem Verfasser ist nicht bekannt, ob z. B. Isoprenketten in dieser Hinsicht untersucht worden sind.

schungsrichtung: anisodimensionale Form der dispersen Teilchen erscheint als die erste Grundbedingung für das Auftreten mesomorpher Zustände, unabhängig davon, wie groß der Dispersitätsgrad des Systems ist. Dabei ist es durchaus möglich, daß ein sehr langgestrecktes Molekül — denken wir z. B. an die Moleküle der höheren Fettsäuren oder Seifen, deren Dimensionen J. Langmuir berechnet hat — in seiner Längsachse über die charakteristischen Moleküldimensionen (ca. 0,1 $\mu\mu$) hinausgeht. Man kann sich durchaus Moleküle vorstellen, die also nur nach einer (oder zwei) Richtungen kolloid, nach den anderen Achsen aber molekular sind. So berechnet Langmuir bei Palmitinsäure die Querschnittsachse zu 5 Angström-Einheiten, die Länge zu 20), während nach den Messungen von Perrin bei smektischen Seifenschichten Werte von etwa 40—50 Å erhalten werden). Für andere, z. B. cholesterische Schichten finden G. Friedel und Grandjean (l. c.) dagegen Werte von 2000—3000 Å, d. h. nicht nur typisch kolloide, sondern sogar schon mikroskopische Dimensionen der die Schicht aufbauenden Elemente. Es liegt nahe, das häufige Zusammenfallen mesomorpher und kolloider Zustandsformen mit der Erwägung zu verknüpfen, daß langgestreckte Moleküle „eindimensional kolloide Teilchen" sein können.

Das Vorhandensein anisodimensionaler disperser Teilchen allein genügt indessen nicht zur Erklärung der Eigentümlichkeiten des mesomorphen Zustandes. Ein unregelmäßiges Haufwerk solcher Nädelchen würde z. B. keine der zahlreichen optischen, mechanischen usw. Eigenschaften mesomorpher Körper verständlich machen. Offenbar müssen die anisodimensionalen Teilchen eine bestimmte Ordnung haben, und zwar zunächst zueinander selbst. Bei nadelförmigen Teilchen liegt es nahe, an eine Parallelordnung um die Längsachse zu denken, und in der Tat ist schon frühzeitig (1907) von M. Bose[1]) eine solche Anordnung zu „Molekülschwärmen" angenommen worden, wobei solche Schwärme kinetisch entstehen und vergehen können, ähnlich etwa den statistischen Molekülanhäufungen, die A. Einstein neuerdings zur Erklärung der Trübung kritischer Flüssigkeitsgemische angenommen hat[2]). Besonders klar ist diese besondere Ordnung stäbchenförmiger Mizellen wieder von

[1]) M. Bose, Physik. Ztschr. **8**, 347, 513 (1907); **10**, 241 (1909); Ztschr. f. Elektrochem. **13**, 449 (1907).

[2]) In beiden Fällen können solche Anhäufungen von Molekülen offenbar sekundäre Gebilde von kolloiden Dimensionen ergeben, so, wie sich ja auch aus magnetischen und dielektrischen Daten für Azoxyanisol nach L. S. Ornstein und W. Kast (l. c.) ebenfalls ein „Elementarteilchen" von 10^4 Molekülen ergibt.

G. Friedel auseinandergesetzt worden, der bei nematischen Formen nur eine Längsordnung der Teilchen bei sonst beliebiger Bewegungsfreiheit, bei smektischen Formen außerdem eine Ordnung zu gleichdicken Schichten annimmt. Während in einem normalen flüssigen System die Bausteine Bewegungsfreiheit nach allen drei Richtungen des Raumes haben, bei festen Körpern und insbesondere festen Kristallen praktisch nach keiner Richtung[1]), zeigen die mesomorphen Zustände die dazwischen liegenden Fälle von Bewegungsfreiheit. Im nematischen Zustand sind zwei Bewegungsrichtungen frei, im smektischen nur noch eine. Im cholesterischen Zustand kommt noch entweder eine besondere, etwa tordierte Gestalt der Elementarteilchen oder doch eine schraubenförmige Verknüpfung derselben hinzu. Der Dispersoidchemiker würde diese drei Friedelschen mesomorphen Zustände vielleicht am einfachsten als lamellare, fibrillare und spirillare disperse Formen der Materie bezeichnen, wobei er besonderen Wert darauf legen wird, daß der Dispersitätsgrad dieser Systeme nicht nur molekulare, sondern auch kolloide, ja grobdisperse Werte annehmen kann.

Aus dieser zweiten Grundbedingung des mesomorphen Zustandes: Selbsttätige Ordnung der anisodimensionalen Bausteine, ergibt sich sofort mannigfaltige Aufklärung von Eigentümlichkeiten mesomorpher Körper. Beginnen wir mit den optischen Eigenschaften, so ist für die allgemeine Erscheinung der Doppelbrechung in mesomorphen Systemen in erster Linie die Theorie der Lamellar- und Stäbchendoppelbrechung von O. Wiener heranzuziehen[2]). O. Wiener zeigte, daß ein disperses System oder ein „Mischkörper", wie er es nannte, aus isotropen Bestandteilen, doppelbrechend wird unter folgenden einfachen Bedingungen: Dicke und Abstand der Schichten oder Zylinder

---

[1]) Von den bekannten Deformationen, Drillungen, Gleitungen usw. fester Kristalle wird hier abgesehen.

[2]) O. Wiener, Physik. Ztschr. **5**, 332 (1904); J. Friedel, Ann. d. Physik **18**, 1031 (1905); F. Braun, ibid. **16**, 238 (1905); H. Ambronn, Physik. Ztschr. 665 (1907); O. Wiener, Ber. sächs. Akad. d.Wiss. **61**, 113 (1909); **62**, 255 (1910); Abhdlgen. d. sächs. Ges. d. Wiss. **32**, (1912) Hauptarbeit; H. Ambronn, Koll.-Ztschr. **6**,1 (1910); **9**, 147 (1911); **18**, 278 (1916); A. Frei, Kolloidchem. Beih. **20**, 227 (1924), (hier reichliche Literatur) usw.; ferner Ambronn-Frei, Das Polarisationsmikroskop (Leipzig 1926). Schon O. Wiener weist gelegentlich (l. c. 1905) auf die mögliche Anwendbarkeit seiner Theorie zum Verständnis der mesomorphen Körper hin, ohne daß dieser Gedanke, soweit dem Verfasser bekannt, aufgenommen und im einzelnen durchgearbeitet worden wäre. So wird in der neueren Friedelschen Monographie nicht von der Wienerschen Theorie Gebrauch gemacht.

müssen klein sein im Verhältnis zur untersuchten Wellenlänge und müssen parallel zueinander orientiert sein. Kolloide und molekulare Teilchen würden gegenüber den Lichtwellenlängen also den Voraussetzungen der Wienerschen Theorie entsprechen. Im einzelnen tritt die Teilchengröße nicht in den Wienerschen Formeln auf, wohl aber ein sog. Formkoeffizient, der u. a. die gegenseitige Lagerung und Anordnung der gleichgroßen Teilchen zum Ausdruck bringen soll. Wichtig ist folgender Unterschied: Ein Wienerscher Schichtkörper verhält sich senkrecht zu den Schichtebenen isotrop, in allen andern Richtungen dagegen negativ doppelbrechend. Im Gegensatz hierzu ist die Doppelbrechung eines Stäbchenkörpers immer positiv.

Man erkennt leicht, wie das besonders häufige, nach G. Friedel für smektische und normale nematische Stoffe gesetzmäßige Auftreten von stets positiver Doppelbrechung durchaus der Wienerschen Theorie entspricht. Auch die mesomorphen Formen des Vanadinpentoxyds und wenigstens der einen Form des Eisenhydroxyds sind nach H. Zocher (l. c. 1925) positiv, während die Modifikation, welche den „Treppentropfen" ergibt, bei senkrechter Betrachtung isotrop erscheint[1]). Nach G. Friedel tritt negative Doppelbrechung überhaupt nur bei cholesterischen Formen auf. Indessen liegt es ja sehr nahe, daß z. B. kolloide Teilchen auch eine Eigendoppelbrechung haben können, und in der Tat ist z. B. von H. Ambronn (l. c.) in mehreren Fällen das Zusammenwirken von Wienerscher Stäbchendoppelbrechung und Eigendoppelbrechung überzeugend dargetan worden. Auch andere Überlegungen[2]) führen zu der theoretischen Folgerung, daß besondere und regelmäßige Anordnungen fast beliebig gestalteter Teilchen eine Doppelbrechung des ganzen Systems ergeben können, so daß der Allgemeinheit der angegebenen zweiten Grundbedingung für den mesomorphen Zustand: Ordnung der Teilchen, in der Tat ebenso allgemeine physikalische Theorien gegenüber stehen, um die grundsätzlichen optischen Eigenschaften mesomorpher Systeme verständlich zu machen.

Bei aller Hochschätzung der optischen Methoden und Bewunderung der optischen Mannigfaltigkeit mesomorpher Systeme, möchte ich die mechanischen und anderen physikalisch-chemischen Eigenschaften mesomorpher Körper als fast noch interessanter bezeichnen, obschon sie bisher viel weniger studiert worden sind. Es wurde schon erwähnt, daß sich z. B. smektische Körper leicht in der Richtung ihrer Schichtebenen deformieren lassen, sehr schwer in anderen Richtungen. Eine

---

[1]) H. Zocher, l. c. 1925, S. 98. [2]) Siehe F. Braun, l. c.

solche Anisotropie der Viskosität ist vielleicht noch auffälliger bei nematischen Formen bzw. bei den zahlreichen Stäbchen, Fäden usw., die in mikro- und makroskopischen Dimensionen bei ihnen auftreten. Man findet z. B. die merkwürdige Erscheinung, daß ein solches Stäbchen nur nach einer Richtung hin leicht beweglich, gleichsam flüssig ist, in den andern beiden dagegen formbeständig oder fest. Trifft ein solches Stäbchen etwa an eine Luftblase, so kann es an der Grenzfläche sich ausbreiten, wie etwa ein dicker Öltropfen auf Wasser, jedoch nur dann, wenn das Stäbchen die Grenzfläche ungefähr rechtwinklig trifft. Erfolgt die Berührung seitlich, so erfolgt nichts. Neben der Anisotropie der Viskosität gibt es also hier auch eine Anisotropie der Oberflächenspannung. Ich möchte nur kurz darauf hinweisen, wie interessant diese Erscheinungen in bezug auf die Theorie von Flüssigkeitsfäden überhaupt sind, wobei wir einerseits an biologische Flüssigkeitsfäden (etwa Pseudopodien), andererseits an technische Flüssigkeitsfäden denken wollen, wie sie beim Spinnprozeß der künstlichen Seide usw. auftreten. Solche Flüssigkeitsfäden, deren Länge ihren Durchmesser hundert- und tausendfach übertreffen kann, sind nicht mit den Kapillaritätsgesetzen normaler Flüssigkeiten ins Einvernehmen zu bringen. Wohl aber zeigen sie wie mesomorphe Niederschlagsformen ausgesprochene Anisotropie von Viskosität und Oberflächenspannung, und es erscheint naheliegend, daß Spinnbarkeit oder Fadenbildungsvermögen von Flüssigkeiten eng mit Stäbchenform und Stäbchenordnung der betreffenden anscheinend stets kolloiden Systeme zusammenhängen[1]). Daß übrigens nicht nur die Stäbchenform genügt, um die anisotrope Viskosität solcher Flüssigkeitsfäden hervorzurufen, zeigen die viskosimetrischen Versuche von F. Eichwald und R. Schenck an mesomorphen Körpern, die wir schon früher besprachen. Die langgesstreckte Gestalt der Moleküle ist etwa beim Azoxyanisol natürlich auch in der isotropen Schmelze vorhanden. Aber erst beim Umwandlungspunkt in die mesomorphe Phase wird die zweite Bedingung, die Ordnung, erfüllt, begleitet von dem enormen Abfall der Viskosität, der den Schluß nahe legt, daß ein geordnetes stäbchenförmiges System leichter laminare Strömungen (wie im Kapillarviskosimeter) ausführen kann, als ein ungeordnetes System. Ganz im selben Sinne liegt auch eine von The Svedberg (l.c.) gefundene Diffusionsanisotropie, die man beobach-

[1]) Auch von anderer Seite, z. B. von H. Zocher, l. c., ist auf den Zusammenhang zwischen Fadenbildung und Stäbchengestalt hingewiesen worden. Der Verfasser hat seit längerer Zeit eine theoretische und experimentelle Untersuchung über diese Frage in Arbeit.

tet, wenn man eine mesomorphe Flüssigkeit durch ein Magnetfeld richtet und nunmehr die Diffusionsgeschwindigkeit eines andern Stoffes in der Schmelze in der Richtung des Feldes und senkrecht hierzu mißt.

Anisodimensionale Gestalt und gesetzmäßige Anordnung molekulardisperser und besonders kolloider Teilchen erscheinen als die Grundbedingungen des mesomorphen Zustandes, als die Grundbedingungen insbesondere der primären Struktur dieser Systeme. Wir haben gesehen, daß tatsächlich von diesen zwei Gesichtspunkten aus viele und wichtige Eigentümlichkeiten mesomorpher Körper verständlich werden. Wenn Sie indessen die ungeheure Formenmannigfaltigkeit mesomorpher Körper, die erstaunliche Labilität sowohl der Formen wie auch mancher optischer Eigenschaften, die Leichtigkeit in Betracht ziehen, mit der alle möglichen, anscheinend trivialen Faktoren wie das Glas des Objektträgers, eine eingeschlossene Luftblase, irgendwelche Beimengungen, Drücken des Deckglases usw. auf die Erscheinungen ausüben, so werden Sie sich nicht wundern, wenn ich zur Beherrschung der reichen Phänomenologie mesomorpher Systeme noch ein drittes Prinzip heranhole bzw. herauszuschälen suche. Es ist das Prinzip der Grenzflächenwirkungen bei mesomorphen Systemen, und es ist das Prinzip, welches besonders für die Eigentümlichkeiten in Frage kommt, die wir oben als sekundäre Struktur dieser Gebilde bezeichnet haben. Nicht nur mechanische Wirkungen, wie etwa Bewegungen und Formänderungen bzw. Formgebung überhaupt, sondern auch optische Eigenschaften werden von diesem Prinzip beeinflußt, ja wir werden gleich sehen, daß das Prinzip der Grenzflächenwirkungen bis an die Probleme der Primärstrukturen mesomorpher Körper heranreicht. Gestatten Sie, daß ich Sie zunächst wiederum auf einige Erscheinungen hinweise, ehe ich dieses Prinzip näher diskutiere.

Die Optik mesomorpher Körper ist experimentell wie theoretisch schon darum nicht ganz einfach, weil die Beobachtung, Deutung und Messung der Doppelbrechung außerordentlich leicht gestört wird durch Vorgänge, die mit den Namen Homöotropie, spontane Homöotropie, Heterotropie usw. bezeichnet werden. Unter Homöotropie versteht man z. B. nach O. Lehmann die Erscheinung, daß ein zwischen zwei Gläsern geschmolzener Tropfen eines mesomorphen Körpers seine optische Achse entweder spontan senkrecht zur Oberfläche einstellt oder dies dann tut, wenn man ihn durch Verschieben der zwei Gläser einige Male hin- und hergezerrt hat. Betrachtet man solche Präparate senkrecht, so bleiben sie unter gekreuzten Nikols dunkel, verhalten sich also „pseudoisotrop“. G. Friedel (l. c.) ist der Ansicht, daß das Glas an der Erscheinung nicht direkt selbst beteiligt ist, sondern daß eine äußerst stabile Oberflächenhaut, die von smektischen wie von nematischen Körpern ganz allgemein spontan gebildet wird, den genannten richtenden Einfluß ausübt. Diese Oberflächenhäute unterscheiden sich wesentlich vom Inhalt. Sie haben z. B. ganz andere Umwandlungstemperaturen nach G. Friedel (l. c. S. 354) als die Masse, und auch eine besondere mechanische Stabilität läßt sich nachweisen. Übrigens sind auch die Grenzschichten, die bei mikroskopischer Betrachtung etwa den Umriß eines abgeplatteten Tropfens bilden, optisch verschieden von der Mitte, ähnlich wie es jedem Biologen an den Grenzschichten freien Protoplasmas, also etwa am Pseudopodium einer Amöbe bekannt ist. Unter Heterotropie versteht man andererseits die richtende Wirkung, die von Lamellen fester Kristalle auf mesomorphe Körper ausgeübt wird. Im Gegensatz zur Homöotropie, die eine einfache isotrope Ausrichtung senkrecht zur Grenzfläche hervorruft, gibt sich bei der Ausrichtung an Kristallamellen zuweilen sehr stark die Kristallstruktur des betreffenden festen Kristalls zu erkennen. Die optische Achse des mesomorphen Tropfens wird in bestimmten Winkeln z. B. zu einer Glimmerfläche eingestellt, wobei dieser Winkel interessanterweise mit der Temperatur variiert. Ja es gibt Kristallflächen, z. B. diejenigen des Muskowits, welche eine Drillung der optischen Achse fast aller mesomorphen Flüssigkeiten hervorrufen, die mit ihm in Berührung kommen. Übrigens können auch noch in anderer Weise, z. B. durch gewisse Zusätze wie Kolophonium zu Azoxyphenetol „künstliche Drehungen der Polarisationsebene“ und andere höchst merkwürdige spiralige Strukturen in mesomorphen Gebilden hervorgerufen werden (O. Lehmann).

Was lehren diese optischen Erscheinungen, die nur einige Proben aus einer Unzahl ähnlicher darstellen? Ich glaube, sie lehren, wie leicht und wie tiefgreifend die zweite Grundbedingung des mesomorphen Zustandes, die Ordnung der Teilchen durch äußere und zwar durch Grenzflächenkräfte beeinflußt werden kann. Im Gegensatz zu festen Kristallen und normalen Flüssigkeiten, bei denen Grenzflächenerscheinungen jedenfalls nur eine geringe Reichweite haben, wird die Struktur mesomorpher Körper auch in mikroskopischen Tropfen zuweilen durchgehend geändert durch Grenzflächenwirkungen. Wie es H. Zocher schon bei seinen sich freiwillig entmischenden Hydroxydsolen, freilich in etwas anderem Sinne, hervorhebt, und wie wir dies auf mesomorphe Körper erweitern wollen, finden wir hier Kräfte von ungewöhnlicher Reichweite wirksam, Kräfte, die hier insbesondere von den Grenzflächen ausgehen[1]).

Solche Grenzflächenwirkungen pflegen bekanntlich um so intensiver zu sein, je größer die spezifische Oberfläche ist, also je kleiner die betreffenden Individuen sind. Die Rolle der Größe der Individuen spielt in der Tat auch bei der Untersuchung mesomorpher Körper eine wichtige Rolle. Schon früher haben wir gehört, daß D. Vorländer bei einer ganzen Reihe von Stoffen Anisotropie nur in kleinen und kleinsten Tröpfchen nachweisen konnte, nicht in größeren Tropfen. Auch bei G. Friedel findet man wiederholt Beispiele, daß erst durch sehr schnelles Abkühlen oder sehr schnelle Verdampfung (wobei natürlich besonders kleine Individuen entstehen) typische anisotrope Formen erhalten werden können[2]). Desgleichen wird von beiden Forschern die außerordentlich fördernde Rolle starker Unterkühlung hervorgehoben, die bekanntermaßen um so leichter und weitgehender ist, je kleiner die betreffenden Tropfen sind. So sagt z. B. D. Vorländer: „Diejenigen Tropfen bieten am meisten Möglichkeit, kristallinisch-flüssig zu erstarren, die am längsten amorph-flüssig bleiben; — — man findet so z. B. bei Anisalaminobenzoesäureäthylester, Dicuminal-p-phenylendiamin und vielen anderen eine kristallinisch-flüssige Phase, die sonst[3]) nicht zu sehen ist[4])." In entsprechender Weise findet man häufig erst bei sehr dünnen Schichten deutliche Doppelbrechung, trotzdem die Schichten nicht etwa intensiv gefärbt sind. Auch durch Einbetten in bestimmte andere Medien, Zusätze usw. werden häufig mesomorphe Stoffe erst als solche erkennbar.

Es sprechen diese Erscheinungen also ebenfalls dafür, daß Grenzflächenkräfte nicht nur von derselben Größenordnung sein können wie die Kräfte, welche die spontane Ordnung der Teilchen hervorrufen, sondern daß Grenzflächenkräfte eine solche Ordnung gelegentlich erst hervorrufen und damit bis in die Primärstruktur mesomorpher Stoffe hineingreifen können. Je nach der Intensität der ordnenden Kräfte, also z. B. je nach der chemischen Natur des mesomorphen Körpers, aber

[1]) Übrigens liegt der Gedanke nahe, ob es nicht gelingt, einfach durch Emulgieren von Stäbchensolen in nichtwäßrigen Flüssigkeiten evtl. unter gleichzeitiger Anwendung milder Koagulations- oder Entmischungsmittel, also durch gerichtete Koagulation, mesomorphe Tröpfchen aus beliebigen Stäbchensolen herzustellen, was offenbar ein sehr allgemeines und einfaches Verfahren zur „Erzeugung" mesomorpher Formen wäre.

[2]) G. Friedel, l. c., S. 357, 460, 468 usw.

[3]) D. h. bei größeren Tröpfchen.

[4]) D. Vorländer, l. c. S. 31 (1908).

auch je nach der Art der Grenzfläche wird dieser Einfluß verschieden sein. Vielleicht errinnern Sie sich an die früher besprochenen Adsorptionsschichten mit einer Orientierung der adsorbierten Moleküle oder Mizellen, die um so ausgesprochener war, je länger das betreffende Teilchen, je höher seine Konzentration oder je dichter seine Packung, und schließlich je ausgesprochener polar Teilchen und Grenzfläche waren. Zwischen den Tröpfchen einer mesomorphen Flüssigkeit und einer solchen orientierten Adsorptionsschicht bestehen offenkundig die engsten Beziehungen, und ich wies schon früher darauf hin, daß solche Adsorptionsschichten eigentlich doppelbrechend sein sollten. Es sind nun seit langem, z. B. von V. von Ebner, O. Bütschli u. a.[1]) Polarisationserscheinungen beschrieben worden, die man z. B. an in Kanadabalsam eingebetteten Wasser- oder Lufttröpfchen beobachtet. Ich glaube nicht, daß die gewöhnliche banale Erklärung dieser Erscheinung als Oberflächen- oder Reflexpolarisation ausreichen wird, wenn man systematisch die zwei beteiligten Phasen variieren und z. B. die Intensität dieser Polarisation messen würde. Ich vermute vielmehr, daß sich bei solchen Untersuchungen alle Übergänge zeigen werden, zwischen den optischen Erscheinungen mesomorpher Körper, den Erscheinungen in Adsorptionsschichten und den individuellen optischen Konstanten normaler Flüssigkeiten, wie sie z. B. in dem verschiedenen spezifischen Reflexions- und Polarisationsvermögen von Flüssigkeitsspiegeln zum Vorschein kommen[2]).

Werden die ordnenden Kräfte sehr klein, so bedarf es relativ geringfügiger Außenkräfte, um aus einem ungeordneten Stäbchendispersoid einen vorübergehend oder akzidentell mesomorphen Körper zu machen. Ein Stäbchenhydrosol nimmt bei gerichteter Bewegung des ganzen Systems, also beim einfachen Strömen Doppelbrechung an. Läßt man es rotieren, so ergeben sich bei der polariskopischen Untersuchung, wie schon H. Zocher hervorhob, die auffälligsten Analogien mit mesomorphen Strukturen. Diese Fälle sind besonders lehrreich, weil sie die zwei Grundbedingungen des mesomorphen Zustandes: aniso-

[1]) Siehe V. von Ebner, Unters. üb. d. Anisotropie organisierter Substanzen, (Leipzig 1882), 2; O. Bütschli, „Untersuchungen über Strukturen", (Leipzig 1898), 31, 35; U. Gerhardt, Z. f. Phys. **28**, 250 (1927).

[2]) Auch D. Vorländer (l. c. 1908, S. 42) weist darauf hin, daß z. B. eine Emulsion von Phenol-Wasser „nur eine äußerst schwache Doppelbrechung bzw. Aufhellung der Phenoltröpfchen zwischen gekreuzten Nikols zeigt" und empfiehlt das eingehendere Studium anderer Emulsionen, freilich „besonders um zu zeigen, daß sie vielleicht, abgesehen von dem makroskopischen Klärungspunkte, nicht die geringste Ähnlichkeit mit kristallinischen Flüssigkeiten haben."

dimensionale Gestalt nnd gesetzmäßige Ordnung der Teilchen, getrennt voneinander erkennen lassen und die Notwendigkeit zeigen, daß beide Bedingungen gleichzeitig erfüllt und aufeinander abgestimmt sind.

Ich bin vielleicht bei der Schilderung der mesomorphen Körper vom Standpunkt des Dispersoidchemikers etwas zu ausführlich geworden. Wenn ich versuche, diese Erörterungen kurz zusammenzufassen, so würde ich etwa folgende Sätze vorschlagen: Der mesomorphe Zustand wird gekennzeichnet durch das Auftreten laminarer, fibrillarer und spirillarer disperser Strukturen, die in gesetzmäßiger Weise räumlich angeordnet sind, und durch ihre Anisodimensionalität wie durch ihre Ordnung die charakteristischen optischen, morphologischen und sonstigen physikalisch-chemischen Erscheinungen bewirken. Es gibt mesomorphe Systeme aller Dispersitätsgrade. Besonders häufig erscheint aber mesomorpher Zustand und kolloider Zerteilungsgrad miteinander verknüpft. Es gibt chemisch homogene und einkomponentige wie chemisch heterogene mehrkomponentige mesomorphe Systeme, insbesondere auch mesomorphe Schmelzkörper wie mesomorphe Lösungskörper. Es gibt typische aus dispersem Anteil und Dispersionsmittel bestehende mesomorphe Systeme wie höchst bemerkenswerte Dispersoide ohne Dispersionsmittel. Den Kräften, welche die gesetzmäßige Ordnung der anisodimensionalen Teilchen bewirken, stehen äußere Kräfte gegenüber, welche diese inneren Kräfte überkompensieren können. In allererster Linie sind dies die Grenzflächenkräfte, die in erheblichem Maße die Struktur mesomorpher Stoffe beeinflussen. Bei sehr schwachen ordnenden Kräften (wie in verdünnten Stäbchensolen) können durch relativ geringfügige Außenkräfte (Strömung) ungeordnete Systeme in akzidentell mesomorphe Zustandsformen überführt werden. —

Der dritte moderne, ja vielleicht modernste Zweig der physikalischen Chemie, in den plötzlich die Kolloidchemie eingedrungen ist, ist die Radiochemie. Vor Jahren hatte ich es als ein ganz besonderes reizvolles Problem der synthetischen Kolloidchemie bezeichnet, radioaktive Stoffe in den kolloiden Zustand überzuführen[1]. Inzwischen ist nun gezeigt worden, daß die Natur dieses Experiment schon selbst gemacht hat, insofern es sich herausstellt, daß eine ganze Anzahl wäßriger Lösungen radioaktiver Substanzen an und für sich schon kolloide Lösungen sind[2]. Sie zeigen die Erschei-

[1]) Vgl. des Verfassers „Grundriß“, 2. Aufl. (1911), 121.

[2]) Siehe F. Paneth, Koll.-Ztschr. 13, 1, 297 (1913); T. Godlewski, Koll.-Ztschr. 14, 229 (1914), sowie das ausgezeichnete Sammelreferat über diese Frage von F. Sekera, Koll.-Ztschr. 27, 145 (1920).

nungen der Elektrophorese, der Koagulation durch Elektrolyte, sie diffundieren und dialysieren nicht, werden leicht durch andere Kolloide sorbiert usw. Es befinden sich nicht alle, wohl aber vielleicht die größere Anzahl radioaktiver Lösungen in kolloidem Zustand, und die kolloidchemischen Methoden z. B. der Dialyse, der Adsorption usw. gestatten demgemäß eine Trennung und Konzentrierung der einzelnen Zerfallsprodukte je nach ihrem Dispersitätsgrade. Das ist gewiß eine sehr überraschende und interessante Beziehung der Kolloidchemie zur neueren physikalischen Chemie.

Aber noch für eine Reihe anderer Untersuchungen, die in gleicher Weise Chemie und Physik interessieren, sind Beobachtungen an dispersen und speziell auch kolloiden Systemen von überraschender Bedeutung geworden. Ich meine hier die experimentelle Bestimmung der sog. Avogadroschen Konstante, richtiger vielleicht der Loschmidtschen Zahl, der berühmten Zahl N, welche angibt, wieviel Moleküle in einem Grammolekül eines Stoffes enthalten sind. Es gibt verschiedene Wege, diese Zahl zu bestimmen, von denen ich nur den folgenden erwähnen will: Es ist Ihnen bekannt, daß unsere Erdatmosphäre um so verdünnter wird, je höher wir uns von der Erdoberfläche hinaufbegeben. Es besteht dabei das Gesetz, daß bei arithmetrischer Progression der Höhe die Dichte der Atmosphäre in geometrischer Progression abnimmt. In der kinetischen Gastheorie kann nun dieses Gesetz benutzt werden zur Ableitung der Loschmidtschen Zahl, insofern, als die Größe der Niveauänderung, die eine bestimmte Dichteabnahme zur Folge hat, dem Molekulargewicht des Gases umgekehrt proportional ist[1]). Dieselbe Erscheinung einer Konzentrationsänderung unter dem Einfluß der Schwere zeigen nach den Versuchen von J. Perrin nun auch Dispersionen und Kolloide, falls die Teilchen so klein sind, daß sie sich in Brownscher Bewegung befinden. In einem Kolloidvolum ist also die Konzentration am Boden des Gefäßes immer größer als in den oberen Partien, und zwar wird bei gegebener Höhe des Gefäßes der Unterschied natürlich um so größer, je gröber die Dispersion ist. Bei Suspensionen z. B. von Gummigutt oder Mastix, die etwa 0,3 μ groß sind, ist die Konzentration schon in der Höhe von etwa 50 μ nur halb so groß wie auf dem Boden, während die Dichte der Erdatmosphäre erst bei etwa in 6 km Höhe halb so groß ist wie auf der Oberfläche. Perrin konnte nun zeigen, daß nicht nur dasselbe formale Gesetz die Verteilung von Gasen und groben Dis-

[1]) In bezug auf Einzelheiten sei verwiesen auf J. Perrin, Die Atome. Deutsch von A. Lottermoser, 2. Aufl. (Dresden 1920).

persionen beherrscht, sondern daß man auch die Loschmidtsche Zahl selbst erhält, unter der Voraussetzung, daß jedes disperse Teilchen sich wie ein Molekül verhält. Ein „Grammolekül“ dieser groben Teilchen würde also gleich sein dem Gewicht ihrer N-fachen Zahl. Die auf diese Weise erhaltenen Zahlen stimmen nun in frappierender Weise überein mit den auf ganz anderen Wegen gefundenen Werten und ergeben eine Anzahl von 6—7 · 10^{23} Molekülen im Grammolekül.

Ich kann nur kurz erwähnen, daß auch aus der Geschwindigkeit der Brownschen Bewegung die Loschmidtsche Zahl abgeleitet werden kann und daß sich aus diesen Untersuchungen ebenfalls derselbe Wert für diese wichtige Größe ergeben hat. Es ist gewiß überaus bemerkenswert, daß aus der Beobachtung eines einzigen in Brownscher Bewegung befindlichen Öl- oder Quecksilbertröpfchens, ja selbst aus einem Tropfen verdünnter Milch (Deckhuyzen) eine so fundamentale Zahl wie die Loschmidtsche Zahl berechnet werden kann. —

Ich bitte um die Erlaubnis, Sie gleich in noch höhere Regionen spazieren führen zu dürfen. Vielleicht halten Sie es zunächst für einen Scherz, wenn ich Ihnen sage, daß die Kolloidchemie einiger interessanter Anwendungen auch auf dem Gebiete der kosmischen Physik fähig gewesen ist und in Zukunft sich jedenfalls als noch fähiger erweisen wird. Eine nähere Betrachtung zeigt aber ohne weiteres, daß wir in der kosmischen Physik nicht nur Körper in großen Massen oder nur in Molekülen, sondern auch Dispersoide von sehr verschiedenen dazwischenliegenden Dispersitätsgraden haben. Insbesondere sind hier die „Himmelsdispersoide“ zu nennen[1]), wie wir sie im atmosphärischen Staub, im Wasser in seinen verschiedenartigsten Dispersionszuständen als Dampf, in kondensierter und gröber disperser Form als Wolken und Nebel, schließlich als Regen und Schnee vor uns haben. Ich machte Sie schon an früherer Stelle darauf aufmerksam, daß die blauen und gelbroten Himmelsfarben durchaus auf dieseselben Ursachen zurückzuführen sind wie die Opaleszenzerscheinungen typischer Kolloide. In beiden Fällen ist die selektive Abbeugung an Teilchen, die kleiner als Licht-

[1]) Nachdem Wo. Ostwald (Koll.-Ztschr. 1, 333 [1907]; dieses Buch, 1. Aufl. [1915], 118) und P. Pawlow (ebenda 8, 18 [1911]) auf die Verwandtschaft der „Himmelsdispersoide“ mit den im Laboratorium untersuchten dispersen Systemen aufmerksam gemacht haben, hat in neuerer Zeit besonders A. Schmauß (Ztschr. f. angew. Chemie 32, 811 [1919]; Chem.-Ztg. 884 [1919], Koll.-Ztschr. 31, 266 [1922]) diese Probleme wieder aufgenommen und weiterentwickelt. Die neuesten Arbeiten in dieser Richtung (mit zahlreichen Literaturhinweisen) sind die von Hilding Köhler, Meteorologische Zeitschrift 1927 und A. Stäger, Gerlands Beiträge zur Geophysik 16, 277 (1927).

wellenlänge sind, für den Farbeneffekt verantwortlich. Die Übereinstimmung zwischen der Opaleszenz des Himmels und der eines Mastixsols geht sogar so weit, daß dieselbe Formel die Erscheinungen quantitativ beherrscht und daß auch die spezielleren Verhältnisse wie die Polarisationseffekte in beiden Fällen ganz gleichartig sind[1]). Ich möchte noch kurz auf einen anderen optischen Effekt hindeuten, bei dem die Anwesenheit kleiner lichtabbeugender Teilchen die Hauptrolle spielt, das ist die Helligkeit des Himmels. Würde das Licht der Sonne nicht durch die Dispersoide der Erdatmosphäre diffus zerstreut, so hätten wir keine Tageshelligkeit in dem uns geläufigen Sinne. Die Sonne würde, wie etwa der Mond, als eine grell leuchtende Scheibe auf einem vollständig dunklen Hintergrund stehen. Überall wo das Sonnenlicht nicht direkt hinträfe, hätten wir einen tiefschwarzen Schatten, überall würde ein greller Kontrast zwischen beleuchteten und unbeleuchteten Stellen auftreten, kurz, die Erde sähe ganz anders aus. Die diffuse Himmelshelligkeit verdanken wir nur dem Vorhandensein der atmosphärischen Dispersoide.

Aber auch die Wolken, Dispersoide von der Zusammensetzung G + Fl oder G + F zeigen eine Reihe von Übereinstimmungen mit dem Verhalten kolloider Systeme. Es ist nicht leicht, die Größe der Wassertröpfchen genau zu bestimmen, welche die Wolken aufbauen. Jedenfalls handelt es sich aber um Teilchen, die den kolloiden Dimensionen sehr nahe stehen, wie nicht nur aus der Tatsache ihres Schwebens in der Luft sondern auch z. B. aus dem Polarisationsgrad des von ihnen ausgesandten Lichtes hervorgeht. Insbesondere zeigen aber diese Himmelsdispersoide die typischen Koagulationserscheinungen emulsoider Systeme: Das Koagulationsprodukt ist der Regen. Auch dies ist nicht nur ein Scherz oder nur eine äußerliche Analogie. Wir wissen sogar ziemlich genau, welches Koagulationsprinzip vorwiegend für die Koagulation dieser Himmelsdispersoide verantwortlich zu machen ist. Es sind hauptsächlich elektrische Koagulationen, die zur Verschmelzung der hochdispersen Wassertröpfchen und zur Niederschlagsbildung im wahrsten Sinne des Wortes führen.

Aber noch höher und noch weiter hinaus erstreckt sich die Anwendbarkeit der Kolloidchemie. Ich vermute, daß eine ganze Anzahl von Ihnen das interessante Buch von S. Arrhenius über „Das Werden der Welten" gelesen hat. Vielleicht werden Sie sich erinnern, daß in den geistreichen Theorien dieses Forschers über die Entstehung der Welt

[1]) Vgl. J. M. Pernter, Denkschr. d. Akad. d. Wiss. (Wien) 73, 301 (1901); sowie desselben Verfassers „Physikalische Meteorologie".

zwei Faktoren eine besonders große Rolle spielen, der Lichtdruck und der überall im Weltenraume vorhandene kosmische Staub. In der Bewegung dieses letzteren kosmischen Staubes durch den Lichtdruck sieht S. Arrhenius eines der wichtigsten Momente für verschiedene kosmische Erscheinungen, und auch bei der Entstehung neuer Himmelskörper könnte eine durch den Lichtdruck bewirkte Verschiebung und Anhäufung des kosmischen Staubes eine große Rolle spielen. Nun haben K. Schwarzschild und einige andere Physiker berechnet, daß es für die Geschwindigkeit der Fortbewegung solcher kosmischer Teilchen nicht gleichgültig ist, wie groß die letzteren sind. Zu kleine und zu große Teilchen werden langsamer fortbewegt als mittelgroße, und die Rechnung ergibt ein Optimum der Teilchenbeweglichkeit bei einer Größe von etwa 0,16 μ . Nun, Sie werden sich wohl erinnern — daß dies ja gerade die kolloiden Dimensionen sind, so daß sich also ergibt, daß kolloider kosmischer Staub die günstigsten Bedingungen für die genannten kosmischen Substanzverschiebungen besitzt. In der Tat ist dieser Schluß von der optimalen Beweglichkeit mittlerer Teilchen unter dem Lichtdruck inzwischen von F. Ehrenhaft sogar experimentell als richtig erwiesen worden. Tatsächlich haben kolloide Teilchen mittleren Dispersitätsgrades eine optimale „photophoretische" Geschwindigkeit. Für Silberteilchen ergab sich z. B. ein optimaler Radius von 0,09 bis 0,098 μ unter den gewählten experimentellen Bedingungen, nämlich im konzentrierten Kegel einer Bogenlampe, wobei die absolute Geschwindigkeit beiläufig 180 μ/sek. betrug[1]). Sie haben also auch hier wieder eine Beziehung zwischen Dispersitätsgrad und Eigenschaften, welche, wie so viele andere, ein Maximum gerade im kolloiden Dispersitätsgebiete aufweist. Daß sie auch bei der Entstehung neuer Welten hilft — mehr kann man von der Kolloidchemie eigentlich nicht verlangen!

Kehren wir nun aus diesen hohen Regionen zurück und wenden wir unseren Blick gerade in die entgegengesetzte Richtung. Mineralogie, Geologie, Bodenkunde und Agrikulturchemie sind Wissenschaften, in denen die Kolloidchemie in ganz hervorragenden Maße angewendet wurde, ja in denen sie eigentlich schon lange zu Hause ist. Beginnen wir mit der Mineralogie, so spielen hier natürlich feste kolloide Lösungen die Hauptrolle. Um Ihnen gleich ein besonders hübsches Beispiel eines Minerals zu zeigen, das eine feste kolloide Lösung darstellt, reiche ich Ihnen hier einige Proben des bekannten blauen Steinsalzes herum (Dem.). Man hat lange geschwankt, auf welche

---

[1]) F. Ehrenhaft, Physik. Ztschr. 18, 368 (1917).

Ursache diese blaue Färbung zurückgeführt werden kann, da die chemische Analyse keinen konstanten Unterschied zwischen farblosem und blauem Salz ergeben hat. Neben organischen Verunreinigungen dachte man ähnlich wie bei den Silberhaloiden an ein blaugefärbtes Natriumsubhaloid usw. Durch neuere, besonders ultramikroskopische und synthetische Versuche können wir aber mit großer Bestimmtheit schließen, daß wir es hier mit einer kolloiden Lösung von Natrium metall in festem NaCl zu tun haben. Zunächst zeigt die ultramikroskopische Untersuchung in blauen Proben zahlreiche intensiv gefärbte und mit gewisser Regelmäßigkeit angeordnete kolloide Teilchen, die im farblosen Mineral fehlen. Sodann aber kann man ein blaues Steinsalz mit einem sehr ähnlichen ultramikroskopischen Bilde künstlich nach H. Siedentopf darstellen auf die folgende Weise: Man schließt in eine Glasröhre gleichzeitig ein Stück farbloses Steinsalz und ein Stückchen Natriummetall ein, evakuiert die Röhre und erhitzt das Ganze bis über den Verdampfungspunkt des Natriums. Das Steinsalz färbt sich dabei gelblich und die ultramikroskopische Untersuchung zeigt, daß wir es hier mit einer molekulardispersen Lösung des Natriummetalls zu tun haben. Dieses gelbgefärbte Präparat erhitzt man nun zum zweiten Male vorsichtig auf bestimmte Temperaturen, kühlt evtl. ab und erhitzt wieder usw. — bis man ein rotviolettes und schließlich ein blaues Steinsalz erhält. Dieses „Anlassen" des gelben Präparates bezweckt natürlich eine Kondensation des zuerst molekulardispersen Metalls zu größeren und speziell kolloiden Komplexen. Es handelt sich also um eine typische Kondensationsmethode. Ich will nur nebenbei erwähnen, daß man genau dieselben Prozeduren — primäre Herstellung einer hoch- evtl. molekulardispersen Lösung, Abkühlen und sekundäre Erwärmung zur Herstellung größerer, speziell kolloider Teilchen — anwendet bei der Herstellung des Goldrubinglases, des Ultramarins, vieler organischer Schwefelfarbstoffe, der sog. Leuchtsteine, mancher Stahlsorten usw. Kurz erwähnen will ich noch, daß die Farbe des blauen Steinsalzes übereinstimmt mit der Farbe des durch elektrische Zerstäubung erzeugten kolloiden Natriums in organischen Lösungsmitteln[1]), daß durch Bestrahlung mit den verschiedenartigsten Strahlen z. B. auch durch Radiumstrahlen, analoge Färbungen erzeugt werden können, daß das Vorkommen der blauen Präparate in der Natur vielleicht auf die schwache Radioaktivität der gemeinschaftlich auftretenden Kaliumsalze zurückgeführt werden kann, daß vermutlich noch

---

[1]) Siehe Wo. Ostwald, Kolloidchem. Beih. 2, 438 (1911).

viele andere Färbungen von Mineralien, wie diejenigen mancher Edelsteine auf kolloide Färbemittel, z. B. kolloide Hydroxyde, zurückzuführen sind[1]) usw.

Neben solchen bekannteren Musterbeispielen kolloider Systeme in der Mineralogie gibt es aber auch eine überraschend große Anzahl von Fällen, deren kolloide Natur erst in neuerer Zeit beobachtet worden ist. Ja es hat sich ergeben, daß solche verschieden disperse Zustandsformen von Mineralien so häufig sind, daß man ein systematisches Prinzip auf die Verschiedenheit des Dispersitätsgrades von Mineralien begründen kann. Von dem zu früh verstorbenen österreichischen Mineralogen F. Cornu ist zuerst darauf hingewiesen worden, daß wir eine große Reihe von „Mineralgelen" in den alten Klassen der sog. „hyalinen" und „porodinen" Mineralien vor uns haben[2]). Diese hochdispersen Formen sind so zahlreich, daß F. Cornu zur Aufstellung des sog. „Theorems der Isochemite" geführt wurde, welches besagt, daß für jedes kristallisierte Mineral ein hochdisperser z. B. auch kolloider Doppelgänger existiert. So kennen wir neben der kristallisierten Kieselsäure, dem Quarz, den Opal, der ein Kieselsäuregel ist und abgesehen vom Wassergehalt und evtl. Verunreinigungen die gleiche Zusammensetzung hat. Für das wasserhaltige kristallisierte Eisenoxyd, für den Göthit oder das Brauneisenerz haben wir als hochdispersen Doppelgänger die sog. Stilpnosiderite resp. den gelben Ocker, für das wasserfreie kristallisierte Roteisenerz den Rötel oder roten Ocker, den kristallisierten Sulfiden der Schwermetalle entsprechen die hochdispersen „Schwärzen" oder „Indigo", wie Eisenschwärze, Kupferindigo usw.

Aber noch in anderer Hinsicht, in bezug auf die analytische Unterscheidung der einzelnen Mineralien, kann man aus der Dispersoidchemie einige sehr beachtenswerte Lehren ziehen. Ich habe Ihnen hier eine ganze Serie von Mineralien aufgestellt, die alle nur aus Kieselsäure resp. aus Kieselsäure und Wasser bestehen (Dem.). Zunächst haben Sie einige der großen bekannten Quarzkristalle, denen Präparate zur Seite gestellt sind, die aus immer kleineren Kristallchen zusammengesetzt sind. Hier haben Sie z. B. den sog. Chalzedon, der vielleicht nicht einmal mehr mikrokristallinisch ist, hier den sog. Kascholong, für den dasselbe gilt, hier den völlig amorphen glasklaren Hyalith, der schon

[1]) Siehe insbesondere C. Doelter, „Das Radium und die Farben" (Dresden 1910).

[2]) Die zahlreichen Arbeiten von F. Cornu und seinen Mitarbeitern über die Beziehungen zwischen Kolloidchemie und Mineralogie finden sich fast sämtlich in der Koll.-Ztschr. von Band 4 (1909) an. Ferner die Zusammenfassung von A. Himmelbauer u. Fortschritten der Mineralogie 3, Jena 1913.

einige Prozente Wasser enthält, den Kieselsinter, den Opal, der als sog. Weichopal mit 30—40% Wasser vorkommt, und schließlich das im Laboratorium hergestellte normale Kieselsäuregel. Ich habe Ihnen also hier eine Serie von Kieselsäuremineralien vorgeführt, welche die verschiedensten Dispersitätswerte besitzen, von makroskopischen Kristallen bis zu typisch kolloiden Systemen. Es ist dies genau eine solche Dispersoidserie, wie ich sie Ihnen z. B. beim Schwefel oder Kochsalz zeigte, und ebenso — und das ist das hier Wichtige — variieren auch bei den Quarzmineralien verschiedenen Dispersitätsgrades die physikalisch-chemischen Eigenschaften in durchaus kontinuierlicher Weise je nach dem Dispersitätsgrad des betreffenden Spezimens. So finden sich Mineralien, von denen man nicht recht weiß, ob man sie noch zu dem kristallinen Quarz oder zu dem mikro- und kryptokristallinen Chalzedon zählen soll, und auch chemische Methoden, wie etwa die Löslichkeit in Kalilauge, ergeben unscharfe Resultate. Der Kolloidchemiker zeigt nun aber, warum diese analytischen Methoden gelegentlich versagen müssen, und warum derartige dem Systematiker zunächst höchst unerwünschte Übergangsformen zwischen den einzelnen Spezies einer solchen Mineralgruppe auftreten. So geht z. B. aus den Erörterungen unserer zweiten Vorlesung unmittelbar hervor, daß die Löslichkeit von Kieselsäure in Alkalien verschieden sein wird bei verschiedenem Dispersitätsgrade, aber auch stetig variieren wird, wenn sich letzterer stetig ändert. In der vorgeführten Reihe wird also die Alkalilöslichkeit stetig zunehmen vom kristallisierten Quarz bis zum Opal resp. bis zur kolloiden Kieselsäure, und dieser Forderung entspricht auch der tatsächliche Befund der Mineralanalyse. Zum Überfluß kann dieser Schluß auch direkt erhärtet werden durch Experimente, welche W. Michaelis über die Löslichkeit von Quarz in Kalkwasser ausgeführt hat, und in denen er Präparate untersuchte, welchen er in willkürlicher Weise einen verschiedenen Dispersitätsgrad erteilt hatte. So betrug unter bestimmten Versuchsbedingungen die Löslichkeit eines blank polierten Quarzkristalls ca. 1‰, die des mattgeschliffenen Kristalls 25‰, die von geschmolzenem Quarzglas 1,6%, während bei einem Quarzpulver (hergestellt aus reinstem Bergkristall) von sehr kleiner, aber immer noch mikroskopischer Teilchengröße 12,4% in Lösung ging, und bei dem höchstdispersen, durch sorgfältiges Schlämmen erhaltenen Quarzpulver (Teilchengröße kleiner als 1 μ) praktisch beliebige Mengen in Lösung und in chemische Verbindung übergeführt werden konnten[1]). Ähnliche Erwägungen gelten für

[1]) W. Michaelis, Koll.-Ztschr. 5, 9 (1909).

den Wassergehalt der Quarzmineralien, der ebenfalls in stetiger Weise zunimmt vom Chalzedon bis zum Opal. Es ist kolloidchemisch äußerst plausibel, daß die gebundene Wassermenge zunimmt mit steigendem Dispersitätsgrade, aber andererseits außerordentlich leicht variiert, falls z. B. durch Beimengungen der Dispersitäts- und Hydratationsgrad des Minerals geändert wird. Zusammenfassend können wir also sagen, daß die dispersoidchemische Betrachtungsweise gewisse Mineralgruppen zu „Dispersoidfamilien" zusammenfaßt, deren Einzelglieder in bezug auf ihre physikalisch-chemischen Eigenschaften kontinuierlich ineinander übergehen.

Gestatten Sie mir, Ihnen schließlich noch ein besonders interessantes Beispiel für die Anwendung der Kolloidchemie auf ein mineralogisches Problem vorzuführen. Ich denke, daß bei der gestrigen Vorführung der periodischen Niederschlagsbildung in Kolloiden, den sog. Liesegangschen Ringen, gewiß viele von Ihnen an die Ähnlichkeit dieser Strukturen mit den bekannten Bändern und Streifen gedacht haben, welche wir in so schöner Ausbildung bei den Achaten, dem Bänderjaspis usw. finden. Auch bei manchen Erzen, z. B. bei Golderzen, treten gelegentlich solche Bänderstrukturen auf. In der Tat ist nun diese Analogie nicht nur eine äußerliche, sondern zahlreiche eingehende Untersuchungen der neueren Zeit, insbesondere auch von R. E. Liesegang selbst, haben gezeigt, daß die genannten Laboratoriumspräparate auch in den Einzelheiten weitgehend mit den entsprechenden Mineralien übereinstimmen, und daß weiterhin dieselbe Entstehungsweise bei den letzteren höchstwahrscheinlich ist. Es handelt sich also um geologische oder mineralogische Diffusionsprozesse molekular gelöster Stoffe innerhalb von Mineralgelen, speziell wohl innerhalb von Kieselsäure- oder Silikatgelen, wobei z. B. eine periodische Niederschlagsbildung mit einer in dem Gel schon gelösten Substanz eintrat. In anderen Fällen, bei denen die Achatbildung etwa um einen im Innern des Gels gelegenen festen Kern beobachtet wird, kann der Diffusionsprozeß und die periodische Niederschlagsbildung auch in zentrifugaler Richtung erfolgt sein usw. Einzelheiten finden Sie in dem vorliegenden Buche von R. E. Liesegang[1]). Um Ihnen nun zu zeigen, wie täuschend ähnlich solche Achatbildungen im Laboratorium nachgeahmt werden können, habe ich den folgenden Versuch vorbereitet (Dem.): Sie erinnern sich der periodischen Silberchromatniederschläge, die man erhält, wenn man Silbernitrat in eine mit Kaliumbichromat versetzte Gelatine-

[1]) R. E. Liesegang, Geologische Diffusionen (Dresden und Leipzig 1913).

gallerte entweder auf einer Glasplatte oder in einem Reagenzrohr hinein diffundieren läßt (siehe oben Kap. 3). Statt solcher ein- oder zweidimensionaler Diffusionen kann man aber auch dreidimensionale in der folgenden Weise anstellen. Man bereitet sich in einem Becherglase eine größere Menge, hier z. B. 500 ccm, der mit Kaliumbichromat versetzten Gallerte, löst die Gallerte nach ihrem vollständigen Erstarren vorsichtig aus dem Becherglas heraus[1]) und bringt sie dann in ein etwas größeres Becherglas mit Silbernitratlösung. Die letztere umspült den Gallertklumpen von allen Seiten und diffundiert dem entsprechend konzentrisch in ihn hinein. Nach etwa 24 Stunden gießt und spült man das Silbernitrat ab, bringt die Gallerte auf eine Schale und zerschneidet dieselbe vorsichtig mit einem großen und möglichst scharfen Messer (Dem.). Wenn der Versuch gut gelungen ist — es ist dies immer eine etwas aufregende Sache, da man in den Gallertklumpen während des Versuches nicht hineinsehen kann — so erscheint die Gallerte wie hier durchzogen von zahlreichen konzentrischen Schichten, die sich bei jedem neuen Schnitt in verschiedener Anordnung zeigen und manchen Achaten frappierend ähnlich sehen.

Nebenbei und vorgreifend möchte ich bemerken, daß wir derartige periodische Strukturen ja auch zahlreich bei Tieren und Pflanzen vorfinden und daß eine analoge Erklärung ihrer Entstehung naheliegt. Ich kann Ihnen in der Tat ein zweites Buch von E. Küster vorlegen, welches sich nur mit den biologischen Anwendungen dieser periodischen Niederschlagsbildungen beschäftigt. Wennschon ich nicht gerade sagen will, daß man auf diese Weise die Zeichnung eines Zebras oder eines Tigers gleich kolloidchemisch erklären kann, so besteht doch gar kein Zweifel, daß hier wichtige und weitgehende Analogien zwischen kolloidchemischen und biologischen Phänomenen vorliegen.

Gehen wir über zu geologischen Erscheinungen, so bieten gleich die überaus wichtigen Verwitterungsvorgänge Anlaß zu kolloidchemischen Betrachtungen. Wiederum von F. Cornu wurde darauf hingewiesen, daß die Produkte der Verwitterung kristallisierter Mineralien fast immer Gele oder Gelgemische sind. Aus den Feldspaten entsteht das hochdisperse Kaolin, aus dem Serpentin der Talk, das Brauneisenerz gibt den Raseneisenstein oder gelben Ocker, welcher die Gelb-

---

[1]) Die Herauslösung der Gallerte geschieht am besten durch kurzes Eintauchen des Becherglases in kochendes Wasser. Bei Verwendung des in Kap. 3 angegebenen Rezeptes führt man den Versuch möglichst im Eisschrank aus, um eine genügend feste Konsistenz des Gels zu erzielen. Desgleichen muß man gute „harte" Gelatine verwenden, z. B. bakteriologische Gelatine.

färbung des Lehms und des Bodens bewirkt usw. Ein besonders bekanntes Beispiel für die Mitwirkung kolloidchemischer Faktoren bei geologischen Prozessen ist die Deltabildung der Flüsse. Man kann sie offenbar verknüpfen mit der Koagulation der grobdispersen und insbesondere kolloiden Schwebestoffe, die im Süßwasser des Flusses enthalten sind, durch die Elektrolyte des Meerwassers. Es ist auch ersichtlich, daß diese Koagulation um so schneller und intensiver sein wird, je konzentrierter das Seewasser ist, das mit dem Flußwasser zusammentrifft. In diesem Sinne entspricht dem bekanntlich ungewöhnlich hohen Salzgehalt des Mittelmeers auch die berühmteste Deltabildung, diejenige des Nils. Freilich darf nicht vergessen werden, daß schon hydrodynamische Gründe (Verlangsamung der Strömung usw.) ebenfalls im Sinne der Deltabildung wirken.

Auch die Bodenkunde arbeitet wie die Mineralogie mit einer ganzen Reihe verschiedener Dispersoide, wobei aber die höherdispersen Formen und speziell die kolloiden besonders in den Vordergrund treten. Die sog. mechanische Bodenanalyse ist ja nichts anderes als eine Dispersoidanalyse; die grobdispersen Anteile werden durch Sieben, Schlämmen, Sedimentieren und Filtrieren, die kolloiddispersen durch Dialyse und die molekulardispersen Anteile schließlich durch Diffusion voneinander getrennt. Von typischen Kolloiden resp. ihren Gelen im Ackerboden können wir insbesondere vier Arten nennen: die Kieselsäure resp. die kieselsauren Salze, das Aluminiumhydroxyd und seine Verbindungen mit der Kieselsäure, d. h. die Tone usw., das Eisenhydroxyd und schließlich die gewöhnlich unter dem Namen Humussäuren zusammengefaßten kohlenstoffreichen Substanzen unbekannter chemischer Zusammensetzung, von denen wenigstens ein Teil sich in unzweifelhaft kolloidem Zustande befindet[1]. Hinzukommen Mikro-

[1] Über die noch heute nicht beendete Diskussion über die kolloide oder nichtkolloide Beschaffenheit der Humussäuren vgl. z. B. das ausführliche Referat von H. Brehm, Koll.-Ztschr. 13, 19ff. (1913). — Nach S. Odén (Arkiv f. Kemi usw. 6, Nr. 26 [1912]; Koll.-Ztschr. 14, 123 [1914]; Kolloidchem. Beih. 11, 76 [1919]; daselbst Literatur) sind die auf die übliche Weise aus Torf freigemachten Humussäuren resp. Alkalihumate nicht kolloid, da sie dialysieren, ultramikroskopisch leer sind, durch Salze nicht ausgefällt werden, schwierig adsorbiert werden usw. Dagegen erwiesen sich nach demselben Verfahren von Professor Suzuki im Laboratorium des Verfassers aus Ackererde hergestellte Humuslösungen in völligem Gegensatz zu dem genannten Befund als typisch kolloid: nur schwache Dialyse, deutlich auflösbarer Kegel im Ultramikroskop, leichte Fällung schon durch Kochsalz, weitgehende Adsorption durch Knochenkohle usw. Dieses Ergebnis bestätigt die nach den allgemeinen Erfahrungen der Kolloidchemie eigentlich fast selbstverständliche Folgerung, daß Humusstoffe in allen Dispersitätsgraden auftreten können und daß die vieldiskutierte Frage „kolloid"

organismen wie die Bodenbakterien, die bereits vielfach so klein sind, daß ihre Aufschwemmungen Koagulationsphänomene zeigen[1]; ferner die von ihnen und anderen Organismen ausgeschiedenen Schleimsubstanzen. Als Bestimmungsmethode des Kolloidgehalts verschiedener Bodenproben ist in neuerer Zeit neben dem dialytischen Verfahren auch die Adsorption von Farbstoffen wie Malachitgrün usw. verwendet worden.

Im Laufe der Zeit ist nun die Rolle der kolloiden Bodensubstanzen immer stärker betont, ja gelegentlich sogar übertrieben worden, indem man den Ausspruch hörte, „daß die Fruchtbarkeit eines Bodens im direkten Verhältnis stünde zu seinem Kolloidgehalt". Daß diese extreme Folgerung irrtümlich ist, geht am besten daraus hervor, daß eine ganze Reihe von Meliorationsmethoden von Böden darin besteht, daß man die Bodenkolloide zur Koagulation bringt, um die optimale „Krümelstruktur" zu erreichen. Auf eine solche Koagulationswirkung ist jedenfalls der bekannte günstige Einfluß des Frostes auf den Ackerboden zurückzuführen, bei dem, wie der Laboratoriumsversuch zeigt, Gele gebildet werden, die dem Boden einen Teil seiner „Speckigkeit" nehmen. In gleicher Weise wirkt das namentlich früher vielfach angewendete „Brennen" des Bodens, ferner aber insbesondere die Behandlung mit den schon in kleinen Konzentrationen stark koagulierenden Salzen wie mit Kalziumsulfat. Alle diese Methoden wirken nicht nur dispersitätsvergröbernd auf die Bodenkolloide, sondern sie reduzieren gleichzeitig das zu hohe Quellungsvermögen mancher Böden, das in der Tat das Charakteristikum „speckiger" Proben ist. Aus allem diesen geht hervor, daß ein übertrieben großer Kolloidgehalt jedenfalls nicht die optimale Bedingung für das Pflanzenwachstum darstellt.

Auf der anderen Seite steht es aber außer Zweifel, daß die Kolloide nicht nur eine wichtige, sondern direkt eine integrierende Rolle für die Fruchtbarkeit eines Bodens spielen. Dies war schon den alten Agrikulturchemikern wohlbekannt und geht ja unmittelbar aus der Tatsache hervor, daß sandige oder körnige Böden beliebiger chemischer Zusammensetzung ohne Kolloidgehalt für die Mehrzahl der Pflanzen

---

oder „molekular" allgemein nicht beantwortet werden kann und somit falsch gestellt ist. Die Entscheidung ist in jedem speziellen Falle neu zu treffen. Vgl. die entsprechenden Ergebnisse in der Arbeit von Wo. Ostwald und A. Steiner, Kolloidchem. Beih. **21**, 97 (1925).

[1] Nach E. Hilgard, A. Atterberg usw. beginnen Quarzsuspensionen bei einem Korndurchmesser zwischen 20 und 200 μ bereits Koagulationsphänomene zu zeigen; vgl. hierüber sowie überhaupt über die Beziehungen zwischen Kolloidchemie und Agrikulturchemie P. Ehrenberg, Koll.-Ztschr. **3**, 193 (1908); **4**, 76 (1909); **5**, 100 (1909).

unfruchtbar sind. Es lassen sich auch sofort einige Punkte anführen, welche für die Wichtigkeit eines mittleren Kolloidgehalts im Ackerboden sprechen. Zunächst ist es klar, daß der Wassergehalt eines Bodens weitgehend reguliert wird durch das Vorhandensein hydratationsfähiger Bodenkolloide. Durch Sand oder überhaupt grobdispersen Boden läuft das Regenwasser leichter ab und wird das Grundwasser schwieriger und zu geringeren Höhen hinaufgezogen als durch einen kolloidreichen Ackerboden. Durch diese beiderseitige Fixierung des Wassers in der Erdoberfläche wird eine der wichtigsten Bedingungen für das Pflanzenwachstum geschaffen. Sodann aber ist die Adsorptionsfähigkeit der Bodenkolloide für gelöste Substanzen von ganz besonderer Bedeutung für das Pflanzenwachstum. Wir können insbesondere zwei Gruppen von agrikulturchemisch wichtigen Adsorptionsprozessen unterscheiden: einmal die Adsorptionen der von den Pflanzen benötigten Nahrungsstoffe, andererseits die Adsorptionen der den Pflanzen schädlichen, von vornherein im Boden befindlichen Stoffe oder aber von ihnen selbst ausgeschiedenen Stoffwechselprodukte. Die günstige Wirkung der adsorptiven Entfernung und Bindung letzterer Stoffe ist einleuchtend; in der Tat gedeihen Wasserkulturen besser, wenn man ihnen irgendwelche hochdisperse Pulver oder Kolloide wie Kohle, Eisenhydroxyd, Kieselsäure usw. zusetzt. Auf der anderen Seite ergibt sich aber, daß die Adsorptionswirkung der Bodenkolloide auf die Nährstoffe der Pflanzen sowohl günstig als auch ungünstig wirken kann, entsprechend nämlich der Konzentration der vorhandenen Nährstoffe als auch der Stärke der Adsorption, welch letztere in erster Annäherung gleichsinnig mit der adsorbierenden Oberfläche, d. h. gleichsinnig mit dem Kolloidgehalt steigen wird. Günstig kann eine Adsorption der Bodenkolloide dann wirken, wenn die betreffenden Nährstoffe nur in relativ kleinen Konzentrationen vorhanden sind, durch die Bodenkolloide dann gesammelt und der Pflanze auf diese Weise in größerer Menge zur Verfügung gestellt werden. Ungünstig kann aber diese Adsorptionswirkung werden einmal dadurch, daß die Anreicherung der Nährstoffe bis zu einer superoptimalen Konzentrierung führt — das gilt speziell für die Salze — oder aber dadurch, daß die Nährstoffe zu fest in der adsorbierenden Oberfläche festgehalten werden, als daß sie von den Pflanzenwurzeln in optimaler Menge und Geschwindigkeit aufgenommen werden könnten. So beruht die günstige Wirkung eines Zusatzes von Kalksalzen bei der Verabfolgung von Düngerphosphaten wohl zum größeren Teile auf der koagulierenden Wirkung der ersteren, die einer adsorptiven Bindung der Phosphorsäure durch die Bodenkolloide entgegenarbeitet. Diese ungünstigen Wirkungen treten jedenfalls ein, wenn der Boden zuviel Kolloidsubstanzen enthält, und so ergibt sich aus diesen allgemeinen Gleichgewichtsbetrachtungen in der Tat dasselbe Resultat, was die Praxis gefunden hat: Unter analogen Bedingungen ergibt ein mittlerer Kolloidgehalt die maximale Fruchtbarkeit eines Bodens; dieser mittlere Kolloidgehalt kann verschiedene Werte haben, je nach der verschiedenen Konzentration der vorhandenen Nährstoffe, d. h. je nach der chemischen Zusammensetzung des Bodens und natürlich je nach den individuellen Bedürfnissen verschiedener Pflanzen. Ich glaube, daß diese Konstatierung den überaus zahlreichen und sich anscheinend vielfach widersprechenden Untersuchungen über die Beziehung zwischen Bodenkolloiden und Fruchtbarkeit am besten Rechnung trägt.

Nur andeutungsweise möchte ich kurz auf die interessanten chemischen Folgeerscheinungen von Adsorptionsprozessen hinweisen, wie wir sie in den sog. Adsorptionszersetzungen vielfach bei den Bodenkolloiden finden. Schon J. M. van Bemmelen zeigte, daß Gele aus Kaliumsulfatlösungen nur die Kaliumionen, nicht jedoch die Sulfationen sorbierten, so daß in der Adsorptionsflüssigkeit freie Schwefelsäure nachgewiesen werden konnte. Solche spezifische Adsorptionserscheinungen, die erhebliche sekundäre chemische Änderungen zur Folge haben können, spielen zweifellos eine große Rolle in der Dynamik des Bodens[1]).

Meine Herren, ich habe schon einen großen Teil der mir zur Verfügung stehenden Zeit verbraucht und komme jetzt erst zu einem wissenschaftlichen Anwendungsgebiet der Kolloidchemie, das vielleicht das größte und interessanteste von allen ist: die Anwendungen der Kolloidchemie in Biologie und Medizin[2]). Die Kolloidchemie ist

---

[1]) Näheres über die Beziehungen zwischen Bodenkunde und Kolloidchemie findet man in dem umfangreichen Werk von P. Ehrenberg, Die Bodenkolloide, Verlag Th. Steinkopff (3. Aufl. 1922), sowie in der kürzeren, aber ganz besonders inhaltsreichen Schrift von G. Wiegner, Boden und Bodenkolloide in kolloidchemischer Betrachtung, Verlag Th. Steinkopff 1926 (4. Aufl.).

[2]) Es ist unmöglich, hier eine annähernde Übersicht über die zahllosen Publikationen zu geben, die über die Beziehungen zwischen Biologie, Medizin und Kolloidchemie handeln. Für eine vorläufige Orientierung kann genannt werden: Die Kolloide in Biologie und Medizin von H. Bechhold, 4. Aufl. 1922, woselbst sich weitere Literaturangaben finden. Die physikalischen Besonderheiten der lebenden Substanz unter Berücksichtigung der Kolloidchemie sind in vorzüglicher Weise zusammenfassend dargestellt in L. Rhumbler, „Das Protoplasma als physikalisches System"; (Wiesbaden 1914), Verlag von J. F. Bergmann; ferner sind von größeren Werken zu nennen R. Höber, „Physik. Chemie der Zelle und Gewebe", 5. Aufl. (Leipzig 1926),

das gelobte Land der biologischen Wissenschaften, und es ist für einen begeisterten Kolloidforscher beinahe schwierig, nicht Poesie zu reden, wenn er auf dieses Anwendungsgebiet zu sprechen kommt. Sie wissen, daß die chemischen Elementarbedingungen der organisierten Substanz gekennzeichnet werden durch die Begriffe: Eiweiß, Lipoide, Salze und Wasser. Die physikalischen und physikalisch-chemischen Grundbedingungen der lebenden Substanz können aber nach dem heutigen Stande der Wissenschaft nicht genauer und konziser zusamnmen gefaßt werden als durch den Satz: Alle Lebenserscheinungen spielen sich ab in einem kolloiden System. Der kolloide Zustand ist eine integrierende Vorbedingung für das Auftreten biologischer Erscheinungen, oder vielleicht richtiger: Wir bezeichnen nur solche Gebilde als Organismen, an denen wir den kolloiden Zustand unter allen Umständen nachweisen können.

Es ist selbstverständlich, daß bei einer derartig engen Verknüpfung von Kolloidchemie und Biologie die Menge von biologischen Einzelanwendungen kolloidchemischer Gesetzmäßigkeiten ganz unermeßlich groß ist. Denn da Organismen spezielle Fälle kolloider Systeme sind, kann es logischerweise ja gar kein biologisches Problem geben, an dem die Kolloidchemie nicht in irgendeiner Weise beteiligt ist. Die kolloidchemische Betrachtungsweise durchdringt die Biologie von der kausalen Morphologie oder Formbildungslehre bis zur chemischen Physiologie. Der Bakteriologe wie der praktische Arzt, der Entwicklungsmechaniker wie der Pflanzenphysiologe — alle sind interessiert an der Kolloidchemie und ihrer weiteren Entwicklung. Die Kolloidchemie wird wie kaum eine andere Wissenschaft gebraucht von den biologischen Disziplinen, sie ist ihnen keine unerwartet gekommene Gabe, sondern von alters her haben die Biologen selbst versucht, die reine Kolloidchemie zu fördern eben um ihrer Anwendungen willen. Nichts kann vielleicht besser die engen Beziehungen zwischen diesen beiden Wissenschaften demonstrieren als die Tatsache, daß eine große Anzahl von Kolloidchemikern aus der Biologie oder durch die Biologie hindurch in die reine Kolloidchemie eingetreten ist. Ich brauche nur an den Namen A. Fick, C. Ludwig, F. Hofmeister, W. B. Hardy, Wo. Pauli, W. Bayliß, M. H.

N. Gaidukow, Dunkelfeldbeleuchtung usw. i. d. Biologie (Jena 1911); F. Bottazzi, Zytoplasma usw. im Handb. d. vergl. Physiologie (Jena 1913); H. Schade, Physik. Chemie in der innern Medizin, 3. Aufl. 1923. Das wichtigste neuere Werk über ein sehr großes Gebiet biologischer und medizinischer Kolloidchemie ist die zweibändige „Kolloidchemie der Wasserbindung“ von Martin H. Fischer, Verlag Th. Steinkopff (Dresden 1927).

Fischer, F. Bottazzi, J. Loeb, H. Michaelis usw. zu erinnern. Und auch die neuere Kolloidchemie verdankt ihre rapide und großartige Entwicklung nicht zum wenigsten dem großen Interesse und der eifrigen Mitarbeit biologischer Kolloidchemiker.

Ich muß mit großer Willkür vorgehen, wenn ich Ihnen aus dem Reichtum biologischer Anwendungen der Kolloidchemie einige Proben hier vorführe. Fragen wir uns zunächst, auf welche Weise man den kolloiden Zustand der lebenden Substanz nachweisen oder erkennen kann. Zunächst ergibt die vorsichtige chemische Analyse als die unmittelbaren Bausteine der organisierten Substanz Eiweißstoffe und Lipoide. Es ist Ihnen aber in den früheren Vorlesungen wohl genügend oft berichtet und gezeigt worden, daß speziell die Eiweißkörper zu den typischen kolloiden Substanzen, im besonderen zu den hydratisierten Emulsoiden gehören. Die Tatsache, daß unzählige Kolloidversuche mit frischem Eieralbumin, Blutserum oder Muskelpreßsaft angestellt worden sind, zeigt, daß der kolloide Zustand dieser Lösungen auch im lebenden Organismus vorhanden ist und nicht etwa erst bei der chemischen Analyse entsteht. Außerdem können Sie aber Koagulationsversuche mit genau den gleichen Versuchsbedingungen und Resultaten an lebenden Zellen oder Organen, z. B. an den Geißeln der Bakterien, anstellen, die grundsätzliche Übereinstimmung mit dem entsprechenden Verhalten von Eiweißlösungen im Reagensglas abgeben. Schließlich können Sie aber auch — und dies erscheint beinah als der einfachste Weg — lebende Substanz unter dem Ultramikroskop untersuchen, wobei allerdings oft nur kurze Beobachtungszeiten erlaubt sind, da das intensive Licht den Organismus meist unter Koagulationserscheinungen bald abtötet. Betrachtet man nun z. B. das farblose Plasma einer Algenzelle[1]), so erkennt man auf dem dunklen Hintergrunde ein Gemisch zahlreicher und verschieden großer Teilchen, von denen ein großer Anteil die für kolloide Teilchen typischen Bilder gibt. Von besonderem Interesse ist aber, daß zahlreiche dieser Teilchen in lebhaftester Bewegung, ja in Form- resp. Größenwechsel begriffen sind: Es nähern sich Teilchen, stoßen sich wieder ab, vereinigen sich zu größeren, verschwinden völlig, kurz, derjenige, der zum ersten Male das Ultrabild einer solchen lebenden Zelle sieht, kommt vielleicht zu der Meinung, daß das „eigentliche" Leben einer solchen Zelle sich erst im ultramikroskopischen, d. h. kolloiden Dimensionsgebiet abspielt. Hierin ist er allerdings teilweise im Irrtum; die Bewegung der kolloiden Teilchen ist tatsächlich nichts anderes als die schon besprochene Brownsche Bewegung in Solen, und das Plasma

[1]) Vgl. N. Gaidukow, loc. cit.

solcher Zellen ergibt sich ultramikroskopisch als ein Gemisch von Hydrosolen und Dispersionen des verschiedenartigsten Dispersitätsgrades. Dieser Befund stimmt offenbar völlig überein mit dem Resultat der chemischen Analyse, und ebenfalls besteht kein Widerspruch zwischen diesem Schluß und dem schon früher erwähnten Befund, daß die ultramikroskopische Analyse wegen zu starker Hydratation der Biokolloide gelegentlich versagt.

Man kann nun fragen, ob dieses Hydrosolgemisch in der Form vorliegt, daß in einem wäßrigen Dispersionsmittel, unmittelbar nebeneinander z. B. Albumin- und Lipoidteilchen herumschwimmen, oder ob vielleicht noch irgendeine sekundäre Anordnung und Verknüpfung etwa von gleichartigen Kolloidteilchen z. B. zu mikroskopischen Strukturen möglich ist. Es ist den Biologen unter Ihnen ja wohl bekannt, daß man vielfach derartig höhere Verbände von Teilchen, Netz- oder Wabenstrukturen usw., im lebenden Plasma sieht, ja daß einige Autoren, wie z. B. O. Bütschli, solche subkolloide Strukturen für ein ganz regelmäßiges Charakteristikum der lebenden Substanz ansehen. Gibt es für das Auftreten solcher mikroskopischer Strukturen — wohl gemerkt im lebenden Plasma! — eine kolloidchemische Erklärung oder Laboratoriumsanalogie? Das ist in der Tat so. Von M. Beijerinck ist die hochinteressante Tatsache gefunden und in meinem Laboratorium inzwischen bestätigt worden, daß sich z. B. Gelatine- und Stärkelösungen in bestimmten Konzentrationen nicht zu einem kolloiddispersen Hydrosolgemisch mit unveränderter Teilchengröße vermischen, sondern sich gegenseitig z. B. in Form mikroskopischer Tröpfchen entmischen, so daß das Gemisch auf diese Weise die verschiedenartigsten Netz- und Wabenstrukturen annehmen kann. Dieser Versuch ist offenbar eine weitgehende Analogie zu dem Verhalten des lebenden Plasmas, wie es durch die mikro- und ultramikroskopische Untersuchung festgestellt wird, und verdiente weiter verfolgt zu werden.

Eine der meistdiskutierten Fragen der allgemeinen Biologie, welche durch die sinngemäße Anwendung der Kolloidchemie eine, man möchte fast sagen, außerordentlich einfache Klärung gefunden hat, ist die Frage nach dem Aggregatzustand der lebenden Substanz. Ist das Plasma fest oder flüssig? Auch hier hat es sich, wie schon so oft in der Wissenschaftsgeschichte, gezeigt, daß die Fragestellung falsch war. Das Plasma ist weder fest noch flüssig, falls man es mit typischen festen oder flüssigen Körpern vergleicht. Seine physikalischen Besonderheiten sind vielmehr diejenigen eines hydratisierten Emulsoids von allen Stadien der Viskosität, zwischen dem Werte einer normalen tropfbaren Flüssigkeit und dem eines starren Gels mit den Eigenschaften fester Körper. Genau so wie eine Gelatinelösung je nach der Konzentration und Temperatur alle Übergänge zwischen fest und flüssig zeigen kann, finden wir auch das Plasma in entsprechenden Zwischenstadien. Genau so wie etwa eine verdünnte Gelatinegallerte — und das eigentliche lebende Plasma entspricht meist einer solchen verdünnten Gallerte, wie wir noch sehen werden —, genau wie eine solche Gallerte in der merkwürdigsten Weise die Eigenschaften flüssiger und fester Körper in sich vereinigt, genau so zeigt auch die lebende Substanz Erscheinungen, die bald mit den Eigentümlichkeiten von Flüssigkeiten und bald mit denen fester Körper übereinstimmen. Wir finden z. B. Plasmaströmungen, die Bildung kugelförmiger Vakuolen, Pseudopodienbildung, ein abgetrennter Plasmatropfen nimmt Tropfenform an und zeigt auch in anderer Hinsicht Kapillaritätsphänomene[1]). Dies sind Eigenschaften, die man als charakteristisch für Flüssigkeiten ansieht. Auf der anderen Seite finden wir eine gewisse Plastizität und Formbeständigkeit, wie wir sie ähnlich nur an festen Körpern kennen. Eine z. B. durch Druck deformierte Amöbe pflegt zwar allmählich ihre ursprüngliche mehr oder weniger tropfenartige Form wieder anzunehmen, doch braucht sie hierzu häufig ganz beträchtlich viel Zeit. Oder man kann durch schwache, aber langanhaltende Druck- und Zugwirkungen z. B. den Furchungszellen eines Froscheies eine fremde nichtkugelförmige Gestalt geben, die sie nachher noch stundenlang behalten. Hinzu kommt noch, daß der Zustand der lebenden Substanz anscheinend unaufhörlich variiert zwischen den Extremen des festen Gels und des flüssigen Sols. Solche in beiderseitigem Sinne verlaufende Umwandlungen treten sehr wahrscheinlich auf bei der amöboiden Bewegung, sie bilden das Grundphänomen für das Auftreten und Verschwinden der zahllosen Strukturen während des Lebens einer Zelle usw. Der deutsche Forscher L. Rhumbler, der in mustergültiger Weise die physikalischen Besonderheiten der lebenden Substanz studiert hat, kommt zu dem Schlusse, daß nur eine besondere disperse Struktur, die er die „Spumoidstruktur“ nennt, diese merkwürdige Kombination physikalischer Eigenschaften erklären kann[1]). Er hebt aber dabei selbst hervor, daß diese Struktur durchaus von derselben Art sein muß wie diejenige der hydratisierten Emulsoide. Die Physik des Protoplasmas ist in der Tat eine Physik hydratisierter Kolloide und Dispersoide allen Dispersitätsgrades.

Im engsten Zusammenhange mit den physikalischen Besonderheiten der lebenden Substanz steht ihr großer Wassergehalt. Es ist

[1]) Vgl. L. Rhumbler, loc. cit.

keineswegs allgemein bekannt, wie außerordentlich hoch die Beträge des Wassers in der funktionsfähigen organisierten Substanz zu sein pflegen. So bestehen wir selbst zu mehr als der Hälfte unseres Körpergewichts aus Wasser, und es gibt z. B. Meeresalgen oder Quallen die mehr als 98 % Wasser enthalten. Es ist gewiß überaus bemerkenswert, daß solche Organismen nicht nur ihre Form erhalten können, sondern dazu noch sich bewegen, schwimmen, fressen, lieben können — und das alles mit 98 % Wasser im Leibe! Alles dieses ist nur möglich durch die Kolloidchemie! Denn nur kolloide Systeme, nämlich nur die Gallerten, besitzen die Eigentümlichkeiten der Formbeständigkeit usw. gleichzeitig mit einem Wassergehalt von 90 und mehr Prozent. Und es erscheint eigentlich fast selbstverständlich, daß auch die Frage nach den Ursachen dieser Wasserbindung, die Frage nach den Kräften, welche den Wassergehalt eines Organismus bestimmen und regulieren, ein Problem der Kolloidchemie ist. Es ist Ihnen wohl bekannt, daß man namentlich in der Blütezeit der klassischen physikalischen Chemie der Lösungen andere nicht kolloidchemische Kräfte für die Erklärung der Wasserbindung und Wasserbewegung im Organismus herangezogen hat, nämlich die osmotischen. Man nahm an, daß die Zellmembranen, wie wir sie in den Geweben höherer Organismen finden, als osmotische Membranen wirkten, indem sie z. B. manchen Salzen nur schwierig den Durchtritt gestatteten und auf diese Weise eine osmotische Wasserbewegung in die Zelle und damit einen Zellturgor hervorriefen. Die neuere Entwicklung der Zellphysiologie hat nun immer deutlicher gezeigt, daß die Rolle dieser osmotischen Effekte jedenfalls früher erheblich überschätzt worden ist, und daß es beinahe seltene Fälle sind, in denen eine vollständige Übereinstimmung zwischen den Gesetzen des osmotischen Druckes und denen der Wasserbewegung in Zellen beobachtet werden kann. Wennschon ich nicht die etwas extreme Meinung vertreten möchte, daß osmotische Vorgänge überhaupt keine Rolle bei der Wasserabsorption der Organismen spielen, so muß doch eine vorurteilsfreie Betrachtung der Tatsachen zu dem Schluß gelangen, daß neben oder richtiger über dem osmotischen Druck ganz andere Kräfte den Wassergehalt eines Organismus bestimmen. Es sind nicht die osmotisch wirksamen molekulardispersen Bestandteile einer Zelle, also speziell die Salze, sondern vielmehr die Plasmakolloide, die für den Wassergehalt eines Organismus und seine Änderungen in erster Linie verantwortlich erscheinen[1]).

[1]) Siehe hierzu auch die wichtige Arbeit von W. von Moellendorff (Koll.-Ztschr. 23, 158 [1918], in der auf einem ganz neuen Wege dargetan wird, daß

Wie gesagt, erscheint diese Schlußfolgerung, die in besonders ausgeprägter Form zuerst von dem Deutschamerikaner Martin H. Fischer gezogen und diskutiert worden ist[1]), hinterher als fast selbstverständlich. Denn wir wissen ja aus Laboratoriumsversuchen mit dem Organismus entnommenen Kolloiden nicht nur, daß diese letzteren die abnorm großen Mengen von Wasser ebenso zu binden vermögen, wie wir es im Organismus selbst sehen, sondern wir wissen auch, daß dieses Wasserbindungsvermögen, gemessen z. B. durch die Viskosität, von den allerverschiedenartigsten und scheinbar geringfügigsten Ursachen modifiziert werden kann. Speziell der Einfluß von Elektrolyten, von Säuren, Basen und Salzen ist ein derartig großer, daß durch Variationen dieser Zusätze innerhalb der im biologischen Geschehen normalen Konzentrationsgrenzen ganz erhebliche Schwankungen im Wassergehalt entstehen können. Ich möchte diesen Satz durch ein Beispiel erhärten: Wie ich Ihnen bereits zeigte, erhöhen Säuren in mäßigen Konzentrationen sehr wesentlich das Wasserbindungsvermögen von Gelatine, Fibrin, Eiweiß usw. Dieser Einfluß der Säuren ist aber so enorm groß, daß bereits Kohlensäure einen deutlich quellungsfördernden Einfluß auf Gelatineplatten ausübt, wie Wo. Pauli und R. Chiari gezeigt haben. Bestimmt man die Wasseraufnahme zweier Gelatineplatten, von denen die eine in frisch destilliertem Wasser, die andere in destilliertem Wasser gequollen ist, das durch Stehen an der Luft etwas Kohlensäure aufgenommen hat, so erhält man im letzteren Falle höhere Quellungswerte. Derartige Quellungserscheinungen können also direkt als Indikatoren für Säuren benutzt werden, und es ist ersichtlich, wie außerordentlich leicht durch den Chemismus der biologischen Vorgänge Veränderungen in den Bedingungen für die Wasserabsorption der Biokolloide entstehen können. Wir kommen hierauf noch zurück.

Neben diesen allgemeinen strukturellen und physikalischen Besonderheiten der lebenden Substanz, welche durch die kolloidchemische Betrachtungsweise erklärt oder neu beleuchtet werden, ergeben sich aber auch weiterhin enge Beziehungen zwischen den chemischen und

---

osmotische Vorgänge (soweit sie überhaupt auftreten) bei gewissen Zellarten sich nur im Zellinnern abspielen können. Die osmotisch wirksamen „Membranen“ sind in diesen Fällen etwa in den Grenzflächen zu erblicken, welche die Tröpfchen der hydratisierten Biokolloide von dem Zellsaft trennen. Eine derartige „Mikroosmose“ oder auch „disperse Osmose“ wird aber vermutlich keineswegs den einfachen klassischen Gesetzen der Osmose makroskopischer Systeme gehorchen, vielmehr Übergangserscheinungen zu den Quellungs- und Hydratationsvorgängen zeigen.

[1]) Vgl. die in Anmerkung S. 182 zitierte Literatur.

physikalisch-chemischen biologischen Grundphänomenen und der Kolloidchemie. Es ist z. B. oft die Frage aufgeworfen worden, wie es möglich ist, daß in einem vorwiegend aus Flüssigkeit bestehenden Gebilde so vielerlei Stoffe nebeneinander bestehen, so viele Reaktionen nebeneinander verlaufen können, ohne daß völlige Vermischung und Unordnung entsteht. Nun zeigen aber die oben erwähnten Versuche von Beijerinck mit Kolloidgemischen, daß zwei kolloide Stoffe, obschon sie in demselben Dispersionsmittel zerteilt sind, sich keineswegs völlig vermischen müssen, sondern in mikroskopischer Tröpfchenform nebeneinander bestehen können. Die große Mannigfaltigkeit der mikroskopischen und ultramikroskopischen Strukturen in der organisierten Substanz legt die Folgerung nahe, daß auch die verschiedenen chemischen Bestandteile des Plasmas, speziell solche in kolloidem Zustande, sich in analoger Weise unvermischt erhalten können. Wie F. Hofmeister in ansprechender Weise ausgeführt hat, kann man sich geradezu vorstellen, daß die einzelnen Tröpfchen und Wabenräume, oder vielleicht richtiger; die verschiedenen Arten solcher Tröpfchen jede für sich eine Art kleiner Speziallaboratorien darstellen, in denen ungehindert von der Umgebung nur eine oder einige Reaktionen ausgeführt werden. Eine derartige Lokalisation chemischer Vorgänge innerhalb eines solchen Gemisches verschiedener Zerteilungen würde auch noch begünstigt werden dadurch, daß ein großer Teil der reagierenden Stoffe und der Reaktionsprodukte selbst kolloid ist, mit anderen Worten, sich nicht selbsttätig vermischt oder diffundiert.

Aber noch in anderer Hinsicht spielt der kolloide Zustand eine große Rolle in der Chemie der lebenden Substanz. Ich habe wiederholt hervorgehoben, daß Adsorptionsprozesse in kolloiden Systemen eine besonders große Rolle spielen müssen und daß speziell viele Erscheinungen der Katalyse Folgereaktionen solcher Konzentrationserhöhungen in Grenzflächen sind. In diesem Sinne bietet natürlich ein Kolloidgemisch von der Art des Plasmas ganz hervorragend günstige Bedingungen für das Auftreten von durch Adsorptionskatalyse beschleunigten oder eingeleiteten chemischen Reaktionen. So ist es denn auch nicht verwunderlich, daß jene Substanzen, die man neben Wasser, Salzen, Lipoiden und Eiweiß zu den integrierenden Bestandteilen der organisierten Substanz zählen kann, die Fermente, in großer Zahl selbst im kolloiden Zustand auftreten. Die lebende Substanz ist geradezu ein Tummelplatz für Adsorptions- und Kolloidkatalysen. Ich bitte diesen Satz durch ein paar Beispiele belegen zu dürfen.

Die biologisch so wichtigen Aminosäuren sind im Reagensglas besonders gegenüber Oxydation bemerkenswert stabil. Trotzdem müssen sie natürlich im lebenden Organismus mit den hier zur Verfügung stehenden milden Mitteln verbrannt, d. h. veratmet werden. O. Warburg[1]) hat nun gezeigt, daß eine solche Oxydation bei gewöhnlichen Temperaturen schon mit Luftsauerstoff glatt möglich ist, wenn solche Stoffe sich in Adsorptionsschichten z. B. in der Oberfläche von Blutkohle befinden — freilich unter der zweiten Bedingung, daß in dieser Oberfläche auch noch minimale Eisenspuren vorhanden sind. Derartige biologische Oxydationen z. B. des Cysteins — wir wollen nicht gleich alle solche Vorgänge, also die „Atmung" überhaupt von einem einzigen Gesichtspunkt aus beurteilen — derartige Vorgänge gehören unzweifelhaft zu typischen Adsorptionskatalysen. Ganz analoge Verhältnisse finden wir aber auch bei der anderen elementaren Gruppe biochemischer Vorgänge, die wir gern als Spiegelbild zu den tierischen Oxydationsvorgängen anzusehen pflegen, bei den Erscheinungen der Kohlensäureassimilation. Hier hat O. Warburg[2]) u. a. gezeigt, daß der Grundvorgang durch chemisch relativ indifferente Stoffe wie durch sog. Narkotika reversibel gehemmt wird entsprechend der Adsorbierbarkeit dieser Stoffe — je stärker ein solcher Stoff z.B. von Blutkohle adsorbiert wird, um so stärker hemmt er auch die Assimilation —, so daß es höchst wahrscheinlich ist, daß der „Sitz" der Kohlensäurereduktion in den inneren Grenzflächen der Chloroplasten liegt, die ja selbst eine Art Emulsionsstruktur (Lipoid zerteilt in Eiweiß) besitzen. Ich habe dann darauf hingewiesen[3]), daß auch weitere Teilvorgänge der Assimilation, nämlich die Bindung der Kohlensäure an das Globulin und die (reversible) Bindung des Formaldehyds am selben Körper sog. „topotere Reaktionen" sind, d. h. solche, die selbst eine Grenzfläche ausbilden oder sie erhalten, was im vorliegenden Fall durch Koagulation oder Gerbung der Globulingrenzflächen geschieht. Ja auch die Erscheinungen der Narkose selbst, desgleichen manche Gärungsvorgänge zeigen nach O. Warburg[4]) so enge Verwandtschaft mit typischen Adsorptionsprozessen etwa an Blutkohle, daß man besonders nach den schönen Ergebnissen dieses Forschers mit Recht sagen kann, daß sehr viele, darunter die wichtigsten und allgemeinsten bio-

---

[1]) O. Warburg, Zusammenfassung in Ergebn. d. Physiologie **14**, 253 (1914).

[2]) O. Warburg und Mitarbeiter, Biochem Ztschr. **100**, 230 (1919); **103**, 138 (1920); Ztschr. f. Elektrochem. **28**, 70 (1922); Ztschr. f. physik. Chem. **102**, 248 (1922); **106**, 192 (1923); zusammenfassende Darstellung in „Naturwissenschaften (1921) 2.

[3]) Wo. Ostwald, Koll.-Ztschr. **33**, 356 (1923).

[4]) Siehe z. B. H Winterstein, Die Narkose, 2. Aufl. J. Springer (Berlin 1926).

chemischen Reaktionen, die wir kennen, Grenzflächen- oder Adsorptionskatalysen sind.

Aber auch die spezifisch biochemischen Katalysatoren, die Fermente und ihre Wirkungen können heute nicht mehr ohne Heranziehung kolloidchemischer Gesichtspunkte verstanden werden. Zunächst sind ja manche Fermentsubstrate wie Eiweiß oder die polymeren Kohlenhydrate selbst von kolloider Beschaffenheit. Es nimmt daher nicht wunder, wenn solche Faktoren wie der Quellungsgrad des Substrates eine große Rolle z. B. bei der Geschwindigkeit der fermentativen Verdauung von Eiweiß spielt. Dieselben etwas verwickelten Kurven, die den Einfluß variierender Kochsalzkonzentration auf die Quellung von Gelatineplatten darstellen, finden sich wieder bei der fermentativen Hydrolyse von Kasein-Trypsin-Gemischen[1]). Für die „lockere" Bindung zwischen Ferment und Substrat, die jeder Fermentwirkung vorausgehen muß, haben sich, wie besonders W. Bayliss zeigte, ebenfalls Adsorptionsvorstellungen als die besten und einfachsten Begriffe heranziehen lassen, die z. B. eine quantitative Erfassung dieser lockeren, reversiblen, nicht nach einfachen stöchiometrischen Verhältnissen erfolgenden Bindungsformen ermöglichen. Aber auch unter den Fermenten selbst finden wir nicht nur hochdisperse Systeme, wie etwa die Invertase, sondern typische Fermentsole. Es ist einleuchtend, daß Dispersitäts- und Solvatationsgrad auch dieser Fermentsole, wie A. Fodor zeigte, von Einfluß auf die Reaktion sind, ebenso wie etwa der verschiedengroße Dispersitätsgrad einer Ölemulsion, die durch das Ferment Lipase gespalten werden soll. Während eine starke Quellung von Eiweißsubstraten auf den Ablauf begünstigend wirkt, scheint nach Fodors Resultaten an der Hefe-Phosphatase umgekehrt ein möglichst „dehydratisierter suspensoider" Zustand des Fermentsols am günstigsten zu wirken. Ein und dasselbe Fermentsol ergab ganz verschiedene Wirkungen, je nachdem es durch kleine und reversible kolloidchemische Beeinflussungen das eine Mal trüb und ultramikroskopisch differenzierbar, das andre Mal praktisch durchsichtig und unauflösbar gemacht wurde.

---

[1]) Wo. Ostwald, Plügers Arch. **111**, 581 (1906); T. B. Robertson, Journ. Biol. Chem. **2**, 317 (1907); vgl. auch die zusammenfassende Darstellung bei W. E. Ringer, Koll.-Ztschr. **19**, 253 (1916); Wo. Ostwald und R. Kuhn, ibid. **30**, 234 (1922) und insbesondere A. Fodor, Das Fermentproblem, Th. Steinkopff (Dresden 1922), wo die kolloidchemischen Seiten des Fermentproblems besonders sorgfältige Berücksichtigung erfahren. Auch W. Bayliss, Das Wesen der Enzymwirkung, Th. Steinkopff (Dresden 1910), arbeitet mit Nachdruck die kolloidchemischen Variablen des Fermentproblems heraus. Von älteren Fermentforschern dieser Richtung ist insbesondere V. Henri zu nennen.

Daß in der Fermentchemie kolloidchemische Faktoren eine Rolle spielen, wird heute wohl von niemand mehr bezweifelt. Nur darüber, wie groß die Rolle dieser Faktoren ist, wird noch lebhaft diskutiert. Die rein chemische Auffassung der Fermentwirkung, wie sie neuerdings wieder besonders von R. Willstätter und seinen Schülern vertreten wird, sieht in dem Ferment ganz spezifische chemische Stoffe, deren chemische Isolierung und Konstitutionsbestimmung zur Zeit zwar noch nicht gelungen ist, wohl aber angestrebt werden soll. Die kolloidchemische Auffassung legt nicht derartig großen Wert auf die rein chemischen Eigenschaften der Fermente. Der Kolloidchemiker erinnert sich daran, daß die immer weiter fortschreitende chemische Reinigung einer aus dem Organismus stammenden Substanz zuweilen einen Körper ergibt, der in seinem chemisch definierten reinen Zustande sich in seinen Eigenschaften radikal unterscheidet von dem Stoff im biochemischen oder biologischen Experiment. Das klassische Beispiel für diesen Unterschied zwischen einem chemisch reinen Stoff und seinem „biochemischen Komplex"[1]) ist nach den Untersuchungen R. Willstätters das Chlorophyll. Sein Absorptionsspektrum ist nicht nur anders als im Blatt, sondern es addiert weder Kohlensäure noch Formaldehyd in seiner molekulardispersen Lösung. Es wird äußerst leicht durch Licht zersetzt, während das C rophyll im Blatt auch nach extremer Assimilationstätigkeit quantitativ erhalten bleibt usw. Ähnliche Änderungen bemerkt man auch bei Fermenten bei zunehmender Reinigung mit den üblichen chemischen Methoden, und selbst wenn es gelingen würde, irgendein Ferment chemisch so zu isolieren und zu definieren wie das Chlorophyll, so wäre es sehr wahrscheinlich nötig, den Weg gleichsam wieder rückwärts zu gehen und wieder einen kolloiden Komplex darzustellen, welcher die typische Fermentwirkung zeigt. So hat es in der Tat auch R. Willstätter beim Chlorophyll getan: Stellte er aus der molekulardispersen azetonischen Chlorophyllösung wieder ein Sol her, so näherte sich z. B. das Absorptionsspektrum wieder dem des Chlorophylls im Blatte, das Sol absorbierte wenigstens 2 Mol Kohlensäure usw.[2]).

Es ist dem Kolloidchemiker gewiß geläufig, daß es ebenso spezifische Fermentreaktionen gibt wie etwa spezifische Serumreaktionen.

---

[1]) Siehe über diese Unterschiede Wo. Ostwald, Koll.-Ztschr. 33, 58 (1923); auch C. Oppenheimer-R. Kuhn, Lehrbuch der Enzyme (Leipzig 1927), 67.

[2]) Nach der Meinung des Verfassers ist freilich diese geringe Affinität für Kohlensäure belanglos, da nach seiner (und R. Wurmsers) Auffassung im Gegensatz zu der üblichen Vorstellung das Chlorophyll gar keine chemische Rolle bei der Assimilation spielt; Koll.-Ztschr. 33, 356 (1923).

Auf der andern Seite bittet er aber um Beachtung der Tatsache, daß z. B. Zucker nicht nur durch das Enzym Invertase, sondern durch Säuren und andere höchst verschiedenartige chemische Stoffe invertiert werden kann, oder daß Wasserstoffsuperoxyd nicht nur durch Katalase sondern z. B. von allen kolloiden Metallen zersetzt wird. Er weist ferner darauf hin, daß nur in wenigen Fällen das Massenwirkungsgesetz homogener Reaktionen bei Fermentwirkungen annähernd nachgewiesen werden kann, daß aber auf Schritt und Tritt der Einfluß kolloidchemischer Variablen wie Dispersitäts- und Solvatationsgrad, thermische und mechanische Vorgeschichte, Neutralsalzwirkungen usw. auftreten, Einflüsse, die von chemischer Seite zwar nicht geleugnet, aber doch als relativ sekundär behandelt werden. Der Kapillarchemiker weist schließlich darauf hin, daß die großen methodischen Fortschritte, welche die neuere Fermentchemie R. Willstätter und seiner Schule verdankt, Fortschritte, die zur Isolierung der konzentriertesten bisher bekannten Fermentlösungen geführt haben, auf typisch kolloidchemischen Erscheinungen nämlich auf Adsorptionserscheinungen beruhen. Er findet es im höchsten Grade bemerkenswert, daß von rein chemischer Seite auf chemische Isolierungs- und Reinigungsmethoden der Fermente zusehends mehr verzichtet wird und statt dessen Adsorptionen und Desorptionen an Kaolin, Aluminiumhydroxydgel usw. als wesentlich wirksamer befunden und benutzt werden.

Gestatten Sie, daß ich nach diesem kolloidchemischen Überblick über die allgemeinsten physikalisch-chemischen Kennzeichen der organisierten Substanz noch eine Reihe speziellerer biologischer Probleme kurz Revue passieren lasse, bei denen die kolloidchemische Betrachtungsweise aufklärend oder befruchtend gewirkt hat. Die Auswahl muß notwendigerweise willkürlich sein, und ebenfalls kann ich nur in oberflächlichster Weise die einzelnen Gegenstände berühren. Für nähere Auskunft muß ich Sie auf die früher genannte Spezialliteratur verweisen.

Bereits bei den ersten biologischen Prozessen, die zur Entstehung eines neuen Organismus führen, bei den Befruchtungs- und Entwicklungserscheinungen z. B. tierischer Eier, finden wir Fälle, in denen die Kolloidchemie auch bei relativ speziellen Fragen aufklärend wirkt. Es ist Ihnen vielleicht bekannt, daß z. B. in einem Seeigelei, gleichgültig ob es sich um sexuelle Befruchtung oder um die sog. künstliche Entwicklungserregung handelt, der Anstoß der Entwicklung morphologisch durch die Bildung sog. Astrosphären gekennzeichnet wird. Es entstehen Strahlungen von verdichtetem Plasma, entweder um den Kern der befruchteten Zelle herum oder aber an den verschiedensten

Stellen des Plasmas, wobei im späteren Verlauf diese Strahlungen als Zentren für den Zerfall der Eizelle in Tochterzellen erscheinen. Einzelheiten muß ich hier übergehen; bei aller Variabilität von Einzelheiten ist diese Astrosphärenbildung eine der durchaus konstanten Begleiterscheinungen der Befruchtung und Zellteilung des Eies. Nun ergibt die nähere Betrachtung unzweifelhaft, daß diese Astrosphärenbildung eine spezielle Form der Koagulation der Plasmkaolloide darstellt, nämlich eine „lokalisierte und orientierte Koagulation", wie man diese Art der Koagelbildung vielleicht kurz bezeichnen kann. Die einfache mikroskopische Betrachtung zeigt schon, daß es sich um eine lokalisierte Ansammlung von wasserärmeren und gröber strukturierten Plasma handelt und die Tatsache einer solchen Sol-Gelumwandlung wird über jeden Zweifel erhoben durch den Befund, daß sich bei der Mikrotomie solcher Zellen, d. h. bei ihrer Zerlegung z. B. mit feinen Glasnadeln, diese Astrosphären als kleine Klümpchen von relativ fester Konsistenz aus dem viel flüssigeren Eiplasma heraussondern lassen (G. L. Kite, R. Chambers)[1]. Der hieraus sich ergebende Schluß, daß dieser wichtige Teilvorgang der Befruchtung ein Koagulationsprozeß ist, wird aber noch auf ganz anderen Wegen bestätigt. Diejenigen unter Ihnen, welche den berühmten Untersuchungen des Deutschamerikaners Jaques Loeb und anderer Forscher über die künstliche Entwicklungserregung gefolgt sind, werden wissen, daß unbefruchtete Eier z. B. von Seeigeln oder Seesternen auf die allerverschiedenartigste Weise zur Entwicklung angeregt werden können. Neben Behandlung mit Säuren und Basen, mit spezifischen Ionen oder aber auch einfach mit wasserentziehenden Neutralsalzlösungen finden wir Entwicklungsmethoden durch kurze Behandlung mit hohen oder aber auch tiefen Temperaturen, durch Behandlung mit anderen Kolloiden, wie mit dem Serum höherer Organismen, durch Behandlung mit organischen Flüssigkeiten wie mit Benzol und Toluol, ja nur durch mechanische Behandlung wie Schütteln, Reiben, Bürsten usw. gelangen die unbefruchteten Eier mancher Organismen zur Entwicklung. Was ist nun das gemeinsame Agens dieser so überaus heterogenen Methoden? Wenn Sie sich an das erinnern, was ich Ihnen in der gestrigen Vorlesung über die Variabilität des kolloiden Zustandes unter dem Einfluß schon der geringfügigsten Faktoren gesagt habe, so erscheint es klar, daß alle diese Behandlungsmethoden zu kolloiden Zustandsänderungen, speziell zu Koagulationen der Biokolloide führen

[1]) Auf diese mikrotomischen oder mikrurgischen Verfahren ist neuerdings durch die Konstruktion des sog. „Mikromanipulators" von T. Péterfi und der Firma Zeiss (siehe z. B. Koll.-Ztschr. 38, 76 [1925]) wieder die Aufmerksamkeit gelenkt worden.

können. In der Tat kann man aber auch im einzelnen nachweisen, daß sämtliche aufgezählte und noch weitere nicht genannte Methoden zur Entwicklungserregung auch zur Koagulation von Eiweißsolen im Reagenzglas benutzt werden können, und daß umgekehrt kaum eine Art von Eiweißfällungsmethoden bekannt ist, die bei geeigneter Anwendung nicht auch zur Entwicklungserregung führt[1]). Schließlich aber wird diese Koagulationstheorie der Befruchtungsvorgänge noch besonders schön unterstützt durch die Tatsache, daß es auch möglich ist, experimentell in Kolloiden und Kolloidgemischen durch lokale orientierte Koagulationsprozesse Strukturen hervorzubringen, die auf das verblüffendste mit den in der Eizelle beobachteten übereinstimmen. Ich zeige Ihnen hier ein paar Bilder solcher künstlicher Astrosphären, wie sie insbesondere von O. Bütschli in Kolloidgemischen hergestellt wurden, lange bevor die skizzierte kolloidchemische Befruchtungstheorie aufgestellt worden ist (Abb. 31). Die Biologen unter Ihnen werden gewiß die außerordentliche Ähnlichkeit zwischen diesen künstlichen und den natürlichen Strukturen anerkennen. Der die Entwicklung einleitende primäre Vorgang ergibt sich also als ein kolloidchemischer Prozeß der Sol-Gelumwandlung. Natürlich bitte ich Sie, mich nicht insofern mißzuverstehen, als ich keineswegs die Meinung vertrete, daß dieses Kolloidphänomen den Vorgang der Entwicklungserregung erschöpfend erklärt. Selbstverständlich begleiten sehr verschiedene chemische Prozesse, z. B. eine gesteigerte Oxydation, diesen Vorgang. Letztere treten jedoch erst sekundär in Erscheinung, nachdem die beschriebene kolloide Zustandsänderung den Anfang gemacht hat; der Anstoß der Entwicklung ist ein kolloidchemischer.

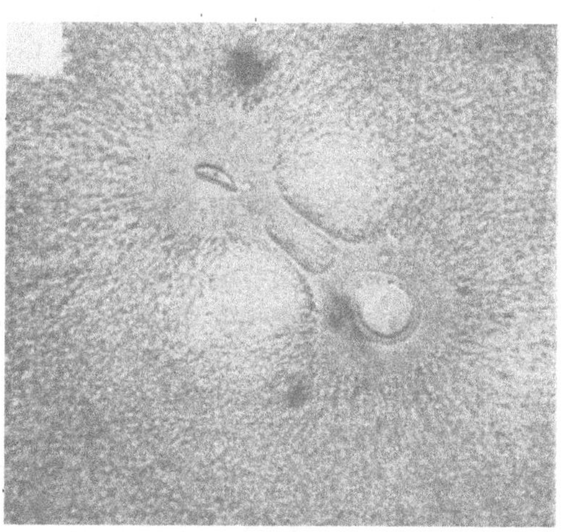

Abb. 31.
Künstliche Astrosphären.

Aber nicht nur der Entwicklungsbeginn eines Metazoeneis, auch weitere Vorgänge der Zellteilung, bei einzelligen Organismen auch

[1]) Martin H. Fischer und Wo. Ostwald, Pflügers Arch. **106**, 229 (1905).

unmittelbar die Vermehrung ist schon jetzt einer überraschend tief eingreifenden experimentellen Kolloidanalyse zugänglich. Hier sind besonders einige neuere Untersuchungen von J. Spek[1]) zu nennen. Dieser Forscher zeigte u. a., daß die Vermehrungsgeschwindigkeit von Infusorien (Paramaecium) sich durch quellungsfördernde Salze wie z. B. LiCl in geeigneten Konzentrationen auf das 10 bis 20 fache steigern ließ, während umgekehrt quellungshemmende Salze wie Sulfate auch in nicht unmittelbar giftigen Dosen die Vermehrung hemmten. Weiterhin fand J. Spek, daß ein so komplizierter Vorgang wie die Gastrulation, die Einstülpung des vorher kugelschalenförmigen Entwicklungsstadiums von Seeigeleiern usw., ebenfalls theoretisch wie experimentell mit großem Erfolg analysiert werden kann unter dem Leitgedanken, daß auch hier Quellungserscheinungen die Hauptvariable bilden. Ja die Fruchtbarkeit schon der jetzigen Resultate der Kolloidchemie der Quellung für diese Probleme ist so groß, daß dieser eifrige Forscher vermutlich schon über das Ziel hinausgegangen ist, und diesem einen Kolloidvorgang eine allzugröße Rolle zuschreibt, verglichen mit den andern gleichzeitig möglichen kolloiden Zustandsänderungen, z. B. den oben erwähnten Koagulationsprozessen. Man braucht nur daran zu denken, daß das Zellplasma wie erörtert ein Kolloidgemisch ist, und daß z. B. ein und derselbe Elektrolyt auf zwei verschiedene Kolloide genau im entgegengesetzten Sinne, auf das eine flockend, auf das andere quellend einwirken kann[2]), — um die Notwendigkeit einer möglichst vorsichtigen, koordinierenden Abschätzung der einzelnen kolloidchemischen Wirkungsweisen zu erkennen. Immerhin ist es offenbar sehr erfreulich, daß augenblicklich schon Meinungsverschiedenheiten darüber bestehen, welcher von verschiedenen Kolloidvorgängen hier die Hauptrolle spielt. Daß es Kolloidvorgänge sind, daran zweifelt keiner der beteiligten Forscher.

Bei den Wachstumserscheinungen sprechen andererseits Quellungsphänomene sehr wahrscheinlich eine wichtige Rolle. Analysiert man z. B. sich entwickelnde Kaulquappen, so findet man die Gewichtsvermehrung bis zur Metamorphose der Kaulquappen zu Landtieren in ganz überwiegender Weise bestritten durch eine exzessive Wasserauf-

---

[1]) J. Spek, Kolloidchem. Beih. **10**, 259 (1918); **12**, 1 (1920); daselbst weitere Literatur.

[2]) Es sei z. B. an das Phänomen der sog. „trüben Schwellung" der Hornhaut des Auges erinnert, die nach den Untersuchungen von M. H. Fischer vermutlich in einer gleichzeitigen und entgegengesetzten Säurewirkung auf verschiedene Korneakolloide besteht. Siehe im Text weiter unten.

nahme; wie beistehende Kurvenzeichnung zeigt, ist die gleichzeitige Vermehrung fester Substanzen so gering, daß eine Kaulquappe vor dem Anslandkriechen aus ca. 93 % Wasser besteht (Abb. 32)[1]. Ähnliches gilt für wachsende Pflanzenteile. Eine Differenz in den osmotisch wirksamen Bestandteilen der Larven, welche diese größere Wasserabsorption erklären könnte, ist nicht bekannt. Wohl aber weiß man, daß manche wachsende Pflanzenteile eine saure Reaktion zeigen. Wie erwähnt, steigern aber Säuren schon in kleinsten Konzentrationen das Wasserbindungsvermögen vieler Kolloide, ein deutlicher Hinweis auf die Rolle der Quellungsvorgänge bei diesen Prozessen. Wird der Frosch zum Landtier, so verliert er beträchtlich Wasser. Auch dies ist kolloidchemisch erklärlich, da ich Ihnen schon früher mitteilte, daß ein Gel z. B. gegenüber Wasserdampf unter gewöhnlichen Versuchsbedingungen ein anderes, niedrigeres Quellungsgleichgewicht besitzt als gegenüber flüssigem Wasser. Ebenfalls sehr plausibel vom kolloidchemischen Standpunkte erscheint die Tatsache, daß Wüstenpflanzen häufig eine saure Reaktion zeigen, ein Umstand, der nicht nur eine relativ reichlichere, sondern auch **festere** Wasserabsorption, und damit auch einen entsprechend stärkeren Schutz gegen Austrocknen gestattet. Auch die täglichen perio-

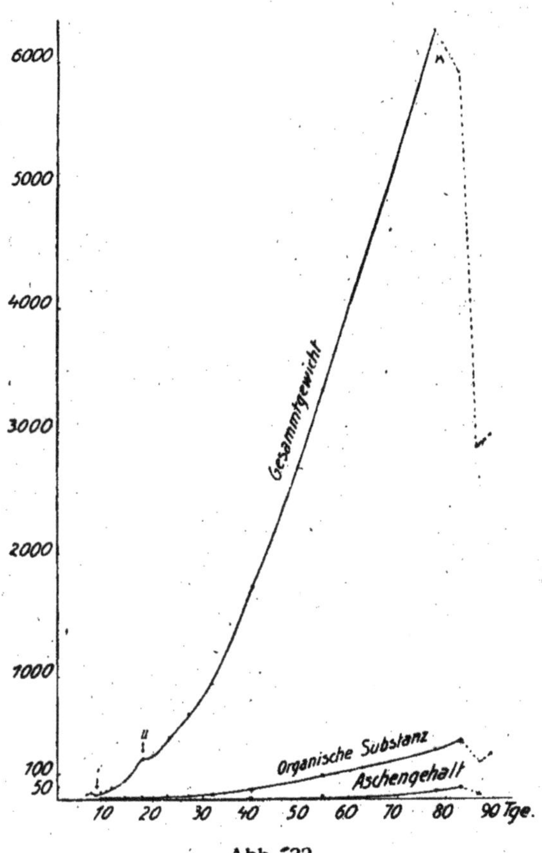

Abb. 32.
Gewichtsvermehrung wachsender Kaulquappen nach C. Schaper.

[1] Vgl. A. Schaper, Arch. f. Entwicklungsmechanik **14**, 356 (1902); ferner Wo. Ostwald, Über die zeitlichen Eigenschaften der Entwicklungsvorgänge (Leipzig 1908), 49.

dischen Reaktionsänderungen in Pflanzen wirken wohl in analogem Sinne.

Eine anderes Problem, zu dessen Lösung schon seit langer Zeit kolloidchemische Ansätze gemacht worden sind, ist das Problem der Muskelkontraktion. Ich kann nicht mehr auf Einzelheiten eingehen, sondern will nur hervorheben, daß sich die elektrischen, chemischen, mechanischen, optischen usw. Einzelvorgänge immer deutlicher zu einer kolloidchemischen Theorie haben zusammenfassen lassen[1]. Als das Hauptmoment erscheint hierbei eine Wasserverschiebung zwischen den Strukturelementen der kontraktilen Substanz resp. der sie aufbauenden Kolloide, die bewirkt wird durch die lokale Produktion von Säuren (vermutlich besonders von Milchsäure) an den Grenzflächen der Strukturelemente. Auch hier kommt also der so weit verbreitete und so außerordentlich mächtige Einfluß der Säuren auf das Wasserbindungsvermögen der Biokolloide zum Vorschein. Daß auch rein äußerlich Quellungserscheinungen die Geschwindigkeiten und den Umfang zeigen können, wie wir sie für eine kolloidchemische Theorie der Muskelkontraktion brauchen, habe ich Ihnen gestern an der Quellung der Kautschukfolie und der Gelatineblättchen zu zeigen versucht. Ebenfalls berichtete ich Ihnen schon bei Besprechung der reinen Quellungsprozesse, daß durch die Quellung Beträge mechanischer Energie geliefert werden können, die derjenigen des Muskels zum mindesten gleichkommen.

Aus den zahllosen weiteren Problemen der Physiologie, die einer Anwendung der Kolloidchemie zugänglich erscheinen, möchte ich hier nur noch eins mit kurzen Worten kennzeichnen: das Problem der Sekretion oder der Flüssigkeitsabscheidung. Die Physiologen unter Ihnen werden wissen, daß bei den Sekretionserscheinungen noch ganz besonders die Erkenntnis der sog. „treibenden" Kräfte fehlt, die es bewirken, daß unter Umständen entgegen dem hydrostatischen und osmotischen Druck aus einem Gewebe oder einer Zelle Flüssigkeiten abgeschieden werden. Mehr fast als auf einem anderen Gebiete der Physiologie spricht man hier noch von „vitalen" Kräften, und auch die Einführung der neueren Ideen der physikalischen Chemie der Lösungen

[1]) Vgl. z. B. M. H. Fischer und W. H. Strietmann, Koll.-Ztschr. **10**, 65 (1912); ferner insbesondere Wo. Pauli, Kolloidchem. Beih. **3**, 361 (1912) (auch separat bei Th. Steinkopff, Dresden), sowie die ausführliche Monographie von O. von Fürth, Ergebnisse der Physiologie (Wiesbaden 1920), zu deren Literaturübersicht nur noch nachzutragen wäre, daß die ersten quantitativen Messungen über den quellungsfördernden Einfluß von Säuren auf Gelatine von Wo. Ostwald, Plüg. Arch. **108**, 563 (1905), stammen.

(neben Filtration, Diffusion usw.) hat, offen gestanden, nur verhältnismäßig spärliche Fortschritte gezeitigt. Nun scheint aber auch hier die Kolloidchemie eine Kraft zu liefern, die, soweit ich es augenblicklich übersehen kann, durchaus imstande ist, die erwähnte prinzipielle Unabhängigkeit der Sekretion von hydrostatischen und osmotischen Druckdifferenzen soweit eine Reihe weiterer Einzelheiten wenigstens grundsätzlich verständlich zu machen. Es ist dies die Ihnen in letzter Stunde gezeigte Erscheinung der Synäresis. Ich bitte Sie, zu überlegen, daß jede Sekretion aus einem Kolloidgemisch erfolgt und daß fast jedes Sekretions- und Exkretionsprodukt nicht nur Wasser, sondern ebenfalls Kolloide und Salze enthält von der Art, die auch in dem betreffenden sezernierenden Gewebe enthalten sind. Auch im Harn befinden sich ja ganz normalerweise eine Reihe nichtdialysabler Substanzen die z. B. den sog. „kolloiden Stickstoff" enthalten. Ganz das gleiche beobachten Sie bei der Synäresis. Auch hier ist das ausgeschiedene Serum nicht nur Wasser, sondern eine Kolloidlösung, mit Salzen in Verhältnissen, die keineswegs identisch sind mit den Konzentrationen im ausscheidenden Gel, und ebenso variiert auch hier sowohl die Menge als auch die Zusammensetzung des Serums je nach der Art der Gallerte, nach Art und Menge der in ihr enthaltenen Zusätze usw. Insbesondere aber auch — und das ist wohl der allerwichtigste Punkt — wird auch eine solche synäretische Flüssigkeitsabscheidung nicht entscheidend bestimmt durch die osmotischen oder hydrostatischen Druckverhältnisse, sondern durch „im Innern" der Gallerte gelegene Kräfte, die Kräfte nämlich, welche die „inneren Zustandsänderungen" hervorrufen. Ich muß mich mit diesen Andeutungen hier begnügen.

Ein anderes physiologisches Problem, das gerade in neuester Zeit besonders viel Beachtung gefunden hat, ist z. B. das der vitalen Färbung, d. h. der Farbstoffspeicherung von lebenden Zellen. Hier hat sich mit immer größerer Deutlichkeit herausgestellt, daß in erster Linie Dispersitätsgrad und der elektrische Ladungssinn der Farbstoffe ihre Aufnahme bestimmt[1]). In der Regel werden nur molekulare oder hochdisperse Farbstoffe aufgenommen; die Plasmahaut wirkt gleichsam als Ultrafilter je nach dem Ladungssinn des betreffenden Zellbestand-

[1]) Siehe insbesondere W. Ruhland, Koll.-Ztschr. **12**, 113 (1912); **14**, 48 (1914); daselbst weitere Literaturangaben. Ferner die zusammenfassenden Arbeiten von W. von Moellendorff und W. Schulemann z. B. Koll.-Ztschr. **18**, 81 (1915); **20**, 113 (1917) und (namentlich hinsichtlich der Rolle elektrischer Faktoren) zahlreiche Arbeiten von R. Keller, zusammengefaßt in „Die Elektrizität in der Zelle", Mährisch-Ostrau 1925, 2. Auflage.

teils werden einmal vorwiegend positive, das andere Mal vorwiegend negative Farbstoffe gespeichert. Im Anschluß hieran möchte ich gleich noch einige Worte über die so vielfach gebrauchten Methoden der Färbung und Fixierung von toten Geweben vom kolloidchemischen Standpunkte sagen. Die Biologen wurden vor ca. 20 Jahren in nicht geringen Schrecken versetzt, als der Botaniker A. Fischer darauf hinwies, daß ein großer Teil durch Fixierung und Färbung erhaltener Struktur „künstlich" wäre, insofern als durch die verwandten Reagenzien mannigfaltige Dehydratations- und Koagulationsprozesse, kurz kolloide Zustandsänderungen nachträglich in den Geweben hervorgerufen werden. Nun ist es zweifellos richtig, daß in vielen Fällen solche Kunstprodukte zu Täuschungen über die Strukturen der lebenden Gewebe geführt haben. Auf der anderen Seite ist es aber ebenso irrtümlich zu glauben, daß die Resultate dieser Methoden deshalb außerhalb jeden Zusammenhanges mit den lebenden Strukturen stehen und keinerlei Schlüsse auf diese gestatten. Eine rationelle Fixier- und Färbetechnik kann nämlich ohne weiteres in Reagenzrohrversuchen den Sinn der Änderungen feststellen, welche die Fixier- und Färbemittel z. B. auf das stark hydratisierte Gemisch der Biokolloide ausüben, und auf Grund solcher Versuche kann man hier, ebenso wie in jeder anderen Naturwissenschaft, mit Recht extrapolieren. Gleichzeitig ergeben aber solche vergleichende Experimente, wie sie in mustergültiger Form schon vor 25 Jahren z. B. von G. Mann, in neuerer Zeit auch von R. E. Liesegang, angestellt wurden[1]), die kolloidchemischen Bausteine für eine rationale Histologie. Denn es ist ja einleuchtend, daß auch die normalen Mikrostrukturen der lebenden Gewebe die Resultate der Zustandsänderungen der Biokolloide sind, und das Studium der Einzelheiten von Zustandsänderungen der Eiweißsole im Reagenzglas oder auf dem Objektträger kann auf diese Weise zur Erklärung der Entstehung normaler Strukturen ausgiebigst benutzt werden.

Schließlich erscheinen diese und verwandte kolloidchemische Untersuchungen aber auch geeignet, Beiträge zu einer Wissenschaft zu liefern, von der ich allerdings nur mit gewissem Zögern spreche, obschon sie eigentlich die Krone aller Biologie ist. Ich meine hiermit die synthetische Biologie, die Wissenschaft von der künstlichen Darstellung der Lebewesen. Ich möchte Sie darauf aufmerksam machen, daß wir längst gewöhnt sind, seit der synthetischen Darstellung des Harnstoffs durch Liebig und Wöhler, von einer synthetischen Biochemie zu

---

[1]) G. Mann, Physiological Histology (Oxford 1902); siehe auch die Besprechung dieses Buches in Koll.-Ztschr. 2, 153 (1907).

sprechen. Es ist uns ganz geläufig, daß wir auch im Laboratorium Stoffe herstellen können, die wir sonst nur im lebenden Organismus antreffen. Einen sehr viel unklareren Standpunkt aber haben wir gewöhnlich gegenüber der natürlichen Schwesterwissenschaft, gegenüber einer synthetischen Biophysik. Wenn es uns gelingt, amöboide Bewegung an Tropfen reiner Flüssigkeiten oder auch an Kolloidgemischen hervorzurufen, wenn es uns gelingt, für den Gehäusebau oder für die Nahrungsaufnahme von Protozoen usw. analoge Phänomene in unbelebten Systemen zu finden, so reden wir meist von „Nachahmungen" der betreffenden Vorgänge und drücken hiermit vielfach eine ganz unberechtigte Geringschätzung dieser Versuche aus. Derartige Versuche sind aber Experimente der synthetischen Biophysik und haben genau dieselbe wissenschaftliche Bedeutung, wie sie etwa die Synthese des Harnstoffs oder die Katalyse durch kolloide Metalle für die synthetische Biochemie besitzt. Ebenso wie die Chemie, so muß auch die Physik der organisierten Substanz in Einzelvorgänge zerlegt und durch allmähliches sukzessives Aufbauen wieder zu einer synthetischen Biologie vereinigt werden. Freilich kann eine solche wissenschaftliche Synthese nur durch systematische Untersuchungen zum Erfolg führen; es ist z. B. unwissenschaftlich, Niederschlagsformen als primitive synthetische Organismen anzusprechen, wenn diese Produkte nur in ihrer Form mit gewissen Organismen übereinstimmen. Ein synthetisch dargestelltes Lebewesen muß natürlich alle fundamentalen Kennzeichen der organisierten Substanz auf einmal zeigen. Wohl aber besteht kein Zweifel darüber, daß die Kombination chemischer und physikalischer Einzelvorgänge von der Art, wie wir sie bei Organismen beobachten, ein durchaus wissenschaftliches Problem darstellt und daß fernerhin besonders für die noch relativ vernachlässigte Biophysik die Kolloidchemie schon jetzt überreichliche Hilfsmittel und Anregungen bietet.

Es bleibt mir schließlich noch die Aufgabe, Ihnen einen kurzen Überblick über die Anwendungen der Kolloidchemie auf medizinischem Gebiete zu geben. Es ist einleuchtend, daß auch hier die Anwendungen ebenso zahlreich sein müssen wie in der Biologie normaler Organismen, da ja auch die pathologischen Erscheinungen sich an demselben kolloiden Grundmaterial abspielen wie die normalen Lebensprozesse. Ebenso wie einmal die normale kausale Biologie völlig durchdrungen, ja völlig neu geschrieben werden muß mit den Begriffen der Kolloidchemie, so werden auch die pathologischen Wissenschaften in allen ihren Zweigen von den Ergebnissen der Kolloidchemie beeinflußt werden. Es ist mir unmöglich, ähnlich ausführlich wie bei den vorangehenden Besprechungen über die verschiedenen kolloidchemischen Anwendungen in der Medizin zu sprechen. Nur ein paar besonders interessante Fälle seien herausgegriffen.

Im engsten Zusammenhange mit der Frage nach der Natur der Wasserbindung im normalen Organismus steht natürlich das Problem der Entstehung von exzessiven Flüssigkeitsanhäufungen im Organismus, wie wir sie in den pathologischen Erscheinungen des Ödems in seinen verschiedenen klinischen Abarten vor uns haben. Wie bei der Wasserbindung im normalen Organismus, so spielen auch bei der Entstehung des Ödems die Gewebskolloide die Hauptrolle, wie in den fundamentalen Untersuchungen von Martin H. Fischer dargetan worden ist[1]). Es sind die Änderungen der wasserbindenden Fähigkeiten dieser Kolloide, welche den in einem Gewebe vorhandenen Flüssigkeitsbetrag auch in pathologischen Fällen bestimmen, und zwar erscheint wiederum der mächtige quellungsfördernde Einfluß von Säuren der Hauptfaktor bei der Entstehung des Ödems zu sein, wenn schon möglicherweise auch die hydratisierenden Effekte proteolytischer Fermente im gleichen Sinne wirken können (W. Gies). Eine solche abnorme Säureproduktion oder -retention kann in den meisten Fällen von Ödem als primäre ätiologische Ursache nachgewiesen oder angenommen werden. Z. B. entstehen Säuren, falls man die normalen Oxydationsvorgänge durch gewisse Gifte, durch Unterbindung der Zirkulation wie beim Stauungsödem, durch anatomische Veränderungen der Zirkulationsorgane infolge von Infektionen usw. hindert, aber es entstehen auch Ödeme, wenn wie bei einem Floh- oder Bienenstich lokal Ameisensäure oder nach den Untersuchungen von Flury vielleicht ein quellungsförderndes Toxin in das Gewebe gebracht wird. In der Tat kann man „künstliche Flohstiche" sehr gut herstellen, wenn man mit einer mit Säure gefüllten Injektionsnadel in eine Gelatineplatte hineinsticht und letztere dann quellen läßt (Dem.). Die Richtigkeit der Schlußfolgerung, daß in der Tat die wasserbindende Eigenschaft der Gewebskolloide und ihre Variationen den normalen wie den pathologischen Flüssigkeitsgehalt bestimmt, kann man aber noch in folgender Weise demonstrieren (Dem.). Ich habe hier noch dieselben Versuche stehen, in denen ich Ihnen den Einfluß von Elektrolyten auf die Quellung von Gelatineplatten zeigte. In denselben Lösungen habe

[1]) Siehe zahlreiche Abhandlungen von M. H. Fischer und seinen Mitarbeitern in der Koll.-Ztschr. und den Kolloidchem. Beih. sowie das oben S. 182 zitierte zusammenfassende zweibändige Werk, in dem auch ausführliche kritische Erörterungen entgegengesetzter Meinungen zu finden sind.

ich nun **ganze Organe**, Schafsaugen, und Froschbeine, einige Stunden quellen lassen, und bei näherer Betrachtung werden Sie sich überzeugen, daß der Einfluß dieser Elektrolyte auf die Quellung der Organe **parallel geht** mit dem Einfluß auf die Quellbarkeit der Gelatineplatten. In Säure und Alkali finden Sie, verglichen mit dem Versuch in reinem Wasser, eine mächtige Zunahme der Größe der Organe, d. h. der von ihnen angenommenen Wassermenge, während in Magnesiumsulfat eine ausgesprochene Schrumpfung eingetreten ist (Abb. 33). Beim Betasten z. B. der in Säure gequollenen Organe mit der Pinzette werden Sie deut-

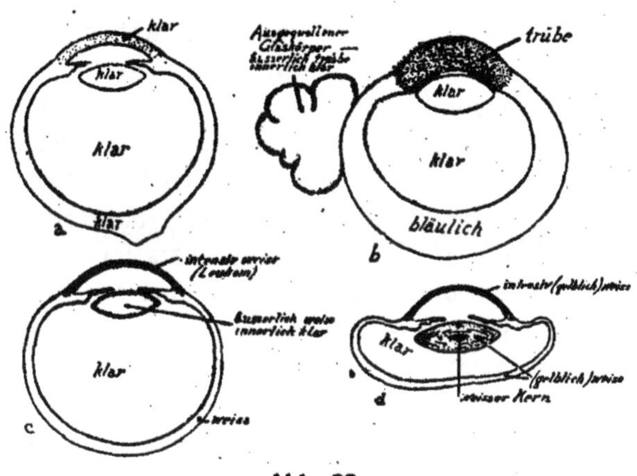

Abb. 33.
Quellung von Schafsaugen nach Martin H. **Fischer**.
a) norm. Auge; b) in HCl; c) in $HCl + Mg(NO_3)_2$; d) in $HCl + FeCl_3$.

lich die charakteristischen mechanischen klinischen Kennzeichen ödematöser Organe wahrnehmen. Ich will nur kurz darauf hinweisen, daß ebenso wie bei Gelatine und Fibrin eine Kombination von Säure und Salz quellungshindernd oder entquellend wirkt, und daß dieser Effekt für die **Therapie** solcher Ödeme erfolgreich benutzt worden ist. Es ist gelegentlich gegen diese kolloidchemische Ödemtheorie eingewandt worden, daß in klinischen Fällen nicht so sehr das von den Zellen selbst gehaltene Übermaß von Flüssigkeit charakteristisch ist als die Menge **freier** Flüssigkeit, welche sich in den Gewebsspalten und Körperhöhlen ansammelt. Aber auch diese, meist in späteren Stadien auftretende Erscheinung entspricht durchaus der Kolloidtheorie. Die spontane Ausscheidung solcher Flüssigkeiten, welche bekanntlich vielfach reichlich Eiweiß enthalten, erscheint kolloidchemisch als eine verstärkte **Synäresis**, die direkt zu erwarten ist, falls ein Gel primär reichlichere

Wassermengen aufgenommen hat als normal. Ich teilte Ihnen ja mit, daß die Menge ausgeschiedener Flüssigkeit auch bei einer Gelatinegallerte zunimmt mit dem Wassergehalt derselben.

Noch weniger berechtigt ist ein anderer Einwand gegen die Fischersche Ödemtheorie, der sich darauf stützt, daß die Konzentration der „freien" Säure, der „freien" Wasserstoffionen in ödematösen Zuständen oft nur wenig höher ist als normal, da ja kekanntlich der Organismus die „Reaktion" seiner Gewebe durch Puffergemische usw. weitgehend zu regulieren versteht. Hierauf ist zu antworten, daß zunächst selbstverständlich nicht die nachzuweisende „freie", sondern gerade umgekehrt die „nicht freie", d. h. die von den Geweben gebundene Säuremenge für das exzessive Wasserbindungsvermögen verantwortlich zu machen ist. Nur die von einem Kolloid adsorptiv oder chemisch gebundenen Elektrolyte können offenbar seinen Zustand im genannten Sinne ändern. In welchem Gleichgewichtsverhältnis die gebundene zur freien Säure steht, ist eine Frage, die noch der genaueren Antwort harrt. Nehmen wir bei diesen kleinen Säurekonzentrationen adsorptive Bindung an, so erklärt sich ohne weiteres, daß einer relativ großen gebundenen Säuremenge eine nur minimale freie Säuremenge entspricht; aus kleinen Konzentrationen wird bekanntlich oft praktisch vollständig adsorbiert. Sodann ist aber mit Nachdruck darauf hinzuweisen, daß für die Quellung in Säuren ganz und gar nicht die $H^{\cdot}$-Ionenkonzentration allein in Betracht kommt. Gelatine quillt in der schwach dissoziierten Essigsäure erheblich stärker als in der praktisch vollständig dissoziierten Schwefelsäure und wird durch die ebenfalls stark dissoziierte Pikrinsäure umgekehrt gefällt, d. h. dehydratisiert. Es sind, — wie übrigens auch bei vielen andern rein physikalisch-chemischen Vorgängen — durchaus nicht nur die $H^{\cdot}$-Ionen, vielmehr ebenso oder zuweilen noch mehr die undissoziierten Säuremoleküle, welche die Quellungsbeeinflussung regulieren[1]). Desgleichen darf nicht vergessen werden, daß jedes isolierte Organstück postmortal selbst Säure bildet, und daß Resultate mit älteren Organstücken daher natürlich fehlerhaft sind und bei weiterer Säurebehandlung entquellen können, da nunmehr das bekannte Quellungsmaximum bei mittlerer Säurekonzentration überschritten wird.

Bei der Betrachtung der in Säure gequollenen Augen erhalten Sie

[1]) Eine ausführliche Diskussion über die $H^{\cdot}$-Ionenwirkung und über die Wirkungen des ganzen Säuremoleküls fand auf der V. Hauptversammlung der Kolloidgesellschaft in Düsseldorf statt; siehe ausführlichen Bericht in Koll.-Ztschr. **40**, 161 (1926); auch als Sonderheft erschienen bei Th. Steinkopff (Dresden).

übrigens das häufige klinische Bild eines Glaukoms mit Kornealtrübung; neben der Schwellung des Augapfels tritt auch eine intensive Trübung der Kornea auf (siehe Abb. 32). Kolloidchemisch gesprochen, handelt es sich hier um eine Säurekoagulation von Biokolloiden, die durch die gewählten Säurekonzentrationen nicht stärker hydratisiert, sondern gerade umgekehrt dehydratisiert und koaguliert werden. Da die Gewebe aus einem Gemisch sehr verschiedenartiger Kolloide bestehen, so ist ein derartiger doppelter Effekt kolloidchemisch leicht verständlich. Wie ebenfalls Martin H. Fischer ausgeführt hat, treten solche kombinierte Quellungs- und Koagulationsprozesse auf in vielen Fällen von Nephritis. Auch die Art der therapeutischen Behandlung solcher Fälle durch Salzlösungen, wie sie seit den Fischerschen Untersuchungen vielfach mit großem Erfolge vorgenommen worden ist, basiert auf den kolloidchemischen Wirkungen dieser Salze. Die quellungsfördernde und koagulierende Wirkung der in den Geweben befindlichen Säuren wird ebenso wie im Reagenzglasversuch durch diese Salze herabgesetzt.

Nur angedeutet sei, daß neuerdings auch die Entzündung als kolloidchemisches Problem behandelt worden ist[1]), daß die unbekannte Substanz, welche den Kropf hervorbringt, sich zweifellos in kolloidem Zustande befindet[2]), daß wir in den Immunitätsreaktionen ein schier unübersehbares Anwendungsgebiet haben, in dem die gegenseitigen Adsorptionen und Fällungen der Immunkörper unter sich wie mit den Geweben und ihren Bestandteilen eine Hauptrolle spielen, daß wir in den sog. „Kolloidreaktionen" des Serums und der Cerebrospinalflüssigkeit gegenüber anorganischen Kolloiden wie Goldsol (Langesche Reaktion) oder Berlinerblau, oder aber auch Mastixsol usw. wertvolle diagnostische medizinische Anwendungen der Kolloidchemie haben[3]), daß, wie schon erwähnt, verheißungsvolle Ansätze zu einer kolloidchemischen Theorie der Narkose vorliegen[4]), daß bei der Ätiologie der Harn- und Gallensteine sowie der Gicht kolloide Zustandsformen der Gallensalze bzw. der Harnsäure und ihrer Salze, ferner die merkwürdige Eigenschaft von Eiweißlösungen, diese Stoffe in größerer

[1]) A. Oswald, Ztschr. f. exper. Pathol. u. Ther. **8**, 226 (1910). (Referat auch in der Koll.-Ztschr. **9**, 251 [1911]).

[2]) Siehe E. Bircher, Ergebnisse der Chirurgie u. Orthopädie **5**, 133; Ztschr. f. exper. Path. **9** usw.

[3]) Die neueste zusammenfassende Darstellung des augenblicklichen Zustandes dieser Kolloidreaktionen des Liquor usw. gibt W. Schmitt, Koll.-Ztschr. **41** (1927).

[4]) Siehe S. Loewe, Biochem. Ztschr. **57**, 161 (1913); O. Warburg, loc. cit.; H. Winterstein, loc. cit.

Konzentration als in reinem Wasser in Lösung zu halten, eine wichtige Rolle spielen (H. Schade, Wo. Pauli, H. Bechhold), daß besonders in neuerer Zeit die Adsorptionstherapie, d. h. die Behandlung verschiedenartiger Krankheiten mit Adsorptionsmitteln wie Kohle, Bolus usw. zur Entwicklung gelangt ist und in den medizinischen Zeitschriften ausführlichst behandelt wird, daß auch für die Vorgänge bei der Wundheilung kolloidchemische Gesichtspunkte klärend gewirkt haben (W. von Gaza)[1]) usw. usw. Sie sehen, man braucht viel Atem, um nur die Überschriften aller der Kapitel zu nennen, in denen die Kolloidchemie sich schon jetzt als fruchtbar für die Medizin erwiesen hat. Kurz will ich auch darauf hinweisen, daß eine ganze Anzahl z. B. anorganischer Kolloide zu therapeutischen Zwecken verwendet werden, wie kolloider Schwefel bei Hautkrankheiten, kolloides Quecksilber und Quecksilbersalze bei Syphilis, kolloides Nickel bei Genickstarre und ganz besonders kolloides Silber in der Chirurgie zur antiseptischen Behandlung von Wunden sowie in der inneren Medizin gegen Infektionskrankheiten wie Gonorrhöe, Blennorrhöe usw. In der Augenheilkunde ist das kolloide Silber z. B. fast ganz an die Stelle des früher gebrauchten Silbernitrats getreten. Von besonderem Interesse ist dabei, daß bei vergleichenden Untersuchungen verschiedener Desinfektionsmittel sich kolloide Quecksilberpräparate auch bei verschiedenartigem Bakterienmaterial von ungewöhnlicher Wirksamkeit erwiesen, und daß nach einer Untersuchung von H. Friedenthal ein solches Präparat das stärkste chemische Desinfizienz darstellt, das wir zur Zeit überhaupt besitzen[2]). Aber auch ein so bekanntes und wichtiges Arzneimittel wie das Salvarsan befindet sich in konz. wäßriger Lösung in kolloidem Zustand, wie ich dies seit langem durch ultramikroskopische Untersuchungen mit E. Deussen wußte, und wie dies neuerdings auch von anderer Seite festgestellt worden ist[3]). Eine ganz besonders interessante Anwendung eines anorganischen Sols, Palladiumhydroxydul, machte schließlich vor einigen Jahren viel von sich reden. Es wurde gegen Fettleibigkeit angewandt. Die Behandlung geschah durch lokale hypodermale Injektion in diejenigen Körperpartien, die man etwas reduziert zu sehen wünschte und

---

[1]) W. von Gaza, Koll.-Ztschr. **23**, 1 (1918).

[2]) Siehe G. Stodel, Les colloides en Biologie et en Therapeutique (Paris 1908); Ref. in Koll.-Ztschr. **4**, 321 (1909); H. Friedenthal, Biochem. Ztschr. **94**, 47 (1919); R. Eder, Schweiz. Apoth. Ztg. (1918), Nr. 29—33 (zusammenfassender Vortrag).

[3]) H. Bauer, Arb. Inst. f. oper. Therapie (Frankfurt), Heft **8** (1919). Siehe auch A. Binz und Mitarbeiter, Ber. d. chem. Ges. **53**, 416 (1920); H. Freundlich, R. Stern und H. Zocher, Bioch. Zeitschr. **138**, 307 (1923).

sollte erfreulicherweise dabei von äußerst angenehmen Empfindungen begleitet sein[1]). Bedauerlicherweise hat man inzwischen über weitere Fortschritte dieser Methodik nichts gehört; sie wäre augenblicklich besonders „modern". Natürlich — und hierauf möchte ich nachdrücklich hinweisen — ist auch bei der Anwendung kolloidchemischer Gesichtspunkte auf praktische Medizin und Arzneimittelsynthese gelegentlich im Schwung zu weit gegangen worden. Ja in bezug auf die Vorzüge gerade kolloider Arzneimittel wird z. B. augenblicklich in England eine Propaganda entwickelt, die man nur als groben Unfug bezeichnen kann und die einen noch so begeisterten, aber ehrlichen Kolloidchemiker erbittern könnte. Man braucht vielleicht auch in theoretischer Hinsicht nicht soweit zu gehen wie z. B. J. Traube, der in zahlreichen sehr wichtigen und interessanten Arbeiten von neueren Forschern wohl am energischsten kolloidchemische Gesichtspunkte in der praktischen Medizin vertritt[2]). Daß aber kolloidchemische Faktoren, wie Dispersitäts- und Solvatationsgrad, in Frage kommen, daß überhaupt der physikalische Zustand des Arzneimittels neben seiner chemischen Konstitution eine wichtige bisher stark vernachlässigte Rolle spielt, das ist indessen eine Folgerung, die auch von zurückhaltenderen Forschern durchaus geteilt wird, eine Folgerung, die auch ich mit gutem Gewissen vertreten möchte.

Vielleicht darf ich zum Schluß dieses skizzenhaften Überblicks medizinischer Anwendungen der Kolloidchemie noch ein Gebiet streifen, das von jeher eine besondere, viel umstrittene Stellung innerhalb des Gesamtgebietes der wissenschaftlichen und praktischen Medizin eingenommen hat. Es sind dies die Beziehungen zwischen Kolloidchemie und Homöopathie, besser, um mit W. Heubner zu reden: Homöotherapie. Es ist Ihnen bekannt, daß in neuerer Zeit von verschiedener, darunter sehr autoritativer Seite z. B. von A. Bier, auf die nicht mehr zu bestreitenden Erfolge hingewiesen worden ist, die, wenn nicht ihre theoretischen Grundlagen, so doch die therapeutischen Methoden, die Medikation dieser Behandlungsart in manchen Fällen aufzuweisen hat. Die besonderen biologischen Grundvorstellungen gehen uns hier nichts an. Wohl aber findet der Kolloidchemiker manches, was ihn an den Methoden der Medikation interessiert[3]).

---

[1]) M. Kauffmann, Münchener m. W. (März 1913), 525.

[2]) Die zahlreichen Arbeiten J. Traubes sind an sehr verschiedenen Stellen veröffentlicht; Ref. und Zitate siehe Register der Koll.-Ztschr.; eine neuere Arbeit speziell über Kolloidchemie der Arzneimittel steht Biochem. Ztschr. 98, 177ff. (1919).

[3]) Eine zusammenfassende Darstellung solcher kolloidchemischer Gesichtspunkte findet sich in der Schrift Wo. Ostwald, „Physikalisch-chemische Grundfragen der Homöotherapie", Verlag Dr. Madaus u. Co., Radeburg, Bez. Dresden (1927).

Der Physikochemiker, der unbefangen und ohne jede biologisch-theoretische Bewertung diese Methoden der homöotherapeutischen Medikation betrachtet, findet in ihnen folgende interessanten Gesichtspunkte mit besonderem Nachdruck hervorgehoben und benutzt, die in der nichthomöopathischen Therapie zwar nicht unbekannt sind, indessen nicht gleich in hohem Maße beachtet werden:

1. Das Prinzip der Wirkung kleinster Stoffmengen.

2. Das Prinzip der Verschiedenheit von Mengenwirkung und Konzentrationswirkung (gekennzeichnet z. B. durch die längere Zeit hindurch erfolgende Anwendung kleiner Stoffmengen bzw. Stoffkonzentrationen statt einmaliger Anwendung größerer Stoffmengen und -konzentrationen).

3. Das Prinzip der entgegengesetzten Wirkung verschiedener Mengen bzw. Konzentrationen ein und desselben Stoffes.

Hinzu kommt schließlich noch:

4. Die Annahme, daß Stoffe durch sukzessive Zerteilung und Verdünnung andere physikalisch-chemische Eigenschaften erlangen können als in „massivem" Zustande.

Zum ersten Punkt hat der Kolloidchemiker nicht viel zu sagen, sondern sich dem Physikochemiker anzuschließen, der darauf hinweist, daß für irgend eine Wirksamkeit der Stoffe endliche Grenzen gegeben sind durch die Loschmidtsche Zahl und die Massen von Kernen und Elektronen. Verreibungen von höheren Potenzen als D 23 können keine physikalisch-chemische Wirkung im üblichen Sinne ergeben, es sei denn, daß man noch „statistische Verdünnungen" hier heranziehen will. Wohl aber hat der Kolloidchemiker zu den anderen drei spezifisch homöotherapeutischen Gesichtspunkten einiges zu sagen.

Da ist zunächst der behauptete Unterschied zwischen Mengen- und Konzentrationswirkungen eines Medikamentes. Wir nehmen bekanntlich mit unserer täglichen Nahrung ansehnliche Kochsalzmengen zu uns. Trotzdem besteht ein homöotherapeutisches Verfahren darin, Natrium muriaticum in absolut kleiner Gewichtsmenge, dagegen in größeren Verdünnungen und in häufigen Gaben zu verabfolgen. Wir haben hier kein Recht und keine Veranlassung, über die Wirksamkeit dieser Heilmethode zu urteilen. Wir sehen vielmehr in dieser Medikation nur ein besonders drastisches Beispiel für ein auch bei anderen homöotherapeutischen Medikationen angewandtes Prinzip, gemäß dem also wesentlich verschiedene Effekte erwartet werden, je nachdem, ob ein Stoff auf einmal in größeren Gaben (bzw. in konzentrierter oder reiner Form), oder aber in vielen kleinen Gaben und in verdünntem Zustande verabfolgt wird. Es erhebt sich die Frage, ob die physikalische Chemie und die Kolloidchemie ähnliche Unterschiede wie die hier behaupteten zwischen Mengen- und Konzentrationswirkung kennt.

Die nähere Überlegung ergibt, daß man zwei Unterfragen zu stellen hat. Erstens kann man fragen: Gibt z. B. ein Gramm irgend eines Stoffes denselben physikalisch-chemischen Effekt, wenn er in reinem, konzentriertem oder aber im Zustande größerer Verdünnung mit einem sog. „indifferenten" Verdünnungsmittel zur Reaktion gebracht wird? Zweitens kann man fragen: Ist es ein Unterschied, ob ein Gramm eines Stoffes auf einmal oder auf längere Zeit verteilt bei sonst gleichen Bedingungen mit anderen Stoffen zur Reaktion gebracht wird?

Was die erstere Frage anbelangt, so gibt es zunächst chemische Reaktionen, bei denen es praktisch gleichgültig ist, ob ein Stoff in konzentrierter Form oder mit einem „indifferenten" Mittel verdünnt mit einem anderen Stoffe umgesetzt wird. Es ist z. B. (praktisch) gleichgültig, ob man 1 Mol Kochsalz in 10 ccm Wasser oder in einem Liter gelöst mit einem Mol Silbernitrat reagieren läßt. Stets entstehen aus dem Reaktionsgemisch 1 Mol Silberchlorid und 1 Mol Natriumnitrat. Ebenso ist es jedem geläufig, daß man 1 Mol Salzsäure mit Natronlauge bekannter Konzentration titrieren kann, ohne die geringste Rücksicht auf die Verdünnung der Salzsäure oder auf die Änderung des Volums nehmen zu müssen, die beim Titrieren notwendig erfolgt. Bei diesen Reaktionen entscheiden also nur die Mengen, nicht die Konzentrationen.

Es gibt aber auch chemische Reaktionen, bei denen dies nicht der Fall ist. Ein Tropfen 2 n Magnesiumchlorid z. B. gibt mit einem Tropfen konzentriertem Dinatriumhydrophosphat unter dem Mikroskop einen dicken, weißen Niederschlag von Magnesiumphosphat. Bringt man den Tropfen Magnesiumchlorid in ein Liter Wasser und setzt dann den Tropfen Phosphat hinzu, so erfolgt anscheinend gar nichts. Die Erscheinung erklärt sich dadurch, daß das gebildete Magnesiumphosphat in großer Verdünnung löslich ist. Hier ist die einfache Löslichkeit des Reaktionsproduktes ein Moment, das das physikalisch-chemische Ergebnis einer Reaktion je nach dem Grade der Verdünnung wesentlich ändern kann, obschon stets dieselben Stoffmengen zur Reaktion gelangen. Aber auch aus rein chemischen Gründen können dieselben Stoffmengen, nur mit verschieden viel Wasser zusammengebracht, ein ganz verschiedenes Resultat ergeben. Azeton in wäßriger Lösung wird durch kleine Mengen Alkali in einen anderen Stoff, den Diazetonalalkohol, umgewandelt. In konzentrierter Azetonlösung, also in Gegenwart von wenig Wasser, ist die Umwandlung des Azetons praktisch vollständig. Man braucht aber nur hinterher in das Reaktionsgemisch Wasser hineinzugeben, um den Vorgang wieder rückgängig zu machen: der Alkohol zerfällt wieder und es entsteht wieder Azeton[1]). Oder, um ein noch bekannteres, klassisch zu nehmendes Beispiel anzuführen: Ester organischer Säuren wie Methyl-, Äthylazetat usw. sind in wasserfreiem Zustande stabil und haltbar. Gibt man Wasser hinzu, so tritt eine Spaltung in Essigsäure und den betreffenden Alkohol ein. Je nach der Menge Wasser bleibt diese Spaltung an verschiedenen Stellen, d. h. unter Bildung verschiedener Mengen freier Säure und Alkohol stehen. Die gebildeten Mengen letzterer Stoffe hemmen gleichsam den Fortschritt der Reaktion, um so mehr, je weniger Wasser (bei konstanter Menge des Ausgangsstoffes) vorhanden ist. Solche „Selbsthemmungen" finden sich übrigens häufig auch bei Fermentreaktionen. Besonders bei sog. „unvollständigen Reaktionen" oder „Reaktionsgleichgewichten", ferner besonders bei hydrolytischen Prozessen (auf die wir weiter unten noch zu sprechen kommen werden) ist nicht die absolute Menge, sondern die Konzentration der Reaktionskomponenten das Maßgebliche für den Endeffekt.

Ganz besonders deutliche Unterschiede zwischen Mengen- und Konzentrationswirkung finden wir aber wieder bei kolloidchemischen Reaktionen. Schon bei den Herstellungsverfahren kolloider Systeme arbeiten wir mit diesem Unterschied. Wir können z. B. mit konzentriertem Goldchlorid und konzentriertem Formaldehyd einen ganz analogen Versuch machen wie den oben beschriebenen mit Magnesiumchlorid und Dinatriumphosphat. Ein und dieselben Gewichtsmengen in konzentrierter Form zusammengebracht, ergeben dicke grobdisperse Niederschläge. Dieselben Reagenzien in sehr großer Verdünnung und dazu noch möglichst schnell z. B. durch Erhitzen miteinander zur Reaktion gebracht, ergeben die bekannten, in der Durchsicht klaren roten Goldsole. Die Verwendung sehr großer Verdünnungen ist ein ganz allgemeines Mittel zur Herstellung kolloider Lösungszustände solcher Stoffe, die in konzentrierten Reaktionsgemischen nur grobe, sedimentierende Niederschläge ergeben würden. Die einfachsten Versuche über Ausfällen von Stoffen durch Löslichkeitserniedrigung zeigen diese Regel. 0,1 g Mastix in 10 ccm Alkohol gelöst ergibt mit dem gleichen Volum Wasser geschüttelt einen dicken, sich absetzenden Niederschlag; dieselbe Menge in 100 ccm Alkohol mit ebensoviel Wasser versetzt ergibt ein schön bläulich-milchig gefärbtes, monatelang stabiles Sol. Je nach der Konzentration oder nach dem Verdünnungsgrad kann also ein und die-

---

[1]) K. Koelichen, Ztschr. f. physik. Chem. 33, 129 (1900).

selbe Stoffmenge bei denselben chemischen oder physikalisch-chemischen Reaktionen auch zu Produkten ganz verschiedener physikalisch-chemischer Beschaffenheit und im besonderen zu Produkten ganz verschiedener Teilchengröße führen, von makro- und mikroskopischen Kristallen über grobdisperse Niederschläge und typisch kolloide Zustandsformen bis zu im üblichen Sinne des Wortes „gelösten" Molekülen.

Weitere Beispiele für diesen Unterschied von Mengen- und Konzentrationswirkung finden wir bei chemischen und physikalisch-chemischen Reaktionen von Gelen, z. B. bei den Zellulosegelen der Pflanzenfasern. Bei der Umwandlung von Baumwolle zu Schießbaumwolle ist nicht die Menge der angewandten Nitriersäure, dagegen ihre Konzentration maßgebend. Bei der Merzerisierung der Baumwolle durch Alkali ist ebenfalls nicht die Menge des Alkalis, sondern die Konzentration der Lauge ausschlaggebend. In beiden Fällen ergeben mittlere Konzentrationen den gewünschten technischen Effekt. Es ist aber nicht möglich, z. B. durch Anwendung größerer Mengen verdünnter Säure oder Lauge oder durch Anwendung kleinerer Mengen konzentrierter Säure oder Lauge dieselben Resultate zu erzielen. In engem Zusammenhang mit diesen Vorgängen stehen die Adsorptionen an Gelen. Wie erwähnt, ist es kennzeichnend für Adsorptionsvorgänge, daß aus verdünnten Lösungen relativ viel, unter Umständen alles aufgenommen wird, bei konzentrierteren Lösungen zunehmend mehr in Lösung bleibt. Ja bei sehr konzentrierten Lösungen dreht sich aus früher erwähnten Gründen die Sachlage häufig um: Es wird hier nicht nur relativ, sondern unter Umständen sogar absolut weniger absorbiert als in verdünntem Zustande (negative Adsorption). Ganz allgemein kann man sagen, daß Adsorptionen aus sehr verdünnten Lösungen viel ökonomischer erfolgen als aus konzentrierten. Will man z. B. ein Medikament möglichst vollständig adsorbieren lassen, oder auch jeden Überschuß an freiem, nicht gebundenem Medikament wegen etwaiger schädlicher Nebenwirkungen vermeiden, so ergibt sich ohne weiteres die homöotherapeutische Rezeptur als die zweckmäßigste. Ein Teil Medikament etwa in 10 ccm Wasser gelöst, würde von einem gegebenen Quantum eines (toten oder lebenden) Adsorbens beispielsweise zu 50 % adsorbiert werden. Geben wir nur die Hälfte des Medikaments in derselben Menge Flüssigkeit gelöst auf einmal, so würde von dieser Menge ein höherer Prozentsatz, also etwa 60 %, adsorbiert werden. Geben wir noch kleinere Mengen und steigen wir in immer höhere Verdünnungen, so wird der Prozentsatz immer höher und schließlich 100 %. In der Tat können wir sehr häufig bei großen Verdünnungen so vollständige Adsorptionen feststellen, daß die noch in Lösung bleibenden Mengen unter die Schwelle der analytischen Nachweisbarkeit fallen. So werden z. B. Farbstoffe und Alkaloide von Kohle oder Aluminiumsilikatgel aus sehr verdünnter Lösung quantitativ adsorbiert. Je verdünnter also ein Medikament ist, um so vollständiger wird es im Körper gebunden, falls bei dieser Bindung Adsorptionserscheinungen beteiligt sind, was in vielen Fällen sehr wahrscheinlich ist.

Freilich müssen wir, um etwa ein Gramm Medikament vollständig adsorbieren zu lassen, dieses Gramm nicht nur in viele Teile teilen und wiederholte Dosen verabreichen, sondern es muß das adsorbierte Medikament zwischen jeder Dosis in irgendeiner Weise reagiert haben, d. h. irgendwie chemisch oder physikalisch-chemisch verändert oder physiologisch (z. B. durch Zirkulation usw.) entfernt worden sein. Denn nur wenn die Adsorbensfläche wieder frei ist, kann eine gleich vollständige Adsorption wie vorher stattfinden. Wir treffen hier bereits auf die zweite oben gestellte Frage: Macht es physikalisch-chemisch einen Unterschied, ob eine gegebene Stoffmenge auf einmal oder hintereinander in mehreren kleineren Portionen mit einem anderen Stoff zur Reaktion gebracht wird? In allen Fällen von Adsorptionen, bei denen der adsorbierte Stoff weiter reagiert, also seine Konzentration an der Oberfläche verringert, können wir diese Frage ohne weiteres mit Ja beantworten. Auch für solche Vorgänge gibt es einfache kolloidchemische Beispiele. So wird z. B. schon Oxalsäure an Blutkohle nicht nur adsorbiert, sondern allmählich zu Kohlensäure oxydiert. Will man also ein gegebenes Quantum Oxalsäure durch Kohle oxydieren lassen, so würde man am schnellsten zum Ziele kommen, wenn man diese Oxalsäure in kleinen Portionen, die jedesmal praktisch fast vollständig absorbiert und oxydiert werden, zugibt, statt die ganze Menge auf einmal in konzentrierter Lösung mit der Kohle in Berührung zu bringen. In den quantitativen Kennzeichen der Adsorptionsvorgänge liegt nach meiner Meinung eine besonders wichtige physikalisch-chemische Grundlage für die homöotherapeutische Rezeptur und insbesondere für das Prinzip des Unterschiedes von Mengen- und Konzentrationswirkung.

Aber auch bei zwei anderen großen Gruppen kolloidchemischer Vorgänge, die ebenfalls physiologisch von großer Bedeutung sind, nämlich für Koagulation und Peptisation finden wir diesen Unterschied wieder. Die Koagulationswerte von Solen aller Art werden nicht einfach in Milligrammen oder Millimolen, sondern stets in Milligrammen oder Millimolen im Liter ausgedrückt. Es ist nicht gleichgültig, ob man 10 ccm Goldsol mit 10 ccm, sagen wir, einer 0,1 normalen Elektrolytlösung versetzt oder mit 100 ccm einer 0,01 normalen Lösung, die also ebensoviel Elektrolyt enthält. Tritt im ersteren Falle Koagulation ein, so braucht dies im zweiten Falle durchaus nicht einzutreten. Jeder Biochemiker weiß andererseits, daß auch zum Ausflocken einer Eiweißlösung mit Ammonsulfat nicht die Menge des zur Lösung hinzugegebenen Ammonsulfats, sondern die Konzentration des Ammonsulfats in der Eiweißlösung (Sättigung, Halbsättigung usw.) maßgebend ist. Man kann 10 ccm Serumalbumin mit einem ganzen Liter molarer (also etwa 13 %iger) Ammonsulfatlösung versetzen, ohne daß es ausflockt. Es genügt aber ein Bruchteil der 132 g Ammonsulfat, die in diesem Liter enthalten sind, zur vollständigen Koagulation, falls das Salz z. B. in fester gepulverter Form, also in höherer Konzentration mit der Eiweißlösung zusammengebracht wird. Besitzt also ein Medikament koagulierende Eigenschaften, die vermieden oder eingeschränkt werden sollen, so ist ebenfalls die homöotherapeutische Medikation, seine Verabreichung in großen Verdünnungen, die im Sinne der Kolloidchemie zweckmäßigste.

Aber auch für die Wirkung einer zeitlichen Unterteilung einer gegebenen Stoffmenge gegenüber sofortiger Zugabe haben wir bei den Koagulationserscheinungen Beispiele im Reagenzglase. Von W. Spring, R. Höber und Gordon, H. Freundlich u. a. ist gefunden worden, daß man nicht zu denselben Flockungswerten gelangt, wenn man eine gegebene Elektrolytmenge auf einmal oder hintereinander in kleineren Portionen zusetzt. Bei portionsweisem Zusatz findet eine Art „Gewöhnung" zuweilen allerdings umgekehrt auch eine „Sensibilisierung" statt. Man braucht in summa im ersteren Falle mehr Elektrolyt bei einem solchen portionsweisen unter Einschaltung von Ruhezeiten erfolgendem Zusatz, um das Kolloid endgültig auszuflocken. Bei anderen erst neuerdings bekannt gewordenen Fällen kann aber auch das Gegenteil, gleichsam eine Potenzierung, bei gleicher Arbeitsweise eintreten.

Ganz analoge Verhältnisse finden wir beim umgekehrten Vorgang, der Peptisation oder kolloiden Auflösung. Jedem Biochemiker ist die Erscheinung bekannt, daß beim Verdünnen von natürlichem Serum oder von Hühnereiweiß mit dem 7—9fachen Volum destillierten Wassers die Globulinfraktion ausfällt. Die kolloide Löslichkeit des Globulins ist an die Gegenwart von Salzen gebunden. Die Menge dieser Salze wird durch das Verdünnen nicht geändert, wohl aber ihre Konzentration. Damit das Globulin in kolloider Lösung bleibt, ist nicht eine bestimmte Menge, z. B. von NaCl, sondern eine bestimmte NaCl-Konzentration erforderlich. Man kann den Versuch auch umgekehrt anstellen: Geht man von festem feingepulvertem Globulin aus, das man in ganz wenig destilliertem Wasser suspendiert, und gibt zu der Suspension etwa eine dem Globulingewicht entsprechende Menge festes NaCl, so findet zwar eine gewisse Verklebung der Globulinteilchen statt, dagegen keine wirkliche Auflösung; das Gemisch behält die Form eines groben Niederschlags. Erst durch sukzessiven Wasserzusatz, also nur durch Verdünnung des Reaktionsgemisches findet schließlich Auflösung oder Peptisation des Globulins zu einer annähernd klaren kolloiden Lösung statt. Auch hier sind nicht die Mengen der zwei Hauptkomponenten, sondern ihr Mengenverhältnis zum Lösungsmittel, also ihre Verdünnung maßgebend.

Daß wir hier ganz analoge Verhältnisse wie bei den Adsorptionserscheinungen finden, ist dem Kolloidchemiker naheliegend, da er beide große Gruppen kolloider Zustandsänderungen: Koagulationen wie Peptisationen eng mit Adsorptionserscheinungen zu verknüpfen pflegt.

Ein drittes, sehr charakteristisches und durch die ganze homoötherapeutische Rezeptur sich hindurchziehendes Prinzip ist das des nicht nur quantitativen, sondern sogar qualitativen Unterschiedes in der Wirkungsweise ein und desselben Medikaments in verschiedenen Konzentrationen. Baldrian wirkt in kleinen Dosen als Excitans, in großen als Sedativum. Der entgegengesetzte Effekt kleiner und großer Konzentrationen bei physiologischen Vorgängen ist so häufig, daß man bekanntlich von dem „biologischen Grundgesetz" von Arndt-Schulz spricht, gemäß welchem dies Verhalten in Physiologie und Biochemie ganz allgemein sein soll. Wenn schon zugegeben werden muß, daß die Allgemeingültigkeit dieser Beziehung nicht so absolut ist, wie viele Anhänger meinen, und daß es Stoffe gibt, deren Konzentrationsvariation nicht zu zwei entgegengesetzten Effekten führt, ist die Häufigkeit der entgegengesetzten biologischen Wirkung verschiedener Konzentration doch so groß, daß kein Zweifel darüber besteht, hier zum mindesten ein wichtiges heuristisches Prinzip vor sich zu haben, ein Prinzip, das neben den anderen Prinzipien der Homöotherapie nach einer physikalisch-chemischen Grundlage verlangt. Gibt es nichtphysiologische, einfachere physikalisch-chemische, womöglich kolloidchemische Reaktionen und Reaktionssysteme, bei denen ebenfalls ein Stoff je nach seiner Konzentration die entgegengesetzte Wirkung hat?

Kurvenmäßig drückt sich dieses Prinzip so aus, daß die Wirkung irgendeines Stoffes mit seiner Konzentration durch ein Maximum oder Minimum geht. Vor und nach Erreichung dieser ausgezeichneten Punkte wirkt eine Konzentrationserhöhung im entgegengesetzten Sinne auf den gemessenen Effekt. In der Tat lassen sich für solche Maximum- und

Minimumfunktionen bei stetiger Variation der Konzentration auf sehr verschiedenen Gebieten der physikalischen Chemie und besonders wieder der Kolloidchemie Beispiele anführen[1]). Wir wollen dabei im folgenden solche auswählen, die erstens den biochemischen Reaktionen näher stehen und die zweitens noch insofern für die homöotherapeutische Methodik von Interesse sind, als Maximum oder Minimum der beobachteten Wirkungen bei möglichst kleinen absoluten Konzentrationen zu liegen kommen.

Schon früher habe ich darauf hingewiesen, daß für die kolloide Löslichkeit bzw. für die Peptisation von Kolloiden nicht Mengenwirkungen, sondern Konzentrationen kennzeichnend sind. Dieselben Mengen z. B. von Globulin und KCl ergeben je nach den Wassermengen, mit denen sie versetzt sind, Niederschläge oder kolloide Lösungen. Abb. 34, die Kopie einer Originalabbildung von S. P. L. Soerensen[2]), zeigt, wie sich aus diesen für kolloide Peptisation typischen Verhältnissen derselbe gegensätzliche Einfluß für verschieden große Konzentrationen des einen Stoffes ergibt, der für die Arndt-Schulzsche Regel als kennzeichnend angesehen wird. Als Ordinate erscheinen in der Abbildung die gelösten Mengen Globulin, als Abszissen zunehmende Konzentrationen von KCl. Man erkennt, wie die Löslichkeit mit steigender KCl-Konzentration zunächst steil ansteigt, sodann über ein etwas schwierig meßbares und in der Abbildung nicht ausgezeichnetes Maximum hinweggeht, um dann bei etwas höheren KCl-Konzentrationen wieder steil abzufallen. Der erste Teil der Kurve entspricht der Peptisation, der zweite Teil der Koagulation durch dasselbe Salz. Oder aber: die KCl-Konzentrationen zwischen 0 und 10 üben genau den entgegengesetzten Einfluß auf den kolloiden Zustand des Globulins aus als die KCl-Konzentrationen zwi-

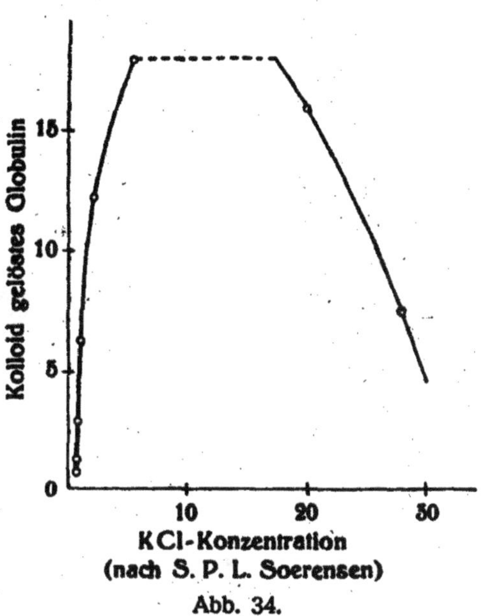

Abb. 34.

[1]) Solche Beispiele für physikalisch-chemische Analogien der Arndt-Schulzschen Regel finden sich auch zusammengestellt bei J. Traube, M. m. W. (1925), 1422.

[2]) S. P. L. Soerensen, Proteins. (New York 1925), 17.

schen 20 und 30. Es sei hinzugefügt, daß dies Verhalten nicht nur für Globulin, sondern auch für sehr verschiedene andere solche Kolloide gilt, die nur durch Zusatz von Elektrolyten, also durch „Aufladung“ peptisiert werden, z. B. also auch für Kasein, Eisenhydroxydsole, Goldsole, ja praktisch für die meisten, wenn nicht für alle Sole. Denn in neuester Zeit habe ich mit A. von Buzagh, W. von Neuenstein u. a. Mitarbeitern zeigen können[1]), daß auch umgekehrt, bei Konstanthaltung der Peptisatorkonzentration und -menge, und nur durch Variation der

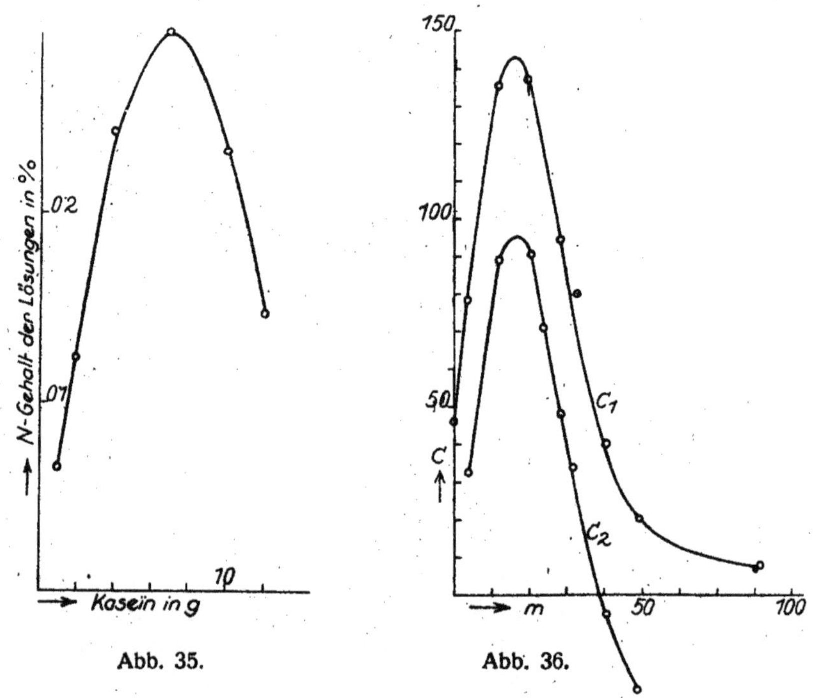

Abb. 35. Abb. 36.

Bodenkörpermenge, also hier des Globulins, entgegengesetzte Effekte in bezug auf die kolloide Löslichkeit erzielt wurden. Bei Variation z. B. der Menge Kasein, die man mit demselben Volum 0,5 normaler Natronlauge schüttelt, oder der Menge Eisenhydroxydgel, die man mit demselben Volum einer gegebenen $FeCl_3$-Lösung schüttelt, geht bei einer mittleren Bodenkörpermenge am meisten Kolloid in Lösung, wie Abb. 35 und 36 zeigen. Kleine, mittlere und große Mengen solcher Gele erfahren also in der gleichen Lösung in bezug auf ihre Peptisation ganz verschiedene, darunter entgegengesetzte Beeinflussungen. Stellen wir

[1]) Vgl. Koll.-Ztschr. **41**, Heft 2 und folgende.

uns z. B. eine Peptisation des Eisenhydroxydgels durch eine gegebene Menge Salzsäure des Magensaftes vor, so würde angefangen mit kleinen Dosen die peptisierte Menge zunächst zunehmen, bei mittleren Dosen ein Maximum der Löslichkeit erreichen, bei noch größeren Dosen aber wiederum absolut, nicht nur relativ, abnehmen bis schließlich überhaupt kein Eisenhydroxyd mehr peptisiert würde. Für solche Fälle ist die Bauernregel „Viel hilft viel" offenkundig falsch.

Besonders schöne Beispiele für entgegengesetzte Wirkungen kleiner und großer Konzentrationen finden wir bei der Einwirkung verschiedenartiger Stoffe auf das biologisch so wichtige Wasserbindungsvermögen der Kolloide, ihre Hydration oder Quellung. Jedem Kolloidchemiker ist bekannt, daß Alkohol in größeren Konzentrationen Eiweißkörper, aber auch anorganische hydratisierte Kolloide wie etwa Eisenhydroxydsol entwässert. Schon F. Hofmeister hat aber vor etwa 40 Jahren gezeigt, daß kleine Konzentrationen von Alkohol z. B. bei Gelatine quellungsfördernd wirken, und neuere Untersuchungen haben diesen Befund bestätigt[1]). Noch auffälliger und vielleicht weniger bekannt sind folgende Tatsachen. Zu den energischsten Fällungsmitteln für Eiweißkörper, die wir überhaupt kennen, gehören Sulfosalizylsäure, Pikrinsäure und Tannin. Jedem Kliniker und jedem Biochemiker sind diese drei Eiweißfällungsmittel als analytische Hilfsmittel zum Eiweißnachweis wohlbekannt. Ja die Sulfosalizylsäurefällung wird gelegentlich von Praktikern als „zu empfindlich" bezeichnet, da sie so minimale Eiweißmengen nachzuweisen gestattet, wie sie auch in normalem Harn vorkommen. Bei der üblichen Anwendung dieser Eiweißfällungsmittel pflegt man relativ konzentrierte Lösungen der-

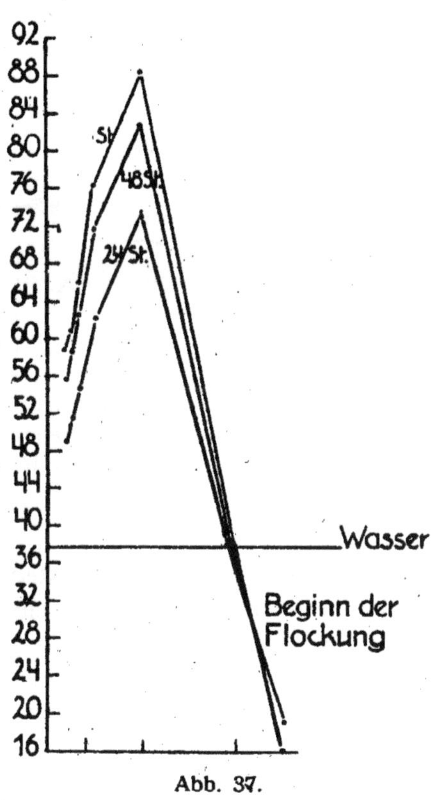

Abb. 37.

[1]) Siehe z. B. F. Loebenstein, Koll.-Ztschr. 35, 345 (1925).

selben anzuwenden gegenüber relativ kleinen Mengen von Eiweiß. Es ist nun einigermaßen überraschend, daß diese drei typischen Eiweißfällungsmittel, wie ich mit A. Kuhn gefunden habe[1]), in kleinen Konzentrationen gegenüber größeren Mengen z. B. von Gelatine deutlich quellungsfördernd wirken. Umstehende Abb. 37 zeigt dies Verhalten z. B. bei der Pikrinsäure. Man sieht, wie die Quellung bis zu einer Konzentration von 0,05 normal steil ansteigt, um dann ebenso steil wieder abzufallen. In ganz entsprechender Weise wirkt z. B. Tannin bis zu einer Konzentration von 0,001 quellungsfördernd, dann wieder quellungshemmend und schließlich flockend auf Gelatine. Aber auch bei anderen Biokolloiden, z. B. bei Eieralbuminsolen kann man den quellungssteigernden Einfluß kleiner Konzentrationen etwa von Sulfosalizyl-

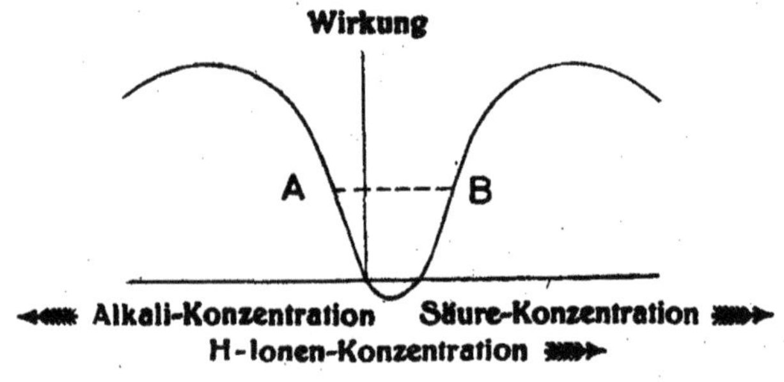

Abb. 38.

säure auf das deutlichste feststellen. Man sieht hier, von der anderen Seite kommend, daß ein typisches Koagulations- und Dehydratationsmittel bei kleinen Konzentrationen umgekehrt zum Hydratations- und Peptisationsmittel werden kann, und das lediglich die Konzentration diesen radikalen Wechsel in der Wirkungsweise verursacht.

Weitere wichtige Beispiele finden wir, wenn wir die chemischen und kolloidchemischen Wirkungen von Wasserstoffionen in Abhängigkeit von ihrer Konzentration betrachten. Es hängt dies damit zusammen, daß Wasserstoffionen zwar nicht, wie man häufig zu lesen bekommt, immer und unter allen Umständen die wirksamsten Ionen bei kolloidchemischen oder gar rein chemischen Reaktionen sind, wohl aber namentlich unter biologischen Verhältnissen bzw. bei Eiweißkörpern in der Tat eine hervorragende Rolle spielen. Das allgemeine Schema der Wirkungen variierender H-Ionenkonzentration auf Biokolloide habe ich vor

[1]) Vgl. A. Kuhn, Kolloidchem. Beih. 14, 147 (1921); Wo. Ostwald und A. Kuhn Koll.-Ztschr. 30, 234 (1922).

mehr als 20 Jahren[1]) durch nebenstehende Abb. 38 angegeben. Es ist in der Folge vielfach bestätigt worden und wird meistens irrtümlicherweise J. Loeb zugeschrieben. Bleiben wir zunächst beim Einfluß der H-Ionen auf die Quellung z. B. der Gelatine, so stellt Abb. 38 unmittelbar eine solche Quellungskurve unter dem Einfluß variierender H-Ionenkonzentration dar, wobei der Quellungsgrad als „Wirkung" erscheint. In der Nähe des sog. Neutralpunktes oder „isoelektrischen" Punktes, im Falle der Gelatine im schwach sauren Gebiet, ergibt sich ein Minimum der Quellung. Sowohl bei größerer als auch bei kleinerer H-Ionenkonzentration vermehrt sich die Quellung. Ergaben die bisher betrachteten Fälle ein Wirkungsmaximum bei mittlerer Konzentration, so haben wir also hier ein ausgesprochenes Minimum vor uns. Kommen wir also von höheren H-Ionenkonzentrationen herab, so nimmt die Quellung ab; gehen wir stetig zu noch kleineren H-Ionenkonzentrationen, so steigt sie wieder. Kleinere Änderungen der H-Ionenkonzentrationen in der Nähe des isoelektrischen Punktes haben also den entgegengesetzten Effekt. Wie gesagt, gilt diese Kurvenform nicht nur für Quellung, sondern für sehr verschiedenartige kolloidchemische Eigenschaften wie Viskosität, sog. osmotischen Druck, Aussalzbarkeit durch Alkohol oder Neutralsalze, Größe der elektrischen Ladung oder Wanderungsgeschwindigkeit im elektrischen Felde usw., ferner nicht nur für Gelatine, sondern auch für verschiedenartige andere Eiweißkörper und Kolloide überhaupt. Bedenkt man fernerhin, daß der normale Organismus seine H-Ionenkonzentrationen ebenso sorgfältig zu regulieren pflegt wie seine Temperatur oder seinen osmotischen Druck, so ist es einleuchtend, daß solche entgegengesetzte Wirkungen stetig variierender H-Ionenkonzentrationen auch im biochemischen Geschehen eine wichtige Rolle spielen werden. Denn denkt man sich z. B., daß ein Zellbestandteil nur bei bestimmter Hydratation funktionsfähig ist, so würde, je nachdem ob diese Hydratation rechts oder links vom isoelektrischen Punkt liegt (siehe Punkt A und Punkt B in Abb. 38), eine Vermehrung der H-Ionenkonzentrationen durch Eingabe entsprechender Medikamente eine völlig entgegengesetzte Wirkung haben. Entspricht die natürliche Hydratation dem Punkte A, so würde durch Vermehrung der H-Ionenkonzentration eine Abnahme der Hydratation stattfinden; entspricht der normale Quellungszustand dem Punkte B, so würde umgekehrt eine weitere Vermehrung der H-Ionen eine Quellungssteigerung hervorrufen.

---

[1]) Wo. Ostwald, Pflüg. Arch. **108**, 563 (1905); **109**, 277 (1905); **111**, 581 (1905); siehe speziell in letzter Arbeit S. 596.

Als weiterer, den Kolloidchemiker interessierender Punkt wurde schließlich die von homöotherapeutischer Seite vielfach diksutierte Annahme hervorgehoben, gemäß der ein Stoff in weitgehender „Verreibung“ besondere, vom massiven Stoff abweichende Eigenschaften erhalten soll. Zunächst muß darauf hingewiesen werden, daß Verreibungen insofern durchaus Lösungen entsprechen, als hierbei nicht nur eine räumliche Verteilung einer gegebenen Stoffmenge auf ein größeres Volum, sondern auch gleichzeitig eine Zerkleinerung des einen oder wohl meist beider fester Stoffe stattfindet. Eine typische Verreibung wird also gekennzeichnet durch gleichzeitige Verteilung und Zerteilung der Stoffe. Denn es ist z. B. einleuchtend, daß eine zehnmal wiederholte Verreibung eines Ausgangsgemisches gleichbedeutend ist mit einer zehnmaligen Zermahlung der ersten Mischung bzw. desjenigen Teils der ersten Mischung, der bei der zehnten Verreibung noch benutzt wird. Da im allgemeinen die Feinheit der Teilchen mit der Dauer der Zerreibung wachsen wird, kann man annehmen, daß die höheren Verreibungspotenzen nicht nur weniger, sondern auch feiner zerteilte Partikeln des Medikaments enthalten werden. Die Frage ist von großem Interesse, wie weit man durch solche mechanische Behandlung von Gemischen fester Stoffe in der Teilchengröße herunterkommen kann.

Ziemlich ausgedehnte Erfahrungen der neueren Zeit über das Zerkleinern fester Stoffe in Flüssigkeiten, in sog. „Kolloidmühlen“ haben gezeigt, daß man ohne Mitwirkung chemischer Reagentien (Peptisationsmittel) nur unter besonders günstigen Umständen feste Stoffe zu einem größeren Prozentsatz bis zu wirklich kolloiden Dimensionen zerreiben kann. Bei der Zerreibung eines festen Körpers mit einem anderen festen Körper ist es nun auch unzweifelhaft möglich, zu typisch kolloiden Zerteilungen zu gelangen, ja der Prozeß scheint hier sogar viel glatter und mit einem geringeren Energieaufwand vor sich zu gehen als bei der flüssigen Zerreibung. Nachdem schon Wilh. Ostwald homöotherapeutische Verreibungsverfahren zur Feststellung der kleinsten Stoffmengen, die überkaltete oder übersättigte Flüssigkeiten zur Kristallisation veranlaßten, benutzt hat, ist von P. P. von Weimarn[1]) vor etwa einem Dutzend Jahren dies Verfahren direkt für die Herstellung kolloider fester Stoffe (einfach durch Verreibung derselben mit chemisch

[1]) Siehe P. P. von Weimarn, Grundzüge der Dispersoidchemie (Dresden 1911), 82; Koll.-Ztschr. **36**, 338 (1925); N. Pihlblad, Ztschr. f. physik. Chem. **81**, 427 (1912); **92**, 486 (1917); A. L. Stein, Journ. d. russ. phys. chem. Ges. **45**, 2074 (1913); Nachr. d. Petersburger Berginst. **4**, 154 (1913); The Svedberg, Die Existenz d. Moleküle (Leipzig 1912), 55 usw.

möglichst indifferenten Stoffen wie Rohrzucker oder Harnstoff) empfohlen worden. Bringt man ein solches Pulver in Wasser, so entstehen unter Auflösung des Verreibungsmittels typische Hydrosole. Seine Resultate sind z. B. von N. Pihlblad und L. Stein für wissenschaftliche Untersuchungen nachgeprüft und durchaus bestätigt worden. Mir ist nicht bekannt, ob diese Methode inzwischen eine weitere Entwicklung erfahren oder umfangreichere technische Anwendung gefunden hat. Es wäre von großem Interesse, die Milchzuckerverreibungen fester Stoffe, wie sie so zahlreich in der homöotherapeutischen Medikation benutzt werden, nach ihrer Auflösung in Wasser z. B. ultramikroskopisch zu prüfen und festzustellen, welche Medikamente tatsächlich kolloid zerteilt sind und welche noch nicht, bei welcher von Fall zu Fall vermutlich verschiedenen Potenz die kolloide Zerteilung eintritt usw. Es wäre durchaus die Möglichkeit einer exakteren kolloidchemischen Kennzeichnung derartiger Verreibungen gegeben.

Für die in der homöotherapeutischen Literatur gelegentlich angenommene Zerteilung fester Stoffe beim Zerreiben bis herab zu Molekülen liegen bisher keine Tatsachen vor, welche diese Extrapolation unterstützen würden. Es ist bekannt, daß jede mechanische Zerteilung um so schwieriger wird, je weiter die Zerteilung fortschreitet. Ein größeres Stück Zucker ist leichter zu zerbrechen als ein kleines, ein größerer Quecksilbertropfen leichter zu zerdrücken als ein kleiner. Feste Stoffe werden heute als Gittersysteme von Atomen, Ionen, Molekülgruppen aufgefaßt, die durch elektrostatische Kräfte von sehr hohem Betrage zusammengehalten werden. Die mechanische Zertrümmerung solcher Stoffe ist nur möglich durch eine Art Hebelwirkung, d. h. durch eine Summierung kleinster Deformationen über eine ungeheure Zahl von Kräftepaaren. Je kleiner das zu zerbrechende Teilchen ist, um so schwieriger ist es, solche Hebel anzusetzen, und zwei Moleküle mechanisch auseinanderzubrechen ist aus diesen Gründen praktisch unmöglich. Eher ist noch an die Möglichkeit zu denken, daß bei langer und häufiger Berührung Moleküle des einen festen Stoffes in den anderen hinein diffundieren, also von ihm in fester Lösung aufgenommen werden. Denn die Diffusion von festen Körpern in einander ist wiederholt nachgewiesen worden und wird um so leichter auftreten, je feiner zerteilt beide Stoffe sind, je größer also ihre Diffusionsfläche zueinander ist. Ähnliche Betrachtungen gelten für eine mögliche Adsorption der Moleküle z. B. des Medikaments an der Oberfläche der Verreibungssubstanz. Beide Vorgänge werden um so leichter eintreten, je höher der Dampfdruck des Medikaments und je höher etwa die Temperatur während der Verreibung steigt.

Die zunehmende, unter Umständen bis zu kolloiden Dimensionen gehende Zerteilung eines Stoffes ist nun ihrerseits in der Tat eine physikalisch-chemische und energetische Veränderung des zerteilten Stoffes von nicht geringer Bedeutung, wie wir ja ausführlich in einer vorhergehenden Vorlesung besprochen haben. Alle die früher genannten und andere Einflüsse des Dispersitätsgrades z. B. auf die molekulardisperse Löslichkeit, die chemische Reaktionsgeschwindigkeit, ja unter Umständen auf das chemische Gleichgewicht, die Einflüsse des Dispersitätsgrades bei katalytischen und Ferment-Reaktionen, bei Adsorptionsfähigkeit und Adsorbierbarkeit, die Abhängigkeit der elektrischen Ladungsdichte, der Diffusionsgeschwindigkeit, der Brownschen Bewegung von der Teilchengröße usw. usw. — alle diese Beziehungen ergeben offenkundige Unterschiede zwischen den Eigenschaften eines hoch zerriebenen evtl. kolloiden Stoffes und seiner massiven Zustandsform. Es ist daher sehr wahrscheinlich, daß schon lange bei der homöotherapeutischen Rezeptur von der besonderen Wirkung kolloider Zustandsformen unbewußt Gebrauch gemacht worden ist, wie dies heute mit notorisch kolloiden Präparaten in der nicht homöotherapeutischen Medizin bewußt geschieht.

Ich brauche vielleicht nicht zu wiederholen, daß diese Ausführungen über Kolloidchemie und Homöotherapie nicht als Propaganda für diese Art Therapeutik aufgefaßt werden möchten. Die biologisch-medizinischen Grundfragen gehen uns hier nichts an. Wohl aber sind diese Bemerkungen vielleicht geeignet, die Aufmerksamkeit darauf zu lenken, daß die spezifischen experimentellen Methoden dieser Medikation physikalisch-chemische und ganz besonders kolloidchemische Erkenntnisse, freilich heute noch meist unbewußt, benutzen, die in der älteren physikalischen Chemie und der ihr entsprechenden Medizin bisher noch nicht genügend beobachtet worden sind.

Meine Herren, ich muß hier wohl mit der Aufzählung der Anwendungen der Kolloidchemie auf andere Wissenschaftsgebiete abbrechen. Ich tue dies mit der Hoffnung, daß Sie durch meinen heutigen Vortrag überzeugt worden sind von der Kargheit dessen, was ich Ihnen in einer Vorlesung bieten kann gegenüber den unzähligen Anwendungen und Anwendungsmöglichkeiten, die es noch gibt und die ich noch nicht berührt habe. Ich glaube, daß jeder von Ihnen mir aus seinem Spezialgebiete sofort ein Problem nennen könnte, das einer kolloidchemischen Bearbeitung fähig ist und das ich nicht mitgenannt habe. Vermutlich ist aber schon heute ein Einzelner überhaupt nicht mehr in der Lage, den Reichtum der wissenschaftlichen Anwendungen der Kolloidchemie auch nur in erster Annäherung in seinem ganzen Umfange zu überblicken.

V.

Die technischen und praktischen Anwendungen der Kolloidchemie. — Schluß.

Meine Herren! Es ist meine Aufgabe, in dieser letzten Vorlesung Ihnen über die Anwendungen der Kolloidchemie auf technischen, industriellen, praktischen Gebieten einen Überblick zu geben. Sie können zunächst die Frage stellen, ob es sich überhaupt lohnt, eine ganze Vorlesung für die Schilderung solcher technischer Anwendungen der Kolloidchemie zu verwenden. Vielleicht sind die Lehren der Kolloidchemie nur in ganz bestimmten, sehr speziellen technischen Gebieten mit Nutzen anzuwenden, so daß die Frage nach einer allgemeineren Bedeutung der Kolloidchemie für die technischen Gebiete also noch offenstünde. Gibt es wirklich genügend viele und genügend wichtige praktische Anwendungen der Kolloidchemie, daß es sich lohnt, einen ganzen Vortrag über dieses Thema zu halten, noch dazu mit dem Zwecke, einen allgemein gehaltenen Überblick über dieses Gebiet zu geben? Nun, meine Herren, ich bitte Sie, mich einen Augenblick bei folgender Betrachtung zu begleiten:

Die Kleider, die Sie tragen, seien sie nun aus Wolle, Baumwolle oder Seide, bestehen aus typischen tierischen oder pflanzlichen Gelen. Sie sind gefärbt mit Farbstoffen, die jedenfalls in zahlreichen Fällen, wie etwa beim Indigo oder bei vielen schwarzen Farbstoffen, kolloide Farbstoffe sind. Bei dem Färbevorgang selbst spielen Adsorptionsprozesse und andere kapillar- und kolloidchemische Vorgänge, wie sie zwischen dem kolloiden Substrat der Faser und den vielfach kolloiden Farbstofflösungen von vornherein zu erwarten sind, eine große Rolle. Das Leder Ihrer Schuhe stellt wiederum ein tierisches Gel dar, das auf das engste mit dem Prototyp der Kolloide, der Gelatine, verwandt ist. Das Leder ist gegerbt mit Stoffen, von denen ebenfalls die meisten, wie das Tannin, die Chrombeizen usw., kolloide Lösungen darstellen, und fernerhin ist auch der Gerbprozeß ganz durchsetzt von zahllosen Kolloidvorgängen wie Dehydratations- und Adsorptionsprozessen. Der

Stuhl, auf dem Sie sitzen, das Holz, besteht aus Zellulose. Auch diese erscheint in fast allen ihren Abarten im kolloiden Zustande; ich sagte Ihnen ja bereits, daß die kolloiden Quellungsvorgänge des trockenen Holzes von den alten Ägyptern sogar zum Steinesprengen benutzt wurden. Die Holzteile Ihres Stuhles sind zusammengefügt mit Leim oder mit Metallteilen. Daß der Leim zu den Kolloiden gehört, wissen Sie; Sie werden aber vielleicht erstaunt sein zu hören, daß die Kolloidchemie ganz erhebliche Anwendungen auch auf das Gebiet der Metallurgie gestattet und daß der Stahl eine feste kolloide Lösung ist. Wir kommen darauf noch später zurück. Das Papier, auf dem Sie sich Notizen machen wollen, besteht im wesentlichen aus Zellulose, also wieder aus einem Kolloid. Es ist „geleimt" d. h. mit Wasserglas, Harzsuspensionen usw. verarbeitet worden, d. h. ebenfalls mit kolloiden oder diesen nahestehenden Lösungen. Aber auch die Tinte Ihres Füllfederhalters ist vielleicht eine kolloide Tinte wie die Eisengallustinte, und ebenso ist der Hartgummi Ihrer Füllfeder aus dem notorischen Kolloid des Kautschuks hergestellt — usw. usw.

Meine Herren, ich könnte diese Art von Betrachtungen noch stundenlang anstellen und Ihnen ununterbrochen Kolloide zeigen, denen wir in unserer nächsten Umgebung, denen wir geradezu Schritt für Schritt unter den Dingen des täglichen Lebens begegnen. Vielleicht glauben Sie nun — möglicherweise haben Sie dies schon nach meinem gestrigen Vortrage geglaubt —, daß ich an einer Art Kolloidomanie leide, weil ich anscheinend überall Kolloide sehe. Meine Herren, ich sehe in der Tat beinahe überall Kolloide — nur glaube ich nicht, daß ich darum an einer geistigen Krankheit leide. Es ist einfach eine Tatsache, mit der man sich abzufinden hat: Kolloide gehören zu den allerverbreitetsten, allergewöhnlichsten, alltäglichsten Dingen, die wir kennen. Wir brauchen nur in den Himmel, auf den Erdboden oder uns selbst anzusehen, um Kolloide oder ihnen nächst verwandte Gebilde zu finden, und Sie können den Tag mit einem überaus interessanten kolloidchemischen Prozeß beginnen, nämlich dem Waschprozeß, und können ihn mit einem Kolloid abschließen, indem Sie z. B. die letzte Tasse der wenigstens teilweise kolloiden Kaffee- oder Teedispersion zu sich nehmen. Selbst wenn es ein Glas Bier ist, handelt es sich doch um ein kolloides System, und ich möchte mit allem Nachdruck hervorheben, daß ich diese Konstatierungen mit vollkommenem Ernst und mit dem Anerbieten mache, Ihnen in jedem Falle die angegebene kolloide Natur der genannten Gebilde zu demonstrieren.

An der Reichhaltigkeit und Mannigfaltigkeit der technischen und praktischen Anwendungen der Kolloidchemie kann man also wohl nicht zweifeln. Neben der natürlich auch hier auftretenden Schwierigkeit, bei diesem Überfluß von Material eine zweckmäßige Auswahl zu treffen, möchte ich aber noch auf zwei andere Punkte kurz hinweisen, bevor ich mich an meine eigentliche Aufgabe begebe. Die Kolloidchemie im Sinne einer systematisch betriebenen Wissenschaft ist noch sehr jung. Man kann daher nicht erwarten, daß die bewußte Anwendung der wissenschaftlichen Kolloidchemie auf technische Vorgänge schon so weit durchgeführt ist, wie es an und für sich möglich wäre. Viele Techniker und Industrielle wissen heute überhaupt noch gar nicht, daß sie jeden Tag mit Kolloiden arbeiten und daher die Ergebnisse der wissenschaftlichen Kolloidchemie für ihre verschiedenen Zwecke anwenden sollten. Diese Erfahrung macht der Kolloidchemiker öfters, wenn er mit Männern aus der Praxis ins Gespräch kommt, was er wie jeder Naturforscher so oft als möglich tun sollte. Ich erinnere mich z. B. eines Gespräches mit einem Ziegelfabrikanten, der sich darüber beklagte, daß zwei Lehmproben trotz praktisch gleicher chemischer Analyse ihm Ziegel von sehr verschiedener Güte ergaben. Ich äußerte die Meinung, daß hierfür vermutlich eine Verschiedenheit des kolloiden Zustandes der Lehmbestandteile verantwortlich zu machen wäre. Seine Antwort war etwa: „Kolloid? Was ist denn das?" — Unser Gespräch wendete sich natürlich den allgemeinen Kennzeichen und Eigenschaften kolloider Stoffe zu, und der betreffende Herr, der somit zum ersten Male über eine ganz fundamentale Eigenschaft seines jahrzehntelang benutzten Materials gehört hatte, gewann ein lebhaftes Interesse an der Kolloidchemie. Jedenfalls wollte er daraufhin die Kolloidzeitschrift bestellen.

Die hier geschilderte Erscheinung ist aber ganz allgemein. In manchen Gebieten der Technik und Industrie, in denen die Kolloidchemie angewandt werden könnte, ist noch der allererste Schritt zu tun: der Hinweis auf die kolloide Natur des betreffenden Materials und die Kennzeichnung der kolloidchemischen Vorgänge, welche für das betreffende technische Problem in Frage kommen. Die Einzelheiten der technischen Prozesse müssen neu definiert werden mit kolloidchemischen Begriffen. Es handelt sich hierbei keineswegs nur um eine Neubenennung alter Dinge. Wenn ich sage, Kautschuk oder Zellulose ist ein Kolloid oder der oder jener technische Prozeß ist ein Adsorptionsvorgang, so muß ich natürlich die volle Verantwortung dafür übernehmen, daß die betreffenden Stoffe alle Fundamentaleigenschaften des kolloiden Zustandes zeigen und daß die vermuteten Adsorptionsprozesse den allgemeinen Gesetzen gehorchen, welche die

Kolloidchemie für diese Klasse von Vorgängen gefunden hat. Eine solche kolloidchemische Definitionsarbeit ist auch keineswegs immer so offenkundig oder so leicht auszuführen, wie es vielleicht zunächst den Anschein hat, und ist auch heute auf vielen technischen Gebieten noch nicht endgültig durchgeführt. Ich bitte Sie, diesen Punkt im Auge zu behalten, wenn auch ich in den folgenden Ausführungen gelegentlich nur sagen kann: Hier ist ein technisch interessantes Kolloid, wie man an diesen oder jenen Eigenschaften erkennen kann, und dies sind vermutlich die kolloidchemischen Vorgänge, die bei seiner Verarbeitung eine Rolle spielen. Eine eingehende kolloidchemische Analyse, speziell auch eine genauere Abgrenzung zwischen kolloidchemischen und andersartigen Vorgängen ist bisher vielfach nur in beschränktem Umfange in der technischen Kolloidchemie möglich gewesen. Hier liegt noch außerordentlich viel ebenso interessante wie praktisch wertvolle Arbeit für die Zukunft vor.

Sodann möchte ich noch kurz hervorheben, daß ich Ihnen nicht in streng systematischer Anordnung über technische Anwendungen der Kolloidchemie berichten kann, einerseits weil eine rationale Systematik der verschiedenen Industrien usw., soweit mir bekannt, überhaupt noch nicht aufgestellt worden ist, andererseits darum, weil die bisherigen Resultate der technischen Kolloidchemie in sehr unregelmäßiger Weise auf die verschiedenen Gebiete verteilt sind[1]). Ich bitte also um Entschuldigung, wenn die folgenden Betrachtungen in einem etwas losen Zusammenhang untereinander stehen. —

Gestatten Sie, daß ich nach diesen etwas lang geratenen Vorbemerkungen sofort beginne mit der Besprechung von anorganischen Kolloiden in der Technik. Zunächst wird eine ganze Reihe kolloider Elemente in der Technik benutzt, und ich möchte Ihnen einige Beispiele vorführen.

Ein in vieler Hinsicht interessantes, nebenbei ausgesprochen amerikanisches technisches Präparat eines kolloiden Elementes ist der sog. Acheson-Graphit[2]). Ich zeigte Ihnen dies Präparat schon bei früherer Gelegenheit, und zwar in wäßrigem Dispersionsmittel als „Aqua-

[1]) Ein ausführliches Sammelwerk „Kolloidchemische Technologie. Ein Handbuch kolloidchemischer Betrachtungsweise in der chemischen Industrie und Technik" erscheint soeben unter der Herausgeberschaft von R. E. Liesegang im Verlag Th. Steinkopff (Dresden 1927).

[2]) Der Verfasser war Herrn Dr. Acheson für die Überlassung von reichlichem Demonstrationsmaterial zu großem Danke verpflichtet. Heute wird von verschiedenen Firmen kolloider bzw. hochdisperser Graphit hergestellt, z. B. von der Firma E. de Haën, Sulze b. Hannover.

dag“ und in Mineralöl dispergiert als „Oildag“. Diese zwei als Schmiermittel in außerordentlich großen Mengen hergestellten und benutzten Präparate erweisen sich nun bei näherer Untersuchung als typische Kolloide. So gibt z. B. eine verdünnte Lösung des Aquadag ein prächtiges Ultrabild, sie wird durch Zusatz z. B. von Säuren oder Kochsalz ausgeflockt, wie der Inhalt dieses Gefäßes zeigt, zu dem ich vor ca. einer Stunde ein paar Kubikzentimeter Salzsäure hinzugegeben habe (Dem.), die schwarze disperse Phase wandert im elektrischen Felde, worauf ich Sie schon früher aufmerksam gemacht habe usw. Auch dieses technische Kolloidpräparat stellt eine Illustration dar für meine vorhin gemachte Bemerkung, daß vielfach in der Technik mit Kolloiden gearbeitet wird, ohne daß dies den beteiligten Männern sofort bekannt wäre. Acheson war an die Herstellung seines Präparates nicht gegangen etwa mit der Absicht, kolloiden Graphit herzustellen; wie aus seinen interessanten Vorträgen über diesen Gegenstand hervorgeht, ist er erst hinterher auf die Ähnlichkeiten und Beziehungen seines Präparats zu den kolloiden Zustandsformen der Stoffe aufmerksam geworden.

Abgesehen davon, daß sich besonders Aquadag wegen seiner intensiven Färbung und seiner leichten Beschaffbarkeit besonders gut zur Demonstration der elementaren Kolloidphänomene (Diffusion, Dialyse, Filtration, Elektrophorese, Koagulation, Adsorption usw.) eignet, ist dies Präparat noch in folgender Hinsicht von großem kolloidchemischen Interesse. Zunächst ist seine Herstellungsweise interessant, von der Acheson berichtet, daß er sie in der Bibel gefunden hätte, bzw. in den dort vorhandenen Berichten über die Methoden der alten Ägypter zur Herstellung besonders guter Ziegel. Letztere benutzten, um einen möglichst gleichmäßigen feinverteilten Ton zu erhalten, Strohinfusionen und ähnliche tanninhaltige Flüssigkeiten. In gleicher Weise verwandte nun auch Acheson technische Tanninlösungen aller Art, um z. B. beim Zermahlen des Graphits ein möglichst hochdisperses und insbesondere ein tunlichst stabiles und konzentriertes Präparat erhalten zu können. Die Wirkung dieser Tanninzusätze ist nun, ganz ähnlich wie beim Tanningold, das ich Ihnen früher zeigte, eine typische Schutzkolloidwirkung. Die z. B. beim Zermahlen entstehenden hochdispersen und kolloiden Graphitteilchen werden sofort von dem stark hydratisierten Tannin umschlossen und dadurch vor einer Wiedervereinigung zu gröberen Komplexen geschützt. Durch die größere Stabilität des Tannins gegenüber Elektrolyten ist aber auch ein Eindampfen dieses Dispersoidgemisches bis zur Form einer Paste möglich, und ebenso wird dieses Schutzkolloid auch bei der technischen Verwendung und bei der hiermit verbundenen Gefahr, mit Elektrolyten in Berührung zu kommen, vermutlich günstig wirken.

Ein zweiter Punkt von erheblichem Interesse ist die Tatsache, daß die Schmierwirkung des Graphits in ausgesprochenem Maße von seinem Dispersitätsgrad abhängt, und zwar parallel mit letzterem zunimmt. Bekanntlich wirkt schon gewöhnlicher grobdisperser Graphit als gutes Schmiermittel, dessen Wirksamkeit durch eine erste Zermahlung, wie wir sie in dem sog. „Gredag" vor uns haben, deutlich gesteigert werden kann. Weit übertroffen aber werden diese Präparate durch den kolloiden Graphit, so daß wir also wieder eine Funktion haben, bei der eine Eigenschaft, die Schmierwirkung, stetig zunimmt mit steigendem Dispersitätsgrade, wenigstens bis zu kolloiden Größen. Es ist den Technikern unter Ihnen wahrscheinlich bekannt, daß wir über die Theorie der Schmierung, über die Ursachen, welche eine Substanz geeignet machen, die Reibung von Maschinenteilen zu vermindern, noch herzlich wenig wissen. Vielleicht ist das nähere Studium dieser Beziehung zwischen Schmiereffekt und Dispersitätsgrad in heterogenen Schmiermitteln geeignet, auch einiges Licht zu werfen auf die Ursachen, welche manche homogene Flüssigkeiten als Schmiermittel geeignet machen und andere nicht. — Im übrigen gibt es jetzt auch deutsche Präparate von kolloidem bzw. hochdispersem Graphit, welche dem Acheson-Graphit an technischer Güte nicht nachstehen sollen, und die während der Kriegszeit eine ganz hervorragende Rolle in bezug auf die wichtige Ersparnis von Schmiermitteln gespielt haben.

Weitere kolloide, technisch angewandte Elemente finden wir besonders bei Metallen. Eine sehr interessante, vom technischen Standpunkte allerdings schon historische Anwendung besteht in der Verwendung kolloider Metalle zur Herstellung von Glühlampenfäden. Bekanntlich ist es das Ziel des Leuchttechnikers, seine Beleuchtungskörper auf möglichst hohe Temperaturen zu bringen, da sich bei letzteren das Verhältnis der sichtbaren zur unsichtbaren oder Wärmestrahlung stark zugunsten der ersteren verschiebt. Man hat daher schon seit langem versucht, die relativ leicht verdampfenden Kohlenfäden durch die schwer verdampfenden Metallfäden z. B. aus Wolfram, Tantal usw., zu ersetzen. Die hierzu geeigneten Metalle besaßen aber den Übelstand einer großen Sprödigkeit, so daß sie sich nicht in genügend feine Fäden ziehen ließen. Man ging daher von einem möglichst fein zerteilten, in der Tat typisch kolloidem Pulver dieser Metalle aus, das man evtl. unter Zusatz von einem hydratisierten organischen Kolloid zu einer Paste verrieb, welch letztere man durch feine Düsen dann, ähnlich wie etwa bei der künstlichen Seidenfabrikation, zu äußerst feinen Fäden spritzte. Ich bin in der Lage, Ihnen einige solcher gespritzter haarfeiner Wolframfäden zu zeigen (Dem.)[1]. Heute hat man gelernt, wie Ihnen ja wohl bekannt ist, aus schwerschmelzbaren Metallen fadenförmige Einkristalle herzustellen, welche den angestrebten Zweck noch besser erreichen als die „Kolloidglühfäden".

Von besonderem Interesse ist nun die von Kužel erfundene kolloidchemische Methode zur Herstellung solcher kolloider Metallpulver resp. -pasten. Bei andauerndem intensiven mechanischen Zermahlen von Metallpulvern erhält man zwar bereits einige Prozente von kolloidem Pulver — ich gebe ein wenig von solchem feinst zermahlenen Wolframpulver in ein Filter und gieße destilliertes Wasser drüber, Sie sehen, es läuft eine schwarze Flüssigkeit durch (Dem.) —, immerhin aber ist dieses Verfahren der einfachen mechanischen Dispersion sehr langwierig und sehr teuer. Auf einfachere und billigere Weise erhält man einen kolloiden Metallschlamm, wenn man nach dem Vorgange von Kužel ein Metallpulver wiederholt mit sauren und alkalischen Flüssigkeiten unter Dazwischenschaltung von reichlichen Waschungen mit destilliertem Wasser behandelt. Die Theorie dieser „Anätzungsmethode" ist vermutlich die folgende: In der verdünnten Säurelösung löst sich die Oberflächenschicht eines gröberdispersen Teilchens weg und ergibt dadurch ein kleineres Korn. Durch diese Kornverkleinerung wird aber ein Teil des Pulvers auf die für Kolloide charakteristische Korngröße reduziert werden. Würde man die Säure länger einwirken lassen, so würde dieser zunächst kolloide Anteil völlig aufgelöst werden und verschwinden. Daher muß die Säure ausgewaschen und neutralisiert, der kolloid gewordene Anteil aber durch Schlämmen oder Filtrieren von dem noch grobdispersen abgetrennt werden. Durch ständige Wiederholung dieser Prozesse kann dann, wie Sie sehen, allmählich das ganze Pulver in den kolloiden Zustand übergeführt werden. Daß gleichzeitig hiermit eine Aufladung der Teilchen wie bei jeder Peptisation eines elektrokratischen Kolloids erfolgen muß, um ein stabiles System zu ergeben, ist selbstverständlich.

Kolloide Metalle und ihre kolloiden Verbindungen werden weiterhin vielfach als Färbemittel verwandt. Das Rubinglas verdankt seine rote Färbung dem kolloiden Gold. Ich kann Ihnen hier drei Proben zeigen, welche Ihnen feste Lösungen von Gold in drei sehr verschiedenen

---

[1]) Kolloidglühfäden wurden dem Verfasser von der Chemischen Fabrik von Heyden in dankenswerter Weise überlassen.

charakteristischen Dispersitätsgraden vorführen (Dem.)[1]. Das erste Präparat ist eine fast klare, nur schwach gelblich gefärbte Glasmasse; es ist dies die Schmelze unmittelbar nach Auflösen des festen Goldsalzes in ihr, wobei eine molekulardisperse, ultramikroskopisch also leere Goldlösung entsteht. Das zweite Präparat ist das Ihnen schon bekannte rote Rubinglas, in dem sich das Gold also in kolloidem Zustande befindet. Die dritte Probe erscheint tiefblau in der Durchsicht und orangebraun in der Aufsicht, fernerhin deutlich getrübt. Dieses Stück rührt von einem verdorbenen Guß her, insofern als hier vermutlich durch zu langes Erhitzen eine Koagulation der roten Goldteilchen zu den relativ grobdispersen blauen stattgefunden hat — ganz genau so, wie ich dies Ihnen in wäßrigem Dispersionsmittel bei der Säurekoagulation des roten Tanningoldes zeigte. Sie sehen aus dieser interessanten Farbenübereinstimmung nebenbei, wie wenig es auf die Art des Dispersionsmittels und wie viel es auf den Dispersitätsgrad bei den Farbvariationen dieser Kolloide ankommt. — Kolloides Silber gibt in Glasschmelzen gelbe und braune Farben, Selen prachtvoll rote und violette usw. Ebenfalls sehr farbkräftig sind die Schmelzen mit kolloiden Metallhydroxyden, wie sie z. B. bei der Herstellung künstlicher Edelsteine verwendet werden. Die künstlichen Rubine verdanken ihre Färbung vermutlich einer kolloiden Chromverbindung, desgleichen die künstlichen Alexandrite usw.

Auf einen besonders interessanten Fall, in dem wahrscheinlich ein Element in allen möglichen Dispersitätsgraden als färbende Substanz auftritt, möchte ich noch hinweisen, auf das Ultramarin. Es besteht schon seit langer Zeit eine überaus weitschweifige Diskussion über die Ursachen der Färbung dieses Gemisches von verschiedenen Silikaten, Boraten usw. mit Schwefel oder sehr schwefelreichen Verbindungen, und es sind bis in die neueste Zeit geradezu verzweifelte Versuche unternommen worden, eine „konstitutionschemische" Aufklärung dieses Farbstoffes zu erbringen. Ich nenne diese Bemühungen verzweifelt, da nicht nur das quantitative Mischungsverhältnis in den Ultramarinen in überaus weiten Grenzen variieren kann, sondern da auch je nach der thermischen Behandlung ungefärbte, graue, gelbe, rote, blaue und grüne Ultramarine entstehen können, wie die vorliegenden Proben zeigen (Dem.), für deren Farbverschiedenheiten nach den herrschenden Konstitutionsanschauungen jedesmal eine besondere Konstitution anzunehmen wäre. Der Fall liegt hier ganz ähnlich wie bei den früher besprochenen Photohaloiden. Hinzu kommt aber, daß man blaue, grüne,

[1]) Verschiedene Goldrubinglasproben erhielt der Verfasser von der Firma Popper und Sons in New York liebenswürdigerweise zur Verfügung gestellt.

rote usw. Schwefellösungen erhalten kann einfach durch Einführung von Schwefel in geschmolzenes Kochsalz, in der Boraxperle, in flüssigem Ammoniak, in verschiedenen heißen organischen Flüssigkeiten wie z. B. in Glyzerin usw.[1]), oder einfach auch durch Reduktion von Thiosulfat mit Phosphorsäure, wie ich Ihnen in der zweiten Vorlesung zeigte, Tatsachen, die das Auftreten einer speziellen blaugefärbten chemischen Schwefelverbindung komplizierter Konstitution überaus unwahrscheinlich machen. Man ist daher in neuerer Zeit zu dem offenbar richtigeren Schluß gelangt, daß es sich beim Ultramarin wie in den anderen Fällen um Lösungen von hochdispersem Schwefel handelt, wobei der Dispersitätsgrad dieser Lösungen sich jedenfalls zwischen den molekularen und kolloiden Dimensionen bewegen muß und daß die verschiedenen Farben verschiedenen Dispersitätsgraden elementaren Schwefels entsprechen. Von den vielen Momenten, welche für diese Anschauung sprechen, sei noch die vollkommene Übereinstimmung der Herstellung des Ultramarins z. B. mit der Herstellung des Rubinglases oder des blauen Steinsalzes hervorgehoben. Das Salz- und Schwefelgemisch wird zunächst bei hoher Temperatur zusammengeschmolzen, wobei die weißlichgraue oder gelbliche sog. „Ultramarinmutter" entsteht. Dann erfolgt erst das eigentliche Ultramarinbrennen, das genau wie beim Rubinglas usw. in einem nochmaligen, evtl. wiederholten vorsichtigen Erhitzen besteht. Auch hier kann man die erste Schmelze als eine molekulardisperse Lösung auffassen, deren Teilchen beim Anlassen zu gröberdispersen, also zunächst zu kolloiden Teilchen kondensieren. Einen ganz besonders interessanten Hinweis auf die Richtigkeit dieser Anschauung liefert ein mineralogisches Beispiel. Es existiert ein sehr schwefelreiches, kompliziert zusammengesetztes Silikatmineral unter dem Namen Hauyn, das ebenfalls in verschiedenen Farben zwischen farblos, grün und blau auftritt. Es ist nun gezeigt worden[2]), daß man farblose Varietäten blau oder grün färben kann, wenn man sie im abgeschlossenen Rohre zusammen mit Schwefel erhitzt, mit anderen Worten genau denselben Versuch anstellt, der mit Natriummetall zur blauen Färbung des Steinsalzes führt. Schließlich sei auch bemerkt, daß Gründe für die An-

[1]) Wo. Ostwald, Kolloidchem. Beih. **2**, 449 (1911); J. Hoffmann, Koll.-Ztschr. **10**, 275 (1912); Wo. Ostwald, ibid. **12**, 61 (1913); A. Keen und W. Porter, Proc. Roy. Soc. **89** (A), 370 (1913); P. P. von Weimarn, Koll.-Ztschr. **20**, 276 (1917); Koloidchem. Beih. **22**, 38 (1926); R. Auerbach, Koll.-Ztschr. **27**, 223 (1920); insbesondere aber Wo. Ostwald und R. Auerbach, Koll.-Ztschr. **38**, 336 (1926).

[2]) Vgl. Koll.-Ztschr. **12**, 62 (1913); ferner Naumann-Zirkel, Lehrbuch der Mineralogie, 665.

nahme vorhanden sind, ähnliche feste Lösungen von hochdispersem Schwefel verschiedenen Dispersitätsgrades als die färbende Ursache der sog. Schwefelfarbstoffe anzunehmen, Farbstoffe, die durch Zusammenschmelzen von Schwefel mit den verschiedenartigsten organischen Verbindungen in Gegenwart von Alkali entstehen[1]). Auch bei diesen Farbstoffen erscheint eingestandenermaßen zurzeit wenigstens eine konstitutionschemische Erklärung in vielen Fällen hoffnungslos. Übrigens sei noch nebenbei bemerkt, daß sowohl bei den anorganischen wie bei den organischen hochdispersen Schwefelsystemen Alkali dispersitätsfördernd, d. h. peptisierend oder stabilisierend, zu wirken scheint.

Daß schließlich natürliche Gele, wie die wasserhaltigen und gebrannten Eisenhydroxydgele (Terra di Siena, Umbra, gelber und roter Ocker usw.), direkt als Farbstoffe Verwendung finden, ist ja wohl bekannt und auch hier bestehen unzweifelhaft enge Beziehungen zwischen Farbton und Dispersitätsgrad.

Ich möchte hier anschließen den Hinweis, daß auch bei den verschiedenen graphischen Reproduktionsverfahren und nicht zuletzt auch in der photographischen Industrie sich zahlreiche Anwendungen der Kolloidchemie finden. Die Druckfarben erhalten durch die Beimischung von kolloiden Bindemitteln die für jeden Fall verschiedene optimale Konsistenz, verschiedene Reproduktionsverfahren, wie Lichtdruck, Pigmentdruck, die sog. Stagmatypie usw., arbeiten mit Gelatine und anderen Kolloidgemischen. In der Photographie spielen nicht nur die schon erwähnten Photohaloide eine große Rolle, sondern auch bei der Herstellung der Platten, z. B. bei der Reifung der Emulsionen, beobachten wir kolloidchemische Vorgänge. wie bestimmte Dispersitätsverringerungen, welche die optimale „Korngröße" ergeben, ebenso natürlich bei den verschiedenen Entwicklungs-, Abschwächungs-, Verstärkungs- und Kopierverfahren usw. Diejenigen unter Ihnen, welche sich näher für diese Beziehungen zwischen Photographie, Reproduktionstechnik und Kolloidchemie interessieren, verweise ich auf die zahlreichen Arbeiten von Lüppo-Cramer, R. E. Liesegang usw.[2]). Daß übrigens auch viele Tinten, z. B. die alten Eisengallustinten und die chinesische Tusche, kolloide Lösungen sind, habe ich bereits angedeutet.

---

[1]) Siehe Wo. Ostwald, Koll.-Ztschr. 12, 61 (1913); W. Zänker Ztschr. f. angew. Chem. 32, 49 (1919), sowie Wo. Ostwald und R. Auerbach, loc. cit.

[2]) Die neueste Zusammenfassung auf diesem Gebiet ist das umfangreiche Werk: Lüppo-Cramer, Die Grundlage der photogr. Negativverfahren, W. Knapp (Halle 1927).

Von weiteren Gebieten der anorganischen Industrien, in denen Kolloide eine wichtige Rolle spielen, möchte ich insbesondere nennen die Keramik und die Industrie der hydraulischen Bindemittel. Ton und Lehm bestehen ja zu einem beträchtlichen Teile aus typischen Gelen, insbesondere aus Aluminiumsilikat- und Eisenhydroxydgel, zu denen noch organische Kolloide wie die Humussäuren usw. hinzukommen. Die Plastizität der keramischen Massen beruht wenigstens zu einem Teil auf ihrem Kolloidgehalt und das „Faulen" der Tone, der Zusatz von Strohinfusionen, wie bei den alten Ägyptern, die Behandlung mit Ammoniak usw. geschieht entweder in der Absicht, den Gehalt an Kolloidstoffen zu vermehren oder die verhandenen Gele stärker zu peptisieren oder zu hydratisieren. Namentlich der Einfluß des Alkalis auf die Eigenschaften keramischer Massen, insbesondere des Tons, spielt nach neueren Untersuchungen eine so große Rolle, daß seine passende Regulierung „geradezu eine Revolution in der keramischen Industrie hervorgerufen hat", wie mir eine erste Autorität auf diesem Gebiete sagte. Die Wirkung von Alkalien auf Tone äußert sich in einer für die Technik besonders wichtigen Weise durch die sog. „Verflüssigung" der Tone. Es zeigt sich nämlich, daß ein steifer Tonbrei, der mit bestimmten Mengen von Alkali, evtl. mit Zusatz von anderen Salzen, verrührt wird, plötzlich seine Steifheit verliert und zu einer tropfbaren Flüssigkeit wird. Oder aber man kann trockenen Ton mit relativ sehr kleinen Wassermengen zu einer flüssigen oder gut formbaren Masse verwandeln, wenn man statt reinen Wassers eine solche Alkalilösung benutzt. Die große technische Bedeutung dieser Erscheinung liegt nun darin, daß auf diese Weise mit unverhältnismäßig kleineren Wassergehalten gearbeitet werden kann, und daß somit einerseits die Vortrocknung der Rohformen vor dem Brennen schneller vor sich gehen kann, besonders aber daß hierdurch die gefürchteten Sprünge und Deformationen beim Trocknen eingeschränkt werden können. Ferner kann man mit solchen alkalischen Tonmassen große Gegenstände wie etwa Badewannen gießen, was ebenfalls von wesentlichem technischen Vorteil gegenüber der bisherigen Modelliermethode ist usw.[1]).

[1]) Eine ausführliche Besprechung der Literatur, Patente usw. über das Alkaliverfahren in der Keramik gibt F. K. Neubert, Kolloidchem. Beih. **4**, 261 (1913); eine übersichtliche Darstellung der neueren Fortschritte auf keramischem Gebiete mit besonderer Berücksichtigung der kolloidchemischen Seite gibt H. Arnold, Chem.-Ztg. 413, 426, 439 (1918). Hervorzuheben sind insbesondere die wichtigen Arbeiten von E. Podszus, Koll.-Ztschr. **20**, 65 (1917) über künstliche Herstellung plastischer keramischer Massen aus Pulvern verschiedenster organischer Stoffe; daselbst Hinweise auf frühere Arbeiten desselben Verfassers.

Die kolloidchemische Erklärung dieses Alkalieinflusses ist etwas verwickelt: Es lagern sich wenigstens drei bis vier verschiedene kolloidchemische Prozesse übereinander. Zunächst wird der Ton, der ein elektronegatives Kolloid ist, durch bestimmte kleine Alkalikonzentrationen peptisiert, d. h. in einen höherdispersen Zustand versetzt und gleichzeitig stabiler gemacht. Es ist dies ein Effekt, den man in ganz analoger Weise auch an anderen negativen Kolloiden, z. B. an Metall- oder Sulfidsolen usw., beobachtet. Zweitens tritt aber durch Alkali eine Quellung der Aluminiumsilikatpartikel ein, ein Vorgang, der sein Optimum anscheinend bei höheren Alkalikonzentrationen hat und der weiterhin Zeit braucht. Drittens wirkt das Alkali auf die in technischen Fällen stets vorhandenen organischen Kolloide wie Humussäuren, Tannin usw. Auch diese werden von kleinen Alkalikonzentrationen peptisiert, von größeren jedoch nicht nur aus der Tonmasse ausgelaugt, sondern vermutlich sogar in einen molekulardispersen Zustand übergeführt. Damit verlieren diese Kolloide ihre günstige Wirkung, die jedenfalls den früher besprochenen „Schutzwirkungen" hydratisierter Emulsoide sehr nahesteht. Diese drei Prozesse lagern sich übereinander und ergeben so namentlich noch bei Berücksichtigung des Zeitfaktors ein ziemlich kompliziertes Bild der Wirkung des Alkalis auf technische keramische Massen. Beschränkt man sich auf kürzere Versuchszeiten, so verlaufen Peptisation und Viskosität einander entgegengesetzt; der Tonbrei, der mit Wasser aufgeschlämmt am längsten braucht, um sich abzusetzen, der also die dauerhafteste Trübung erzeugt, ist gleichzeitig der flüssigste. Bei längerer Wirkung des Alkalis und bei entsprechender stärkerer Quellung braucht indessen diese Parallelität, die man vielfach zu analytischen Zwecken in der Praxis verwendet, nicht bestehen zu bleiben[1]). Auch sonst zeigt die Viskosimetrie der Tone außerordentlich interessante und mannigfaltige Ergebnisse[2]). Man findet z. B., daß die Viskosität von Tonsuspensionen zunimmt bei ihrer mechanischen „Behandlung", d.h. beim Rühren, Pressen durch die Kapillare usw., ganz im Gegensatz also zu der bekannten Viskositätsverringerung etwa von Gelatinelösungen unter gleichen Umständen. Desgleichen steigt die Oberflächenspannung solcher Tonschlicker erheblich bei mechanischer Behandlung.

---

[1]) Vgl. die in vorangehender Anmerkung zitierte ausführliche Arbeit von Joh. K. Neubert.

[2]) Von neueren Arbeiten seien genannt: K. Nishikawa, Koll.-Ztschr. 38, 328 (1926); Wo. Ostwald und F. Pickenbrock, Kolloidchem. Beih. 19, 138 (1924); Wo. Ostwald und W. Rath, Koll.-Ztschr. 36, 243 (1925), sowie weitere hier 1927 erscheinende Mitteilungen.

Die technisch so überaus wichtigen Abbindungsprozesse der hydraulischen Bindemittel (Zement, Mörtel usw.) lassen sich in chemischer Beziehung definieren als Reaktionen zwischen Kalk und Kieselsäure unter gleichzeitiger Bindung ansehnlicher Wassermengen. Es ist dies wenigstens die Hauptreaktion, die in allen hydraulischen Prozessen stattfindet, trotz der großen Verschiedenheit der Beimenggungen, die aus mannigfaltigen praktischen Gründen in den einzelnen technischen Sorten hydraulischer Bindemittel enthalten sind. Kalk und Sand, der gewöhnliche Mörtel, zeigen bereits diese Grunderscheinung; beim Zement treten noch Aluminium- und Eisenhydroxyd hinzu. Es ist nicht unsere Aufgabe, die Berechtigung der spezielleren chemischen Annahmen zu untersuchen, die man über die Natur der hydraulischen Bindungsvorgänge gemacht hat, und die z. B. zu der Annahme verschiedenartiger zum Teil kristallisierter Verbindungen (Mono-, Di-, Trikalziumsilikat, Alit, Belit, Celit usw.) geführt haben. Nur möchte ich hervorheben, daß jede ausschließlich chemische Theorie unmöglich diese physikalisch so scharf charakterisierten Prozesse restlos erklären kann. Denn auch zwischen vielen anderen Stoffen finden analoge chemische Reaktionen mit gleichzeitigen Hydratationen statt, ohne daß diese Reaktionsgemische die charakteristischen physikalischen Eigenschaften hydraulischer Bindemittel aufzeigen. Es müssen beim Abbinden des Mörtels oder Zements a priori noch gewisse besondere Prozesse außer den chemischen stattfinden, die für die physikalischen Besonderheiten dieser Reaktionen verantwortlich sind. In der Tat haben nun neuere Untersuchungen solche besondere physikalisch-chemische Prozesse bei der Abbindung feststellen können, und zwar hat sich gezeigt, daß es sich wiederum um kolloidchemische Vorgänge handelt[1]. Aus dem mikroskopischen Studium der Abbindungsvorgänge war zunächst bekannt, daß bei der Vermischung z. B. von Zement und Wasser um jede Zementpartikel herum zahlreiche nadelförmige Kristalle entstehen, die vermutlich aus Ca-Monosilikat bestehen, während kleine und große hexagonale Kriställchen (vermutlich aus Trikalziumaluminat und Kalkhydrat) in den Zwischenräumen auftreten. Weiterhin entsteht aber ein Strukturbestandteil, dessen Existenz zwar früher bemerkt worden war, dem aber erst in neuerer Zeit die ihm zukommende Bedeutung zuerteilt worden ist: Um jedes Zementkörnchen herum bildet sich eine Gallerte von Kalksilikat, deren Volum während der Abbindung

---

[1]) Siehe insbesondere W. Michaelis, Koll.-Ztschr. **5**, 9 (1909); **7**, 320 (1910); S. Keisermann, Kolloidchem. Beih. **1**, 423 (1910) (daselbst Literatur); ferner zahlreiche kleinere Abhandlungen von P. Rohland in der Koll.-Ztschr.

immer mehr zunimmt, und die schließlich nicht nur die Zwischenräume zwischen den Kristallnadeln, sondern auch zwischen den einzelnen Zementkörnchen ausfüllt. Diese Gelbildung ist aber unzweifelhaft derjenige Prozeß, welcher für die hydraulischen Abbindungsvorgänge charakteristisch ist und die speziellen physikalischen Eigentümlichkeiten dieser Prozesse verständlich macht. Das Gel wirkt wie eine

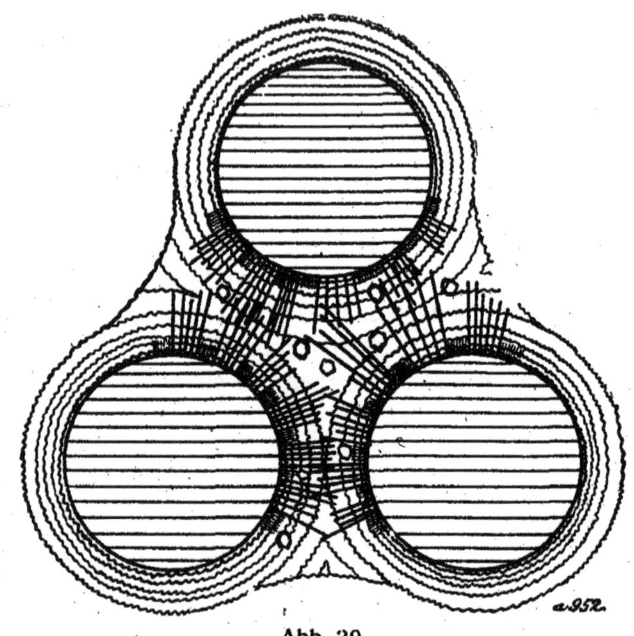

Abb. 39.
Schema der Vorgänge beim Abbinden des Zements nach W. Michaelis.
Die gekräuselten Linien geben die Umrisse der Gallerte an.

Kittsubstanz nicht nur zwischen den einzelnen Kristallnadeln eines Zementkörnchens, sondern auch zwischen den Kristallnadeln benachbarter Partikeln; die Kristalle stecken gleichsam in einer gemeinschaftlichen Scheide aus gallertartiger Substanz (Abb. 39), und diese Tatsache erklärt die bekannte abnorme Festigkeit des Zements, wie sie z. B. durch eine einfache Verfilzung von Kristallnadeln nicht verständlich gemacht werden könnte. Erhöht wird die Festigkeit schließlich noch dadurch, daß dem Gel durch die natürlich immer noch fortschreitende Hydratisierung in den inneren Schichten der Zementkörnchen andauernd Wasser entzogen oder gleichsam abgesaugt wird. Man kann übrigens diese Gallerte sehr schön durch Anfärben z. B. mit Anthrapurpurinlösung von den übrigen Bestandteilen des Zements abheben.

Vielleicht interessiert Sie auch die Photographie eines ultramikroskopischen Bildes eines solchen Abbindungsprozesses, auf der sie die in der Gelmasse steckenden Kristallnadeln besonders schön sehen (Abb. 40).

Betrachten wir insbesondere mit W. Michaelis die Entstehung eines solchen Gels als das Hauptcharakteristikum der Abbindungsvor-

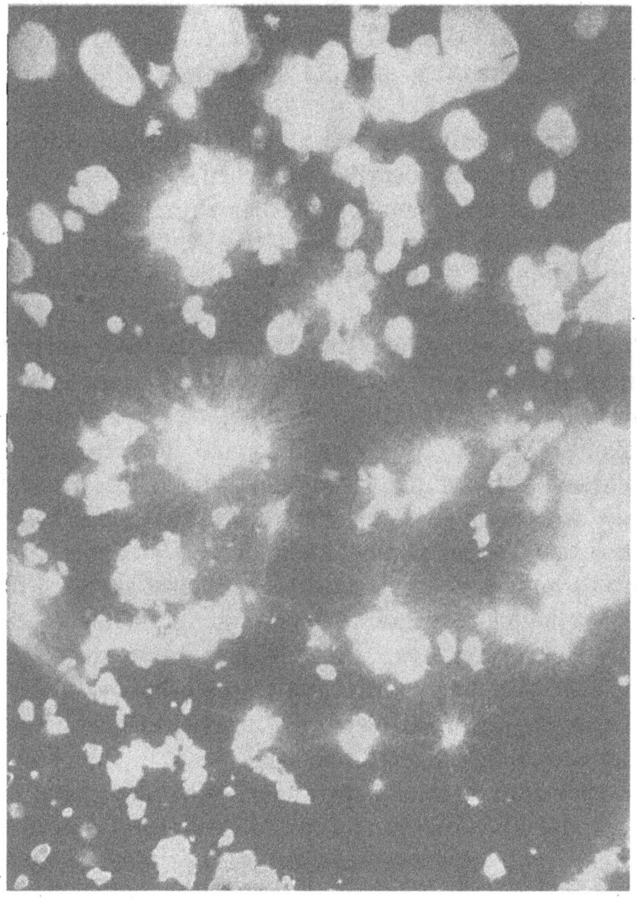

Abb. 40.
Ultra-Mikrophotographie des abbindenden Zements nach H. Ambronn. Man beachte die feinen in einer Gallerthülle steckenden Kristallnadeln.

gänge, so erklärt sich gleichzeitig eine ganze Reihe technischer Einzelheiten. Damit diese Gelbildung möglichst vollständig erfolgt, muß natürlich genügend Wasser zur Verfügung stehen. Es ist bekannt, daß man z. B. zur Feststellung maximaler Festigkeit von Zementproben diese unter Wasser erhärten läßt. Von besonderer technischer Wichtigkeit ist ferner die Regulierung der Abbindezeit. Man verlangsamt die Abbindung durch den Zusatz organischer quellbarer Kolloide, z. B. von Leim. Die kolloidchemische Erklärung lautet sehr einfach dahin, daß bei Gegenwart von Leim ein Teil des vorhandenen Wassers von diesem gebunden und erst allmählich an das sich bildende Silikatgel abgegeben wird. Umgekehrt soll die Abbindung beschleunigt werden durch den Zusatz von organischen Säuren, wie z. B. Essigsäure; kolloidchemisch würde dies bedeuten, daß der genannte Zusatz die Gelbildung befördert usw.

Von besonderem Interesse und völlig übereinstimmend mit dieser kolloidchemischen Theorie der hydraulischen Abbindeprozesse ist die Tatsache, daß selbst bei einem so einfachen Prozeß wie bei der Hydratation des Gipses nach Untersuchungen von A. Cavazzi, J. Traube, von mir selbst und P. Wolski[1]) kolloidchemische Vorgänge beteiligt sind. Eine 3—4%ige Suspension von Gips zeigt z. B. ein prachtvoll regelmäßiges Wachsen ihrer Viskosität mit der Zeit; man kann also den Abbindungsvorgang in verdünnter Suspension geradeso messend verfolgen wie etwa den Gelatinierungsvorgang eines typischen emulsoiden Kolloids. Elektrolyte wirken gemäß der Hofmeisterschen Ionenreihe beschleunigend und verlangsamend; ein Zusatz von nur 0,2% Leim bremst das Abbinden derartig stark, daß die Viskosität verdünnter Suspensionen sich überhaupt nicht mehr mit der Zeit ändert; die Reihenfolge dieser Bremswirkung verschiedener hydratisierter Kolloide ist praktisch dieselbe wie die ihrer Schutzwirkung auf die Flockung von Goldsol oder Kongorubin usw. Daß übrigens die viskosimetrische Methode sich auch für die quantitative Untersuchung anderer hydraulischer Reaktionen (Magnesiazement usw.) ausgezeichnet eignet, ist von T. Maeda[2]) neuerdings gezeigt worden.

Ich komme nun zu einem besonders wichtigen technischen Anwendungsgebiet der Kolloidchemie, den Anwendungen in der Metallurgie. Allerdings muß ich vorausschicken, daß die Möglichkeiten, welche die Kolloidchemie für die Erklärung zahlreicher metallurgischer Probleme bietet, heute noch ganz und gar nicht ausgenutzt worden sind. Und wenn ich im folgenden mir erlaube, Ihnen einige eigene kolloidchemische Gesichtspunkte zur Beurteilung metallurgischer Fragen zu geben, die Sie beim Studium der einschlägigen Literatur nicht finden

---

[1]) Siehe Wo. Ostwald und P. Wolski, Koll.-Ztschr. **27**, 78 (1920); daselbst ältere Literatur. Ferner demnächst erscheinende Arbeiten vom Verfasser mit Neugebauer, Ritter und Neuschul.

[2]) T. Maeda, Sc. Pap. Inst. Physik. Chem. Res. Tokyo **4**, 124 (1926).

würden, so wage ich dies nur in der festen Überzeugung, daß die kolloidchemische resp dispersoidchemische Betrachtungsweise eine ganz außergewöhnliche Zukunft in der Metallurgie haben wird

Einige bekanntere Probleme kolloidchemischer Natur finden Sie schon bei der Metallgewinnung resp. der Erzaufbereitung So ist es z. B. bekannt, daß das Gold ton- oder lehmartiger Erdschichten nur außerordentlich schwierig extrahiert werden kann. Das Metall ist in diesen Materialien jedenfalls in sehr hochdisperser Form vorhanden, insbesondere aber durch die gallertartigen Hydroxyde und Silikate des Aluminiums und Eisens so fest gebunden oder umschlossen, daß die gewöhnlichen Auslaugeverfahren ungenügend sind. Die genannten hydratisierten Kolloide „maskieren" gleichsam das Gold, ähnlich wie etwa Eisen in Gegenwart resp. in adsorptiver Verbindung mit manchen organischen Substanzen „maskiert" erscheint, d. h. die gewöhnlichen analytischen Reaktionen nicht oder erst nach Zerstörung des organischen Anteils ergibt. Die Nutzbarmachung solcher Erze würde auf eine entsprechende Zerstörung der genannten anorganischen Kolloide, resp. auf eine Trennung dieser Adsorptionskomplexe herauskommen, ein kolloidchemisches Problem, daß anscheinend noch nicht zur Zufriedenheit gelöst ist. Übrigens wird auch kolloides Gold z. B. beim Schütteln mit Quecksilber nur langsam aufgenommen[1]), eine Tatsache, die wohl ebenfalls auf die Schwierigkeiten einer innigen Berührung der kolloiden Teilchen mit der Quecksilberoberfläche zurückzuführen ist.

In neuerer Zeit hat nun eine Gruppe von Erzaufbereitungsverfahren außerordentliche Bedeutung erlangt, die unter der Bezeichnung „Flotationsverfahren" zusammengefaßt wird. Ich denke, ich zeige Ihnen am einfachsten gleich einen solchen Flotationsversuch, um Sie mit dem Grundprinzip bekannt zu machen. Ich habe hier ein in der Reibschale hergestelltes Gemisch von weißem Kaolin und feiner Kohle; statt letzterer kann ich z. B. auch Graphit nehmen. Wenn ich dieses Gemisch, das also ein zermahlenes „Roherz" darstellen soll, mit Wasser aufschüttele, so erhalte ich eine schwärzlich-graue Suspension, in der die Kohle oder der Graphit, das wertvolle „Erz", in unangenehm inniger Weise vermischt ist mit dem Kaolin, „der toten Gangart". Das

[1]) Früher wurde die Meinung allgemein vertreten, daß kolloides Gold überhaupt nicht von Quecksilber amalgamiert wird. C. Paal, Ber. d. Dtsch. Chem. Ges. **35**, 2236 (1902); Koll.-Ztschr. **23**, 145 (1918); **25**, 21 (1919), hat indessen gezeigt, daß nicht nur beim Schütteln in einer H_2-Atmosphäre, sondern auch bei einfacher Berührung (freilich erst nach Monaten) kolloides Gold von Quecksilber amalgamiert wird.

technische Problem lautet nun: Wie bekomme ich die Kohle oder den Graphit aus diesem Gemisch heraus? Dies gelingt in überaus einfacher und sauberer Weise folgendermaßen: Ich gebe in den Erlenmeyer mit der grauen Suspension einige Kubikzentimeter Xylol, Benzol oder einen andern nicht mit Wasser mischbaren Kohlenwasserstoff, z. B. auch Petroleum, und schüttele 1—2 Minuten kräftig um. Der Kohlenwasserstoff zerteilt sich zunächst in eine Emulsion, die aber nach kurzer Zeit aufrahmt und zergeht. Gleichzeitig aber — und dies ist das wissenschaftlich wie technisch interessanteste Moment — nehmen die Kohlenwasserstofftröpfchen die Kohle (oder den Graphit) nicht jedoch die Kaolinteilchen mit nach oben. Sie sehen wie sich oben eine rein schwarze Schicht bildet, während unten das nunmehr weißlichgrau aussehende Kaolin, die „Gangart", sich absetzt[1]). Die gewünschte Trennung erfolgt also tatsächlich auf diese Weise. Besonders schön lassen sich so auch sulfidische Erze von der Gangart trennen. Ja man sulfuriert künstlich Erzschlämme, um diese Aufbereitungsmöglichkeit herbeizuführen oder zu verbessern.

Was ist nun die Theorie dieser und ähnlicher Verfahren (auf die ich hier im einzelnen nicht eingehen kann)? Auch auf diese Frage antworte ich Ihnen am einfachsten gleich mit einem Versuch. Ich habe mir hier aus dem Anzeigenteil einer illustrierten Zeitschrift sechs Papierstückchen ausgeschnitten von je etwa 2—4 qcm Fläche, jedoch mit dem Unterschied, daß drei davon auf beiden Seiten weiß, d. h. unbedruckt, drei davon auf der einen Seite schwarz, d. h. stark bedruckt sind. Diese sechs Blättchen schüttele ich nun mit gewöhnlichem Wasser so lange, bis sie von anhaftender Luft ganz befreit und zum Boden des Erlenmeyers herabgesunken sind (Dem.). Nun gebe ich ebenfalls ein paar Kubikzentimenter Xylol zu und schüttele nochmals ganz kurz. Die grobe Emulsion entmischt sich Die Papierblättchen sind nicht mehr gleichmäßig verteilt. Die drei „weißen" schwimmen noch unten im Wasser. Die drei „schwarzen" schweben jedoch oben, in der Grenzfläche Wasser-Xylol, und zwar mit dem schwarzen „Gesicht" nach oben d. h. zum Xylol hingewendet[2]). Warum? Offenbar darum, weil die mit Öl angeriebene Druckerschwärze leichter vom Xylol als vom Wasser benetzt wird, und weil weiterhin die Trennung dieser Benetzungs-

---

[1]) Näheres über diesen und andere Flotationsversuche siehe Kl. Praktikum S. 110.

[2]) Der Versuch gelingt sehr glatt unter der Voraussetzung, daß geleimtes bedrucktes Papier verwendet wird. Nimmt man ungeleimtes z. B. Zeitungspapier, so erhält man unbestimmte Resultate darum, weil das Öl der Druckerschwärze sich diffus im ganzen Papier verteilt hat und meist auch auf die andere Seite „durchgeschlagen" ist.

schicht Druckfarbe-Xylol soviel Arbeit beanspruchen würde, daß für Papierblättchen dieser Größe eine ausgesprochene „Klebe-Wirkung" zustande kommt. In entsprechender Weise werden auch Kohle, Graphit, Sulfide usw. von Kohlenwasserstoffen besser als von Wasser benetzt und hiermit durch „Ankleben" an die aufsteigenden Tröpfchen von letzteren mit hinaufgenommen. Das ist in knappen Worten die Erklärung für das Grundphänomen der „Flotation".

Andere kolloidchemische Erscheinungen in der Metallurgie finden Sie bei der elektrolytischen Metallabscheidung. Hier ist bekannt, daß die Struktur des elektrolytischen Metallniederschlags weitgehend durch den Zusatz minimaler Mengen organischer Kolloide wie Gelatine, Eiweiß, Dextrin usw., beeinflußt wird. In bestimmten Konzentrationen wirken diese Kolloide im Sinne einer starken Erhöhung des Dispersitätsgrades des elektrolytischen Niederschlags. Statt voluminöser makro- oder mikrokristallinischer Niederschläge entstehen außerordentlich dichte, fein strukturierte Schichten, die einen einheitlichen Glanz zeigen. Man nennt dieses Verfahren daher auch „Glanzgalvanisation"[1]), und man kann sich ein kolloidchemisches Bild von dieser Erscheinung machen, wenn man berücksichtigt, daß die genannten Kolloide zu den hydratisierten Emulsoiden gehören oder ihnen sehr nahestehen. Analog wie das Tannin (oder auch die Gelatine) bei der chemischen Reduktion des Goldes eine hochdisperse Abscheidung begünstigt, können die genannten Zusätze auch bei der elektrolytischen Abscheidung wirken, welch letztere ja ebenfalls ein Kondensationsvorgang ist. Daß auch die Herstellung z. B. von Silberspiegeln ein ganz analoger dispersoidchemischer Prozeß ist, kann hier nur kurz angedeutet werden[2]).

Die wichtigste Anwendung findet aber die Kolloid- und Dispersoidchemie in der Metallurgie der Legierungen, im besonderen in der Metallurgie von Eisen und Stahl. Bei der Neuheit dieser Betrachtungsweise und der Wichtigkeit des Gegenstands bitte ich hier ein wenig ausführlicher sein zu dürfen.

Es ist Ihnen allen bekannt, daß Metallegierungen, z. B. die verschiedenen Stahl- und Eisensorten, neben einer verschiedenen chemischen Zusammensetzung auch eine verschiedene Struktur besitzen. Jeder kennt den groben Bruch z. B. des gewöhnlichen Gußeisens und die mikroskopische, sogar submikroskopische Struktur z. B. der feinsten

[1]) Siehe z. B. E. Müller, Ztschr. f. Elektrochem. 317 (1906); ausführliches Referat in Koll.-Ztschr. 1, 60 (1906).

[2]) Vgl. V. Kohlschütter, Koll.-Ztschr. 12, 285 (1912) und folgende Bände.

Stähle. Es ist auch bekannt, daß bei Konstanz der chemisch-analytischen Zusammensetzung ein und dieselbe Legierung sehr verschiedenartige Strukturen zeigen kann, ja daß schon variierende Temperaturbehandlung, Abschrecken, Tempern usw., ferner aber auch schon mechanische Beanspruchungen aller Art und einfaches Altern verschiedene Strukturen hervorrufen können. Sie können mit anderen Worten von ein und derselben Eisen-Kohlenstofflegierung eine Dispersoidserie von allen Dispersitätsgraden herstellen, zwischen dem Typus eines grobkristallinischen Gefüges und dem einer mikroskopisch nicht oder kaum mehr differenzierbaren „festen" Lösung. Sie können mit anderen Worten eine Dispersoidserie von Eisenkohlenstoff- und auch von anderen Legierungen zusammenstellen, die völlig analog ist den Dispersoidserien des Schwefels, des Kochsalzes und speziell der Kieselsäure-Wasser-Mineralien, wie ich sie Ihnen früher zeigte.

Nun, meine Herren, diese sehr simple, eigentlich jedem geläufige Tatsache, daß man die technischen Metallegierungen in den verschiedensten Korngrößen, nach unserer Nomenklatur. in den verschiedensten Dispersitätsgraden antrifft, gewinnt unter dem Gesichtspunkt der Lehre von den dispersen Systemen eine ganz fundamentale Bedeutung. Ebenso bekannt wie die Tatsache des verschiedenen Dispersitätsgrades von gleich zusammengesetzten, aber verschieden behandelten Metallegierungen ist nämlich die andere, daß die technischen und physikalisch-chemischen Eigenschaften eines Metalles weitgehend abhängig sind von der Korngröße der Legierungen. Grobstrukturierte Legierungen sind in der Regel brüchig und unelastisch, während, um mit dem bekannten Metallurgen W. Gürtler zu reden, „das möglichst feinkörnige Material und die Abwesenheit jeder ausgesprochenen und scharf definierten Struktur das Kennzeichen eines mechanisch wertvollen Produktes ist"[1]). Obgleich nun diese Beziehungen zwischen Dispersitätsgrad und technischen Eigenschaften allgemein anerkannt sind, so ist ihnen doch in der bisherigen wissenschaftlichen Metallurgie keineswegs die Rolle zuerteilt worden, die ihnen nach der Auffassung einiger neuerer Autoren, zu denen ich mich auch zählen möchte, zukommt. Noch heute spielen in dieser Wissenschaft, wie Sie wissen, zwei andere physikalisch-chemische Prinzipien die Hauptrolle: das Phasentheorem und der Begriff der festen Lösungen im Sinne van't Hoffs[2]), während der Beziehung zwischen Korngröße und physika-

[1]) Siehe W. Gürtler, Handb. d. Metallographie 1, II, 450 (Berlin 1913).

[2]) Der Verfasser möchte trotz größter Bewunderung gegenüber den Fortschritten

lischen Eigenschaften gleichsam nur eine korrektive, sekundäre Bedeutung zugemessen wird. Es gibt selbstverständlich zahlreiche Arbeiten, die sich mit dieser offenkundigen Beziehung beschäftigen, wenn schon ihre Zahl von den Untersuchungen über die chemischen Veränderungen bei Variationen der Struktur erheblich übertroffen wird. Es fehlte aber bisher die klare Erkenntnis z. B. von der Größe dieses Einflusses, von der relativen Unabhängigkeit desselben von der speziellen chemischen Zusammensetzung der Gefügebestandteile. Es fehlte, kurz gesagt, der Anschluß an analoge Erscheinungen auf anderen Gebieten, in denen dieselben Beziehungen in einfacherer, allgemeinerer Weise wiedergefunden werden konnten. Dieser Anschluß wird nun in geradezu großartiger Weise durch die Lehre von den dispersen Systemen und die Kolloidchemie geliefert. Denn was ist die Lehre von den dispersen Systemen anderes als gerade die Lehre von den Beziehungen zwischen Korngröße und physikalisch-chemi-

---

in der Metallographie, die durch die Einführung der Lehre von den chemischen Gleichgewichten, dem Phasentheorem und der van't Hoffschen Lehre von den festen Lösungen erzielt sind, einige Bedenken nicht unterdrücken gegenüber der zuweilen allzu voraussetzungslosen Art, mit der diese Prinzipien angewandt werden. Er glaubt allerdings hiermit nicht völlig Neues zu sagen. Die Gleichgewichtslehre hat zur Voraussetzung, daß es sich um experimentell von beiden Seiten erreichbare wirkliche Gleichgewichtszustände handelt. Es ist aber bekanntermaßen charakteristisch für Metalllegierungen, z. B. für Stahle, daß ihre Einformungsprozesse usw. nie aufhören und daß zum mindesten für die gleichgewichtstheoretische Betrachtung der festen Gemische die experimentellen Voraussetzungen somit weitgehend fehlen. Ganz besonders bemerkenswert erscheint dem Verfasser der Umstand, daß er bisher nirgends in der metallurgischen Literatur den Hinweis gefunden hat, daß z. B. die Gibbssche Phasenregel entsprechend den von diesem Forscher ausdrücklich hervorgehobenen Voraussetzungen in der Mehrzahl der Fälle zur Erklärung der Zusammensetzung von Legierungen überhaupt nicht herangezogen werden darf. Denn die Gibbssche Phasenregel bezieht sich ausdrücklich auf die Gleichgewichtsverhältnisse von solchen Phasen, in denen mit den eigenen Worten von W. Gibbs die in den Oberflächen enthaltenen Energieanteile des Systems vernachlässigt werden dürfen, d. h. also auf makroheterogene Systeme. Bei den dispersoiden Metallegierungen und zumal bei ihren technisch wichtigsten hochdispersen Formen, wie den Stahlen, ist diese Voraussetzung ostentativ nicht erfüllt, genau so wenig wie bei den gewöhnlichen flüssigen kolloiden Lösungen. Schließlich operiert die Metallurgie fast ausschließlich mit festen Lösungen im Sinne van't Hoffs, d. h. mit molekulardispersen Lösungen, untersucht also meist gar nicht die Frage, wie groß der Dispersitätsgrad z. B. in Mischkristallen ist. Die technisch jedenfalls viel wichtigeren kolloiden festen Lösungen, auf deren allgemeine Verbreitung der Verfasser schon im Jahre 1907 und auch späterhin wiederholt hingewiesen hat (siehe z. B. den Artikel von P. P. von Weimarn, Koll.-Ztschr. 7, 35 [1910]), sind bisher eigentlich nur von C. Benedicks mit Bewußtsein in der Metallographie angewandt worden (siehe auch die folgenden Anmerkungen).

schen Eigenschaften, und was ist denn die Kolloidchemie anderes als die Lehre von einem speziellen Gebiete innerhalb dieser Beziehungen? Und haben wir nicht gefunden, daß der Dispersitätsgrad ein Faktor ist, der noch unvergleichlich viel radikalere Variationen von Eigenschaften bewirken kann, als wir sie auch in den extremsten Fällen z. B. zweier Stahlsorten finden? Die Kolloidchemie zeigt, daß nicht nur sekundäre Änderungen physikalisch-chemischer Eigenschaften im Gefolge von Variationen der Korngröße auftreten können, sondern daß die Verschiedenheit des Dispersitätsgrades das Hauptmoment ist, welches so verschiedene Systeme wie eine molekulare Lösung und eine grobe Suspension unterscheidet und gleichzeitig miteinander verknüpft. Die Kolloidchemie lehrt, daß die Größe dieses Einflusses in der Metallurgie, zumal zur Zeit, gar nicht überschätzt werden kann, da für die weitestgehenden Änderungen der physikalischen Eigenschaften Parallelen in den besser untersuchten Kolloiden mit flüssigem Dispersionsmittel angeführt werden können. Die Kolloidchemie zeigt, daß die Beziehung zwischen Korngröße und Eigenschaften zu den allerwichtigsten und allerweittragendsten Beziehungen gehört, die wir in der neueren physikalischen Chemie überhaupt kennen[1]).

Versucht man nun im einzelnen die verschiedenen Strukturbestandteile der Eisen-Kohlenstoffverbindungen zuerst nach ihrem Dispersitätsgrade zu ordnen, so können wir ausgehen von den drei „Metaralen“: Eisen oder Ferrit evtl. in mehreren allotropen Modifikationen, Eisenkarbid (Zementit) und schließlich Kohle. Um mit dem letzteren Bestandteile, dem Kohlenstoff, zu beginnen, so erscheint er in der Dispersoidserie: Graphit, Temperkohle und Härtungskohle. Diese drei Kohlenstofformen entsprechen in auffallender Weise den drei Haupttypen des Dispersitätsgrades; während der Graphit grobdispers, die Härtungskohle außerordentlich hochdispers, ja nach den herrschenden Ansichten in molekularer fester Lösung auftritt, nimmt die Temperkohle in bezug auf Dispersitätsgrad und physikalisch-chemische Wirkungen eine Mittelstellung ein. Die „Allotropie“ dieser Kohlenstoffformen ist eine Dispersitätsallotropie. Übrigens braucht auch die Härtungskohle noch nicht vollkommen molekulardispers zu sein, son-

---

[1]) In dem bewundernswürdigen zitierten Handbuche von W. Gürtler wird mehr als in jedem anderen metallographischen Lehrbuche auf diese wichtigen Beziehungen zwischen Dispersitätsgrad und physikalisch-chemischen Eigenschaften hingewiesen, wenn schon nach der Meinung des Verfassers noch immer nicht genug. Siehe hierzu auch die Arbeit von P. P. von Weimarn in Intern. Ztschr. f. Metallographie 65 (1911), sowie die Bemerkungen von W. Gürtler zu dieser Arbeit.

dern steht vielleicht auf dem Übergangsgebiet zwischen kolloiden und molekularen festen Lösungen. So erweisen sich die sog. Eggertzschen Lösungen dieser Härtungskohle, wie man sie durch Auflösen von Stahl in verdünnter Salpetersäure erhält, nach eigenen bisher nicht veröffentlichten Versuchen als deutlich kolloide Lösungen; sie dialysieren nicht oder schwach, sind ultramikroskopisch heterogen usw. In analoger Weise tritt auch das Eisenkarbid oder Zementit in sehr verschiedenen Dispersitätsformen auf, als Primärzementit, Segregatzementit, perlitischer Zementit, Anlaßzementit usw. Hierbei ist der Primärzementit grobkristallinisch, während beim Anlaßzementit unter Umständen eine „fast molekular feine Verteilung" (W. Gürtler) erreicht werden kann. Auch das reine Eisen, der Ferrit, tritt natürlich in verschiedenen Dispersitätsgraden auf, obschon hier die Verhältnisse durch die nachweisliche Existenz mehrerer Eisenmodifikationen, die im normalen Sinne des Wortes allotrop sind, sehr kompliziert werden.

Neben diesen primären Strukturelementen gibt es nun eine Unzahl sekundärer, die sich aus ihren Kombinationen zusammensetzen. Besonders wichtig sind die Gemische von Kohlenstoff und Ferrit, sowie von Ferrit und Zementit. Aus den vielen Möglichkeiten sei hier nur eine besonders interessante Gruppe von Dispersoiden hervorgehoben, die nicht nur für die Technologie des Stahles besonders wichtig ist, sondern bei der auch bereits eine dispersoidchemische Analyse von anderer Seite, von dem schwedischen Forscher C. Benedicks[1]), ausgeführt worden ist. Es handelt sich um die Strukturbestandteile, die bei verschieden schneller Abkühlung die bekannte Dispersoidserie: Austenit, Martensit, Troostit, Osmondit, Sorbit, Perlit ergeben. Hierbei stellen nun Austenit und Martensit, evtl. als Extrem auch der Hardensit, die höchstdispersen, molekularen Gemische dar, die bei schnellster Abkühlung gebildet werden, während umgekehrt der Perlit bei lang-

---

[1]) C. Benedicks, Ztschr. f. physik. Chem. 52, 6 (1905); Journ. of Iron and Steel Institute 11, 352 (1905); Koll.-Ztschr. 7, 290 (1910). — Der Verfasser war 1909 beim Studium des bekannten Lehrbuchs der Siderologie von H. von Jüptner, ohne von den Arbeiten Benedicks' etwas zu wissen, zu einer kolloidchemischen Betrachtungsweise metallographischer Prozesse gelangt, deren theoretische und experimentelle Resultate zu einem Teil in den obigen Ausführungen wiedergegeben sind. Erst später, nachdem er auch schon eine ganze Reihe kolloidchemischer Versuche, z. B. mit den Eggertzschen Lösungen, angestellt hatte, stieß er auf die erstgenannte kleine Arbeit von C. Benedicks, die einen Teil dieser Gedanken schon in sehr deutlicher Form enthält. Der Verfasser setzte sich darauf in briefliche Verbindung mit C. Benedicks und ersuchte ihn, seine einschlägigen Ansichten nochmals in der in der Koll.-Ztschr. erschienenen Abhandlung zusammenzufassen.

samer Abkühlung auftritt und sehr charakteristische lamellenförmige Abscheidungen von Zementit enthält, die mikro- und evtl. sogar makroskopisch sichtbar, d. h. also relativ grobdispers sind[1]). Zwischen diesen Extremen, z.B. Martensit auf der einen und Perlit auf der anderen Seite, finden sich nun, zuweilen in vollkommenen kontinuierlichen Übergangsstadien, die anderen genannten Metarale: Troostit, Osmondit und Perlit, und Benedicks zog daher den durchaus einleuchtenden Schluß, daß diese Zwischenformen zwischen molekularen und grobdispersen Gemischen kolloide feste Lösungen sind. Im speziellen ergibt sich der Troostit als eine kolloide Lösung von Zementit in Ferrit, während der Perlit das gröberdisperse resp. koagulierte Stadium dieses Zementit-Ferritsols darstellt. Die Annahme solcher kolloider Zwischenformen erscheint aber nicht nur plausibel, sondern geradezu zwingend, wenn man überlegt, daß molekulardisperse und grobdisperse Metarale notwendigerweise bei ihrem Übergang den kolloiden Zustand passieren müssen, und daß die einzige Frage hier nur darin besteht, ob es gelingt, diesen kolloiden Zwischenzustand zu fixieren. Hierfür sind aber in einem festen Dispersionsmittel und bei den zarten Beeinflussungen, welchen man Metallegierungen aussetzen kann, die denkbar günstigsten Möglichkeiten gegeben. Es sei weiter hervorgehoben, daß der Troostit besonders beim vorsichtigen Erwärmen oder „Anlassen" von Stahlen zum Vorschein kommt, jedenfalls infolge der hierbei stattfindenden Kondensation der im Martensit oder Austenit gelösten molekularen Kohlenstoff- oder Zementitteilchen — völlig analog also der wiederholt besprochenen Kolloidbildung des Goldes, Natriums, Schwefels usw. aus ihren molekularen festen Lösungen beim Erwärmen. Ganz allgemein wird in der Technik der Metalle ja die vorsichtige Hin- und Herbewegung der Temperatur zur Erzielung eines möglichst feinen Kornes benutzt.

Von besonderer Wichtigkeit sind nun aber die Beziehungen dieser verschiedenen dispersen Zustände[2]) der Metarale zu den technischen

---

[1]) Eine sehr schöne Abbildung perlitischer Strukturen findet sich bei C. Benedicks, Koll.-Ztschr., loc. cit. Die Struktur erinnert übrigens lebhaft an die Struktur der Liesegangschen Schichtungen.

[2]) Auch W. Gürtler, loc. cit., macht zu wiederholten Malen darauf aufmerksam, daß weniger eine bestimmte chemische Zusammensetzung oder ein einzelnes Metaral als vielmehr ein bestimmter struktureller Zustand, d. h. ein bestimmtes Verhältnis verschiedendisperser Metarale, für die technischen Eisenlegierungen charakteristisch ist, und daß sich manche der zahllosen Namen für Strukturbestandteile nicht auf die einzelnen Strukturelemente selbst, sondern auf den Zustand ihrer Zerteilung und Mischung beziehen.

und physikalisch-chemischen Eigenschaften der Metalle. Wie schon C. Benedicks hervorhebt, hat man sich seit langem bemüht, zur Erzielung größtmöglicher Elastizität und Zähigkeit technischer Eisenlegierungen möglichst alle ihrer Bestandteile gerade in den kolloiden Dispersitätsgrad zu versetzen. „Eine richtig hergestellte Unruhfeder einer Taschenuhr besteht aus Troostit; es ist erwünscht, daß die Eisenbahngleise hauptsächlich aus Sorbit bestehen; die zähesten Sehnen der Technik, die Stahldrahtseile, sind wie die Sehnen des menschlichen Körpers kolloide Gebilde. Dabei darf nicht vergessen werden, daß das Dispersionsmittel ein deutlich kristallisierter Körper ist, dessen Kristallkörner man sich lange mit voller Bewußtheit bemüht hat, möglichst klein zu erhalten" (C. Benedicks).

Das Interessanteste hierbei ist wohl die Tatsache, daß wieder einmal bei mittleren, d. h. kolloiden Dispersitätswerten und nicht etwa bei maximaler, d. h. molekularer Zerteilung viele der wichtigsten technischen Eigenschaften von Metallegierungen ihr Optimum erreichen. So nimmt zwar die Härte anscheinend stetig zu mit steigendem Dispersitätsgrad, doch erhält ein plötzlich abgeschreckter, austenitischer „glasharter" Stahl gleichzeitig eine große Sprödigkeit, die einer extremen Härtevermehrung der reinen Eisenkohlenstofflegierungen bald ein Ende setzt. Die Elastizität, die Zähigkeit, die Biegefestigkeit, die Färbbarkeit der Gefügebestandteile durch Jod, Pikrinsäure usw., die Geschwindigkeit der Auflösung in verdünnten Säuren usw. usw. — alle diese und zahlreiche andere Phänomene erreichen ein Maximum gerade in einem mittleren Dispersitätsgebiet, in dem die kolloiden Metarale, Temperkohle, Troostit, Sorbit usw. das Metallgefüge charakterisieren. Es ist dies ein vollkommener Parallelismus zu den in unserer zweiten Vorlesung besprochenen Variationen z. B. der Farbintensität, der Trübungsstärke, insbesondere aber auch der Viskosität, deren Heranziehen hier von besonderem Interesse ist, Variationen, bei denen sich ebenfalls ein Maximum bei mittleren, speziell kolloiden Dispersitätswerten ergab. Solche Kurven, wie sie z. B. die Variation der Lösungsgeschwindigkeit in der Serie: Martensit, Osmondit, Troostit, Perlit usw. darstellen mit einem Maximum bei den mittleren Gliedern, oder aber die Kurven, welche zeigen, daß beim Gußeisen zwischen einer zu schwachen d. h. zu hochdispersen und einer zu kräftigen, d. h. zu groben Graphitbildung ein optimaler

Von neuerer Literatur siehe J. Czochralski, Stahl u. Eisen **36**, 863 (1916); W. Gürtler, Ztschr. f. Metallkunde **11**, 61 (1919), A. Imhausen, Stahl u. Eisen 696; 1646 usw. (1921); H. Meyer, Koll.-Ztschr. **31**, 310 (1922); J. Alexander, Koll.-Ztschr. **36**, 334 (1925); F. Sauerwald in Liesegangs Koll. Technologie 1927.

Dispersitätsgrad des Graphits in Form von Temperkohle besteht, dem gleichzeitig das Maximum der Biegefestigkeit entspricht[1]) — solche Kurven erscheinen dem modernen Kolloidchemiker wirklich wie gute Bekannte.

Aber noch andere metallurgische Erscheinungen finden ihre kolloidchemischen Parallelen. Gewisse Stahlschmelzen zeigen beim Abkühlen die interessante Erscheinung eines Viskositäts maximums etwa unterhalb 1700°. Die Schmelze wird in diesem Temperaturgebiet nicht stetig zähflüssiger, wie es normal wäre, sondern zeigt einen starken Viskositätsanstieg und darauf plötzlich wieder eine Verflüssigung[2]). Es ist dies genau dasselbe Phänomen, das wir bei der kolloiden Entmischung hydratisierter Emulsoide, bei den kritischen Flüssigkeitsgemischen, bei den kristallinischen Flüssigkeiten, bei den Schwefelschmelzen usw. kennen gelernt haben, und man kann daraus den Schluß ziehen, daß auch in der Stahlschmelze bei den genannten Temperaturen eine hoch- und kolloiddisperse Entmischung stattfindet, die bei tieferen Temperaturen zu einem grobdispersen System führt. Vielleicht entsprechen die sog. pseudoeutektoiden Schmelzen solchen flüssigen Stahldispersoiden von kolloidem Zerteilungsgrad[3]), ganz ähnlich, wie wir nach R. Lorenz ja auch in geschmolzenen Salzen kolloide Lösungen, die sog. „Pyrosole" haben können. Eine weitere Analogie finden Sie in der Tatsache, daß z. B. graues Roheisen bei deutlich höherer Temperatur schmilzt als es erstarrt[4]). Ganz genau dasselbe beobachtet man an jeder Gelatinegallerte. Die Erklärung ist vermutlich in beiden Fällen die, daß während und nach dem Erstarren Aggregation zu größeren Partikeln eintritt, daß aber größere Teilchen, wie wir in der zweiten Vorlesung besprachen, eine merklich höhere Verflüssigungstemperatur haben als hochdisperse Teilchen. Ferner sei kurz auf die Tatsache hingewiesen, daß bei einem Kohlenstoffgehalt von ca. 0,45% ein eigentümlicher Umschlag in der Struktur einzutreten pflegt[5]). Während bei höheren Kohlenstoffgehalten eine sog. Zellstruktur vorherrscht, tritt bei niederen Kohlenstoffgehalten eine sog. Kornstruktur auf. Es kann hier nur angedeutet werden, daß wir vollkommen analoge Strukturverschiedenheiten z. B. bei der Gelatinierung konzentrierter und verdünnter Gelatinelösungen, die etwas Alkohol enthalten, beobachten können[6]).

---

[1]) Siehe W. Gürtler, Handbuch, loc. cit., 1, II, 308 (Versuche von Heyn und Leyde).

[2]) Siehe W. Gürtler, loc. cit., 131.

[3]) Siehe W. Gürtler, loc. cit., 188 usw.

[4]) Siehe W. Gürtler, loc. cit., 186 und früher.

[5]) Siehe W. Gürtler, loc. cit., 384.

[6]) Siehe z. B. Wo. Ostwald, Grundriß der Kolloidchemie, 1. Aufl., 350ff.

Ich möchte diese Bemerkungen über kolloidchemische Beziehungen zur Metallurgie, die wirklich nur eine sehr oberflächliche und unvollständige Skizze bedeuten gegenüber der Fülle der Möglichkeiten, abschließen mit dem Hinweis darauf, daß alle Alterungs-, „Ermüdungs"- und Einformungsprozesse bei Metallegierungen, welcher Art sie auch sein mögen, im Sinne einer allgemeinen Dispersitätsverringerung zu verlaufen pflegen, ein Verhalten, das wir ebenfalls früher als charakteristisch für die Alterungserscheinungen kolloider Systeme erkannt haben. Und ebenfalls ist es für einen Stahl ebenso charakteristisch wie für ein Kolloid, daß schon die geringfügigsten Umstände solche innere Zustandsänderungen hervorrufen können, und daß in ihm ebensowenig wie in einem organischen Kolloidgemisch „Ruhe" herrscht. —

Wir kommen nun zu den nicht minder wichtigen und mannigfaltigen Anwendungen der Kolloidchemie im Gebiete der organischen Industrien und technischen Künste. Es gibt unter diesen Gebiete, die man mit völliger Berechtigung als Kolloidindustrien oder als Zweige kolloidchemischer Technik bezeichnen kann. Beginnen wir mit den letzteren zuerst, so erscheinen als die wichtigsten: Färberei und Gerberei[1]). Aus der überreichen Fülle von kolloidchemischen Einzelheiten, die eine nähere Betrachtung dieser Künste zeigt, kann ich hier nur die folgenden allgemeineren Züge hervorheben. Zunächst darf man nicht den Fehler machen, anzunehmen, daß ein Färbe- oder Gerbevorgang in jedem Falle und ausschließlich ein kolloidchemischer Prozeß ist. Färben und Gerben sind komplexe technische Prozeduren, die ein bestimmtes technisches Resultat anstreben, von vornherein jedoch nicht die geringste Voraussetzung machen über die Art der Prozesse, welche zu dem gewünschten technischen Effekt führen. Ein spezieller Färbe- oder Gerbeeffekt kann mit anderen Worten auf sehr verschiedene Weise, darunter

---

[1]) Über Färberei vom kolloidchemischen Standpunkte vgl. insbesondere das Buch von J. Pelet-Jolivet, Die Theorie des Färbeprozesses (Dresden 1912), sowie zahlreiche Abhandlungen desselben Verfassers in der Koll.-Ztschr. Von neueren Arbeiten siehe besonders die von R. Haller, R. Auerbach, A. Novak in der Koll. Ztschr. und den Kolloidchem. Beih. Die beste neueste Übersicht über Färberei von kolloidchemischen Gesichtspunkten aus stammt von R. Auerbach in Liesegangs Kolloidchem. Technologie (1927).

Über die Kolloidchemie des Gerbens vgl. die zusammenfassenden Übersichten besonders von E. Stiasny, Koll.-Ztschr. 2, 257 (1908) und Chr. Neuner, ebenda 8, 329 (1910); 9, 65, 144 (1911). Ferner zahlreiche Abhandlungen von E. Stiasny, O. Gerngroß, V. Kubelka, W. Möller, u. a. in der Koll.-Ztschr., in den Kolloidchem. Beih., im „Collegium" usw. Von O. Gerngroß erscheint eine zusammenfassende Darstellung ebenfalls in Liesegangs Kolloidchem. Technologie (1927).

auch auf nicht kolloidchemische Weise erreicht werden. Freilich werden kolloidchemische Prozesse stets so lange daran beteiligt sein, als die Färbe- und Gerbesubstrate kolloider Natur sind. Dies ist nun praktisch immer der Fall, denn sowohl die Textilfasern, als auch die tierische Haut sind typische Gele oder Gelgemenge. Dies steht nicht etwa in Widerspruch mit den neueren röntgenoskopischen Untersuchungen von R. O. Herzog, J. R. Katz, O. Gerngroß u. a., welche den Aufbau vieler dieser organismischen Gele aus „kristallinen" Teilchen ergeben. Wie früher erwähnt, gibt es zweifellos Kristallgallerten neben Tröpfchengallerten, und die kristalline Beschaffenheit vieler kolloider Teilchen ist seit langem von C. von Nägeli, ganz besonders aber von P. P. von Weimarn aus verschiedensten Gründen angenommen worden. Ebenso aber wie jede beliebige andere chemische Reaktion, an der eine kolloide Komponente teilnimmt, Besonderheiten zeigen muß, die wir eben kolloidchemische nennen, ebenso müssen auch bei den sog. rein chemischen Färbe- und Gerbemethoden — sagen wir z. B. bei einer Oxydationsfärbung mit Kaliumpermanganat oder bei einer Gerbung mit Formaldehyd — die kolloiden Eigenschaften des Substrats eine Rolle spielen. In sehr vielen Fällen kommt aber noch hinzu, daß auch das Farbbad oder die Gerbebrühe eine kolloide Lösung darstellt. In der Tat sind unerwartet viele organische Farbstoffe in ihren technischen Bädern kolloid gelöst — wir kommen hierauf noch zurück — und dasselbe gilt für die meisten vegetabilischen Gerbstoffe wie für das Tannin und all die verschiedenen Rindenextrakte, wie auch für die mineralischen Gerbmittel, das Chromhydroxyd, den kolloiden Schwefel usw. In diesen weitaus häufigsten Fällen finden also Reaktionen zwischen zwei Kolloiden statt, evtl. unter Mitwirkung noch weiterer Kolloide, wie z. B. bei den Beizen- oder Lackfärbungen, in denen organische Kolloide wie Tannin oder anorganische wie Aluminiumhydroxyd mit in die Kolloidreaktion eintreten. Bei solchen Kolloidreaktionen pflegen rein chemische Prozesse weit zurückzutreten vor den Adsorptionsprozessen mit allen ihren möglichen sekundären Folgereaktionen, wie wir sie in einer früheren Vorlesung besprochen haben. Wie bei den einfacheren Adsorptionsprozessen haben wir auch bei der Aufnahme von Farb- und Gerbstoffen verschiedene einander koordinierte Fälle zu unterscheiden, bei denen einmal die elektrischen Verschiedenheiten zwischen Substrat und Adsorbendum, ein anderes Mal die Verhältnisse der Oberflächenspannung, ein drittes Mal chemische Beziehungen die Energiequelle für diese Adsorptionen bilden. Es finden sich daher in der Literatur nebeneinander elektrische, mechanische, chemische usw. Färbe- und Gerbetheorien, wobei indessen in der Regel der Fehler gemacht wird, diese verschiedenen Theorien in Gegensatz zueinander zu stellen. Wie wir bei der Besprechung der Adsorptionserscheinungen sahen, kann allein schon ein Adsorptionseffekt zweifellos auf ganz verschiedene Weise erreicht werden, wobei ein Adsorptionsprinzip völlig gleichwertig dem anderen ist.

Gestatten Sie mir, über die Beziehungen zwischen Kolloidchemie und Färberei, oder gleich noch allgemeiner, zwischen Kolloidchemie und Textilindustrie überhaupt, einiges Weitere zu sagen[1]. Wie typische Gallerten, zeigen Textilfasern Quellungserscheinungen nicht nur in Flüssigkeiten, sondern z. B. schon in Wasserdampf, so daß sie gelegentlich als Hygrometer benutzt werden können. Sehr bemerkenswert ist dabei, daß Fasern oft stärker in ihrer Dicke als in ihrer Länge quellen, so daß gelegentlich eine Verkürzung der Fasern bei starker Quellung eintreten kann. Ganz dieselbe Erscheinung beobachtet man übrigens auch bei tierischen Sehnen unter bestimmten Versuchsbedingungen (Ewald, O. Gerngroß, R. Katz usw.) und die Verkürzung von Schiffstauen usw. durch Anfeuchten ist ja ein bekannter summarischer Effekt einer solchen Anisotropie der Quellung. Bei der Einwirkung von Chlorwasser auf Wolle gibt es noch ganz spezielle Quellungserscheinungen in Form blasiger Anschwellungen der Faser (Reaktion von von Allwörden), eine Erscheinung, die zur Beurteilung der Geschmeidigkeit und Walkfähigkeit der Wolle benutzt wird.

Besonders bemerkenswerte Erscheinungen treten auf bei Behandlung von Textilfasern mit Säure und Alkali, wobei wir zunächst an Baumwolle, also an Zellulose, denken wollen. Ganz ähnlich wie bei Eiweißkörpern wird auch hier in Säure und Alkali von bestimmten Konzentrationen zunächst eine Quellungsvermehrung beobachtet; es ergibt sich eine Kurve allgemein von dem Aussehen, wie es in Abb. 38, S. 218 schematisch wiedergegeben wurde. Wäscht man Säure und Alkali wieder aus, so ergeben sich aber bei der Baumwollfaser sehr interessante irreversible Änderungen. Durch Alkalibehandlung in gespanntem Zustande entsteht die merzerisierte Baumwolle, durch Säurebehandlung (besonders durch bestimmte Säuregemische) entsteht aus gewöhnlichem Papier das sog. Pergamentpapier. Bekannt sind nicht nur die optischen Effekte, wie sie etwa die merzerisierte Baumwolle gegenüber der gewöhnlichen zeigt, sondern auch die erheblich bessere Aufnahmefähigkeit für Farbstoffe. Fragt man nach der Theorie dieser irreversiblen Zustandsänderung, so ist die billigste Erklärung natürlich die der

[1] Vgl. den zitierten Aufsatz von R. Auerbach in Liesegangs Kolloidchem. Technologie (1927), von dem im folgenden mehrfach Gebrauch gemacht wird.

Annahme einer chemischen Veränderung. In der Tat sprechen auch Versuche von W. Vieweg, B. Rassow und M. Wadewitz, P. Karrer, F. Dehnert und W. König u. a.[1]) in diesem Sinne. Freilich ergeben sich vom rein chemischen Standpunkte auch allerlei Schwierigkeiten; das Alkali kann quantitativ aus der Zellulose ausgewaschen werden, die Molenverhältnisse sind keineswegs immer konstant und ganzzahlig, die Alkaliaufnahme wird kleiner bei höherer Temperatur, sie verläuft außerordentlich schnell usw., alles Punkte, die, wie Sie selbst sehen, auffällig an normale Adsorptionsvorgänge erinnern. Freilich ist als Spezialität dieser Adsorptionsvorgänge noch hervorzuheben, daß während der Adsorption offenkundig eine Vergrößerung der adsorbierenden Oberfläche stattfindet. Denn eine einmal mit Alkali behandelte Zellulose behält ein höheres Adsorptionsvermögen nicht nur für Alkali, sondern auch für andere gelöste Stoffe. Übrigens ist R. O. Herzog[2]) in einer soeben erschienenen Arbeit zu dem Schluß gelangt, daß die Röntgenoskopie des Merzerisationseffekts eindeutig auf eine physikalische und nicht auf eine chemische Strukturänderung bei dieser Alkalibehandlung hinweist.

Vielleicht noch offenkundiger sind die Beziehungen der Kolloidchemie zu den künstlichen Textilfasern, also zu den verschiedenen Kunstseiden. Es ist allgemein bekannt, wie ganz erstaunlich die wirtschaftliche Entwicklung gerade dieser Kolloidindustrie im letzten Jahrzehnt zugenommen hat. Aus einem technologischen Kuriosum ist die Kunstseide zu einem Artikel des täglichen Bedarfs geworden und aus wenigen Spezialfabriken vor ca. 20 Jahren ist heute eine internationale Milliardenindustrie geworden[3]). Ja bei genügend weiter Fassung des technischen Problems: nicht nur Nachahmung und Ersatz natürlicher Faserstoffe durch künstliche, sondern Erzeugung überwertiger künstlicher Textilfasern (etwa im Sinne der Erzeugung hochwertiger Metalllegierungen gegenüber den einfachen Metallschmelzen früherer Perioden), in diesem Sinne stellt das Problem der synthetischen Fasererzeugung eines der größten wirtschaftlichen Probleme dar, deren Lösung wir uns

---

[1]) Literaturzusammenstellung bei den letzgenannten Autoren in der Zeitschrift Zellulosechemie **5**, 107 (1924); **6**, 1 (1925). Siehe auch R. Lorenz, Theorie und Praxis der Harzleimung, Habilitationsschrift Tharandt (1924); auch erschienen im Wochenblatt für Papierfabrikation (1925).

[2]) R. O. Herzog, Ber. d. dtsch. chem. Ges. Februarheft (1927).

[3]) Das beste neuere Werk über Kunstseide ist das von V. Hottenroth, Die Kunstseide. Chemie und Technik der Gegenwart (Walter Roth), Bd. 6. (Verlag S. Hirzel, Leipzig.) Weitere neuere Arbeiten über Viskose von kolloidchemischen Gesichtspunkten aus von R. O. Herzog und Mitarbeitern, T. Mukoyama usw. in den letzten Bänden der Koll.-Ztschr.

im nächsten Jahrhundert vorstellen können. Die Synthese künstlicher Farbstoffe und Heilmittel ist ein wirtschaftlich unbedeutendes Problem gegenüber dem hier vorliegenden. Das Problem der Synthese hochwertiger Fasern ist wirtschaftlich mindestens von der Größenordnung der Luftstickstoffgewinnung, der Kohlenverflüssigung oder des Motors, der mit noch konzentrierterer chemischer Energie betrieben wird als die Kohlenwasserstoffe sie darstellen, also des bekanntlich schon von Zola in seinem Roman „Paris" erträumten Motors mit Explosivbetriebsstoffen. Denn wohlgemerkt handelt es sich nicht etwa darum, natürliche Produkte wie etwa Baumwolle nachzuahmen, sondern letzten Endes neue Fasern zu schaffen, sowohl mit anderen als auch mit technisch wertvolleren Eigenschaften, verglichen mit den natürlichen Produkten. Die Synthese menschlicher Nahrungsmittel wird vermutlich am schwersten und am spätesten ausgebildet werden. Trotz aller Intensivierung der Landwirtschaft wird im Laufe der Jahrhunderte der Boden für den Anbau von Nahrungsmitteln knapp werden. Die ungeheuren Landstrecken, auf denen heute Baumwolle wächst, werden einmal für Ernährungszwecke gebraucht werden. Es gehört nicht viel Phantasie dazu, anzunehmen, daß bis dahin die Kolloidindustrie der künstlichen Fasern soweit fortgeschritten sein wird, daß dieser Wechsel leicht, vermutlich sogar beschleunigt vollzogen werden kann. Es gibt wenig Gebiete der technischen Kolloidchemie von derartig weiter und gleichzeitig höchst wirtschaftlicher realer Bedeutung wie das vorliegende, wenig Gebiete auch, in denen die dominierende Rolle der Kolloidchemie gegenüber anderen Zweigen der Physik und Chemie so offenkundig ist, wenige Gebiete auch, für die junge wie alte Kolloidchemiker sich so begeistern können, wenn sie diese Fragen und Möglichkeiten nur einmal recht ins Auge gefaßt haben.

Von Einzelheiten sei ganz kurz folgendes erwähnt: Alkalizellulose geht mit Schwefelkohlenstoff (ähnlich übrigens wie Alkaligelatine) eine sehr bemerkenswerte Verbindung ein, die den Namen Viskose erhalten hat. Aus dieser Viskose wird heute der Hauptanteil der künstlichen Seide hergestellt. Wie schon der Name sagt, zeigt die Viskose das Hauptcharakteristikum hydratisierter Emulsoide, die hohe Viskosität, in ausgesprochenstem Maße. Sie zeigt aber auch die speziellen Viskositätsanomalien, wie sie als Geschwindigkeitsfunktion der Viskosität früher als charakteristisch für kolloide Lösungen mit Strukturviskosität erwähnt wurden (siehe Vortrag II). Die Lösungen gelatinieren spontan, d. h. mit der Zeit und zeigen dann ausgesprochen die Erscheinung der Synäresis (siehe Abb. 19, S. 90). Die frisch hergestellten Lösungen müssen altern oder reifen, bis sie die optimale Viskosität, aber auch optimale Koagulationsfähigkeit für den Spinnprozeß erreichen, die Schnelligkeit dieser inneren Zustandsänderung wird durch mannigfaltige Zusätze beeinflußt, der zunächst flüssige Faden muß koaguliert werden, wobei die Patentliteratur eine derartige Fülle verschiedener Koagulationsverfahren enthält, daß die Koagulationsprozesse der Viskose wohl zu den beststudierten Koagulationsvorgängen dieser Art von Kolloiden überhaupt gehören — die weiteren inneren Zustandsänderungen, welche diese Gele durchmachen und die zum Brüchigwerden des Fadens führen, müssen verhindert werden, die Quellbarkeit in Wasser oder auch in Dampf und die auch damit parallel gehende Schwächung der Faser im Gebrauch muß möglichst reduziert werden —, kurz die ganze Industrie zeigt eine ununterbrochene Folge kolloidchemischer Prozesse. Zu erwähnen ist ferner, daß auch andere Zelluloseverbindungen resp. ihre Lösungen im gleichen Sinne verarbeitet werden wie z. B. die Lösungen in dem gleichfalls kolloiden oder doch mindestens hochkomplexen Kupferoxydammoniak, oder von Zelluloseazetat in niedrig siedenden organischen Lösungsmitteln, daß aber auch aus Gelatinelösungen Seide hergestellt wird, wobei natürlich wieder andere Koagulationsverfahren nötig sind usw. Übrigens ist auch die merkwürdige Hydrodynamik fadenziehender Flüssigkeiten überhaupt ein Problem, das vom theoretischen oder rein wissenschaftlichen Standpunkt höchster Beachtung wert erscheint, namentlich da es auch in anderen Gebieten angewandter Kolloidchemie — man denke an die haarfeinen Pseudopodien mancher Radiolarien — in Erscheinung tritt.

Soviel über die Substrate der Färbung, die Textilgele. Aber auch die Farbstoffe, ihre Lösungen und ihre Eigenschaften, können heute nicht mehr allein chemisch oder allein vom Standpunkte der Theorie der molekulardispersen Lösungen betrachtet werden. Schon bei der Auflösung, der Herstellung der technischen Lösungen, zeigen sich allerlei Besonderheiten, wie Verschiedenheit der Gleichgewichtskonzentration, d. h. der in Lösung gegangenen Menge je nach Beschaffenheit des Ausgangsstoffes (grobes Pulver oder kolloider Teig), je nach der Temperaturvorbehandlung, der Menge des Bodenkörpers, der Gegenwart anderer Stoffe z. B. Elektrolyte usw. So scheinen Neutralsalze statt des bekannten löslichkeitserniedrigenden Einflusses höherer Konzentrationen in kleinen Konzentrationen umgekehrt eine löslichkeitssteigernde Wirkung zu haben (R. Haller), was z. B. der Peptisation des Globulins durch Neutralsalze, allgemein den „Aufladungspeptisationen" entsprechen würde. Ferner werden sowohl Löslichkeit als auch

Dispersitätsgrad nicht nur durch höhere Temperaturen oft sehr stark erhöht, sondern bei sauren und substantiven Farbstoffen auch durch sehr kleine Mengen Alkali, während für basische Farbstoffe in bezug auf letzteren Punkt das Umgekehrte gilt. Vor allen Dingen aber läßt sich in bezug auf den Dispersitätsgrad z. B. durch quantitative Diffusionsmessungen zeigen, daß sich technische Farbstofflösungen über das ganze Gebiet der Dispersoide verteilt vorfinden, wobei allerdings die Mehrzahl gerade zwischen den typisch molekularen und kolloiden Dispersionen liegt, und wobei der Dispersitätsgrad schon durch relativ kleine Änderungen der Bedingungen — Temperatur oder Konzentration — stark variieren kann. Von allgemeineren Regelmäßigkeiten sei erwähnt, daß statistisch gesprochen, die basischen, positiv geladenen Farbstoffe durchschnittlich höher dispers in Lösung gehen, als die sauren und substantiven negativ geladenen Farbstoffe (R. Auerbach). Die letzteren zeigen unter sich noch feinere Unterschiede im Dispersitätsgrade, die eng mit ihrem färberischen Verhalten gegenüber Wolle zusammenhängen. So entspricht ihre technische Unterteilung in Egalisierungs-, saure und schwach saure Farbstoffe der Reihenfolge ihrer Dispersität, derart, daß die erstgenannten die höchstdispersen, die zuletzt genannten die geringstdispersen sauren Farbstoffe repräsentieren. An diese schließen sich dann die auch zur Wollfärbung benutzten substantiven Farbstoffe mit ihrem durchschnittlich noch geringeren Dispersitätsgrad an. Ohne es zu wissen und zu wollen ist also von rein chemischer und technologischer Seite hier eine Klassifikation rein empirisch durchgeführt worden. die einer kolloidchemischen Klassifikation im engsten Sinne, entsprechend kleinen Variationen des Dispersitätsgrades entspricht.

Der Dispersitätsgrad spielt aber eine ganz besonders auffällige Rolle noch in folgender Hinsicht. Von R. Haller wurde wohl zuerst die Aufmerksamkeit auf die Tatsache gelenkt, daß zwischen den einzelnen Textilfasern und den verschiedenen Farbstoffen eine bemerkenswerte Beziehung besteht derart, daß jede Faser sich nur mit Farbstoffen bestimmten Dispersitätsgrades gut anfärbt. Es besteht ein ganz bestimmtes Verhältnis zwischen den verschiedenen Textilgelen und dem Dispersitätsgrad der Farbstoffe, die eine optimale Färbung ergeben. So sprechen animalische Fasern, wie Wolle, durchschnittlich erst auf viel höher disperse Farbstoffe an als Baumwolle. Besonders interessant ist aber, daß man durch Variation der Temperatur und durch Zusatz von dispersitätsbeeinflussenden Elektrolyten in der Technik diese genaue Einstellung des Dispersitätsgrades auf die betreffende Faser noch viel feiner zu regulieren pflegt. So hat z. B. die Einteilung der substantiven Baumwollfarbstoffe in kalt- und heißziehende offenkundig kolloidchemische Ursachen. Kaltziehende Farbstoffe sind solche, bei denen der optimale Färbungsdispersitätsgrad schon bei gewöhnlicher Temperatur vorliegt. Heißziehende Farbstoffe sind solche, bei denen dieser Wert erst bei höherer Temperatur auftritt. Im Durchschnitt ist also der Dispersitätsgrad kaltziehender Farbstoffe bei Zimmertemperatur höher als derjenige der heißziehenden, wie man aus Diffusionsmessungen bei Zimmertemperatur auch direkt entnehmen kann. Dieser dispersitätssteigernde Einfluß der Temperatur geht so weit, daß die bei 20° höchstdispersen substantiven Farbstoffe (z. B. Heliotrop 2 B oder Erika BN) einen ausgesprochen negativen Temperaturkoeffizienten ihres Färbevermögens gegenüber Baumwolle besitzen, weil durch jede Temperaturerhöhung bei diesen Farbstoffen eine noch weitere Abweichung ihres Dispersitätsgrades vom optimalen erfolgt. Umgekehrt besitzen diese Farbstoffe einen positiven Temperaturkoeffizienten gegenüber Wolle, ganz entsprechend obiger Angabe, daß der optimale Färbedispersitätsgrad bei Wolle viel höher liegt als bei Baumwolle, so daß er bei den genannten Farbstoffen für Wolle erst bei höheren Temperaturen erreicht wird (R. Auerbach). Ich weiß nicht, ob die übliche, rein chemische Betrachtungsweise der Färberei für diese und ähnliche Merkwürdigkeiten eine Erklärung gegeben oder auch nur versucht hat. Man sieht auf der anderen Seite, wie die kolloidchemische Auffassung nicht nur neue große systematische Linien durch das ganze Gebiet zieht, sondern auch für solche spezielle Fragen wie für die Verschiedenheit des Temperaturkoeffizienten bei verschiedenen Färbungen eine Antwort weiß.

Variationen des Dispersitäts- und Solvatationsgrades spielen aber beim Färbungsvorgang selbst eine Rolle, bei dem eine richtige „Dispersitätsgradführung“ oft entscheidend ist. Es ist einleuchtend, daß ein Farbstoff in höher dispersem Zustande leichter eindringen wird, aber auch leichter wieder ausgewaschen werden kann, wenn wir diese rein räumliche Seite der Färbung zunächst in Betracht ziehen. Durch Abkühlung während der Färbung, besonders aber durch Zusatz koagulierender Salze wie Kochsalz oder Natriumsulfat können offenbar Teilchenvergröberungen herbeigeführt werden, die den Farbstoff gleichsam in der Faser einsperren. Auch hier besteht offenbar ein Optimum; ist der Salzzusatz zu groß, so findet schon außerhalb der Faser eine zu große Herabsetzung des Dispersitätsgrades der Farbstofflösung statt.

Fragt man nun nochmals nach den Kräften, welche diese Vereinigung von Farbstoff und Faser zu Wege bringen, so kann ich nur nochmals mit Nachdruck auf das früher Gesagte hinweisen, daß es bestimmt nicht möglich ist, ein einziges Prinzip für alle Färbevorgänge verantwortlich zu machen. Es gibt garantiert rein chemische Färbevorgänge, z. B. unter Salzbildung oder Substitution von Fasermaterial und Farbstoff, es gibt aber auch garantiert Färbevorgänge, bei denen chemische Affinitäten im gewöhnlichen anerkannten Sinne nicht in Frage kommen. Manche Färbevorgänge z. B. die substantive Baumwollfärbung zeigen so außerordentlich weitgehende Übereinstimmung z. B. mit der unspezifischen Adsorption von Farbstoffen durch Kohle, daß man wissentlich die Augen schließen müßte, wenn man diese Übereinstimmung nicht zum Verständnis heranziehen wollte. In anderen Fällen sind Beziehungen zu festen Lösungen, also zur Verteilung eines Stoffes zwischen zwei Phasen naheliegend. Man kann aber nicht z. B. aus einer annähernden Konstanz des Verteilungsverhältnisses zwischen Lösung und Faser schließen, daß die betreffenden Vorgänge darum keine Adsorptionen sind, wie dies neuerdings geschieht[1]). Denn erstens gehorcht fast die Mehrzahl von normalen Verteilungsgleichgewichten selbst nicht dem linearen Verteilungssatz von Henry[2]), und zweitens nähert sich der sog. Adsorptionsexponent auch bei typischen Adsorptionen an Kohle dem Werte eins, ja wird gelegentlich recht genau gleich eins, wenn sehr viel Adsorbens einer sehr verdünnten Lösung gegenübersteht, wie wir es gerade bei Färbungen häufig vor uns haben (A. Fodor)[3]). In wieder anderen Fällen spielt der elektrische Ladungssinn bei der Färbung eine anscheinend ausschlaggebende Rolle (W. Harrison, R. Keller). Es wird eine der wichtigsten Aufgaben der künftigen

[1]) Siehe z. B. K. H. Meyer, Die Naturwissenschaften (Februar 1927); daselbst frühere Literatur. Auch die hier gegebenen Versuche über Säurebindung durch Wolle, die zu einem konstanten, also anscheinend stöchiometrischen Verhältnis bei verschiedenen Säuren führen, scheinen dem Verfasser nicht entscheidend zu sein. Denn das für diese Zahlen benutzte Adsorptionsmaximum bei mittleren Säurekonzentrationen wird vermutlich nicht nur seine Höhe sondern auch seine Lage stark verändern bei variierender Temperatur und vor allen Dingen bei variierender Menge Adsorbens, d. h. Wolle gegenüber dem Volum der Säurelösung. Es müßte zunächst gezeigt werden, daß solche Variationen des Adsorptionsmaximums bei verschiedenen Säuren wiederum gleichgroß sind. Ferner ist zu berücksichtigen, daß Lage und Höhe des Adsorptionsmaximums stark abhängig sind von der gleichzeitigen Aufnahme von Lösungsmittel, also der Quellung (Wo. Ostwald und R. de Jzaguirre, Koll.-Ztschr. 30, 279 [1922]) und daß nur bei gleich stark quellenden Säuren die gebundenen Säuremengen bei der üblichen Analyse miteinander vergleichbar scheinen usw.

[2]) Siehe z. B. Wo. Ostwald und R. de Izaguirre, loc. cit. 304.

[3]) A. Fodor, Koll.-Ztschr. 31, 75 (1922); daselbst frühere Arbeiten.

Theorie der Färbevorgänge sein, diese verschiedenen Prinzipien herauszuschälen, besonders typische Beispiele für sie aufzufinden, und dann erst diese verschiedenen Prinzipien zu koordinieren und zu kombinieren zur Erklärung vorgelegter komplexer technischer Färbeprozesse. —

Ein großer Teil des eben Gesagten gilt nun auch für die Gerbeprozesse, wobei Textilfaser und tierische Haut oder Hautfibrillen, Farbstoffe und Gerbstoffe einander analog gesetzt werden können. Verschieden ist freilich der angestrebte Gesamteffekt, der beim Färben ja hauptsächlich ein optischer, beim Gerben hauptsächlich ein mechanischer ist. Nicht nur die Aufnahme und Bindung von Gerbstoff, sondern die gleich zu besprechenden kolloidchemischen oder kolloidphysikalischen Änderungen des Substrats, der Haut selbst, sind kennzeichnend für den Gerbvorgang und können mit sehr verschiedenen Mitteln erreicht werden. Ferner spielt die Irreversibilität der Änderungen, welche die Hautfaser bei einem kunstgerechten Gerben erfahren, die Gerbeechtheit, eine noch größere Rolle als die Farbechtheit. Was die Kräfte anbetrifft, mit denen Gerbstoffe von der Haut festgehalten werden, so gilt genau wieder das oben beim Färben Gesagte: Neben typischen Adsorptionen mit ihren typischen Folgeerscheinungen[1]) (Koagulationen, Polymerisationen usw. der adsorbierten Stoffe) finden wir Vorgänge mit unzweifelhaft spezifischem, chemischen Charakter wie etwa die Formaldehydgerbung, wobei freilich auch hier daran erinnert werden muß, daß Gelatine frisch gebundenes Formaldehyd fast quantitativ beim Erwärmen wieder abgibt[2]), so daß auch hier einer primären adsorptionsgemäßen Bindung eine sekundäre chemische Verankerung zu folgen scheint, wofür das so leicht polymerisierbare Formaldehyd ja besonders geeignet ist. Oft wird man in praktischen Fällen mit derartigen Kombinationen zu rechnen haben, und es kann heute noch nicht oft genug betont werden, daß Färben und Gerben keine wissenschaftlichen Erscheinungen sondern vielmehr technische Effekte sind, die nach ganz anderen Gesichtspunkten beurteilt werden müssen als etwa Adsorption und Koagulation definierter Gele und Sole im Laboratorium des wissenschaftlichen Kolloidchemikers.

Fragt man den Kolloidchemiker, welches von seinem Gesichtspunkte aus die Hauptunterschiede zwischen Haut und Leder sind, so würde er vielleicht folgendes hervorheben: Haut und Leder sind zunächst beide grobdispers strukturierte „gewachsene" Gelmassen, d. h. Aggregate faserförmiger Leim- und anderartiger Eiweiß-

[1]) Vgl. J. von Schroeder, Kolloidchem. Beih. 1, 1 (1909).

[2]) L. Reiner und A. Merton, Koll.-Ztschr. 32, 273 (1923).

gele in jener eigentümlichen Anordnung, wie sie zunächst durch den anatomischen Bau der Haut gegeben sind. In der ungegerbten Haut sind diese Gelfasern miteinander verkittet und stark wasserhaltig. Im Leder finden sich die Fasern dagegen zu einem mittleren optimalen Grade voneinander isoliert und gleichzeitig stark dehydratisiert oder auch koaguliert, was hier dasselbe bedeuten würde. Je nachdem ob sich diese Dehydratation oder Koagulation nur auf die histologischen grob dispersen Hautelemente, die Fibrillen, oder auch auf das nur ultramikroskopisch strukturierte Innere der Faser, also auf die Eiweißgele selbst erstreckt (man denke z. B. an die Gerbung einer Gelatinegallerte), kann man eine „Fibrillargerbung" und eine „Mizellargerbung" unterscheiden. Bei einem regelrechten technischen Gerbevorgang werden beiderlei Vorgänge angestrebt. Betrachten wir kurz die wichtigsten Stadien und Einzelverfahren der Gerbung unter diesem kolloidchemischen Gesichtspunkte, so finden wir, daß z. B. die Vorbereitung der Haut durch „Schwellen" in Säuren, vorzugsweise organischen Säuren, offenbar darauf hinauskommt, zunächst die einzelnen Fasern sich möglichst „auswickeln" zu lassen. Die beim Trocknen noch inniger gewordene Verkittung der Fasern wird wieder gelockert, vielleicht wird sogar ein Teil der Kittsubstanz hydrolysiert und damit herausgelöst. Gleichzeitig wird aber durch diese Auflockerung den Gerbstoffen der Weg freigemacht und ihnen eine größere Angriffs- z. B. Adsorptionsfläche dargeboten. Denn eine vollständige „Durchgerbung" setzt zunächst voraus, daß alle Fibrillenoberflächen vom Gerbemittel berührt werden. Auch die darauf folgende Aufnahme des Gerbstoffes wird durch die Quellung der einzelnen Fasern erleichtert geradeso, wie ja auch die Farbstoffaufnahme von Baumwolle durch Merzerisation, d. h. Lockerung durch Quellung mit Alkali vielfach begünstigt wird. Nun tritt bei der Gerbung die zweite Gruppe von Zustandsänderungen ein: Die Gelfasern werden koaguliert, d. h. in eine gröber disperse Form unter gleichzeitiger Wasserabgabe übergeführt. Die Kunst der technischen Verfahren besteht dabei u. a. darin, daß diese Koagulation einerseits nicht wieder zu einer Verkittung der isoliert gewesenen Fasern führt — dies geschieht z. B. häufig bei der Gerbung mit Eisensalzen —, andererseits nicht so weit geht, daß die Fasern allen Zusammenhang miteinander verlieren, so daß das Leder „übergerbt", d. h. brüchig wird. Offenbar paßt diese kolloidchemische Definition der Gerbung als einer „beschränkt auflockernden Koagulation der Hautfasern" auch für solche „physikalische" Gerbeverfahren wie das der Sämischgerbung, bei welchem durch mechanisches Einführen von Ölen und Fetten in die Haut ebenfalls die Fasern voneinander isoliert und sei es mechanisch durch Ausquetschen, sei es kolloidchemisch durch Einwirkung der wohl stets vorhandenen Oxydationsprodukte der Fette koaguliert und entwässert werden. Der Kolloidchemiker wird ferner darauf hinweisen, daß das Minimum der Hydratation oder das Optimum einer entsprechenden Koagulation meist im isoelektrischen Gebiete, oder besser: im isoelektrischen Zustande der Hautfasern auftritt, so daß, kolloidchemisch gesprochen, dieser Zustand zum Schlusse des gerberischen Koagulationsprozesses angestrebt und fixiert werden muß. Natürlich wird dieser isoelektrische Zustand je nach Art der Blöße und des Gerbeverfahrens bei verschiedener H-Ionenkonzentration eintreten. Schließlich ist für den gewünschten technischen Effekt noch wichtig das Vorhandensein einer genügenden Gleitfähigkeit der gegerbten Fibrillen aneinander, die äußerlich in der Geschmeidigkeit des Leders zum Vorschein kommt. Ergibt die betreffende Gerbung diese Gleitfähigkeit nicht von selbst, so muß durch allerlei fetthaltige Schmieren und durch mechanische Behandlung (Walken, Strecken, Ziehen, Läutern usw.) diese Gleitfähigkeit der Fibrillen aneinander noch nachträglich herbeigeführt werden.

Es ist einleuchtend, daß ein näheres Studium der Mizellargerbung nicht nur an Gelatinesolen, sondern auch an Gelatinegelen mit und ohne Säure und mit den verschiedensten Gerbemitteln einen wichtigen Teilprozeß der technischen Gerbung herauslösen und einer schärferen Untersuchung zugänglich machen würde. Solche Untersuchungen sind auffällig wenig angestellt worden im Vergleich zu der bekannten Tatsache, daß Fällung mit Gelatine als sinnfälligstes kolloidchemisches Kennzeichen einer Gerbstofflösung angesehen wird[1]. Auf der anderen Seite darf aber nicht vergessen werden und geht auch aus dem vorher Gesagten nochmals hervor, daß solche Untersuchungen eben nur einen Teilvorgang des ganzen technischen Prozesses betreffen würden und daher nicht anders für das technologische Problem bewertet werden dürfen als etwa Versuche über Farbstoffadsorption an Kohle für das technische Färbeproblem. —

Eine weitere typische Kolloidindustrie ist die Kautschukindu-

---

[1]) Von neueren Untersuchungen an Gelatinesolen wüßte der Verfasser nur die allerdings inhaltsreichen Arbeiten von R. Wintgen und Mitarbeitern zu nennen (siehe z.B. Koll.-Ztschr. **34**, 289 [1924]; **36**, 389 [1925]; **40**, 136 [1926]), während systematische Gerbeversuche von Gelatinegelen unter gleichzeitiger Messung mechanischer Eigenschaften wie Reißfestigkeit, Elastizität usw. anscheinend noch nicht angestellt worden sind.

strie[1]). Schon bei der Bereitung des Rohkautschuks finden wir eine Fülle kolloid- und dispersoidchemischer Vorgänge. Der Kautschuk erscheint als Latex in Form einer groben polydispersen Dispersion mikroskopischer Tröpfchen in einem eiweiß- und harzhaltigen wäßrigen Serum. Ganz analog wie bei der tierischen Milch ist auch hier anzunehmen, daß dieses Eiweiß die Kautschukkügelchen mit einer Adsorptionshülle, d. h. mit einer sog. „Haptogenmembran" umgibt. Dieses Eiweiß spielt vielleicht neben dem Harz eine Rolle nicht nur bei der Koagulation des Latex, sondern auch bei den als „Nerv" charakterisierten mechanischen Eigenschaften des fertigen Kautschuks. Das Eiweiß scheint in manchen Fällen von der Art des Globulins zu sein, da der Latex schon durch Kohlensäure und auch durch destilliertes Wasser koaguliert wird. Beide Verfahren sind aber typische Koagulationsmethoden für Globuline. Auch alle die übrigen sehr verschiedenartigen Koagulationsmethoden des Kautschuks wirken, soweit bekannt, eiweißfällend, so daß die geeignete Koagulation der letzteren ein Hauptmoment bei der Latexaufbereitung zu sein scheint[1]). Übrigens zeigt die Koagulation der negativ geladenen Latexzellen das typische Koagulationsphänomen der sog. „unregelmäßigen Reihen". Während Säuren bis zu gewissen mittleren Konzentrationen flocken, laden sie bei höheren Konzentrationen die Latexzellen um, woraufhin wiederum ein Stabilitätsgebiet folgt[2]). Diese Erscheinung ist wiederum typisch für die Koagulation negativer Harzdispersoide, z. B. der Mastixsole, so daß neben dem Eiweiß wohl auch eine adsorbierte Schicht von Harzteilchen für die Theorie der Koagulationsvorgänge herangezogen werden muß. Desgleichen ist es nicht verwunderlich, daß Kautschuk auch auf elektrischem Wege, durch Elektrophorese koaguliert werden kann (F. Cockerill, Sheppard und Eberlein, P. Klein und A. Szegvari usw.).

---

[1]) Die neueren Arbeiten über Kautschukchemie speziell vom kolloidchemischen Standpunkte aus finden sich fast vollständig im Original oder referiert in der Koll.-Ztschr. und den Kolloidchem. Beih. (C. O. Weber, Wo. Ostwald, F. W. Hinrichsen, B. Bysow, D. Spence, R. Ditmar, P. Schidrowitz, O. de Vries, A. van Rossem, J. G. van Iterson, F. Kirchhof, M. Le Blanc und M. Kröger, H. Pohle, E. A. Hauser, P. Klein, H. Feuchter, L. Hock, R. Katz usw.). Neuere zusammenfassende Darstellungen unter Berücksichtigung des kolloidchemischen Gesichtspunktes geben E. A. Hauser in Liesegangs Kolloidchem. Technologie (1927) und F. Kirchhof, Fortschritte in der Kautschuktechnologie (Th. Steinkopff, Dresden 1927).

[2]) O. de Vries, Proc. Royal Acad. Amsterdam **26**, 675 (1923); W. N. C. Belgrave, Malay. Agric. Journ. **11**, 363 (1923); O. de Vries, und N. Beumée-Nieuwland, Arch. v. d. Rubbercultuur **10**, 548 (1926).

Größe und Gestalt der Latextröpfchen variieren stark nicht nur bei verschiedenen Latexarten, sondern auch bei ein- und derselben Art. Manihotlatex zeigt z. B. ausgesprochene stäbchenförmige Teilchen, Hevealatex birnförmige oder sogar geschwänzte Zellen. Untersuchungen mit dem Mikromanipulator haben gezeigt (E. A. Hauser), daß z. B. die Latexzellen von Hevea eine relativ zähe Zellmembran und einen zähflüssigeren Zellinhalt besitzen, welch letzterer bei der Koagulation oder dem Eintrocknen übrigens seinerseits zu einer Gallerte erstarrt. Eine solche Latexzelle ist also aus physikalisch oder kolloidchemisch, vielleicht aber auch chemisch verschiedenen Kautschukbestandteilen aufgebaut, ein Schluß, der in allgemeiner Form schon lange diskutiert wird. Ich selbst habe die speziellere Anschauung entwickelt[1]), daß diese verschieden stark aggregierten, kondensierten, polymerisierten usw. Kohlenwasserstofffraktionen in besonderer Ordnung in der Latexzelle verteilt sind derart, daß die Außenschicht vorwiegend aus dem polymeren Anteil, der Inhalt vorwiegend aus der enomeren Fraktion besteht. Die mikrurgischen Resultate Hausers sprechen, wie Sie sehen, durchaus für die Richtigkeit dieser Theorie. Wir werden auf den Punkt noch später zu sprechen kommen.

Eine weitere typische Kolloiderscheinung finden wir beim frisch koagulierten Kautschuk in dem „Ausschwitzen" eines wäßrigen Serums aus den Koagelmassen. Es ist dies nichts anders als ein typischer Fall von technischer Synäresis.

In einem kunstgerecht hergestellten Rohkautschuk bleibt die zellulare Struktur, wie wir sie im Latex haben, weitgehend erhalten. Es findet wohl ein inniges Verkleben, vielleicht auch eine gewisse Deformation der Zellen bei der innigen Packung statt, vielleicht zerreißt auch stets ein gewisser Anteil der Zellen (z. B. bei den relativ leichtflüssigen Castilloazellen; E. Fickendey[2])), doch kann die Erhaltung der Individualität der Mehrzahl der Latexzellen auf mikroskopischem Wege nachgewiesen werden[3]). Noch wichtiger und keineswegs genügend bekannt ist die Tatsache, daß auch bei vorsichtiger Auflösung des unbearbeiteten Rohkautschuks in organischen Lösungsmitteln die Latexzellen zunächst intakt isoliert werden und in außerordentlich stark ge-

---

[1]) Siehe die früheren Auflagen dieses Buches. — Fraktionen von verschiedener Löslichkeit usw. sind neuerdings von H. Pummerer (Kautschuk 1926, 85) bei der Alkalibehandlung von Rohkautschuk isoliert und charakterisiert worden.

[2]) E. Fickendey, Koll.-Ztschr. 8, 43 (1910).

[3]) P. Schidrowitz, Koll.-Ztschr. 4, 87 (1909); L. B. Sebrell, C. R. Park und S. M. Martin, Journ. Ind. a. Eng. Chem. 17, 1173 (1925); E. Hauser, loc. cit.

quollenem Zustande als grobdisperse Gelkugeln nachzuweisen sind[1]. Es findet bei einer solchen Auflösung also nicht (oder doch nicht notwendigerweise) eine völlige Zerstörung der Zellstruktur, eine Cytolyse statt, sondern zunächst nur eine Histolyse, d. h. ein Zerfall des Kautschukgewebes in seine einzelnen Zellen.

Die Wichtigkeit dieses zellularen Aufbaus eines normalen Kautschuks scheint mir auch in der neueren Literatur noch vielfach unterschätzt worden zu sein. Man erkennt seine Rolle z. B. beim sog. Mastizieren des Kautschuks, seiner mechanischen Behandlung zwischen gewärmten Walzen. Aus dem formbeständigen elastischen Anfangszustand wird der Kautschuk hierbei in einen leicht deformierbaren oder plastischen Zustand vorübergehend gebracht, wie er zwecks Einverleibung verschiedener Zusätze für die technische Weiterverarbeitung Voraussetzung ist. Charakteristisch ist hierbei, daß bei unvorsichtigem Mastizieren insbesondere aber bei kaltem Mastizieren eine irreversible mechanische Änderung erfolgt. Der Kautschuk erreicht nicht wieder die ursprüngliche Elastizität, sein Nerv ist zerstört, er ist totgewalzt. Nach meiner Auffassung wird Kautschuk dann plastisch, wenn seine Latexzellen beginnen Gleitfähigkeit zu zeigen. Vielleicht im Gegensatz zur Mehrzahl der augenblicklich diskutierten Theorien über die Wirkungsweise des Mastizierens bin ich aber nicht der Meinung, daß beim kunstgerechten Walzen und Kneten des Kautschuks ein Zerreißen der Latexzellen bzw. gar eine Phasenumkehr usw. eintritt oder eintreten sollte. Vielmehr bedingt diese Prozedur zunächst nichts anderes als eine Lockerung oder (vorübergehende) „Entleimung" der einzelnen zusammengeklebten Latexzellen, etwa in dem Sinne (um ein drastisches Bild zu gebrauchen), wie man mit einem derben Glasstab zusammengeklebte Bonbons in einer Glasbüchse lockert. Erst beim Totwalzen z. B. bei niedrigerer Temperatur findet ein Zerbrechen oder Zerstören der Zellen, also eine Cytolyse statt, die zu einem ungeordneten Verschmelzen der Bruchstücke führt. Auch das gefürchtete „Leimigwerden" mancher Rohkautschuke scheint mir auf eine Erweichung der höher polymerisierten Zellmembranen und auf ein unregelmäßiges Verschmelzen des Zellinhalts zurückführbar zu sein.

Eine sehr interessante Erscheinung ist vor einigen Jahren von J. R. Katz[2]) am Rohkautschuk gefunden worden. Durchstrahlt man ein Stück

[1]) Siehe die in voriger Anmerkung genannten amerikanischen Autoren; daselbst reiche Literatur; ferner Wo. Ostwald, Koll.-Ztschr. **40**, 70 (1926).

[2]) Zusammenfassung mit zahlreichen Literaturangaben in Ergebn. d. Naturwissensch. (Berlin 1925) **4**, 154ff.; E. A. Hauser und H. Mark, Kolloidchem. Beih. **22**, 63, **23**, 64 (1926).

Kautschuk mit Röntgenstrahlen, so zeigt die photographische Platte zunächst nur das Röntgenbild eines amorphen Körpers. Dehnt man indessen das Stück und durchstrahlt es in diesem Zustande, so ergeben sich Interferenzflecke von der Art, wie sie Kristalle oder richtiger: aus Kristalliten aufgebaute Fasern z. B. Zellulosefasern zeigen. Es sieht so aus, als wenn der Kautschuk beim Dehnen „kristallisiert", wobei freilich diese „Kristallisation" momentan wieder verschwindet, wenn man die Spannung wieder aufhebt, das gespannte Stück quellen läßt, es einige Zeit erwärmt usw. Es sind verschiedene Versuche gemacht worden, diese merkwürdige Erscheinung zu erklären. Ich selbst habe die Auffassung entwickelt[1]), daß es sich hier um eine „akzidentelle Raumgitterbildung" handelt, die dadurch zustande kommt, daß der gelartige Inhalt der Latexzelle eine regelmäßige Netzstruktur hat, wie eine solche von O. Bütschli, W. B. Hardy und vielen anderen bei organischen Präparaten mikroskopisch gesehen worden ist, wie sie aber auch bei anorganischen Gelen, etwa von Eisenhydroxyd nach den Untersuchungen von H. Freundlich, H. Zocher und ihren Mitarbeitern angenommen werden kann. Im ungespannten Zustande sind die Netzmaschen zu weit, um Röntgeninterferenzen zu geben, die bekanntlich nur bei sehr kleinen Gitterabständen auftreten. Dehnt man aber den Kautschuk, was notwendig mit einer Deformierung der einzelnen Latexzellen verknüpft ist, so können die erforderlichen kleinen Abstände des Mizellargitters in der einfachen Weise entstehen, wie sie die beifolgenden schematischen Abbildungen (Abb. 41, a, b, c) andeuten. Jede einzelne Latexzelle wird zu einem faserförmigen Gitterkörper. Man erkennt unter anderem, wie diese Theorie zunächst die leichte Reversibilität verständlich macht. Aber auch eine Fülle weiterer Einzelheiten stimmt ausgezeichnet mit dieser Theorie überein, auf die ich hier nicht weiter eingehen will. Nur folgender Punkt sei noch kurz hervorgehoben, da er gelegentlich mißverstanden worden ist: Auch hier erscheint die notorische zellulare Struktur des Rohkautschuks wesentlich für den Vorgang. Durch Mastizieren, d. h. Zerstörung dieser Struktur, verschwindet der Effekt; desgleichen verschwindet er, wenn durch höhere Temperatur die Latexzellen zu gleiten beginnen, wenn der Kautschuk also plastisch wird. Auch bei der Mehrzahl der bisherigen synthetischen Kautschuke, die offenbar keine dem Naturkautschuk entsprechende zellulare Struktur haben, ist der Effekt nur schwach und nur bei sehr großen Deformationen zu finden (s. später). Es ist aber

[1]) Wo. Ostwald, Koll.-Ztschr. **40**, 59 (1926); daselbst weitere Literatur.

auf der anderen Seite vom Standpunkt dieser Theorie keineswegs ausgeschlossen, daß auch bei einem in seiner zellularen Struktur vollkommen zerstörten Kautschuk nachträglich eine ähnliche Zellularstruktur wieder entsteht oder geschaffen wird. Die Versuche von H. Pummerer, H. Feuchter u. a. zeigen, daß Kautschuk nicht nur wie die Mehrzahl aller Stoffe deutlich kristallisieren kann, sondern daß auch globulitische oder sphärolitische Niederschlagsformen des Kautschuks leicht möglich sind. Auch solche Systeme können natürlich bei Spannung analoge innere Deformationen und darum Röntgenbilder geben wie der natürliche zellulare Kautschuk. Ja im extremen Falle kann man sich auch eine nichtzellulare, aber von einem Mizellarnetz durchsetzte Masse vorstellen, bei deren Deformation die Netzmaschen „röntgendicht" aneinander gedrückt werden und darum einen Röntgeneffekt geben. Freilich würde ein solches nichtzellular strukturiertes System nicht die große Mannigfaltigkeit von Erscheinungen zeigen können, wie sie die Röntgenoskopie des natürlichen Kautschuks ergibt, sondern würde gleichsam nur ein Rudiment dieses Erscheinungskomplexes, allerdings den theoretisch einfachsten Fall darstellen.

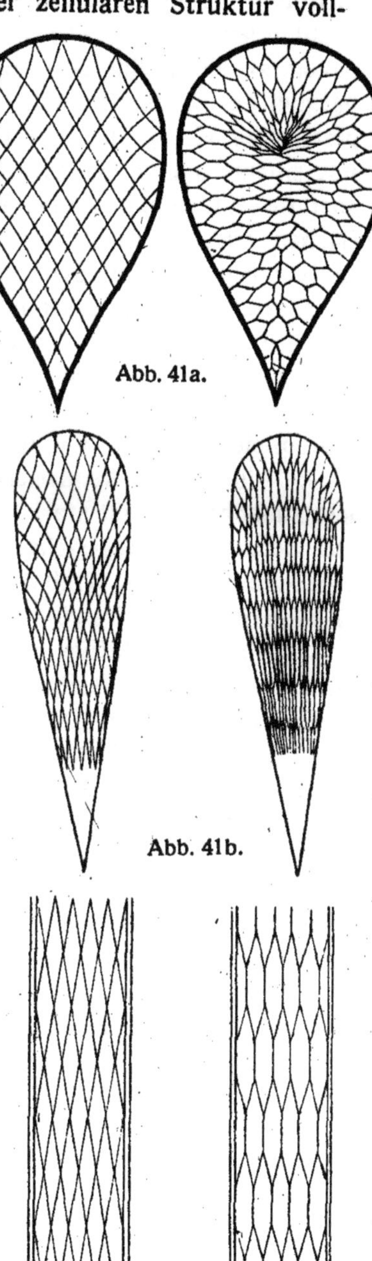

Abb. 41a.

Abb. 41b.

Abb. 41c.

Läßt man ein gespanntes Stück Kautschuk einfrieren, so bleiben die Röntgeninterferenzen so lange erhalten als die Spannung durch das Einfrieren bestehen bleibt. Der Mehrzahl der Kautschukforscher ist wohl auch bekannt — ich kenne diesen Versuch seit mehr als 20 Jahren —, daß es genügt, ein Stückchen Rohkautschuk durch mehrmaliges Auseinanderziehen zu erwärmen und dann in gespanntem Zustande unter der Wasserleitung abzukühlen (Dem.). Der Kautschuk wird ausgesprochen weiß und bekommt ein „seidiges" Aussehen, ein bekanntes Kennzeichen von parallel geordneter Faserstruktur. In der Tat spaltet sich gefrorener gespannter Kautschuk, wie L. Hock gezeigt hat, beim Zerschlagen mit einem Hammer in faserförmige Bruchstücke; während der ungespannte Kautschuk hierbei in Stücke mit muschelförmigen Bruchflächen zerfällt. Auch dieses Auftreten von Faserstruktur steht in bestem Einklang mit dem zellularen Aufbau und der Annahme eines Mizellarnetzes im Kautschuk.

Bei der zellularen Struktur des Rohkautschuks erscheint es einleuchtend, daß auch die physikalisch-chemischen Eigenschaften seiner Lösungen in organischen Flüssigkeiten vieldeutig und oft nur schwierig reproduzierbar sind. Die wichtigste Eigenschaft, und zwar wiederum die kolloidchemisch kennzeichnende Eigenschaft, die Viskosität, variiert zunächst äußerst stark mit der Art des betreffenden Kautschuks. Bei gleichmäßig hergestellten Solen (oder richtiger Dispersionen) geht eine hohe Viskosität symbat mit guten mechanischen Eigenschaften des Gels, ja mit denen des vulkanisierten Kautschuks, derart, daß gelegentlich sogar quantitative Beziehungen zwischen Viskosität und z. B. Bruchfestigkeit des fertigen technischen Produktes aufgestellt worden sind[1]). Ferner zeigen Kautschukdispersionen ausgesprochene Strukturviskosität[2]). Durch Mastizieren, namentlich stärkerer Art, wird die Viskosität stark herabgesetzt, Zugabe von Schwefelchlorür und ähnlichen „Vulkanisationsmitteln" — wir kommen auf diese Erscheinungen gleich näher zu sprechen — ergibt charakteristische viskosimetrische Entmischungskurven (M. Le Blanc und M. Kröger)[3]), wie wir sie früher schon kennengelernt haben oder auch „Gelatinierungszeiten", die mit der Dehnungsfähigkeit des technischen Produktes in enger Beziehung stehen[4]) usw. Andererseits wird durch Zusatz kleiner Säuremengen die Viskosität verringert (D. Spence[5]) u. a.). Wie gesagt sind manche dieser Ergebnisse heute noch nicht eindeutig darum, weil man bisher nicht darauf geachtet hat, wieweit die zellulare Struktur in solchen

---

[1]) van Heurn, Kolloidchem. Beih. **10**, 116 (1918).

[2]) Wo. Ostwald, Koll.-Ztschr. **36**, 113 (1925); derartige Messungen an möglichst unbehandelten Kautschukproben sollten wiederholt und erweitert werden.

[3]) M. Le Blanc und M. Kröger, Ztschr. f. Elektrochem. **27**, 335 (1921).

[4]) M. Le Blanc und M. Kröger, Koll.-Ztschr. **33**, 348 (1923).

[5]) D. Spence, Koll.-Ztschr. **14**, 262 (1914).

Lösungen noch erhalten ist. Daß übrigens das chemische Reinigungsverfahren des Kautschuks von H. Pummerer, die Behandlung mit heißer Natronlauge, auch besonders geeignet ist, eine Histolyse durch Verseifung von Harz und durch Hydrolyse von Eiweiß herbeizuführen, sei nur nebenbei bemerkt.

Sehr charakteristisch sind die Quellungsvorgänge am Kautschuk, die fast regelmäßig seiner „Auflösung" in organischen Flüssigkeiten vorangehen. Bekanntlich quillt Kautschuk nur wenig (immerhin deutlich[1])) in Wasser, außerordentlich stark aber in manchen organischen Flüssigkeiten wie Benzol oder Tetrachlorkohlenstoff. Versucht man irgendeine Beziehung zwischen dem Quellvermögen solcher Flüssigkeiten und einer physikalisch-chemischen Eigenschaft aufzustellen, so findet man einen unverkennbaren Zusammenhang mit der Dielektrizitätskonstante. Alle guten Quellmittel haben eine kleine, alle schlechten eine große Dielektrizitätskonstante[2]) und man kann sogar die einzelnen Werte um eine Kurve gruppieren, die der Funktion $\sqrt[n]{Q}\, D = k$ gehorcht, wobei Q das Quellungsvermögen, D die Dielektrizitätskonstante, k eine Zahlenkonstante ist und n einen Wert zwischen 2 und 3 hat. Es ist von Interesse, daß eine ganz ähnliche Beziehung von P. Walden für die Löslichkeit mancher Stoffe in organischen Lösungsmitteln aufgestellt worden ist. Freilich finden sich auch unverkennbare Ausnahmen von dieser Regel (so quellen gechlorte Kohlenwasserstoffe viel stärker als ihrer Dielektrizitätskonstante entspricht)[3]), so, daß offenbar noch ein weiterer Faktor für die Theorie herangezogen werden muß.

Von besonderer Wichtigkeit sind nun die Vorgänge der Vulkanisation, jene wichtigen physikalisch-chemischen Änderungen, die beim Erhitzen mit Schwefel oder Schwefelverbindungen vor sich gehen und die dem Kautschuk seine wertvollsten technischen Eigenschaften erteilen. Es sind bei diesen Vulkanisationsphänomenen mindestens dreierlei Prozesse zu unterscheiden, erstens die Aufnahme des Schwefels resp. der Schwefelverbindungen, zweitens die Fixierung desselben und drittens die Zustandsänderungen, die das Kautschukgel gleichzeitig mit diesen Prozessen erleidet. Über die Natur des ersten Vorgangs, der Schwefelaufnahme, wird noch in neuester Zeit lebhaft gestritten. Auf der einen Seite wird die Ansicht vertreten, daß es sich um einen typischen Adsorptionsprozeß handelt, während auf der anderen Seite das Auftreten

---

[1]) Siehe z. B. F. Kirchhof, Koll.-Ztschr. 35, 367 (1924).
[2]) Wo. Ostwald, Koll.-Ztschr. 29, 100 (1921).
[3]) M. Le Blanc und M. Kröger, Koll.-Ztschr. 33, 168 (1923).

solcher Phänomene gänzlich abgelehnt wird. Wieweit die Meinungen über diesen Punkt auseinandergehen, kann vielleicht am besten illustriert werden durch die Tatsache, daß in zwei fast gleichzeitig erschienenen Arbeiten der Verfasser der einen es als eine Selbstverständlichkeit bezeichnete, daß ein Kolloid wie der Kautschuk Adsorptionsphänomene zeigt, während der Verfasser der anderen Arbeit zu dem Schluß kam, daß auch nicht ein einziges Moment für das Auftreten von Adsorptionsvorgängen bei der Vulkanisation spräche. Da ich nun derjenige gewesen bin, welcher die Adsorptionsvorstellungen zuerst in der Theorie der Vulkanisation vertreten habe — obgleich ich diese Tatsache keineswegs für „selbstverständlich" angesehen habe, — so bekenne ich mich natürlich zu der Ansicht, daß die Aufnahme des Schwefels tatsächlich ein Adsorptionsvorgang ist, wie nicht nur aus der Gültigkeit der bekannten Konzentrationsfunktion für die bei verschiedenen Schwefelkonzentrationen gebundenen Schwefelmengen hervorgeht, sondern auch aus den Extraktionsversuchen von D. Spence, die umgekehrt die reziproke Funktion, die „Auswaschformel" für den freien Schwefel ergaben[1]). Desgleichen sei hervorgehoben, daß C. Harries, der sein Leben lang von rein organisch-chemischen Gesichtspunkten aus an Kautschukprobleme herangetreten ist, in seinen letzten Arbeiten[2]) unmißverständlich und unzweifelhaft zu dem Schluß gelangt ist, daß der primäre Vorgang bei der Schwefelaufnahme ein Adsorptionsvorgang ist.

Wie gesagt, ist die adsorptive Schwefelbindung sowohl nach meiner wie nach der Auffassung von C. Harries nur der primäre Vorgang bei der Adsorption und entspricht etwa der adsorptiven Bindung eines Elektrolyts bei der Fällung eines Sols. C. Harries u. a. nehmen eine auf die Adsorption folgende chemische Vereinigung wenigstens eines Teils des vorher adsorbierten Schwefels an. Dies kann ganz gut möglich sein, denn chemische Reaktionen im Gefolge von primären Adsorptionen sind durchaus bekannte und gar nicht seltene Erscheinungen, ja die früher besprochene heterogene Katalyse ist ja vielfach nichts anderes

---

[1]) Allerdings ist D. Spence trotz der genannten eigenen Bestätigungen für das Auftreten von Adsorptionsprozessen bei der Schwefelaufnahme in neueren Arbeiten wieder mehr zu der Auffassung gelangt, daß Adsorptionsprozesse keine irgendwie erhebliche Rolle bei der Vulkanisation spielen, wobei einige Mißverständnisse die Sachlage noch komplizierter machen. Eine Kritik dieser und anderer neueren Arbeiten über die vom Verfasser zuerst vorgeschlagene Annahme von Adsorptionsvorgängen bei der Kautschukvulkanisation steht noch aus. Eine Übersicht verschiedener Vulkanisationstheorien gibt auch G. van Iterson, Kolloidchem. Beih. **12**, 252 (1920).

[2]) C. Harries, Koll.-Ztschr. **19**, 1 (1916); Unters. ü. d. natürl. u. künstl. Kautschukarten (Berlin 1919).

als eine solche besonders ausgesprochene Koppelung von Adsorption und chemischen Reaktionen. Nur scheint mir, diese Möglichkeit zugestanden, für die Erklärung der Vulkanisation hiermit nicht viel gewonnen. Zunächst muß darauf hingewiesen werden, daß offenbar nur ein kleiner Teil des Kautschuks Schwefel addieren kann, oder aber daß die hypothetische Verbindung außerordentlich schwefelarm sein muß, da man heute vielfach mit weniger als 2% Schwefel vulkanisiert, von dem außerdem meist noch ein Teil „frei", also leicht extrahierbar ist, und auch sonst in der Literatur Angaben zu finden sind, gemäß denen Kautschuk schon mit weniger als 1% gebundenem Schwefel vollständig „ausvulkanisiert" erscheinen kann[1]). Auch ist es bisher nicht einwandfrei gelungen, auch C. Harries nicht, aus einem Vulkanisat eine konstant zusammengesetzte und — was sehr wichtig ist — in ihrer Zusammensetzung von der Konzentration der Reaktionskomponenten unabhängige reine Schwefelverbindung des Kautschuks zu isolieren. Selbst bei dem kleinen, nach C. Harries chemisch gebundenen Schwefelanteil, wie er für die chemische sog. „Nachvulkanisation" charakteristisch sein soll, sagt C. Harries, daß diese hypothetische Verbindung wegen ihres minimalen Schwefelgehalts „nicht von solcher Wichtigkeit erscheine". Ja er sagt sogar „es kann deshalb keine reguläre Verbindung vorliegen"[2]). Nun ist allerdings von W. Hinrichsen bei heißer Behandlung gelösten Kautschuks mit Schwefelchlorür eine anscheinend konstant zusammengesetzte Verbindung hergestellt worden, die aber 23,6% Schwefel enthält, während heutzutage auch mit Chlorschwefel vulkanisierte Kautschukprodukte vielfach weniger als 2% gebundenen Schwefel enthalten. Indessen ist sehr wesentlich, daß diese Hinrichsensche Verbindung gleichzeitig Chlor enthält. Nun ist es aber bekannt, daß Kautschuk unvergleichlich reaktionsfähiger gegenüber Halogenen im chemischen Sinne des Wortes ist und wirkliche Chloride, Bromide usw. bildet. Trotz dieser größeren chemischen Reaktionsfähigkeit ergibt indessen die Chlorierung von Kautschuk keinerlei Vulkanisationseffekte, wie M. Le Blanc und M. Kröger[3]) sehr treffend hervorheben. Die Chlorschwefelverbindung von W. Hinrichsen hat also mit der Vulkanisation nichts zu tun, schon darum nicht, weil der Chlorschwefel während der Vulkanisation zweifellos zersetzt wird und kein Kautschuktechniker seine Artikel chlorieren möchte. Natürlich müßte die angenommene Schwefel-Kautschukverbindung auch noch ganz besondere physikalisch-chemi-

[1]) Siehe z. B. Budde, Gummi-Ztg. 21, 1207 (1907).

[2]) C. Harries, Untersuchungen, loc. cit. 107.

[3]) M. Le Blanc und M. Kröger, Koll.-Ztschr. 37, 214 (1925).

sche Eigenschaften haben, wenn ihr Auftreten irgendwie charakteristisch für den Vulkanisationseffekt wäre.

Ganz allgemein scheint mir die Situation hinsichtlich dieser immer noch lebhaft vertretenen „chemischen Theorie der Vulkanisation" so zu liegen, wie etwa im Falle, sagen wir, der Einwirkung von Salpetersäure auf Silbersol. Es ist selbstverständlich, daß man aus Salpetersäure und Silbersol unter geeigneten Bedingungen Silbernitrat herstellen kann. Nehmen wir an, es gelänge wirklich auch einmal aus Kautschuk und Schwefel Kautschuksulfid darzustellen. In beiden Fällen ist eine Reaktionskomponente notorisch kolloid. Beim Silbersol bewirkt dieser Umstand, daß keineswegs der erste und charakteristische Vorgang beim Zusatz von Salpetersäure die chemische Reaktion unter Salzbildung, die Dissolution, ist. Im Gegenteil: Die Säure flockt zunächst das Silber und löst es erst hinterher auf. Ganz analog erscheint die primäre und kolloidchemisch kennzeichnende Einwirkung des Schwefels auf den Kautschuk, wobei es, wie gesagt, noch vollkommen fraglich, nach C. Harries unwahrscheinlich ist, ob wirklich ein chemisch definiertes Kautschuksulfid besteht. Und auch bei einem endgültigen Nachweis der Möglichkeit dieser Verbindung — ich habe in meinen früheren Arbeiten selbst diese Möglichkeit durchaus offengelassen und besprochen — wäre die noch heute zu findende These „die Vulkanisation ist ein chemischer Vorgang" gleich aufschlußreich und inhaltreich wie etwa der Satz „die Verbrennung ist ein optischer Vorgang". Chemische Reaktionen können die Vulkanisation begleiten wie Lichterscheinungen eine Verbrennung, sind aber offenbar nicht kennzeichnend für die betreffenden Vorgänge. Wir werden gleich noch weitere Punkte kennenlernen, welche die Unhaltbarkeit dieser sog. chemischen Theorie der Vulkanisation erweisen[1]).

Wie gesagt, sind Aufnahme und Fixierung des Schwefels nur die einleitenden Vorgänge der Vulkanisation. Bei weitem am wichtigsten erscheint die kolloidchemische Zustandsänderung des Kautschuks dabei, die Vermehrung seiner elastischen Eigenschaften, seiner Reißfestigkeit, kurz die Verbesserung seiner mechanischen Beschaffenheiten. Kann sich der Kolloidchemiker diese Veränderungen verständlich machen? Ich glaube, daß es nahe liegt, hier die Erscheinungen der Koagulation heranzuziehen, wie sie speziell bei sog. Isokolloiden auftreten und wie sie weiterhin spezialisiert werden durch

[1]) Der Verfasser wäre auf diese Dinge nicht so ausführlich eingegangen, wenn nicht noch immer und auch in allerletzter Zeit wieder in den verschiedenartigsten Publikationen ganz unbefangen und summarisch erklärt würde, das „die Vulkanisation ein chemischer Vorgang" sei.

die Besonderheiten der Koagulation eines zellular strukturierten Gebildes, wie es der Rohkautschuk darstellt[1]). Erinnern wir uns der früheren, auf mehrfache Weise gestützten Annahme, daß im Kautschuk polymere und enomere, oder stark und schwach aggregierte[2]) Fraktionen anzunehmen sind, noch dazu in der besonderen räumlichen Ordnung, wie sie der Aufbau der einzelnen Latexzelle zeigt. Eine „Koagulation" eines solchen Systems ist natürlich etwas ganz anderes als die normale Koagulation z. B. eines Hydrosols. Sie würde am ehesten der Koagulation einer Gallerte entsprechen, wie eine solche ja durchaus möglich ist: Man denke an die Einwirkung von Alkohol oder Alaun auf eine Gelatinegallerte. Bei einer isokolloiden Gallerte, die aus polymeren und enomeren Bestandteilen in geordneter oder strukturierter Mischung zusammengesetzt ist, würde diese Gelkoagulation in einer Vermehrung der polymeren, stärker aggregierten Fraktion auf Kosten der enomeren, weniger aggregierten Fraktionen bestehen. Man kann sich im Einzelnen vorstellen, wie z. B. der Schwefel, der im plastischen Zustande des Kautschuks zunächst in die Interzellularräume gelangt, von hier aus erst die Zellmembranen polymerisiert oder aggregiert, und damit eine noch weitere Verstärkung des zellularen oder überhaupt grobdispersen Aufbaus herbeiführt[3]). Daß bei stärkerer Vulkanisation und speziell bei der Hartgummibildung diese aggregierende Wirkung allmählich wieder zu einer Homogenisierung, bei der „Übervulkanisation" schließlich sogar zu einer radikalen Zerstörung des inneren Zusammenhanges führen kann, erscheint einleuchtend. Bei der technischen Vulkanisation ist weiterhin zu berücksichtigen, daß die technisch notwendigen Füllstoffe wie Ruß, Magnesia, Bleiglätte usw. ebenfalls als Vulkanisationszentren, also im Sinne unserer Theorie auch als Koagulationszentren wirken, wie die mikroskopische Analyse tatsächlich zeigt (H. Pohle l. c.). Auf diese Weise kann auch unter Zerstörung der ursprünglichen Latexstruktur eine neue disperse Struktur des technischen Produktes entstehen. Tatsächlich wird z. B. allein durch Zumischung von Ruß ohne jeden Schwefel ein Rohkautschuk im Sinne eines Vulkanisationseffektes mechanisch verändert[4]). Auch kann bei

[1]) Diese Auffassung ist auch schon in den früheren Auflagen dieses Buches skizziert worden.

[2]) Diese letzteren Bezeichnungen benutzen z. B. M. Le Blanc und M. Kröger.

[3]) Über solche „lokalisierte Vulkanisationsvorgänge" in Kautschuk-Schwefelmischungen und ähnliche Erscheinungen siehe die schöne Arbeit von H. Pohle in Koll.-Ztschr. 39, 1 (1926).

[4]) Daß diese Füllstoffe außer als Vulkanisationszentren noch andere besonders mechanische Wirkungen haben können, leuchtet ein, wenn man z. B. an U. S. Picke-

sehr großen Schwefelmengen, wie etwa beim Hartgummi, eine Art Phasenumkehr eintreten, so daß z. B. der Schwefel als Adsorbens, der Kautschuk als um ultramikroskopische Schwefelteilchen koaguliertes Adsorbendum erscheint[1]).

Ist diese kolloidchemische Kennzeichnung der Zustandsänderung des Kautschuks beim Vulkanisationsvorgang treffend, so ergeben sich vom kolloidchemischen Standpunkte aus gleich einige weitere Folgerungen. Koagulationsvorgänge sind höchst selten spezifisch wie etwa chemische Reaktionen. Es sollte daher außer Schwefel noch andere Vulkanisationsmittel geben. Das ist tatsächlich der Fall. Ein neueres Verfahren ist z. B. die Vulkanisation mit strahlender Energie, z. B. mit ultraviolettem Licht[2]), die auch ihre Analogien mit Koagulationsvorgängen z. B. denen vieler Eiweißkörper hat, und der in einem chemisch einfacheren System die Photopolymerisation des Styrols in Metastyrol[3]) an die Seite zu stellen ist. Sodann sei die sog. Vulkanisation „ohne Schwefel", z. B. mit Hilfe von PbO oder gar mit Trinitrobenzol (Ostromyslensky) erwähnt, die zweifellos den Rohkautschuk im Sinne einer Vulkanisation verändert, wenn schon der technische Wert dieser Produkte bisher nur gering ist[4]). Kolloidchemisch betrachtet wäre es in der Tat merkwürdig, wenn nur Schwefel Kautschuk in oben skizzierter Weise koagulieren könnte, man sollte im Gegenteil von der Zukunft eine ähnliche Mannigfaltigkeit von Vulkanisationsmethoden erwarten, wie wir sie bei den Gerbemethoden kennen. Einen besonders eleganten Beweis für den nicht chemischen, sondern physikalisch-chemischen oder noch genauer: kolloid-physikalischen Charakter dieser Zustandsänderung des Kautschuks bei der Vulkanisation führten M. Le Blanc und M. Kröger[5]). Diese Forscher zeigten, daß man allein durch Abkühlung die mechanischen Eigenschaften eines unvulkanisierten Kautschuks so ändern kann, wie sie einem weitgehend vulkani-

rings „armierte Emulsionen" denkt, die einfach dadurch hergestellt werden, daß man zwei nicht mischbare Flüssigkeiten wie bei der Flotation mit einem feinen festen Pulver schüttelt, das in die Grenzfläche geht.

[1]) Wo. Ostwald, Koll.-Ztschr. 6, 155 (1910); sowie H. Pohl, loc. cit.

[2]) Siehe G. Bernstein, Koll.-Ztschr. 11, 185 (1912); 12, 273 (1913).

[3]) Siehe z. B. die Dissertation von G. Posnjak, Das Metastyrol usw. (Leipzig 1910). Neuerdings ist diese vom Verf. seit 1911 hervorgehobene Analogie zwischen den Eigenschaften von Styrol-Metastyrolsystemen und Kautschuk sehr eingehend von H. Staudinger weiterentwickelt worden (siehe z. B. Ber. d. dtsch. chem. Ges. (Januar 1927)).

[4]) Siehe z. B. E. Bunschoten, Koll.-Ztschr. 23, 25 (1918).

[5]) M. Kröger, Koll.-Ztschr. 33, 270 (1923); M. Le Blanc und M. Kröger ebenda 37, 205 (1925).

sierten Produkt entsprechen würden. Man kann also einfach durch Abkühlen, z. B. auf —60°, durch eine streng physikalische Änderung Kautschuk vorübergehend und reversibel „vulkanisieren". Ich möchte diesen Befund als einen der wichtigsten und folgenreichsten bezeichnen, der seit langem für die Theorie der Vulkanisation gemacht worden ist. Er zeigt vielleicht am drastischsten die Richtigkeit der kolloid-physikalischen Betrachtungsweise des Vulkanisationsproblems.

Ich möchte in diesem Zusammenhange noch kurz die in den letzten Jahren zu großer Berühmtheit und erheblicher technischer Bedeutung gekommenen „Elastifikatoren" und „Akzeleratoren" — die sog. Vulkanisationsbeschleuniger erwähnen. Es sind dies besonders neutrale und basische Stickstoffverbindungen, wie z. B. Dimethylanilin oder das unter dem Namen „Urotropin" auch als Gichtmittel benutzte Hexamethylentetramin. Ein relativ kleiner Zusatz dieser Stoffe kürzt nicht nur die Vulkanisationszeit auf ein Viertel und weniger ab, sondern verbessert auch die mechanischen Eigenschaften der Vulkanisate, besonders auch ihre Haltbarkeit erheblich. So ist bekannt, daß unser deutscher synthetischer Kautschuk während des Krieges nur mit Hilfe solcher Zusätze in technisch einigermaßen brauchbare Produkte übergeführt werden konnte. Nicht ebenso bekannt ist wohl die Tatsache, daß ich (in Gemeinschaft mit meinem Bruder Wa. Ostwald) der erste gewesen bin, der bereits 1908 den Zusatz derartiger Verbindungen empfahl und patentieren ließ[1]). Was die kolloidchemische Rolle dieser Zu-

[1]) D.R.P. 221310 vom 1. Nov. 1908; 243346 vom 1. Dez. 1909. Hier ist insbesondere der Zusatz von basischen Stickstoffverbindungen im Hinblick auf die Erhöhung der Haltbarkeit von Gummiwaren geschützt worden. G. D. Kratz, Journ. Ind. a. Eng. Chem. 12, 318 (1920) drückt seine Verwunderung darüber aus, warum „den beiden Ostwalds" der gleichzeitig beschleunigende Effekt dieser Zusätze „entgangen" sei. Da es sich hier um ein vielleicht lehrreiches Beispiel für das Schicksal einer „wissenschaftlichen" Erfindung handelt, sei kurz ihre Geschichte wiedergegeben: Der Gedanke, Kautschuk zu stabilisieren und gegen Depolymerisation, Oxydation usw. zu schützen, war die Folge gewisser Versuche über die Verhinderung biochemischer Autoxydationen, über die auch heute noch nichts veröffentlicht worden ist. Mannigfache Laboratoriumsversuche ergaben in der Tat auch bei Kautschukproben Wirkungen im erwarteten Sinne. Da dem Verfasser die Einrichtungen eines Kautschuklaboratoriums nicht zur Verfügung standen, um diese Versuche in technologischem Maßstabe weiterzuführen, wurde das bekannteste Berliner „Kautschuklaboratorium" damit beauftragt, die technische Verwertbarkeit dieser Laboratoriumsversuche zu prüfen. Diese „sachverständige" Stelle kam in einem ausführlichen experimentellen Gutachten zu einem durchaus negativen Resultat bezüglich der praktischen Verwertbarkeit des Verfahrens. Daraufhin ließen die Erfinder die bereits erteilten Patente törichterweise fallen. Immerhin haben sie inzwischen durch die außerordentliche Entwicklung der Angelegenheit die schöne Genugtuung erhalten, damals vor fast 20 Jahren

sätze (neben ihrer rein chemischen, die Oxydation verlangsamenden) anbelangt, ob sie z. B. ähnlich wie Wärme und Quellungsmittel zeitweilig und partiell depolymerisierend, strukturlockernd, selbst koagulierend oder aber, wie neuerdings angenommen wird, zunächst auf den Schwefel und seine Umwandlungen beim Erhitzen wirken, ist ein noch offenes Problem.

Gestatten Sie mir schließlich, noch einige Worte über den „synthetischen" Kautschuk. Wie Ihnen bekannt sein dürfte, entsteht dieser durch Polymerisation von Isopren, Butadien und verwandten Kohlenwasserstoffen, wobei während dieses Polymerisationsprozesses alle Stadien zwischen einer nur schwach viskosen Flüssigkeit bis zu einem harten krümeligen Produkt durchlaufen werden. In einem mittleren Stadium erhalten wir die Ularen, die dem natürlichen Kautschuk am ähnlichsten sind. Man kann sie als gelartige Masse mit Alkohol von dem monomeren Ausgangsprodukt trennen, und es ergibt sich somit der synthetische Kautschuk geradezu als Schulbeispiel für ein Isokolloid resp. Isodispersoid. In den ersten Polymerisationsstadien besteht das Dispersionsmittel aus dem monomeren Ausgangsprodukt, in den mittleren und höheren tritt vermutlich ein Umschlag ein in der Art, daß die monomere Komponente in dem Gelgerüst der polymeren Form als Tröpfchen eingeschlossen wird. In den meisten Fällen besitzt das synthetische Produkt nicht die Nervigkeit und die Vulkanisationsfähigkeit des natürlichen, und man hat in Hinblick der Rolle, die das Eiweiß im natürlichen Produkt spielt, durch Einführung von Eiweiß und ähnlichen Kolloiden die mechanischen Eigenschaften zu verbessern versucht, freilich bisher noch nicht mit durchschlagendem Erfolg. In neuerer Zeit ist das Interesse am synthetischen Kautschuk etwas abgeflaut wegen des enormen Preissturzes, den das natürliche Produkt erfahren hat; ich glaube indessen zu Unrecht. Mir scheint, als wenn das Problem heute nicht mehr darin bestände, das natürliche Produkt zu imitieren, sondern vielmehr

---

richtig geschlossen und richtig beobachtet zu haben. — In bezug auf die Priorität dieses Gedankens gibt D. Spence (Le Caoutschouc 17, 10472 (1920) an, daß er schon 1910, d. h. 2 Jahre vor der Patentanmeldung der Farbenfabriken vorm. Friedr. Bayer organische Zusätze, z. B. Piperidin gebraucht habe. Das kann schon sein, wäre aber immerhin 2 Jahre später als die Erteilung der Patente des Verfassers. Auch die Angabe, daß die Diamond Rubber Company schon 1909 große Mengen Piperidin hergestellt hat, mag durchaus zutreffen. Aber auch dies wäre 1 Jahr später als die Patenterteilung des Verfassers, und außerdem wäre noch festzustellen, ob dieses Piperidin „in großen Massen" nicht nur zur Regeneration bereits vulkanisierten Kautschuks gebraucht wurde, entsprechend z. B. dem amerikanischen Patent 805903, 1905 (Regeneration mit Pyridinbasen).

darin, ein wesentlich besseres Produkt auf den Markt zu bringen. Die Sachlage liegt doch eigentlich ähnlich wie bei den Metallegierungen. Auch hier ist man ja nicht stehen geblieben bei der Verwendung von Metallgemischen, welche die natürlichen Schmelzen der Erze unmittelbar ergaben, sondern man hat erst durch mannigfache Behandlung, insbesondere aber durch Zusätze anderer Stoffe die heutigen „edlen" und zu verschiedenen Zwecken verschieden konstruierten Legierungen geschaffen. Es ist nicht unmöglich, daß auch für den synthetischen Kautschuk ein zweiter chemisch heterogener Stoff z. B. das Eiweiß oder Harz ebenso notwendig ist wie für das Eisen der Kohlenstoff, und tatsächlich erscheint mir diese Analogie zwischen Kautschuk und Stahl weit mehr als eine bloße Äußerlichkeit. Durch eine analoge Konstruktion synthetischer „Edelkautschuke" könnten aber Produkte geschaffen werden, die nicht nur einen wesentlichen technischen Fortschritt bedeuten würden, sondern auch marktfähig wären.

Für die bisherigen Mißerfolge, synthetischem Kautschuk durch Einführung von Eiweiß, Harz usw. denselben (oder einen noch besseren) „Nerv" zu geben, als wir ihn beim natürlichen finden, dürfte in erster Linie die Schwierigkeit maßgebend sein, Harz oder Eiweiß dem Kunstprodukt in richtiger, mechanisch wirksamster Form einzuverleiben. Eine solche Verteilung erscheint am ehesten möglich, wenn man das synthetische Produkt zunächst in wäßrige Emulsion bringen, d. h. zunächst in einen künstlichen Latex überführen könnte, — ganz entsprechend z. B. den neueren Verfahren zur Margarinedarstellung, bei denen ebenfalls erst über dem Umweg einer „Kunstmilch" ein auch in bezug auf mechanische Eigenschaften (Streichfähigkeit usw.) möglichst butterähnliches Produkt erzielt wird. Ganz allgemein möchte ich aber darauf hinweisen, daß es sich hier bestimmt nicht darum handelt, einfach durch Zumischung verschiedener Stoffe dem synthetischen Kautschuk eine dem Naturkautschuk gleiche chemisch-analytische Zusammensetzung zu geben, sondern darum, ihm eine gleichartige oder möglichst noch bessere kolloidphysikalische Struktur zu erteilen. Es ist in diesem Zusammenhang von besonderem Interesse, daß J. R. Katz bei synthetischen Kautschukproben zunächst keine Röntgeninterferenzen wie beim Naturkautschuk hat finden können[1]) und erst neuerdings bei einem Methylkautschuk einen positiven Röntgeneffekt feststellte.

[1]) Vielleicht hat auch der Mangel solcher ausgesprochener innerer „Adsorptionsflächen" Mitschuld an den Schwierigkeiten bei der Vulkanisation des synthetischen Kautschuks, ein weiterer Hinweis darauf zu versuchen, ihn entweder über die „Latex-Form" entstehen zu lassen, oder ihn nachträglich über diese Form zu verarbeiten.

Im Sinne der Ihnen früher entwickelten Theorie dieses Röntgeneffektes rührt dies daher, daß die Mehrzahl synthetischer Kautschuke vermutlich keine zellulare Struktur hat, wie sie für die starken Effekte des Naturkautschuks von mir verantwortlich gemacht wird. In der Tat, wird, soweit bekannt, synthetischer Kautschuk in der Regel „in Masse" hergestellt, wobei es natürlich möglich ist, daß durch Globuliten- und Sphärolitenbildung sekundär eine zellulare Struktur entsteht, wie vielleicht beim Methylkautschuk, und wie sich dies bei der oben besprochenen allmähligen Polymerisation wie bei vielen Gallertbildungen automatisch ergeben kann (vgl. S. 265). Bei zielbewußter Synthese nicht nur des Kohlenwasserstoffes gleicher Zusammensetzung, sondern auch der Kautschukstruktur erscheint es naheliegend, synthetischen Kautschuk durch „disperse Polymerisation", also ausgehend von einer Emulsion darzustellen[1]), so wie wir es im natürlichen Kautschukmilchsaft vor uns sehen. Es ist ein weit verbreiteter Irrtum, daß die Synthese von Naturprodukten stets mit der chemischen Synthese ihres Hauptbestandteils abgeschlossen sei. —

Überblickt man die drei großen Kolloidindustrien: Färberei, Gerberei und Kautschukindustrie, so fällt dem Kolloidchemiker eine ganze Anzahl von ziemlich weitreichenden Analogien auf. Das Substrat ist in allen drei Fällen ein strukturiertes Gel organischer Herkunft: Faser, Haut, Rohkautschuk. Die technische Veredelung dieser Gele erfolgt durch Zusätze gewisser anderer Stoffe, darunter auch solcher in ebenfalls kolloidem oder doch dispersem Zustande: Farbstoffe, Gerbstoffe, disperser Schwefel und Füllstoffe. Für die Aufnahme und Bindung dieser Zusätze sind in allen drei Fällen die Ergebnisse der Adsorptionslehre mit Erfolg herangezogen worden, wennschon auch hier wieder vor jeder Verallgemeinerung gewarnt sei. Zwecks Verbesserung der Aufnahme von Farbstoffen, Gerbstoffen, Vulkanisations- und Füllmitteln werden alle drei Gele vorbehandelt: Man denke an die Merzerisation der Baumwolle, an die Säureschwellung der Haut, an die Mastizierung des Kautschuks, Vorgänge, die alle drei im Sinne einer Vermehrung von Adsorptionsflächen und in einer Erleichterung des Zutrittes der färbenden, gerbenden und vulkanisierenden Stoffe liegen. Besonders zwischen Gerberei und Kautschukverarbeitung gehen dann die Analogien noch weiter, da in beiden Fällen bestimmte mechanische Effekte angestrebt werden. Sowohl beim Gerben wie beim Vulkanisieren ergibt die kolloidchemische Betrachtungsweise Koagulationsvorgänge als Grundlagen der erzielten

[1]) J. R. Katz, Kolloidchem. Beih. 23, 344 (1926); ferner zu der ganzen Frage Wo. Ostwald, Koll.-Ztschr. 40, 69 (1926).

physikalisch-chemischen Zustandsänderungen der strukturierten Gele. In beiden Fällen erscheinen chemische Reaktionen während dieser kolloidphysikalischen Zustandsänderungen durchaus möglich aber nicht kennzeichnend und eindeutig bestimmend für den technischen Effekt. In beiden Fällen müssen diese Gelkoagulationen irreversibel sein und können zu weit, über das technische Optimum hinausgeführt werden: Übergerbung und Übervulkanisation. Ich möchte diesen durchaus noch nicht vollständigen Kranz von Analogien zwischen den genannten Kolloidindustrien schließen mit dem Hinweis darauf, daß auch tierische Sehnen und koagulierte Gelatinegele ganz ähnlich wie Kautschuk in gespanntem Zustande zu akzidentellen Gitterkörpern werden und Röntgeninterferenzen geben können, wie O. Gerngroß und J. R. Katz gefunden haben[1]), und daß viele Textilfasern von vornherein schon derartige „Faser-Gitterkörper" sind.

Nur im Vorübergehen kann ich darauf hinweisen, daß selbstverständlich auch die mannigfaltigen plastischen Massen und sog. Kunststoffe wie Zelluloid, Galalit, Bakelit und ihre unzähligen Verwandten, die als Kunstharze ausgedehnte technische Verwendung finden, entweder typische, normale Gele sind — Galalit ist z. B. ein irreversibel koaguliertes Kaseingel — oder aber solche Gelformen darstellen, wie sie für Isokolloide z. B. Styrol-Metastyrol kennzeichnend sind. Eine Fülle höchst merkmürdiger Erscheinungen bei der Technologie dieser Produkte wartet noch auf eine theoretische Deutung, die ohne Hilfe von Kolloidphysik und Kolloidchemie nicht möglich erscheint. Desgleichen finden wir, daß auch die Technologie der Lacke, Firnisse, des Linoleums usw. schon jetzt mit Erfolg kolloidchemische Gesichtspunkte heranzieht[2]).

Eine typische Kolloidindustrie ist natürlich auch die Seifenindustrie[3]). Die fettsauren Salze, namentlich die technisch wichtigen höheren Homologen erweisen sich wiederum durch Viskosität, Gelatinierungs-

---

[1]) O. Gerngroß und J. R. Katz, Koll.-Ztschr. **39**, 181 (1926); Kolloidchem. Beih. **23**, 368 (1926).

[2]) Vgl. die entsprechenden Kapitel in Liesegangs Kolloidchem. Technologie (1927).

[3]) Siehe die zusammenfassenden Darstellungen von F. Goldschmidt, Koll.-Ztschr. **2**, 193, 227, 287 (1908); **5**, 81 (1909); **8**, 39 (1910) und J. Leimdörfer, Kolloidchem. Beih. **2**, 343 (1911); Martin H. Fischer, Kolloidchem. Beih. **15** und **16** (1921); zahlreiche Arbeiten von J. W. Mc. Bain und Mitarbeitern im Lond. Journ. Chem. Soc., Journ. Amer. Chem. Soc., Journ. Physical Chem. usw., vgl. Literaturangaben in Koll.-Ztschr. **35**, 18 (1924); **40**, 1 (1926); ferner A. Imhausen in Liesegangs Kolloidchem. Technologie (1927).

und Quellungsvermögen als meist stark solvatisierte Kolloide. Besonders interessant und lehrreich für den Kolloidchemiker sind die technischen Aussalzerscheinungen der Seifen. Bekanntlich teilt sich die fertiggekochte Seifenlösung — wenigstens bei der Herstellung sog. Kernseifen — bei Zusatz z. B. von Kochsalz in zwei flüssige Schichten, von denen die eine viel Seife und wenig Wasser, die andere neben Glyzerin usw. viel Wasser und wenig Seife enthält. Dieser Koagulationsvorgang ist einer der typischsten und im größten Maßstab ausgeführten Fällungen eines hydratisierten Emulsoids. Sie zeigt, daß tatsächlich in solchen Lösungen zwei flüssige Phasen ineinander verteilt sind. — Daß auch bei dem Waschprozeß, wie eigentlich selbstverständlich, kolloidchemische Vorgänge aller Art, insbesondere wieder Adsorptionserscheinungen, eine große Rolle spielen, kann ich hier nur andeuten[1]).

Selbstverständlich ist auch die Industrie der Stärke, des Leims, der Klebe- und Appreturmittel durchsetzt von kolloidchemischen Prozessen. Besonders in der Stärkeindustrie begegnet man auf Schritt und Tritt Anwendungen der Dispersoidchemie. Die ganze technische Stärkegewinnung z. B. besteht ja in nichts anderem als in der fraktionierten Trennung von Teilchen ganz bestimmter Größe, den Stärkekörnchen, einerseits von grobdispersen Anteilen, andererseits von den sie begleitenden stickstoffhaltigen Kolloiden, den molekulardispersen Salzen usw. Auf die Beziehungen zwischen der Wirkung der Schmiermittel und der Kolloidchemie bin ich schon im Anfange der heutigen Vorlesung zu sprechen gekommen.

Unter den mannigfaltigen Industrien, für welche Zellulose, das technisch bei weitem wichtigste Pflanzengel der Ausgangspunkt ist, bitte ich noch kurz die Papierindustrie hervorheben zu dürfen, einmal weil Papier zu den allergewöhnlichsten Gegenständen des täglichen Bedarfs gehört, sodann weil ich mit R. Lorenz zusammen mich selbst etwas eingehender mit der Kolloidchemie des Papiers beschäftigt habe[2]). Es ist vielleicht nicht allgemein bekannt, daß vor ca. 100 Jahren die Papierindustrie genau so eine Saisonindustrie war wie etwa heute noch die Torfgewinnung. Um das Papier gegen Tinte,

---

[1])Vgl. insbesondere W. Spring, Koll.-Ztschr. 4, 161 (1910); 6,11, 101, 164 (1911).

[2]) Wo. Ostwald und R. Lorenz, Koll.-Ztschr. 32, 119, 195 (1923); R. Lorenz, Kolloidstudien über die Harzleimung des Papiers (Berlin 1923), Preisschrift d. Ver. d. Zellstoff- und Papierchem. (Verlag Otto Elsner); R. Lorenz, Wochenbl. f. Papierfabrikat. (1925) usw. Einen Überblick gibt ferner R. Sieber, Koll.-Ztschr. 32, 308 (1922); ferner zahlreiche Arbeiten von C. G. Schwalbe, E. A. Hauser u. a., die bei R. Lorenz zitiert sind.

Tusche und Farbe undurchdringlich zu machen, das Auslaufen der Schrift zu verhindern und ihm größere Festigkeit, „Griffigkeit" usw. zu geben, wurden früher die fertigen Papierbogen in Lösungen tierischen Leims getaucht und nach dem Abtropfen getrocknet. Dies alte Verfahren führte nur im Frühjahr und Herbst zu guten Resultaten. Im Sommer trocknete die Leimhaut auf der Oberfläche der Papierbogen zu rasch ein und wurde rissig, so daß beim Beschreiben die Tinte in das ungeleimte Innere des Papiers eindringen konnte; im Winter dagegen trockneten die Bogen zu langsam und wurden schimmlig. Es bedeutete daher einen sehr erheblichen technischen und wirtschaftlichen Fortschritt, als 1807 der Darmstädter Uhrmacher Illig die „vegetabilische Papierleimung" erfand und in seiner „Anleitung auf eine sichere, einfache und wohlfeile Art Papier in der Masse zu leimen" beschrieb. Nach Illigs Methode wird dem gemahlenen, mit Wasser verdünnten Papierbrei in den „Holländern", den Bottichen der Papiermühlen, eine „Auflösung" von Harz in Pottasche zugesetzt und durch eine Alaunlösung das Harz in und zwischen den Zellulosefasern so fein verteilt, niedergeschlagen, daß beide einander innig durchdringen und unzertrennlich zusammenhaften. Man kann sagen, daß Illigs Prinzip auch den heutigen modernen Papierleimungsverfahren immer noch zugrunde liegt.

Was ist nun die Theorie dieses Leimungsprozesses, den man als im Mittelpunkt der ganzen Technologie der Papierherstellung stehend ansprechen kann? Die Dispersoidanalyse der „Harzmilch" zeigt einwandfrei, daß es sich hier um ein typisches Harzhydrosol handelt, das durch Alkali bzw. durch molekulardispers lösliche Salze der Harzsäuren ähnlich stabilisiert wird wie etwa Eisenhydroxydsol durch molekulardispers gelöstes und adsorbiertes Eisenchlorid. Man bekommt schöne Ultrabilder, bei Dialyse und Ultrafiltration geht nur ein gewisser Prozentsatz, der eben genannte molekulardisperse Anteil hindurch, die Harzmilch erweist sich als ausgesprochen negativ geladen und wird daher leicht insbesondere von mehrwertigen Kationen wie etwa Aluminiumion geflockt, wobei sich das schon erwähnte Phänomen der unregelmäßigen Reihen zeigt usw. Auf der anderen Seite haben wir schon früher erwähnt, daß sich auch Papierfasern in Wasser normalerweise negativ aufladen. Zerreibt man z. B. Filtrierpapier mit wenig destilliertem Wasser unter Zusatz von Quarzsand, so kann man die negative Ladung direkt aus der elektrophoretischen Wanderungsrichtung der schwebenden Papierteilchen erkennen. Papierfaser und Harzsol sind also beide negativ geladen und würden keinerlei bemerkenswerte Einwirkungen aufeinander ausüben, wenn nicht als dritte Komponente in der Technik der Alaun bzw. die aus ihm hydrolytisch freigemachte Tonerde hinzukäme, die ihrerseits positiv geladen ist. Dieses positiv geladene Hydroxyd wirkt gleichsam wie ein elektrostatisches Klebmittel zwischen Faser und Harz. Es wird von beiden energisch gebunden und vereinigt damit beide Bestandteile. Man kann in der Tat zeigen, wie gewöhnliches Filtrierpapier eine positive Ladung erhält einfach dadurch, daß man es mit Aluminiumhydroxyd-Sol tränkt und danach trocknet, also gewissermaßen „beizt" um einen Ausdruck anzuwenden, der in der Färberei für den analogen Vorgang benutzt wird. Die früher erwähnten Kapillarisierversuche nach Fichter-Sahlbom ergeben tatsächlich ein entgegengesetztes Resultat, wenn man sie statt mit gewöhnlichem Papier mit solchem „positiven Kapillarisierpapier" ausführt. Und ferner ist von N. D. Ivanov[1]) gezeigt worden, daß die Wirkung des Alauns oder Aluminiumsulfats bei der Papierherstellung gerade ausreicht, um dem Papier eine iseolektrische Reaktion zu erteilen. Normales leimfestes Papier ist daher isoelektrisches Papier, ganz ähnlich wie sich eine gut gegerbte Haut, wie wir schon früher sahen, im isoelektrischen Zustande befindet, wobei „isoelektrisch" indessen ja nicht mit „neutral" verwechselt werden darf. Es ist naheliegend, daß auch der Hydratationszustand der beteiligten kolloiden Komponenten (Zellulose, Harz, Tonerde) in diesem isoelektrischen Gebiete ein Minimum oder doch ein besonderes, ausgezeichnetes Gleichgewicht zeigen wird. —

Von ganz besonderer Bedeutung ist aber die Kolloidchemie für ein Wissenschaftsgebiet, dessen Wichtigkeit uns allen vielleicht erst im Kriege so recht deutlich geworden ist: für die Lebensmittelchemie. Angesichts der Tatsache, daß wir hier ein Gebiet angewandter Kolloidchemie haben, dessen Erscheinungen wir tagtäglich mehrere Male studieren könnten, ein Gebiet, das die ungeheure Wichtigkeit der angewandten Kolloidchemie uns in ganz selten drastischer Form vor Augen führt, bitte ich darum, hier nochmals etwas ausführlicher werden zu dürfen[2]).

Die Lebensmittelchemie oder allgemeiner die Lebensmittelkunde ist eine Wissenschaft, von der zunächst jedermann etwas zu verstehen glaubt, und in der Tat, so weit es sich um die Phänomenologie dieser Wissenschaft handelt, auch etwas versteht. Auf der andern Seite haben aber schon Männer wie K. von Voit und Justus von

---

[1]) Siehe Lorenz (1925), loc. cit.

[2]) Benutzt wurde zu obigen Ausführungen ein Vortrag des Verfassers, der in abgekürzter Form in Chem.-Ztg. (1919), Nr. 143 abgedruckt ist.

Liebig ihrer Verwunderung darüber Ausdruck gegeben, daß wir von so gewöhnlichen und dabei so wichtigen Dingen wie von unseren Lebensmitteln im wissenschaftlichen Sinne noch so erstaunlich wenig wissen, und in neuerer Zeit hat Theodor Paul dieselbe Klage eindringlich wiederholt[1]). Auch heute beschränken sich die Untersuchungen der wissenschaftlichen Nahrungsmittelchemie vielfach nur auf einzelne Kapitel dieser Wissenschaft, z. B. auf die Erkenntnis von Verfälschungen, auf Gehaltsanalysen und ähnliche Fragen. Namentlich das große Gebiet der Lehre von der Zubereitung der Speisen nach wissenschaftlichen und wirtschaftlichen Grundsätzen, die Bromatik, wie Th. Paul diesen Zweig genannt hat, steht aber noch im Anfange seiner Entwicklung. Es liegt dies zum Teil daran, daß von manchen Leuten eine Beschäftigung mit diesen Fragen, z. B. mit den Grundlagen der Kochkunst, merkwürdigerweise als unwissenschaftlich angesehen wird. So sehr jedermann es beifälligst begrüßen würde, für weniger Geld nahrhaftere und wohlschmeckender zubereitete Speisen zu erhalten — das Auffinden der besten Methoden zu diesem Ziele pflegt er als eine untergeordnete Arbeit anzusehen, die normalerweise einer Köchin überlassen werden sollte. Während das große Publikum durchaus Verständnis hat für die Wichtigkeit der Ernährungsphysiologie, d. h. der Schicksale der Speisen nach Einführung in den menschlichen Körper, findet es die wissenschaftliche Erforschung der Schicksale der Speisen vor der Einführung in den menschlichen Körper, also z. B. bei ihrer Zubereitung vielfach nur amüsant. Zum Teil ist eine ähnliche Unterschätzung sogar in wissenschaftlichen Kreisen zu beobachten. Es gibt zahlreiche Lehr- und Handbücher über die Beschaffenheit der Ausfuhrprodukte des menschlichen Stoffwechsels; die entsprechende Literatur über die einzuführenden Produkte, unsere Lebensmittel in zubereiteter Form, ist vergleichsweise klein. Für das erstere Gebiet bestehen zahlreiche Laboratorien, für letzteres Gebiet ist erst während des Krieges in Deutschland eine selbständige Anstalt gegründet worden.

Im folgenden will ich Ihnen also Einiges berichten über die Anwendungen der Kolloidchemie auf eine Wissenschaft, die es zum Teil noch gar nicht gibt. Die Ermutigung zu diesem vielleicht etwas kühn erscheinenden Unterfangen entnehme ich der Erkenntnis, daß unter den noch fehlenden Kapiteln der Lebensmittelchemie ganz besonders solche sind, in denen die Kolloidchemie — nicht nur nach meiner Auffassung — eine Hauptrolle spielt. Es soll also mit diesen Be-

---

[1]) Th. Paul, Biochem. Ztschr. 93, 365 (1919).

trachtungen gerade versucht werden, solche Lücken ausfüllen zu helfen. Freilich zwingt die Fülle des Stoffes wieder zur Beschränkung. Nur an unseren drei wichtigsten Lebensmitteln, Milch, Brot und Fleisch, soll die Anwendbarkeit und Fruchtbarkeit kolloidchemischer Betrachtung näher zu zeigen versucht werden. Daß hierbei die allgemeineren Fragen in den Vordergrund treten, speziellere Probleme aber nur gestreift werden können, ist unvermeidlich.

Die Milch beschreibt der Chemiker als ein Gemenge von Fett, verschiedenen Eiweißarten, Zucker, Salzen und gelösten Gasen in viel Wasser. Wie würde der Kolloidchemiker die Milch charakterisieren? Sein Augenmerk richtet sich entsprechend der Definition seiner Wissenschaft zuerst auf den Zerteilungszustand der genannten Stoffe. Für ihn ist die Milch ein sog. Polydispersoid, d. h. ein Gemenge von Stoffen verschiedenen Zerteilungsgrades in ein und demselben Zerteilungsmittel, dem Wasser. Wie G. Wiegner in einer Reihe bedeutsamer Arbeiten hervorgehoben hat, treten in der Milch gleichzeitig alle drei Zerteilungsformen auf, die sich in der allgemeinen Kolloidchemie um die Kolloide als die Mittelform gruppieren. Wir haben zunächst die größtenteils mikroskopischen Fetttröpfchen, kolloidchemisch gesprochen: einen grobdispersen Anteil, ferner die Eiweißstoffe: Kasein, Lactalbumin usw. in typisch kolloider Zerteilung, und schließlich Milchzucker und Salze in maximaler, nämlich molekularer und iondisperser Zerteilung. Die grobdisperse Fraktion des Milchfetts liegt ferner in der ungequollenen, nicht solvatisierten Form, die kolloide Fraktion der Eiweißstoffe umgekehrt im gequollenen oder hydratisierten Zustande vor. Wie ersichtlich interessiert sich der Kolloidchemiker für ganz andere Eigenschaften der Milch als z. B. der analytische Chemiker, nämlich für Zerteilungsform, Zerteilungsgrad, Quellungsgrad und ähnliches. Die Frage entsteht, ob diese Betrachtungsweise mehr ist als nur das Hervorheben einer Reihe vielleicht nur äußerlicher, nebensächlicher Eigenschaften der Milch.

In der Tat kann der Kolloidchemiker schon aus der gegebenen einfachen dispersoidchemischen Charakteristik der Milch sofort einige nicht unwichtige Schlußfolgerungen ziehen. Kolloide und die nächstgröberen Zerteilungen sind bekannt durch die leichte Veränderlichkeit ihrer Eigenschaften, durch die große Labilität und Variabilität schon unter dem Einfluß ganz geringfügiger Änderungen der Bedingungen. Es folgt hieraus, daß der Kolloidchemiker zunächst theoretisch die Milch in zwei Fraktionen von seinem Standpunkte aus zerlegen wird, in eine relativ instabile Fraktion, welche die kolloiden und gröber dispersen Anteile einschließt, und in eine relativ stabile Fraktion, welche die molekular-

und iondispersen Anteile enthält. In der ersteren Fraktion wird er den Schauplatz besonders zahlreicher Veränderungen in der Milch vermuten; anderseits wird er der molekulardispersen Fraktion von vornherein eine größere Konstanz der Eigenschaften zuschreiben.

Die Erfahrung bestätigt durchaus diesen Schluß. Während z. B. der Elektrolytgehalt der Milch, gemessen durch Gefrierpunktsbestimmungen, auffällig konstant ist, variieren Fett und Eiweiß bekanntlich auch bei der Milch ein und desselben Tieres quantitativ wie qualitativ erheblich. Auf die qualitativen Variationen von Fett und Eiweiß werden wir gleich zu sprechen kommen. In quantitativer Hinsicht wird diese dispersoidchemische Zerlegung in zwei Fraktionen noch schärfer ermöglicht durch die wichtige Regel von Cornalba und G. Wiegner[1]), gemäß der auch die Menge der einzelnen Bestandteile in der Milch um so weniger variiert, je höher dispers die betreffenden Stoffe in der Milch auftreten. Während wir also die größere Mannigfaltigkeit von Erscheinungen in der grobdispersen und kolloiden Fraktion der Milch erwarten können, gibt es bemerkenswerterweise ein Kapitel der Milchwissenschaft, bei dem gerade umgekehrt der andere, stabile Anteil der Milch im Vordergrunde des Interesses steht. Dieses Kapitel ist die Frage nach den besten Methoden zur Erkennung einer Verwässerung der Milch. Die zuverlässige Feststellung einer solchen Verfälschung ist keineswegs eine so einfache Sache, wie man zunächst meinen möchte, da z. B. eine Bestimmung des Fettgehalts wegen der erwähnten großen Variabilität dieses Faktors nicht unbedingt zuverlässig ist. In den letzten Jahren hat nun eine Methode, die sog. Chlorkalziummethode, sehr weitgehende Anerkennung und Verbreitung gefunden. Worauf beruht diese Methode, und woher rührt ihre Zuverlässigkeit? Die Methode beruht auf der praktischen experimentellen Ausführung genau derjenigen Zerlegung der Milch in zwei Fraktionen, wie wir soeben theoretisch vom kolloidchemischen Standpunkte aus vorgenommen haben. Die variablen Anteile: Fett und Eiweiß werden entfernt und verworfen, der stabile Anteil, das Serum, dient zur Messung. Erst wenn dieser letztere stabile Anteil sich bei der betreffenden Milchprobe als verändert erweist, kann mit Sicherheit auf eine stattgefundene Verfälschung geschlossen werden.

Untersuchen wir nun die instabile Milchfraktion etwas näher von kolloidchemischen Gesichtspunkten aus. Eine besonders wichtige Rolle spielt in der Kolloidchemie das genauere Maß des Zerteilungsgrades,

---

[1]) Siehe z. B. G. Wiegner, Ztschr. f. Unters. d. Nahr.- u. Genußm. 27, 425 (1914); daselbst ältere Arbeiten desselben Verfassers.

wie wir in der zweiten Vorlesung gesehen haben. Sind solche feinere Einflüsse des Zerteilungsgrades auch bei der Milch bekannt?

Zunächst sei daran erinnert, daß die Fetttröpfchen in der Milch verschiedener Organismen sehr verschieden fein zerteilt auftreten. Am feinsten ist die Zerteilung des Fettes in der Frauenmilch. Die Wichtigkeit einer möglichst feinen Zerteilung für die Verdaulichkeit der Milch ist nicht nur praktisch bekannt, sondern entspricht auch dem für die Kolloidchemie sehr wichtigen Wenzelschen Gesetz über die Abhängigkeit der chemischen Reaktionsgeschwindigkeit von der Größe der Reaktionsfläche. Auch bei der Kuhmilch kann auf künstliche Weise eine weitere Zerteilung der Fetttröpfchen, eine sog. Homogenisierung und damit eine erhebliche Veränderung ihrer Eigenschaften erzielt werden. Eine solche höher dispergierte Milch rahmt weder spontan auf, noch kann das Butterfett durch Zentrifugieren zur Abscheidung gebracht werden, die innere Reibung steigt und anderes mehr.

Ähnliche Variationen des Zerteilungsgrades und des nicht minder wichtigen Quellungsgrades beobachtet man bei den eigentlichen kolloiden Anteilen, speziell beim Kasein. Frauenmilch zeigt unter dem Ultramikroskop wieder die feinsten, Schafmilch besonders grobe Kaseinteilchen. Durch Erhitzen vergrößern sich die Teilchen; Säuren, Basen, aber auch schon Kochsalz bewirken mannigfaltige Änderungen von Größe und Quellungsgrad, entsprechend den Regeln der Kolloidchemie. Studiert können diese Einflüsse z. B. auf ultramikroskopischem und viskosimetrischem Wege werden.

Neben Einflüssen von Dispersitäts- und Quellungsgrad spielen zweitens Adsorptionserscheinungen auch in der Milch eine Rolle. Adsorptionsvorgänge haben wir gekennzeichnet als Anhäufungen von Stoffen in Grenzflächen. Diese Anhäufung hat vielfach die Entstehung von Häutchen zur Folge. Die Hautbildung beim Erhitzen der Milch ist eine wohlbekannte Erscheinung. Auf gleiche Ursachen ist vermutlich auch das leichte Überkochen zurückzuführen. Aber nicht nur an äußeren, auch an inneren Oberflächen können solche Adsorptionserscheinungen stattfinden. Solche innere Grenzflächen haben wir an der Berührungsfläche der Fettröpfchen mit der übrigen Milch. Das Auftreten von sog. „Adsorptionshüllen" um die Fetttröpfchen erscheint dem Kolloidchemiker um so natürlicher, als er aus anderen Untersuchungen weiß, daß man durch Schütteln z. B. mit Mineralölen Eiweißlösungen vollkommen durch Adsorption enteiweißen kann. Die in der Milchwissenschaft lange diskutierte Frage, ob die Adsorptionshüllen fest oder flüssig sind, erledigt sich für den Kolloidchemiker durch die Auffassung, daß diese Hüllen jedenfalls zur Klasse der Gallerten gehören, mit anderen Worten Eigenschaften sowohl fester als auch flüssiger Körper aufweisen. Diese Adsorptionshüllen spielen eine große Rolle beim Butterungsvorgang. Sie sind jedenfalls auch dafür verantwortlich, daß das Milchfett nur langsam und unvollständig mit Äther ausgeschüttelt werden kann, ganz entsprechend den Erfahrungen der Kolloidchemie, nach denen z. B. auch kolloides Gold nur langsam von Quecksilber amalgamiert wird.

Außer durch Adsorption kann die Gleichförmigkeit namentlich gröberer Zerteilungen durch Sedimentieren oder Aufrahmen gestört werden. Das spezifisch schwere fein zerteilte Quecksilber sedimentiert, das spezifisch leichtere Butterfett rahmt auf. Die Geschwindigkeit des Aufrahmens ist ebenfalls von kolloidchemischen Faktoren, wie Dispersitätsgrad, Quellungszustand des Kaseins und damit Viskosität des Mediums usw. abhängig.

Als dritte große Gruppe von Kolloiderscheinungen seien schließlich die Koagulationsphänomene in der Milch kurz besprochen. Es sei daran erinnert, daß wir unter der Koagulation einer Zerteilung allgemein eine erhebliche Verminderung ihres Zerteilungsgrades, häufig begleitet von einer radikalen Zerstörung des gleichförmigen Aufbaues der Zerteilung verstehen. In der Milch können nun sowohl die disperse Fettphase als auch die kolloide Eiweißphase eine solche Koagulation erfahren. Vereinigen sich die Fettröpfchen zu gröberen Gebilden, Flocken und Klumpen, so nennt man das bekanntlich Butterung. Vereinigen sich anderseits die kolloiden Kaseinteilchen zu größeren Komplexen, so nennt man diesen Vorgang bekanntlich Gerinnung der Milch.

Beiderlei Koagulationsvorgänge, Butterung wie Milchgerinnung mit Einschluß namentlich der zahlreichen bei der Käsefabrikation auftretenden Vorgänge bieten eine Fülle von spezifisch kolloidchemischen Erscheinungen. Nur einige davon seien hier angeführt. Damit zunächst eine Koagulation der Fetttröpfchen stattfinden kann, muß die gallertartige Beschaffenheit der Adsorptionshüllen zerstört oder doch stark modifiziert werden. Dies geschieht bekanntlich durch eine ganz bestimmte mittlere Säuerung des Rahms. Für diese Veränderung der Adsorptionshüllen, welche das Zusammenkleben der Fetttröpfchen gestattet, kommen insbesondere Änderungen des Quellungsgrades oder Änderungen des Dispersitätsgrades ihrer Bausteine, der „Mizellen", in Frage. W. Kirchner hebt in seinem „Lehrbuche der Milchwirtschaft" die erstere Möglichkeit, W. Fleischmann in dem seinigen umgekehrt die zweite besonders hervor. Am wahrscheinlichsten ist dem Kolloidchemiker eine Kombination beider Vorgänge, da beide Vorgänge bei den

Zustandsänderungen von Kolloiden dieser Art stets gleichzeitig aufzutreten pflegen. Abhängigkeit der Butterungsgeschwindigkeit und des Butterungsgrades vom Säuregrad des Rahms, von der Temperatur, von der Konzentration und Größe der Fettröpfchen — alles dies sind Probleme, für die wir auch in der reinen Kolloidchemie Analoga haben.

Bei der Koagulation des Kaseins, der Milchgerinnung, ist besonders die Verschiedenheit im kolloidphysikalischen Zustand des Koagulats von besonderer Bedeutung. Spontane oder Säuregerinnung und Labgerinnung ergeben Kaseingele von ganz verschiedenen mechanischen Eigenschaften. Zur Käsefabrikation muß das Kaseingel dabei bestimmte mittlere Werte von Festigkeit einerseits, von Plastizität anderseits besitzen, um z. B. beim Emmenthaler Käse die richtige Entstehung, Größe und Verteilung der Gasblasen, der „Löcher" zu gewährleisten. Die Messung dieser mechanischen Geleigenschaften unter dem Einfluß verschiedener Faktoren gehört in das überaus interessante Gebiet der Gelphysik.

Aus der Fülle hierher gehöriger Kolloiderscheinungen möchte ich nur noch eine hervorheben, die sich bei der Kaseingerinnung in selten schöner Ausbildung zeigt. Schon bei der spontanen Säuregerinnung, besonders aber bei der Labgerinnung erstarrt bekanntlich zunächst das ganze System zu einer gleichmäßigen Gallerte. Hiermit ist aber der Vorgang keineswegs abgeschlossen. Das Kaseingel kontrahiert sich vielmehr unter Abscheidung grünlichgelb gefärbter Molke, es tritt die „Scheidung" der Milch ein. Dieser Vorgang des freiwilligen Zusammenziehens unter gleichzeitigem Auspressen einer Flüssigkeit ist offenbar nichts anderes als die schon früher erörterte Erscheinung der Synäresis für die wir hier also ein besonders auffälliges praktisches Beispiel haben.

Noch mehr fast als bei der Milch findet der Kolloidchemiker bei der Technologie des Brotes Gelegenheit, seine Wissenschaft anzuwenden. Beginnen wir wieder mit der kolloidchemischen Definition der Hauptmaterialien und der Hauptvorgänge bei der Herstellung des Brotes.

Das Mehl ist kolloidchemisch eine grobe Dispersion dreier eingetrockneter Hydrogele: des Pflanzeneiweißgels, des Kohlenhydratgels (der Stärke) und des Zellulosegels (der Rohfaser). Dieses grobdisperse Gelpulver enthält seinerseits molekulardisperse Anteile wie Salze, Zucker, Säuren und Wasser. Der Teig ist wieder ein Polydispersoid, kolloidchemisch von ganz ähnlicher Struktur wie die Milch. Molekulardispers treten im Teig neben Dextrinen, Zucker, Alkohol besonders Salze, Säuren und Gase auf, kolloid sind die aufgelösten Pflanzenalbumine, während die angequollenen Stärkekörner, ferner Gasblasen, Hefezellen, Milchsäurebakterien den grobdispersen Anteil bilden.

Der Brotteig zeigt in sehr interessanter Weise gleichzeitig die Eigenschaften sowohl flüssiger als auch fester Körper. Wie eine Flüssigkeit paßt er seine Gestalt der Form eines beliebigen Gefäßes freiwillig, wenn auch langsam an. Die Bildung kugel- oder linsenförmiger Gasblasen bei der Gärung zeigt, daß er Oberflächenspannung wie eine Flüssigkeit besitzt. Auf der anderen Seite kann man den Teig wie einen festen Körper in Stücke schneiden, beim schnellen Ausrecken zerreißt er mit unregelmäßig gestalteter Reißfläche usw. Diese überaus interessante Kombination flüssiger und fester Eigenschaften haben wir schon früher als besonders charakteristisch für die große Klasse der Gallerten, der solvatisierten Emulsoide höherer Konzentration, erkannt.

Was geschieht nun beim Backen des Teiges? Analytisch-chemisch ist das gebackene Brot nur wenig verschieden vom Teig. Dagegen treten beim Backprozeß radikale kolloidchemische Zustandsänderungen auf. Die grobdispersen Stärkekörner werden beim Backen höher dispers und gleichzeitig stärker hydratisiert, sie verkleistern. Umgekehrt werden die kolloiden Albumine koaguliert, d. h. in einen weniger dispersen und wasserärmeren Zustand übergeführt. Von besonderer Bedeutung ist das Verhalten der Gase einschließlich des beim Erhitzen gebildeten Wasserdampfes. Diese werden beim Backen zum großen Teil ausgetrieben. Die Abscheidung darf jedoch nicht zu größeren zusammenhängenden Gasvolumina führen. Sie muß vielmehr in einem noch dispersen Zustand durch den Teig fixiert werden, ähnlich wie auch ein festes Reaktionsprodukt in Gegenwart von „Schutzkolloiden" bekanntlich in feinerer Zerteilung fixiert wird. Nur dann entsteht das zusammenhängende Gerüst von verkleisterter Stärke und geronnenem Eiweiß, das von zahlreichen kleinen Gasräumen, den Poren, durchsetzt ist, wie es für das fertige Brot charakteristisch ist. Bilden sich infolge zu heftiger, zu grob disperser Gasabscheidung größere Hohlräume oder Risse, so erhalten wir zwei der bekanntesten Backfehler beim Brote. Das fertige Brot ist also ein Gelschwamm oder Gelschaum von analoger dispersoidchemischer Beschaffenheit wie etwa Bimstein oder Schlagrahm, wobei die mechanischen Eigenschaften des Brotgelschwammes etwa in der Mitte zwischen den genannten Systemen stehen.

Die kolloidchemischen Eigenschaften des Mehls, die für das Entstehen eines guten Brotes verantwortlich sind, bezeichnet man als die Backfähigkeit der Mehle. Dieser Begriff spielt eine große Rolle in der Praxis, um so mehr als wir zur Zeit noch keine Laboratoriumsmethode kennen, um die Backfähigkeit eines Mehls quantitativ zu kennzeichnen. Um zu wissen, ob ein Mehl backtechnisch taugt, muß man heute immer noch einen Backversuch machen, d. h. ein Probebrot backen. Dies ist ein Zustand ähnlich dem der Metallgewinnung im Altertum, als es noch keine Analyse gab. Um damals zu unterscheiden, ob ein Stein metallhaltig war, mußte man einen entsprechenden Schmelzversuch machen. Man kann nun fragen, ob hier vielleicht die Kolloidchemie helfen kann. Denn daß nicht chemische Differenzen, sondern solche im physikalisch-chemischen Zustand der Mehlbestandteile für die Backfähigkeit verantwortlich sind, kann als erwiesen gelten[1]).

In der Tat haben neuere Untersuchungen Hinweise auf eine solche Laboratoriumsmethode zur Kennzeichnung der Backfähigkeit der Mehle gegeben[2]). Wie in anderen Kolloidindustrien, z. B. in der des Kautschuks und der Kunstseide, läßt sich nämlich zeigen, daß wir in der Viskosität der verdünnten Gele einen ausgezeichneten Indikator auch für die physikalisch-chemischen Eigenschaften des konzentrierten Gels, also des technischen Endproduktes besitzen. Untersucht man dementsprechend die Viskosität verdünnter Teiglösungen, so findet man, daß diese Eigenschaft außerordentlich stark variiert mit allen möglichen Faktoren, und zwar mit solchen, die auch gerade für die Backfähigkeit von besonderer Bedeutung sind. Unser hochausgemahlenes Kriegsmehl gab bekanntlich schlechteres, dichteres Brot als das weniger ausgemahlene Friedensmehl; auch die Viskosität der Teiglösungen schwankt auffallend je nach dem Ausmahlungsgrad des Mehles. Weizen- und Roggenmehl verhalten sich sehr verschieden beim Backen; auch viskosimetrisch zeigen sich erhebliche Unterschiede zwischen gleich konzentrierten Weizen- und Roggenteiglösungen. Man weiß, daß ein bestimmter mittlerer Säuregrad des Teigs für das Backen am günstigsten ist, ganz ähnlich übrigens wie beim Butterungsvorgang. Auch dieser ausgezeichnete Säuregrad findet sich bei der viskosimetrischen Untersuchung deutlich wieder. Unter „schlecht backfähigen Mehlen" scheinen nach den bisherigen Untersuchungen solche mit geringer „Viskositätszahl" besonders häufig zu sein. Der anschaulichste Hinweis auf die große Empfindlichkeit dieser Methode wird aber vielleicht durch die Tatsache gegeben, daß sogar der Einfluß verschiedenen Wassers, harten, weichen

---

[1]) Siehe z. B. M. P. Neumann, Brot u. Brotgetreide, Berlin (1914), 284; A. Maurizio, Nahrungsmittel aus Getreide 1, (Berlin 1917).

[2]) Siehe die Arbeiten von Wo. Ostwald und H. Lüers über die Kolloidchemie des Brotes in Koll.-Ztschr. **25**, 82, 116, 177, 230 (1919); **26**, 66, (1919); **27**, 34 (1920) usw. daselbst weitere, speziell ausländische Literatur.

Wassers usw. auf die Backfähigkeit sich deutlich in der Viskosimetrie der Teiglösungen wiederfinden läßt. Schon die bisherigen Untersuchungen ergeben also, daß die Kolloidchemie in der Tat zur Lösung dieser praktisch sehr wichtigen Fragen beitragen kann.

Ganz kurz möchte ich noch ein uraltes, jedem geläufiges Problem berühren, das ebenfalls bisher noch keine befriedigende Lösung gefunden hatte: die Frage nach den Ursachen des Altbackenwerdens des Brotes. Die Erscheinung ist jedermann bekannt; besonders beim Weißbrot äußert sie sich mechanisch im Krümligwerden des Brotgels. Weniger bekannt dürfte es sein, daß das Altbackenwerden durchaus nicht etwa auf einem Austrocknen beruht. Auch in der Blechkapsel, im eingeschmolzenen Glasrohr, ja im mit Wasserdampf gesättigten Raume wird das Brot altbacken. Chemisch analytische Unterschiede zwischen frischem und altbackenem Brote sind nicht zu ermitteln gewesen. Wohl aber findet der Kolloidchemiker erhebliche Unterschiede z. B. im Quellungsvermögen des frischen und altbackenen Brotes. Er bemerkt, daß das Stärkegel besonders daran beteiligt ist, daß der Vorgang teilweise reversibel ist — durch kurzes Aufwärmen kann man das Brot bekanntlich vorübergehend wieder frisch machen — er findet, daß die Veränderung bei 0° C schneller verläuft als bei höherer oder tieferer Temperatur usw. Zusammenfassend kommt der Kolloidchemiker zu dem Schluß, daß hier im Grunde derselbe Vorgang auftritt, den wir bereits bei der Gerinnung der Milch, beim Scheiden in Bruch und Molke kennen gelernt haben. Dieselbe Erscheinung, die Synäresis, die Kontraktion des Gels unter Auspressen von Flüssigkeit, zeigt auch ein gewöhnlicher Stärkekleister sehr deutlich. Was ist nun die Folge einer solchen Synäresis des schwammartig gestalteten Stärkegels im Brote? Es ist leicht einzusehen, daß bei einem solchen Schwamm, der ja zum Teil aus dünnen Lamellen, zum Teil aus massiveren Eckstücken besteht, die Kontraktion während der Synäresis zu Spannungen und zu Zerreißungen führen wird. Dies ist die Ursache für das Krümligwerden. Aber auch ein Auspressen von Flüssigkeit findet, wenn auch in beschränktem Maße, beim Altbackenwerden statt. In den ersten Stadien fühlt sich ein solches Brot ja bekanntlich feucht an, und zwar nicht nur die dextrinhaltige Kruste, sondern auch das Brotinnere, die Krume. So scheint also auch hier die Kolloidchemie wesentlich zur Lösung dieses alten und interessanten Problems beitragen zu können[1]).

[1]) Hier sind besonders die Arbeiten von J. R. Katz, Ztschr. f. Elektrochem. **19**, 663 (1913); Ztschr. f. physiol. Chem. **95**, 104 (1915); **96**, 288, 314 (1916) zu nennen, der über die Erscheinung des Altbackenwerdens allerdings kompliziertere Betrachtungen

In aller Kürze sei noch auf das dritte unserer wichtigsten Lebensmittel eingegangen, auf das Fleisch. Vermag die Kolloidchemie auch hier etwas auszusagen? Der Fleischmuskel besteht histologisch aus Muskelfaser und Bindegewebe, biochemisch aus Muskeleiweiß und Kollagen. Das Muskeleiweiß oder Myosin ist ein typisch kolloider Eiweißkörper. Das Kollagen gibt nicht nur „colla", den Leim, sondern hat sogar der ganzen Wissenschaft der Kolloidchemie ihren Namen gegeben. Die Voraussetzungen für das Auftreten kolloidchemischer Vorgänge bei der Behandlung, der Zubereitung und der Aufbewahrung des Fleisches sind also reichlich gegeben. Z. B.: Frisch geschlachtetes Fleisch ist bekanntlich zäh und schwer verdaulich. Erst durch „Abhängen, Reifenlassen, Altschlachtenwerden" erlangt es die erwünschte Beschaffenheit. Was sind die Vorgänge, die zum Altschlachtenwerden des Fleisches führen? Kurze Zeit nach dem Tode des Schlachttieres nimmt das Fleisch einen eigentümlichen Zustand an, der unter dem Namen „Totenstarre" bekannt ist. Nach 24 und mehr Stunden tritt sodann eine entgegengesetzte Veränderung auf, die sog. „Lösung" der Totenstarre. Erst von diesem Zeitpunkt an wird das Fleisch zum Genuß geeignet und erlangt allmählich jenen Grad von Zartheit, Saftigkeit und Bekömmlichkeit, den wir am altschlachtenen Fleisch schätzen.

Die grundlegende Erscheinung: Entstehung und Lösung der Totenstarre beruht nun mit Sicherheit auf einer Gruppe kolloidchemischer Zustandsänderungen der Muskelkolloide, die allgemein als Quellungs- und Entquellungsvorgänge derselben gekennzeichnet werden können. Sofort nach dem Absterben wird nämlich im Muskel Säure, besonders Milchsäure gebildet. Vor allen anderen Elektrolyten fördern aber Säuren, wie oft hervorgehoben, ganz außerordentlich die Wasserbindung, besonders des Leims oder des Bindegewebes. Es erfolgt also wahrscheinlich eine Quellung der fibrillären Elemente im Muskel auf Kosten des im Muskelplasma enthaltenen Wassers, damit aber eine Kontraktion, die Totenstarre. Für die nachfolgende Lösung der Starre ziehen nun einige Autoren, z. B. O. von Fürth und E. Lenk, ebenfalls eine Säurewirkung heran, diesmal aber auf das andere Muskelkolloid, das Myosin. Dieses soll später bzw. bei höherer Säurekonzentration gerinnen, und damit zur Erschlaffung der Muskulatur führen. Indessen kann die Lösung der Totenstarre — die „innere Entquellung" — vielleicht auch als ein Fall jener spontanen Zustandsänderung aufgefaßt werden, die wir als Sy-

---

anstellt und kolloidchemische Gesichtspunkte nur sekundär, z. B. den Begriff der Synäresis überhaupt nicht heranzieht.

näresis schon mehrfach angeführt haben. Eine nähere Erörterung dieser verschiedenen Theorien muß hier unterbleiben[1]). Es soll ja nur gezeigt werden, daß wir mehrfache, ja anscheinend schon zu viele kolloidchemische Möglichkeiten vor uns haben, diese praktisch so wichtigen Fragen wissenschaftlich anzugreifen.

Das Quellungsvermögen des Fleisches, z. B. in verdünnter Kochsalzlösung, ist weiterhin ein wichtiges Hilfsmittel für die Fleischuntersuchung. Man kann durch seine Messung das Fleisch verschiedener Tiere unterscheiden, ferner feststellen, ob frisch- oder altschlachtenes Fleisch, ob Gefrierfleisch oder getrocknet gewesenes Fleisch vorliegt usw. Dabei gehen außerdem Quellbarkeit und Verdaulichkeit weitgehend parallel. So besitzt z. B. das besonders leicht verdauliche Kalbfleisch auch eine besonders große Quellbarkeit. Desgleichen gibt diese Methodik auch Hinweise auf die Beurteilung der verschiedenen Konservierungs- und Zubereitungsmethoden. Nach den Versuchen von G. Jung behält das Fleisch z. B. eine größere Quellbarkeit, wenn es trocken gesalzen als wenn es gepökelt wird. Von den verschiedenen Fleischarten zeichnet sich Schweinefleisch z. B. auch dadurch aus, daß sein Wasserbindungsvermögen durch Kochen wie durch Trocknen verhältnismäßig am wenigsten leidet usw. Auch die Behandlung von Fleisch mit saurer Milch oder Essigwasser wie bei der Zubereitung des beliebten „Sauerbratens" ist ein Kolloidphänomen. Das Fleisch quillt in diesen Lösungen, das Bindegewebe dabei stärker als das Muskelplasma. Hierdurch entstehen zwei Effekte: Zunächst wird das Fleisch insgesamt wasserreicher, d. h. saftiger. Sodann aber tritt durch die stärkere Quellung der zahlreichen Bindegewebehäutchen um jede einzelne Faser eine Lockerung des Gefüges ein; das Fleisch wird „mürber" und entsprechend leichter verdaulich. — Auch die Theorie des Kochens und Bratens des Fleisches hat ihre kolloidchemische Basis.

Natürlich erschöpfen sich die Anwendungsmöglichkeiten der Kolloidchemie nicht mit ihren Beziehungen zu Milch, Brot und Fleisch. Weitere kolloidchemische Vorgänge in der Lebensmittelchemie finden wir z. B. bei der Verwendung von Gelatine zur Herstellung von Sahneneis, bei der das Kolloid als Schutzkolloid für das sich ausscheidende Eis wirkt, diesem einen relativ hohen Dispersitätsgrad und dem Produkt damit die gewünschte Konsistenz gibt[2]), bei der Herstellung von Majonnaise und Saucen aller Art usw. Adsorptions-

[1]) Siehe Literaturübersichten z. B. in den Dissertationen von Amherdt und Jung aus dem Laboratorium von Prof. W. Frei in Zürich. (1920).

[2]) J. Alexander, Koll.-Ztschr. 5, 101 (1909); 6, 197 (1910).

erscheinungen beobachten wir, wenn der Salzgehalt einer Fleischbrühe schon dem Geschmack nach deutlich abnimmt, falls man etwa ungesalzenen Reis hineinlegt, oder falls die Hausfrau die versalzene Suppe durch Einrühren und Koagulieren eines Eies wieder schmackhafter zu machen sucht. Die Kochkunst ist geradezu eine kolloidchemische Kunst. Aber auch Kaffee und Tee sind teilweise kolloide Lösungen, von denen man namentlich den ersteren sehr schön zu Demonstrationsversuchen über Diffusion, Dialyse, Elektrophorese, Ultramikroskopie, Koagulation, Adsorption usw. verwenden kann, und Wein und Bier sind ebenfalls in mehrfacher Hinsicht interessante kolloide Lösungen[1]). Die Kolloide des Biers sind z. B. ausgesprochen positiv geladen, ihr Kolloidgehalt bestimmt die „Schaumfähigkeit" und „Vollmundigkeit". Vor etwa 15 Jahren hat ein ganz spezifisch kolloidchemisches Bierproblem in Amerika besonderes Interesse erregt. Da die Amerikaner die Gewohnheit hatten, dieses Getränk bei einer Temperatur von ca. 0° zu sich zu nehmen, ergaben sich häufig getrübte Biere, weil die kolloiden Eiweißstoffe bei dieser Temperatur häufig ausfallen. Durch Beigabe von hydratisierenden Zusätzen z. B. von Milchsäure oder aber von kleinen Mengen proteolytischer Fermente gelingt es, die Eiweißteilchen so stark zu hydratisieren, daß bei der genannten Temperatur die erwähnte Ausflockung unterbleibt. Auf den Kolloidchemiker macht diese Methode der Bierverbesserung einen amüsanten Eindruck darum, weil die genannten Stoffe gerade diejenigen sind, welche für die pathologischen Erscheinungen des Ödems verantwortlich gemacht werden, wie wir in unserer letzten Besprechung gehört haben. Die Amerikaner tranken also „ödematöses" Bier.

In der Zuckerindustrie treten kolloidchemische Probleme auf bei der Trennung des Zuckers von den kolloiden Begleitstoffen, bei der Diffusion und Dialyse, bei den Hemmungen der Kristallisation usw. Es liegen hier technische Fragen vor, durch deren Lösung, wie man mir besonders in Amerika erzählt hat, Reichtümer gewonnen werden könnten. So werden gewisse Rohrzuckermelassen mit erstaunlich großen Zuckergehalten als Viehfutter usw. verkauft, vielleicht nur darum, weil man den Zucker bisher noch nicht von seinen kolloiden Beimengungen hat befreien können. Es liegen hier vermutlich Adsorptionsverbindungen zwischen pektinartigen Substanzen

---

[1]) Über die Kolloidchemie des Bieres finden sich in der Koll.-Ztschr. im Original oder in Referaten zahlreiche Arbeiten von F. Emslander, A. Reichardt, H. Luers, W. Windisch und W. Dietrich u. a. Letzte Zusammenfassung von F. Emslander in Liesegangs Kolloidchem. Technologie (1927).

und dem Zucker vor und das kolloidchemische Problem bestände in der Zerstörung dieser Verbindungen[1]). In der öffentlichen Nahrungsmittelchemie werden kolloidchemische Methoden zur Feststellung von Verfälschungen gebraucht. Ich erwähnte bereits die Leysche Silberprobe zur Unterscheidung von natürlichem und künstlichem Honig. Eine andere Methode zum Nachweis von Agarzusätzen zu Obstgelees und Marmeladen beruht auf dem deutlichen Einfluß solcher Zusätze auf die Form und Struktur von Liesegangschen Ringen in diesen Gallerten[2]). Bei der Margarinefabrikation haben die verschiedenen Verfahren des Emulgierens und Stabilisierens der entstandenen Emulsionen erhebliches kolloidchemisches Interesse. — — Ich nehme an, daß ich Sie inzwischen ungeduldig gemacht habe mit dieser endlosen Aufzählung von Beziehungen zwischen Kolloidchemie und Lebensmittelchemie. Ist es indessen meine Schuld, daß hier die Verwandtschaft beider Disziplinen so innig ist und so klar zutage liegt, daß der Kolloidchemiker eigentlich jede gute Köchin als Kollegin aus der Praxis begrüßen sollte?

Worin liegen denn nun aber die Fortschritte, die man von einer bewußten und methodischen Anwendung der Kolloidchemie auf die Lebensmittelchemie erwarten kann? In zweierlei Richtung könnte man z. B. Zweifel darüber äußern, ob durch die Heranziehung der Kolloidchemie wesentliche Fortschritte zu erwarten sind. Zunächst könnte man hervorheben, daß wir ja auch ohne Kenntnis der Kolloidchemie verstanden haben, Butter und Käse herzustellen oder Brot zu backen. Führt eine Anwendung der Kolloidchemie auch zu praktischen Ergebnissen? Ist die Kolloidchemie etwa imstande, unsere Ernährung zu verbessern? Ein zweiter Einwand geht davon aus, daß die kolloidchemische Behandlung dieser Fragen notwendigerweise zunächst mit einer Umbenennung, mit einer neuen Definition altbekannter Erscheinungen in den Ausdrücken der Kolloidchemie beginnen muß. Bei manchen Fachgenossen wird hierdurch der Eindruck erweckt, als wenn es sich ausschließlich darum handelt, „Binsenweisheiten" in neuer „philosophischer Sprache" darzustellen. Ist die Kolloidchemie wirklich imstande, nicht nur Altes in neuer Sprache wiederzugeben, sondern auch wirklich neue Erkenntnisse zu vermitteln?

Was den ersten Zweifel anbetrifft, so sei bereitwilligst zugestanden, daß allerdings auch die Kolloidchemie nicht imstande ist, Kaviar aus

---

[1]) Siehe z. B. die neueren Arbeiten von Peek, Intern. Sugar Journ. 21, 70 (1919); F. W. Zerban, Journ. Ind. a. Eng. Chem. 12, 744 (1920).

[2]) E. Marriage, Koll.-Ztschr. 11, 1 (1912).

Kohlrüben zu machen, und daß sie ebenfalls nicht eine Patentmedizin darstellt, die für jede Schwierigkeit z. B. in der Nahrungsmittelindustrie sofort eine Abhilfe wäre. Trotzdem lassen sich sehr wohl schon Anwendungen der Kolloidchemie nennen, die zu unmittelbaren praktischen Ergebnissen geführt haben. In Holland gibt es z. B. in manchen Städten trotz des Nachtbackverbots am Morgen frische Semmeln. Nach einem Verfahren von J. R. Katz, der die Kolloidchemie des Altbackenwerdens eingehend studierte, können die Semmeln bis zum nächsten Tage in praktisch unveränderter Frische erhalten werden. Aber ganz abgesehen von solchen unmittelbaren praktischen Folgerungen — der Kolloidchemiker wäre schon zufrieden, wenn er zur besseren Kenntnis auch dessen beitragen könnte, was wir bisher mit unseren Lebensmitteln getan haben. Denn wissen wir besser, was wir bisher mit ihnen getan haben, so werden wir auch besser wissen, was wir in Zukunft tun sollen, dann nämlich, wenn Schwierigkeiten und neue Probleme auftauchen, oder wenn es heißt, unsere bisherigen Verfahren zur Gewinnung, Zubereitung und Aufbewahrung der Lebensmittel umzuändern, um zu sparen oder nur mehr zu verdienen. Daß jede genauere Kenntnis auch der Verfahren, die seit Jahrhunderten oder gar Jahrtausenden ausgeübt werden, an und für sich schon einen praktischen Gewinn darstellt — das erscheint mir als eine „Binsenweisheit".

Zum zweiten Punkt möchte ich aber folgendes bemerken: Jede neue Wissenschaft bildet zwangsläufig eine neue Terminologie heraus. Eine solche Terminologie ist aber weit mehr als bloß eine Sammlung neuer Namen. Wenn man z. B. das Mehl definiert als ein Gemisch dreier Hydrogele, von denen insbesondere zwei (Eiweiß und Stärke) lyophiler Natur sind, so gibt man mit dieser Definition weit mehr als nur einen neuen Namen. Man weist mit diesen Bezeichnungen darauf hin, daß das Mehl bzw. seine Bestandteile die Eigenschaft der Quellbarkeit besitzen, daß diese Eigenschaft bei Stärke und Eiweiß ausgesprochener ist als bei dem schwach lyophilen Zellulosegel usw., allgemein gesprochen: Man weist darauf hin, daß auch für die Mehlbestandteile die schon ansehnliche Reihe von Regeln und Gesetzmäßigkeiten gilt, die für Stoffe mit diesen besonderen Eigenschaften aufgestellt worden sind. Wer eine solche kolloidchemische Umbenennung oder Definition gibt, muß die Verantwortung übernehmen, daß diese allgemeinen Regeln und Gesetzmäßigkeiten für den neu definierten Fall auch wirklich zutreffen. Er sagt damit unter Umständen wesentlich neuartiges aus oder ermöglicht mindestens neue Problemstellungen und gibt den Hinweis auf neue experimentelle Methoden zur Bearbeitung der alten Erscheinungen. Es liegt also eine sehr ernsthafte Arbeit und keineswegs nur eine Spielerei mit neuen Ausdrücken vor, wenn auch alt bekannte Erscheinungen eine neue kolloidchemische Definition erhalten[1]). Hiermit will ich nicht ableugnen, daß die kolloidchemische Definitionsarbeit gelegentlich so oberflächlich und so wenig verantwortungsbewußt ausgeführt worden ist, daß ich selbst vor diesen nur gut gemeinten Anwendungen der Kolloidchemie erschrocken bin. Sehen wir aber ab von solchen Übergriffen, wie sie namentlich bei rasch aufblühenden Wissenschaften fast unvermeidlich sind, darüber ist, denke ich, kein Zweifel möglich, daß die Kolloidchemie eine unentbehrliche Hilfswissenschaft für die Lebensmittelchemie theoretischer wie praktischer Art darstellt. Gewiß befindet sich die kolloidchemische Durchdringung der Lebensmittelchemie noch in ihren Anfängen; sehr viel Arbeit ist noch zu tun. Aber das ist ja nur schön so; laboremus. —

Ich eile zum Schluß. Für jede industrielle Betätigung ist die Frage nach der Betriebsenergie und dem Rohmaterial der Ausgangspunkt. Brennstoffe — wir wissen es heute durch trübe Erfahrung noch besser als früher — sind nicht Hilfsmittel sondern Anfangsbedingungen für jedes industrielle Unternehmen, das nicht etwa Wasserkraft zur Verfügung hat. Auch hier hat die Kolloidchemie etwas auszusagen. Betrachten wir zunächst die festen Brennstoffe. Da ist z. B. die fundamentale Frage des Wassergehaltes, der Hygroskopizität usw. Warum hat z. B. frisch gelöschter Koks ein größeres (maximales) Bindungsvermögen für Wasser als abgelagerter? Mir scheint, als wenn es sich hier wiederum um einen Fall von Synäresis handelt, um eine Zustandsänderung dieses hochdispersen festen Systems im Sinne einer Dispersitätsvergröberung. Daß auch in Koks und Steinkohle hochdisperse, den Gelen nahestehende Systeme vorliegen, wie H. Winter vor einiger Zeit ausgeführt hat[2]), ist naheliegend, wenn man ihre Entstehungsgeschichte und ihre Verwandtschaft mit Braunkohle, Lignit, Torf, Holz usw. berücksichtigt.

Torf — gestatten Sie, daß ich noch einen Augenblick bei diesem interessanten Material verweile, das ebenfalls allen bekannt ist und das

---

[1]) Vielleicht trägt ein Beispiel aus anderem Gebiete zur Klärung der Sachlage bei: Auch vor der Aufstellung der Dissoziationstheorie wußte man, daß Silbernitrat ein Reagens auf „gelöste" Chlorverbindungen war. Heute sagt man, daß Silbernitrat ein Reagens auf „Chlorion" ist. Wohl kaum wird jemand den Fortschritt leugnen, der in dieser „Umbenennung" mit allen ihren Folgerungen liegt, wie sie durch die Bezeichnung „Ion" zusammenfassend ausgedrückt werden.

[2]) H. Winter, Koll.-Ztschr. **19**, 8 (1916).

in seltenem Maße seit langer Zeit die Phantasie technischer Erfinder beschäftigt hat und heute noch beschäftigt. Man kann jedes Jahr von irgend einem neuen Verfahren hören, nach dem es nun „endlich" gelungen sein soll, Torf „künstlich" zu entwässern und aus diesem bekanntlich in ungeheuren Mengen vorhandenen Material einen „vollwertigen Ersatz für Steinkohle" — oder so etwas Ähnliches — herzustellen. Auf der anderen Seite liest man in den Handbüchern über die Technologie der Torfgewinnung eindringliche und bewegliche Warnungen folgender Art: „wer sein Geld lieb hat, lasse sich nie auf eine künstliche Trocknung von Rohtorf ein". Warum ist das Problem der künstlichen Torfentwässerung ein so heikles? Die wirtschaftlichen Vorteile einer künstlichen Trocknung, welche aus der heutigen hunderttägigen Saisonarbeit eine stetige, von klimatischen Einflüssen unabhängige Industrie machen würde (ähnlich wie dies mit der Papierindustrie im letzten Jahrhundert geschehen ist), sind so offenkundige, daß man sich darüber wundern kann, warum dies trotz der vielen Bemühungen noch nicht erreicht ist.

Daß man Torf nicht nur spontan wie im Freien, sondern auch schnell z. B. durch Erwärmen und Abdampfen des Wassers kontinuierlich trocknen kann, ist natürlich einleuchtend. Es gehört auch nicht sehr viel Kenntnis wärmetechnischer und wärmeökonomischer Gesetze dazu, um bald zu erkennen, daß ein solches gewöhnliches Abdampfen von 80—90% Wasser viel zu teuer ist und mehr Brennstoff verbraucht als das Endprodukt liefern würde. Man muß also besondere, irgendwie der Eigenart des Torfes speziell angemessene Verfahren suchen, um diese Entwässerung billiger herbeizuführen. Alle die zahlreichen Verfahren zur künstlichen Torfentwässerung, die im Laufe der Zeit angeboten und fast alle nach wenigen Jahren als nichtrentabel aufgegeben wurden, beruhten auf solchen Versuchen, das Wasser aus dem Torf mit besonderen Mitteln herauszutreiben, wie sie der „Eigenart der Wasserbindung" im Torfe besser entsprechen sollten. Es ist augenscheinlich, daß solche Verfahren um so eher endlich einmal zu einem praktischen Erfolg führen werden, je besser sie diese „Eigenart der Wasserbindung" im Torf berücksichtigen. Denn erst müssen wir die Kräfte, welche die Wasserbindung im Torf besorgen, möglichst genau kennen lernen, ehe wir imstande sind, unter den zur Verfügung stehenden Mitteln zu ihrer Überwindung die billigsten auszuwählen. Nun, die Wissenschaft der speziellen Kräfte der Wasserbindung, wie wir sie im Torf haben, ist die Kolloidchemie bezw. die allgemeinere Dispersoidchemie, und wir brauchen uns nicht zu wundern, daß das technische und wirtschaftliche

Problem heute noch nicht gelöst ist, wenn wir daran denken, wie jung diese Wissenschaften sind und besonders: wie jung ihre bewußte Anwendung auf das Torfproblem ist[1]).

So ist erst seit einigen Jahren daraufhingewiesen worden, daß das Problem der künstlichen Torfentwässerung schon darum ein verwickeltes ist, weil das Wasser im Torf in sehr verschiedenen Bindungsformen auftritt, und nicht etwa nur als kapillargebundenes Wasser oder nur als kolloidgebundenes Wasser. Man kann mindestens die folgenden Bindungsformen des Wassers im Torf zunächst theoretisch unterscheiden[2]):

a) Okklusionswasser. Hierunter wird der Wasseranteil verstanden, der sich in nicht kapillaren sondern gröberen Hohlräumen des Torfes, also in Hohlräumen von 1 mm Durchmesser und mehr befindet, ähnlich wie der Hauptanteil des Wassers im Bade- oder Gummischwamm. Die Hohlräume können offen oder geschlossen sein und man kann dementsprechend Schwamm- und Wabenwasser unterscheiden. Das Schwammwasser kann zum größten Teil durch geringe Drucke (etwa mit der Hand) entfernt werden. Das Wabenwasser wird leicht entfernbar erst durch Öffnen der Waben oder geschlossenen Strukturen, also z. B. durch Zerreißen, Zermahlen oder Zerspritzen wie beim sog. Hydrotorfverfahren[3]). Auch durch Drainage, d. h. Einführung wassersammelnder und wasserleitender Hilfskörper (etwa getrockneter und nicht quellbarer Fasern) kann die mechanische Entfernung dieses Okklusionswassers begünstigt werden. Desgleichen kann durch „disperse Pressung", nämlich durch Zumischen harter trockener Stoffe wie etwa Kokspulver sowohl eine Strukturzerstörung unter Öffnung von Waben als auch ein Drainageeffekt erzielt werden. Ich möchte das sog. Madruckverfahren in erster Linie als ein solches Drainageverfahren bezeichnen.

---

[1]) Über die Beziehungen zwischen Kolloidchemie und Torfentwässerung siehe Wo. Ostwald und Mitarbeiter, Koll.-Ztschr. **29**, 316 (1921); **30**, 119, 197 (1921); **31**, 197, (1922); **32**, 137 (1923); **42**, (1927); Kolloidchem. Beih. **21**, 97 (1925); daselbst zahlreiche Literaturangaben insbesondere über die Arbeiten von G. Keppeler, S. Odén u. a. ferner die russische Monographie „Hydrotorf" von Kirpitschnikoff und Stadnikoff, welche die vollständigste, bisher vorhandene Übersicht über Torfprobleme in kolloidchemischer Hinsicht ist und voraussichtlich auch in deutscher Übersetzung erscheinen wird.

[2]) Diese vom Verfasser gegebene Systematik ist auch von anderen Torfforschern z. B. von S. Odén und G. Keppeler prinzipiell übernommen worden.

[3]) Auf andere wichtige Wirkungen einer solchen Zerkleinerung wird noch w. u. eingegangen werden.

b) Kapillarwasser. Dieser Wasseranteil findet sich in den engeren konkaven wie konvexen Hohlräumen des Torfes, also nicht nur innerhalb etwa vorhandener röhrenförmiger Hohlräume, sondern auch außen zwischen dicht gelagerten Fasern, wobei es zunächst nicht darauf ankommt, ob diese kapillaren Räume regelmäßige Gestalt haben, sondern nur darauf, daß sie eng genug, also z. B. enger als 1 mm sind. Auch hier muß im natürlichen Torf zwischen offenen und geschlossenen kapillaren Räumen unterschieden werden.

Das Kapillarwasser ist schon erheblich fester gebunden als das Okklusionswasser. Betrachten wir zunächst das in offenen Kapillaren befindliche Wasser, so ergeben die bekannten Erscheinungen der Oberflächenspannung unmittelbare Werte in Dynen pro Zentimeter für die Kraft, mit der Kapillarwasser festgehalten wird und die bei der Entfernung des Kapillarwassers entsprechen dangewandt werden muß. Je größer die Oberflächenspannung ist, — und Wasser hat bekanntlich eine besonders große Oberflächenspannung — um so größer sind die zur Entfernung des Kapillarwassers anzuwendenden Kräfte, im besonderen also auch mechanische Drucke. Hinzu kommt aber, daß im Falle des Torfs Kapillarwasser nicht etwa mechanisch abgesaugt, sondern nur so entfernt werden kann, daß man versucht, die Kapillaren durch mechanische Deformation zu verengern und damit den Kapillarinhalt herauszuquetschen. Es ist bekannt und einleuchtend, daß solche Deformationen um so schwieriger werden und um so höhere Drucke erfordern, je kleiner die kapillaren Räume an und für sich sind. Desgleichen steigt natürlich die Festigkeit der kapillaren Bindung mit Abnahme des Durchmessers, also während dieser Deformation. Handelt es sich gar um geschlossene kapillare Räume, so würde mechanischer Druck überhaupt nichts nützen, d. h. diese Wasseranteile nur minimal komprimieren, es sei denn, daß die Druckwirkung unsymmetrisch ist und ein Zerreißen und Öffnen der geschlossenen Kapillarräume bewirkt. In Summa ist also Kapillarwasser durch mechanischen Druck allein höchst schwierig zu entfernen. Andere Wege zur Entfernung des Kapillarwassers bestehen zunächst in seiner Verdrängung durch Flüssigkeiten niedrigerer Oberflächenspannung, insbesondere solchen, die sich nicht oder unvollständig mit Wasser mischen, also z. B. Ölen aller Art. Ferner kann Kapillarwasser auf elektroosmotischem Wege (Schwerinverfahren) bewegt und entfernt werden. Desgleichen kann vielleicht ein gewisser Anteil des Kapillarwassers durch Drainageeffekte (wie beim Madruckverfahren) entfernt werden. Doch halte ich diesen Anteil nicht für beträchtlich.

c) Kolloidwasser. Torf besteht kolloidanalytisch aus typisch quellbaren oder solvatisierten Gelen, von denen Humusgele und Zellulosegele die wichtigsten sind. Das in diesen Gelen gebundene Wasser muß als völlig analog dem Wasser betrachtet werden, wie wir es in Gelatine, Agar, Kieselsäure, in reinen Zellulosegelen oder auch in den (relativ) reinen Humusgelen vor uns haben, wie letztere etwa im Dopplerit auftreten. Dieses Kolloid- oder Quellungswasser, gelegentlich auch Adsorptions- oder Solvatationswasser genannt, nimmt physikalisch-chemisch eine Mittelstellung ein zwischen dem Kapillarwasser und dem chemisch gebundenen — also dem Hydratwasser. Vom Kapillarwasser unterscheidet es sich nicht nur durch die quantitativ erheblich festere Bindung in typischen (also nicht grobdispersen, gealterten, erhitzten usw.) Gelen, sondern auch durch jene nichtmechanischen, physikalisch-chemischen qualitativen Beziehungen, die es bewirken, daß z. B. Gelatine nicht in Toluol, wohl aber in Wasser quillt, während Kautschuk sich gerade umgekehrt verhält. Vom chemischen Hydratwasser unterscheidet sich das Kolloidwasser insbesondere dadurch, daß nicht einfache zahlenmäßige, also stöchiometrische Beziehungen zwischen Trockengehalt und Wassergehalt bestehen wie etwa bei kristallwasserhaltigen Salzen und daß die Entwässerungskurven der Gele nicht sprungartig oder treppenförmig gestaltet sind, wie etwa die Entwässerungskurven von Salzen mit verschiedenen Hydratationsstufen. Dies sind die rein experimentellen Unterschiede zwischen Kapillar-, Kolloid- und Hydratwasser, ohne Rücksicht auf die theoretische Frage, ob z. B. die mittlere Form, das Kolloidwasser, mit „physikalischen" oder „chemischen" Kräften festgehalten wird, eine Frage, die hier nicht zur Erörterung steht.

Was zunächst die Festigkeit der Bindung des Kolloidwassers anbetrifft, so ist sie ganz wesentlich größer als die Bindung des Kapillarwassers, ja in manchen Fällen anscheinend größer sogar als die Bindung von chemischem Hydratwasser (Glaubersalz wird schneller und vollständiger im Trockenschrank entwässert als etwa Gelatinegel oder auch Dopplerit). Sog. lufttrockene Gele enthalten bei der Analyse oft erstaunlich große Mengen Kolloidwasser, z. B. Stärke etwa 10 %, Gelatine meist über 10 % Wasser. Es ist ferner charakteristisch, daß dieses Kolloidwasser bei typischen Gelen nicht oder nur mit außerordentlich großen Drucken (30, 40 Atm. und mehr), ferner aber auch nur mittels ganz besonderer Apparaturen, wie etwa Ultrafiltern, mechanisch abgepreßt werden kann. Bringt man etwa eine Gelatinegallerte in irgendeine Presse mit einem gewöhnlichen Sieb oder einem gewöhnlichen Filter, so erhält man zwar je nach der Konzentration der Gallerte verschiedene Mengen Flüssigkeit. Indessen ergibt die Untersuchung bald, daß es sich nicht um reines Wasser, sondern um eine Gelatinelösung handelt, d. h. um eine Flüssigkeit, welche einen Anteil des Gels in zerdrückter und durch das Filter hindurchgedrückter Form enthält, ganz ähnlich wie auch beim Pressen von Torf mit höheren Drucken ein Teil der Torfgele, sei es durch das Preßsieb direkt, sei es durch die Fugen des Apparates hindurchgedrückt wird. Die mechanischen Kräfte zur Entfernung von Kolloid- oder Quellungswasser aus einem Gel, m. a. W. die mechanischen Kräfte zur Zerlegung eines Gels in Trockensubstanz und Quellwasser sind ebenso groß wie die Kräfte, mit denen der umgekehrte Vorgang, also die Quellung oder Wasserbindung erfolgt, und wir haben ja schon darüber gesprochen, daß letztere selbst zum Sprengen von Steinen ausreicht. Eine rein mechanische Entfernung des Kolloidwassers aus dem Torf erscheint technologisch nicht nur wegen der ungeheuren dazu nötigen Drucke, sondern auch darum heute unmöglich, weil man kolloiddichte Siebe oder Filter bisher nicht in technischem Maßstabe von der mechanischen Festigkeit herstellen kann, die für eine solche mechanische Entquellung nötig wäre. Schon bei den viel Wasser enthaltenden Solen solvatisierter Kolloide, also bei flüssigen solvatisierten Kolloidlösungen, in denen ein großer Teil des Wassers zweifellos leichter gebunden ist als im konzentrierteren Gel, läßt sich eine solche mechanische Entquellung nur mit größten Schwierigkeiten ausführen. W. Reid brauchte z. B. ca. 58 Atm., um in einer kleinen ultradichten Filterkerze die Eiweißbestandteile des Blutserums zurückzuhalten[1].

Auch auf elektroosmotischem Wege können speziell bei konzentrierteren Gelen nur geringfügige Mengen Kolloidwasser gelockert und entfernt werden. Praktisch völlig bedeutungslos für die Lockerung des Kolloidwassers erscheinen alle Arten von mechanischen Drainageverfahren.

Kolloidwasser kann nur mit kolloidchemischen Mitteln gelockert und entfernt werden, es sei denn, daß man durch direkte chemische Veränderung des Kolloids also etwa Oxydation usw. letzteres in einen ganz neuen chemischen Stoff verwandelt, der ganz andere Wasserbindungsverhältnisse aufweist. Derartig radikale Änderungen kommen hier nicht in Frage. Theoretisch kann dann die Lockerung oder

---

[1]) Siehe die Erörterung dieser Fragen bei Wo. Ostwald, Koll.-Ztschr. **23**, 68 (1918).

Aufhebung der kolloiden Bindung auf zwei einander entgegengesetzten Wegen erfolgen. Man kann durch geeignete Mittel, allerdings meist ebenfalls unter starker Beteiligung chemischer Reaktionen ein wasserhaltiges Gel in eine molekulardisperse Lösung umwandeln, ein Vorgang, den wir früher als Dissolution bezeichnet haben. Wird z. B. eine Gelatinegallerte erhitzt oder ein Eisenhydroxydgel mit konzentrierter Salzsäure behandelt, so verflüssigen sich beide Gele und laufen durch alle Filter. Im Falle der Torfkolloide würde ein solches Verfahren aber technologisch unbrauchbar sein, da eine eventuelle Verflüssigung z. B. der Humusgele (etwa Behandeln mit kochender Kalilauge) zwar aus dem Torf einen ansehnlichen Teil des Wassers mobil machen würde, gleichzeitig aber auch den wertvollsten Bestandteil, die kohlenstoffreichen Humusstoffe. Eine solche Verflüssigung würde also zu großen Verlusten an Torfsubstanz führen, ganz abgesehen von Preisfragen. Höchstens sekundär, wie etwa beim Preßdämpfen des Torfes, auf das wir gleich näher eingehen werden, kann daher eine solche partielle Verflüssigung der Torfgele technologisch zulässig erscheinen. Der andere allgemeine Weg zur Lockerung des Kolloidwassers besteht in der Koagulation der Torfgele, d. h. in einer Vergröberung der Struktur des Gels, in der Überführung des kolloiden Systems in ein grobdisperses z. B. kapillares System, ein Vorgang, der ganz regelmäßig mit einer energischen Lockerung oder Lösung des Kolloidwassers verbunden ist. Derartige Koagulationsverfahren, wie sie besonders für Torf in Frage kommen, sind folgende:

Erhitzen und Gefrieren. In beiden Fällen wird die kolloide Wasserbindung gelockert. Besonders beim Erhitzen unter Druck (Verfahren von Ekenberg, ten Bosch usw.) findet ganz analog wie beim Kochen von Fleisch sowohl eine Koagulation des Gels unter Verminderung seiner Wasserbindungsfähigkeit, als auch eine teilweise Dissolution dieser Gele (entsprechend der Entstehung von Fleischbrühe) statt. Beim Gefrieren des Torfs ist zu beachten, daß Tiefe der Unterkühlung, Dauer derselben, Gang der Temperatur, Wiederholung des Vorgangs usw. sehr wesentlich sind für das erwünschte Resultat, ein Gel von irreversibler oder dauernd kleiner Wasserbindungsfähigkeit zu erhalten.

Chemische Koagulationsmittel. Torfgele können wie andere Gele koaguliert, d. h. in Koagele übergeführt werden insbesondere durch Elektrolyte, aber auch durch andere Kolloide verschiedenster Art. Da Humussole und -gele sich wie negativ geladene Kolloide verhalten, sind insbesondere Anionen und positiv geladene Kolloide wirksam. Bekannt und in zahlreichen Patenten niedergelegt ist etwa die Koagulierbarkeit von Torfgelen durch Chloride und Sulfate, einschließlich Salzsäure, Chlorwasser (was sich in Berührung mit Torf sofort in Salzsäure umwandelt), Schwefelsäure usw. Aber auch Kationen haben spezifische Einflüsse; so fällen Schwermetallsalze (etwa Eisensalze) besser als Alkalisalze[1]). Ein besonders interessantes Verfahren, das auf der Fällung der Torfgele durch ein anderes hinzugesetztes positiv geladenes Kolloid beruht, ist das Verfahren von G. Stadnikoff, die Fällung mit Eisenhydroxydsol, welch letzteres nach den angegebenen Zahlen noch stärker flocken soll als etwa Chlor- oder Sulfation.

Es erscheint nicht ausgeschlossen, daß die interessanten Stadnikoffschen Versuche auch für die Theorie des natürlichen Trocknungsvorganges des Torfes von Bedeutung sind. Wohl alle Torfarten enthalten Eisenverbindungen, etwa Eisenhumat, wie die Aschenanalysen zeigen, teilweise in erheblicher Menge. Durch Oxydation an der Luft werden sich diese Eisenverbindungen umsetzen unter Entstehung der stabileren Hydroxyde, die sich also automatisch bilden und automatisch eine Stadnikoffsche Koagulation der Torfgele herbeiführen könnten. Quantitative Beziehungen etwa zwischen der Trockenfähigkeit oder Trockengeschwindigkeit von Torfproben und ihrem Eisengehalt sind mir nicht bekannt. Hand in Hand mit dieser „spontanen" Koagulation der Torfgele bei der natürlichen Trocknung geht eine spontane Lockerung des Kolloidwassers, also eine Kombination von Koagulation und Synärese unter dauernder irreversibler Verringerung des Wasserbindungsvermögens, wie wir dies sehr oft an Gelen, z. B. an Kieselsäure- oder Eisenhydroxydgelen, an Stärkegelen usw. im Laboratorium finden. Diese Vorgänge sind es auch, die zusammen mit Oxydationsvorgängen gelegentlich zu einer kräftigen Selbsterhitzung großer und hochgelagerter Torfmengen und einer partiellen Verbrennung oder „Inkohlung" führen, wie sie bei der sog. Bornschen Haldenverkohlung als Grundlage für ein Torfentwässerungs- und Veredelungsverfahren benutzt werden. Vielleicht darf ich im Vorbeigehen auch erwähnen, daß schon Heu ganz ähnliche Erscheinungen speziell auch Synäresis zeigt, wie das nach dem äußerlichen Trocknen einsetzende „Schwitzen des Heus" demonstriert[2]).

---

[1]) Eine ausführliche Untersuchung solcher Koagulationsmittel bei Wo. Ostwald und A. Steiner, Kolloidchem. Beih. 21, 97 (1925).

[2]) Über die Synäresis des Heues und ihre Rolle bei Heubränden usw. siehe G. Laupper, Landwirtschaftl. Jahrb. d. Schweiz (1920) (Separatabdruck). Bei anorganischen Gelen ist die entsprechende Erscheinung die sog. Inkandeszenz z. B.

Neben Okklusions-, Kapillar- und Kolloidwasser ist wenigstens theoretisch noch osmotisch gebundenes Wasser und schließlich das schon erwähnte chemisch gebundene Hydratwasser zu nennen. Osmotisch gebundenes Wasser kann, solange die betreffenden Zellen osmotisch funktionieren, ähnlich wie das Quellungswasser praktisch nicht mechanisch, sondern nur auf ebenfalls osmotischem Wege, also durch Zusatz molekulardispers gelöster Stoffe in hohen Konzentrationen entfernt werden. Nur durch mechanische Zerstörung, wie sie durch höchst intensives Zermahlen, durch Aufquellen des kolloiden Zellinhalts und Zersprengen beim Erhitzen und Gefrieren möglich ist, könnte dieser Wasseranteil freigemacht werden. Über die Rolle von chemisch gebundenem wirklichem Hydratwasser in Torf kann kaum was ausgesagt werden, da chemisch definierte Hydrate der Torfsubstanzen nicht bekannt sind. Experimentell würden sowohl die Festigkeit als auch die Mittel zur Lockerung des chemisch gebundenen Wassers sich eng anschließen an die entsprechenden Verhältnisse des kolloidchemisch gebundenen Wasseranteils. —

Das Problem der künstlichen Torfentwässerung ist nun oft dahin mißverstanden worden, daß es darauf ankäme, nur die eine oder die andere Bindungsform des Wassers zu lösen. Viele Verfahren beschränken sich darauf, beispielsweise nur das Kapillarwasser, oder nur das Kolloidwasser im Torf zu lockern bzw. zu entfernen. Demgegenüber muß hervorgehoben werden, daß jedes Verfahren zur technischen Torfentwässerung von vornherein darauf bedacht sein sollte, gleichzeitig möglichst alle die genannten Bindungsarten des Wassers im Torf zu lösen. Es kommt z. B. nicht darauf an, die Torfgele zu koagulieren, wenn nicht gleichzeitig das hiermit freigemachte Wasser etwa aus einem massiven Torfsoden Abfluß finden kann. Wie die gegebene Übersicht zeigt, nimmt die Festigkeit der Wasserbindung zu in der Reihenfolge Okklusions-, Kapillar-, Kolloidwasser usw. Die Aufgabe einer theoretisch rationellen Torfentwässerung besteht darin, nicht nur eine, sondern möglichst alle diese festeren Bindungsformen in die weniger festen überzuführen, also möglichst alle Wasserarten im umgekehrten Sinne der gegebenen Reihenfolge schließlich in Schwammwasser zu verwandeln. Diese Auffassung führt zu dem Schluß, daß nur kombinierte Verfahren technologisch erfolgreich sein können, da die Mittel zur Lockerung der einzelnen Bin-

von Hydroxydgelen, die nach Erreichung bestimmter Temperaturen zu einer spontanen Dehydratation und Dispersitätsverringerung unter Glimmerscheinung führt (siehe z. B. L. Wöhler, Koll.-Ztschr. 38, 37, 111 (1926); daselbst frühere Literatur).

dungsarten unter sich verschieden sind und es kaum wahrscheinlich ist, daß einmal ein Mittel gefunden werden kann, welches alle Bindungsformen gleichzeitig und einheitlich in der gekennzeichneten Richtung lockert.

Es entspricht durchaus diesen Überlegungen, wenn das zur Zeit anscheinend beste und wirtschaftlichste Verfahren zur künstlichen Torfentwässerung, das russische Hydrotorfverfahren, ein Kombinationsverfahren ist, bei dem das Problem gleichzeitig von verschiedenen Seiten angefaßt wird. Der Torf wird zunächst von seiner Lagerstätte in einen Graben hydraulisch abgespritzt, was nicht nur eine Reinigung von groben Holzstücken, also eine Homogenisierung ergibt, sondern zunächst das Okklusions- und Kapillarwasser angreift in einer Weise, die wir noch nicht besprochen haben. Durch das Abspritzen und Zerkleinern erfolgt nämlich ein radikaler Strukturumbau des Torfes. Aus dem starren Kapillarsystem des gewachsenen Stückes entsteht ein bewegliches Kapillarsystem. Dies bedeutet aber, daß beim nachherigen Absetzen oder vorläufigem Abpressen durch sog. kapillare Selbstordnung eine viel dichtere Packung der Torfteilchen möglich wird als im gewachsenen Zustande normalerweise vorhanden ist. Die Trockenprodukte einer solchen zerspritzten Torfmasse sind viel dichter, da sie weniger Hohlräume und Luft enthalten als auf gleichen Wassergehalt eingetrocknete natürliche Torfstücke. Sodann wird aber bei diesem russischen Verfahren technisch sehr billig gewonnenes Eisenhydroxydsol als Koagulationsmittel hinzugegeben. Dieser Teilprozeß greift unmittelbar das Kolloidwasser an, das der schwierigste und quantitativ maßgebendste Wasseranteil ist. Schließlich erfolgt noch — wenigstens bei dem heute ausgeübten Verfahren — eine Pressung gemäß dem erwähnten Madruckverfahren, das also durch Zumischung von bereits getrockneten Torffasern eine bessere Drainage des Wassers ermöglicht, das durch die Koagulation freigemacht wurde. Ich möchte durchaus nicht behaupten, daß dieses Verfahren schon eine endgültige Lösung der künstlichen Torfentwässerung darstellt, und nicht weiterer Verbesserungen fähig wäre. Auch ist der wirtschaftliche Faktor je nach Land und Lage so variabel, daß man in dieser Hinsicht erst recht nicht verallgemeinern darf. Tatsache bleibt indessen, daß nach den vorhandenen Zahlen[1]) mit diesem Verfahren wohl bisher die größten Mengen Torf künstlich entwässert worden sind, Tatsache bleibt es auch, daß dieses modernste Verfahren nicht nur eine Art der Wasserbindung, sondern verschiedene

---

[1]) Siehe das früher angeführte Buch „Hydrotorf".

Arten mit Bewußtsein ihrer Verschiedenartigkeit angreift, und Tatsache ist es schließlich, daß nur mit Hilfe der Kolloid- und Kapillarchemie dieser Fortschritt erreicht worden ist und voraussichtlich weiter entwickelt werden kann. —

Rohe Brennstoffe sollten bekanntlich niemals direkt verfeuert werden wegen der Vergeudung der in ihnen enthaltenen „Nebenprodukte". Zahllose disperse Systeme wie Suspensionen, Emulsionen, Nebel usw. finden wir in der Industrie der Verkokung, Vergasung, Entgasung, bei der Teergewinnung im besonderen. Ihre Regulierung, Zerstörung oder Vermeidung gehört zu den wichtigsten wie schwierigsten Problemen dieser Industrie. Hier können wir gleich die flüssigen Brennstoffe anschließen. Die Erdölindustrie ist durchsetzt von Kolloidproblemen. Nicht nur sind, wie D. Holde gezeigt hat[1]), im Rohöl und auch in einzelnen schon fraktionierten Anteilen Stoffe, z. B. Asphalte in typisch kolloider Zerteilung enthalten, sondern die grundlegende Operation der Entwässerung des Rohöls ist nichts anderes als die Koagulation einer Wasser-Öl-Emulsion. Die Klärung oder Raffination des Öls mittels fester Adsorptionsmittel, z. B. Floridaerde oder Silikagel oder aber mittels Elektrophorese sind ebenfalls Kolloiderscheinungen. Beim Verbrennen flüssiger Brennstoffe in Motoren usw. wird umgekehrt wie bei der Gewinnung eine möglichst hochdisperse Zerteilung des Brennstoffs durch sinnreiche Dispersionsapparate — Zerstäubungsdüsen — angestrebt, freilich diesmal in einem gasförmigen Dispersionsmittel. Und schließlich — ich will die Aufzählung nicht zu lang machen — ist in den letzten Jahren besonders in den englischsprechenden Ländern viel von „kolloider Kohle" als Brennstoff die Rede gewesen. Gemeint werden unter dieser Bezeichnung möglichst hochdisperse Suspensionen des sonst schwer verwertbaren Kohlenstaubes in Heizölen, Suspensionen, die tatsächlich nicht merklich sedimentieren sollen und damit kolloide Dispersitätswerte anzeigen, und die somit eine Verwertung von Kohlenstaub auch für Dieselmotoren usw. möglich erscheinen lassen. Freilich ist die Sache noch zu neu, als daß ich Ihnen über die praktische Brauchbarkeit dieses Verfahrens Näheres sagen könnte.

Brennstoffe und Rohmaterial werden in die Fabrik eingeführt, Fertigfabrikate und Abfallprodukte — Abwässer, Schlämme, Rauch, Staub — gehen aus ihr heraus. Zur Bekämpfung der Rauch-

[1]) D. Holde, Koll.-Ztschr. 3, 270 (1908). Siehe ferner die Zusammenfassungen von R. Koetschau in Koll.-Ztschr. 31, 314 (1922) und in Liesegangs Kolloidchem. Technologie (1927).

und Staubplage müssen offenbar — da es sich um disperse Systeme handelt — dispersoidchemische Verfahren benutzt werden. Vor etwa 100 Jahren hat schon der Mathematiklehrer Hohlfeld an der Leipziger Thomasschule darauf hingewiesen[1]), daß man vielleicht durch Anwendung der Elektrophorese, die 1809 von Reuß entdeckt wurde, die Rauchplage bekämpfen könnte. Bekanntlich ist durch die neuere Entwicklung dieses Gedankens besonders durch den Amerikaner F. Cottrell in der Tat ein sehr wirksames und vielseitig anwendbares Verfahren ausgearbeitet worden, das nicht nur zur Bekämpfung eines Übels, sondern im Kriege umgekehrt zur Gewinnung eines für manche Staaten überaus wichtigen Stoffes angewandt werden konnte, zur Gewinnung nämlich des Kalis aus dem Zementofenstaub. Auch die berüchtigten Staubexplosionen, wie sie in Zuckerfabriken, Mühlen, aber auch gelegentlich auf Kohlenzechen auftreten, sind unzweifelhaft kolloidchemische bzw. kolloidphysikalische Erscheinungen[2]). Wenn Sie schließlich nun hören, daß ein großer Teil des Schmutzes in Abwässern, in städtischen Wässern sogar 50—60% des festen Rückstandes sich in kolloidem Zustande befindet, so daß natürlich auch kolloidchemische Methoden zur Abwässerreinigung benutzt werden müssen — so kann man beinahe den Schluß ziehen, daß alles auch in der Kolloidchemie endet.

Meine Herren, auch ich möchte hier meine Ausführungen über die technischen Anwendungen der Kolloidchemie und damit auch die ganze Reihe von Betrachtungen beenden, die wir über diese neue Wissenschaft und ihre Anwendungen angestellt haben. Wenn mir nichts anderes gelungen sein sollte, so hoffe ich Ihnen doch wenigstens die folgenden Eigentümlichkeiten der reinen und angewandten Kolloidchemie nähergebracht zu haben, die deutlich hervorzuheben mein ganz besonderer Wunsch war: Die Neuartigkeit ihrer Gesichtspunkte, die überwältigende Reichhaltigkeit und die unerschöpfliche Anwendbarkeit der Kolloidchemie. Ich glaube, daß diese drei Eigenschaften uns das Recht zugestehen, von der Kolloidchemie als von einer selbständigen Wissenschaft zu sprechen, deren systematischer Ausbau und deren

---

[1]) Siehe hierüber den interessanten Vortrag von V. Kohlschütter, Nebel, Rauch und Staub (Bern 1918), Verl. von M. Drechsel.

[2]) Vgl. P. Beyersdorfer, Koll.-Ztschr. 31, 329 (1922); 33, 101 (1923); sowie das selbständige Werk: Staubexplosionen (1925), Verl. Th. Steinkopff.

Unterricht einen erheblichen wissenschaftlichen und technischen Fortschritt verspricht.

Vielleicht drängt sich Ihnen aber im Rückblick auf meine Ausführungen folgender Gedanke auf: Wenn es wahr ist, daß hier eine Wissenschaft vorliegt, von einem so ungewöhnlichen Reichtum an Phänomenen und Ideen und von so vielseitiger und weittragender Anwendbarkeit — ich setze vielleicht etwas unbescheiden voraus, daß Sie diesen Eindruck gewonnen haben —, wenn dies alles wahr ist, woher kommt es, daß wir nicht schon lange eine Kolloidchemie haben? Woher kommt es, daß diese Wissenschaft, die sich zum Teil doch auf ganz gewöhnliche, alltägliche Dinge bezieht, erst seit einem Dutzend von Jahren systematisch betrieben wird, warum ist unsere Aufmerksamkeit erst jetzt auf die Kolloide und ihre Eigenschaften gerichtet worden?

Meine Herren, ich glaube, die Antwort auf diese Frage liegt im folgenden: Physik und Chemie haben sich bis vor kurzem ganz vorwiegend beschäftigt entweder mit den Eigenschaften der Materie in Masse, mit Kristallen, großen Flüssigkeitsmengen usw. — oder aber mit den kleinsten Bausteinen der Materie, mit Atomen und Molekülen. Wir wissen relativ viel über die Eigenschaften größerer Objekte, und wir reden jedenfalls sehr viel auch über die Eigentümlichkeiten von Molekülen und Atomen. Dieser historischen Entwicklung unserer Naturerkenntnis entsprechend haben wir uns gewöhnt, die Eigenschaften aller Naturgebilde zu betrachten entweder vom Standpunkt unserer Kenntnisse über die Materie in Masse, oder aber von dem Gesichtspunkt unserer Molekular- und Atomtheorien. Wir haben bis vor kurzem völlig übersehen, daß es zwischen Materie in Masse und Materie in Molekülen noch ein ganzes großes Erscheinungsgebiet, ja eine ganze Welt von merkwürdigen Phänomenen gibt, die wir weder bei den Erscheinungen der Materie in Masse, noch bei denen der Moleküle wiederfinden. Wir haben nicht gewußt, daß ein solches Zwischenreich existiert, in das so außerordentlich zahlreiche Naturgebilde gehören, und wir haben schließlich nicht gewußt, weder, daß der Dispersitätsgrad einen so erheblichen Einfluß auf die Eigenschaften eines Gebildes hat, noch daß so viele Eigenschaften gerade in dem kolloiden Dispersitätsgebiete einen ausgezeichneten Wert, ein Maximum oder Minimum erlangen. Erst jetzt wissen wir, daß jedes Gebilde ganz besondere Eigenschaften annimmt und ganz eigentümliche Erscheinungen zeigt, wenn seine Teile gerade so klein sind, daß wir sie nicht mehr mit dem Mikroskop unterscheiden können, aber andererseits wieder zu groß sind, um als Moleküle gedeutet zu werden. Erst jetzt ist uns die Bedeutung dieser speziellen kolloiden Dimensionen klar geworden.

Die Welt der vernachlässigten Dimensionen

— so können wir dieses Zwischenreich der Kolloide nennen.

Sollten Ihnen schließlich einige meiner Ausführungen unvollständig oder unklar erschienen sein, so bitte ich, dies nicht etwa als ein Charakteristikum der Kolloidchemie anzusehen, sondern mir persönlich zuzuschreiben. Die Lehre mag vollkommen sein, niemals ihr Jünger.

Autorenregister.

S.

T.

U.

V.

W.

Z.

Sachregister.

B.

C.

D.

G.

L.

M.

N.

O.

P.

Q.

R.

S.

T.

Z.

www.ingramcontent.com/pod-product-compliance
Ingram Content Group UK Ltd.
Pitfield, Milton Keynes, MK11 3LW, UK
UKHW022030190726
13853UKWH00005B/2190